高等职业教育土木建筑类专业教材

房屋建筑构造

主　编　武　强
副主编　郑　英　黄春霞　侯艳芳
主　审　杨　谦

北京理工大学出版社
BEIJING INSTITUTE OF TECHNOLOGY PRESS

内 容 提 要

本书突出职业教育及教学特点，依据国家相关建筑规范及我国建筑领域的研究成果，系统地介绍了民用建筑和工业建筑的基础设计理论及常见的构造做法，内容完整、深入浅出，文字叙述通俗易懂。本书共分为16个教学模块，主要内容包括建筑设计概论、建筑平面设计、建筑体型和立面设计、建筑剖面设计、建筑垂直交通设计、建筑防火设计、建筑环保节能、民用建筑构造概论、基础与地下室、墙体、楼地面、屋顶、门窗、变形缝、工业建筑等。

本书可作为高职院校建筑工程技术、工程造价、建筑工程管理等专业的教材，也可作为注册建造师、注册监理工程师、注册造价工程师等有关技术专业人员的参考用书。

图书在版编目(CIP)数据

房屋建筑构造/武强主编.—北京：北京理工大学出版社，2016.1（2021.1重印）
ISBN 978-7-5682-1653-1

Ⅰ.①房…　Ⅱ.①武…　Ⅲ.①建筑构造－高等学校－教材　Ⅳ.①TU22

中国版本图书馆CIP数据核字(2015)第317575号

出版发行 / 北京理工大学出版社有限责任公司
社　　址 / 北京市海淀区中关村南大街5号
邮　　编 / 100081
电　　话 / (010)68914775(总编室)
(010)82562903(教材售后服务热线)
(010)68948351(其他图书服务热线)
网　　址 / http://www.bitpress.com.cn
经　　销 / 全国各地新华书店
印　　刷 / 天津久佳雅创印刷有限公司
开　　本 / 787毫米×1092毫米　1/16
印　　张 / 16.5
字　　数 / 339千字
版　　次 / 2016年1月第1版　2021年1月第4次印刷
定　　价 / 45.00元

责任编辑 / 钟　博
文案编辑 / 钟　博
责任校对 / 周瑞红
责任印制 / 边心超

前 言

“房屋建筑构造”课程是一门理论性和实践性都很强的建筑工程类的专业基础课。本课程的任务是使学生掌握建筑构造和建筑设计原理两大部分内容，本课程的目的是使学生具有从事中小型建筑方案设计和建筑施工图设计的初步能力，掌握常见的建筑构造形式，并为后续课程（如“钢筋混凝土结构”“地基基础”“建筑施工”“建筑工程概预算”等）奠定必要的专业基础知识。

本书系统介绍了民用与工业建筑设计原理与构造方法的相关内容。全书共分16个模块，包括绪论、建筑设计概论、建筑平面设计、建筑体型和立面设计、建筑剖面设计、建筑垂直交通设计、建筑防火设计、建筑环保节能、民用建筑构造概论、基础与地下室、墙体、楼地面、屋顶、门窗、变形缝、工业建筑。

本书编写分工如下：模块1、8、9、15、16由陕西工业职业技术学院武强编写；模块2、3、4、5由陕西工业职业技术学院郑英编写；模块6、7、13、14由陕西工业职业技术学院黄春霞编写；模块10、11、12由陕西工业职业技术学院侯艳芳编写；武强担任主编并负责全书的统稿；陕西工业职业技术学院杨谦担任本书的主审。

由于编者水平有限，书中如有疏漏和错误之处，诚望读者提出批评和改进意见。

编　者

目录

模块1 绪　论

学习要求

了解建筑的基本要素，掌握建筑的分类和等级。

项目1.1　建筑的基本要素

建筑是建筑物和构筑物的统称。供人们进行生产、生活或其他活动的房屋或场所称为建筑物，如住宅、医院、学校、商店等；人们不能直接在其内进行生产、生活的建筑称为构筑物，如水塔、烟囱、桥梁、堤坝、纪念碑等。无论是建筑物还是构筑物，都是为了满足一定功能，运用一定的物质材料和技术手段，依据科学规律和美学原则而建造的相对稳定的人造空间。

建筑是由三个基本要素构成的，即建筑功能、建筑技术和建筑形象，简称“建筑三要素”。

1.1.1　建筑功能

建筑功能是建筑的第一基本要素。建筑功能是人们建造房屋的具体目的和使用要求的综合体现，人们建造房屋主要是满足生产、生活的需要，同时也充分考虑整个社会的其他需求。任何建筑都有其使用功能，但由于各类建筑的具体目的和使用要求不尽相同，因此就产生了不同类型的建筑，如工厂是为满足工业生产的需要，住宅是为满足人们居住的需要，娱乐场所是为丰富人们的文化、精神生活的需要。建筑功能在建筑中起决定性的作用，将直接影响建筑的结构形式、平面布局和组合，建筑体型、建筑立面以及形象等。建筑功能不是一成不变的，它随着社会的发展和人们物质文化水平的提高而变化。

1.1.2　建筑技术

建筑技术包括建筑材料、建筑设计、建筑施工和建筑设备等方面的内容。随着材料技术的不断发展，各种新型材料不断涌现，为建造各种不同结构形式的房屋提供了物质保障；随着建筑结构计算理论的发展和计算机辅助设计的应用，建筑设计技术不断革新，为房屋建造的安全性提供了保障；各种高性能的建筑施工机械、新的施工技术和工艺提供了房屋建造的手段；建筑设备的发展为建筑满足各种使用要求创造了条件。随着建筑技术的不断发展，高强度建筑材料的产生、结构设计理论的成熟和更新、设计手段的更新、建筑内部垂直交通设备的应用，有效地促进了建筑向大空间、大高度、新结构形式的方向发展。

1.1.3　建筑形象

建筑形象是建筑内、外感观的具体体现，必须符合美学的一般规律，优美的艺术形象给人以精神上的享受，它包括建筑型体、空间、线条、色彩、质感、细部的处理及刻画等方面。由于时代、民族、地域、文化、风土人情的不同，人们对建筑形象的理解也各有不同，出现了不同风格和特色的建筑，甚至不同使用要求的建筑已形成其固有的风格。如执法机构所在的建筑庄严雄伟，学校建筑多是朴素大方，居住建筑要求简洁明亮，娱乐性建筑生动活泼等。由于永久性建筑的使用年限较长，同时也是构成城市景观的主体，因此成功的建筑应当反映时代特征、民族特点、地方特色及文化色彩，应有一定的文化底蕴，并与周围的建筑和环境有机融合与协调，能经受时间的考验。

建筑功能、建筑技术和建筑形象三者辩证统一、不可分割。

项目 1.2　建筑的分类

1.2.1　按建筑功能分类

按建筑功能一般可分为民用建筑、工业建筑和农业建筑。

1. 民用建筑

民用建筑又可分为居住建筑和公共建筑。居住建筑主要是指提供人们进行家庭和集体生活起居用的建筑物，如住宅、宿舍、公寓等。公共建筑是指为人们提供各项社会活动的建筑，这类建筑物主要包括：

(1)行政办公建筑，如机关、企业单位的办公楼等。

(2)文教建筑，如学校、图书馆、文化宫、文化中心等。

(3)托教建筑，如托儿所、幼儿园等。

(4)科研建筑，如研究所、科学实验楼等。

(5)医疗建筑，如医院、诊所、疗养院等。

(6)商业建筑，如商店、商场、购物中心、超级市场等。

(7)观览建筑，如电影院、剧院、音乐厅、影城、会展中心、展览馆、博物馆等。

(8)体育建筑，如体育馆、体育场、健身房等。

(9)旅馆建筑，如旅馆、宾馆、度假村、招待所等。

(10)交通建筑，如航空港、火车站、汽车站、地铁站、水路客运站等。

(11)通信广播建筑，如电信楼、广播电视台、邮电局等。

(12)园林建筑，如公园、动物园、植物园、亭台楼榭等。

(13)纪念性建筑，如纪念堂、纪念碑、陵园等。

2. 工业建筑

工业建筑主要是指为工业生产服务的各类建筑，如生产车间、辅助车间、动力用房、仓储建筑等。

3. 农业建筑

农业建筑主要是指用于农业、牧业生产和加工的建筑，如温室、畜禽饲养场、粮食与饲料加工站、农机修理站等。

1.2.2　按建筑规模分类

(1)大量性建筑。大量性建筑主要是指量大、面广与人们生活密切相关的建筑，如住宅、学校、商店、医院、中小型办公楼等。

(2)大型性建筑。大型性建筑主要是指建筑规模大、耗资多、影响较大的建筑。与大量性建筑相比，其修建数量有限，但这些建筑在一个国家或一个地区具有代表性，对城市的面貌影响很大，如大型火车站、航空战、大型体育馆、博物馆、大会堂等。

1.2.3　按建筑层数和高度分类

1. 按建筑层数分类

(1)低层建筑。指1～2层建筑。

(2)多层建筑。指3～6层建筑。

(3)中高层建筑。指7～9层建筑。

(4)高层建筑。指10层以上建筑。

2. 按建筑高度分类

(1)公共建筑及综合建筑。《民用建筑设计通则》(GB 50352—2005)规定，总高度超过24 m的公共建筑和综合建筑称为高层建筑(不包括建筑高度超过24 m的单层公共建筑)。

(2)超高层建筑。根据1972年国际高层建筑会议达成的共识，确定高度100 m以上的民用建筑为超高层建筑。

(3)工业建筑。分为单层厂房、多层厂房和混合层厂房。

1.2.4　按承重结构材料分类

(1)砖木结构。砖木结构是指建筑物中竖向承重结构的墙、柱等采用砖体砌筑，横向采用木质结构。这种结构在现代建筑中基本已不再采用，其各种性能都较差。

(2)砖混结构。砖混结构是指建筑物中竖向承重结构的墙、柱等采用钢筋混凝土结构。一般来讲是小部分钢筋混凝土和大部分砖墙承重的结构。

(3)钢筋混凝土结构。钢筋混凝土结构是指房屋的主要承重结构如柱、梁、板、楼梯、屋盖用钢筋混凝土制作，墙用砖或用其他材料填充。这种结构抗震性好、整体性强、抗腐蚀性和耐火能力强，经久耐用。

(4)钢结构。钢结构是指以钢材制作为主的结构，是主要的建筑结构类型之一。钢结构是现代建筑工程中较普通的一种结构形式，其自重轻、强度高，但耐火能力较差。

1.2.5　按承重结构形式分类

(1)砖墙承重结构。用砖墙体来承受由屋顶、楼板传来的荷载的建筑，称为砖墙承重受力建筑，如砖混结构的住宅、办公楼、宿舍等。

(2)排架结构。采用柱和屋架构成的排架作为其承重骨架，外墙起围护作用，如单层厂房。

(3)框架结构。以柱、梁、板组成的空间结构体系作为骨架的建筑。

(4)剪力墙结构。剪力墙结构的楼板与墙体均为现浇或预制钢筋混凝土结构，如高层住宅楼和公寓建筑等。

(5)框架-剪力墙结构。在框架结构中设置部分剪力墙，使框架和剪力墙两者结合起来，共同抵抗水平荷载的空间结构。

(6)筒体结构。该类结构可分为框架内单筒结构、单筒外移式框架外单筒结构、框架外筒结构、筒中筒结构和成组筒结构。

(7)大跨度空间结构。该类建筑往往中间没有柱子，而是通过网架等空间结构把荷重传到建筑四周的墙、柱上，如体育馆、游泳馆、大剧场等。

1.2.6 按抗震设防分类

根据其使用功能及重要性，建筑按抗震设防分为甲类、乙类、丙类、丁类四类。

项目 1.3 建筑的等级

1.3.1 按耐久年限分类

建筑主体结构的耐久年限是根据建筑的重要性、规模大小、安全要求来确定，具体见表1-1。

表 1-1 建筑主体结构的耐久年限

级别	耐久年限/年	适用建筑物性质
一级	100 以上	重要建筑物和高层建筑
二级	50～100	一般性建筑
三级	25～50	次要建筑
四级	15 以下	临时建筑

1.3.2 按耐火等级分类

按照国家标准《建筑设计防火规范》(GB 50016—2014)的规定，建筑物的耐火等级分为四级。建筑物的耐火等级是由建筑构件(梁、柱、楼板、墙等)的燃烧性能和耐火极限决定的。建筑构件的燃烧性能一般分为不燃、难燃、可燃和易燃四级。建筑构件的耐火极限是指对任意建筑构件按时间－温度标准曲线进行耐火试验，从受到火的作用时起，到失去支持能力或完整性被破坏或失去隔热作用时止的时间(用小时表示)。

一般来说，一级耐火等级建筑是钢筋混凝土结构或砖墙与钢混凝土结构组成的混合结构；二级耐火等级建筑是钢结构屋架、钢筋混凝土柱或砖墙组成的混合结构；三级耐火等级建筑是木屋顶和砖墙组成的砖木结构；四级耐火等级建筑是木屋顶、难燃烧体墙壁组成的可燃结构。

思考题

1. 建筑的基本要素有哪几点？
2. 为什么建筑功能是建筑基本要素的核心因素？
3. 建筑按使用功能如何分类？按层数和高度如何分类？按结构形式如何分类？
4. 建筑按耐久年限如何分类？按耐火等级如何分类？

模块 2　建筑设计概论

学习要求

熟悉建筑设计的程序，了解建筑设计的内容，掌握建筑模数数列及应用。

项目 2.1　建筑设计程序

建筑设计通常按初步设计和施工图设计两个阶段进行。大型民用建筑在初步设计之前应进行方案设计，小型建筑工程可用方案设计代替初步设计，对于技术复杂而又缺乏设计经验的工程，可增加技术设计阶段。

2.1.1　设计前的准备工作

设计是一项复杂而又细致的工作，涉及许多方面的问题，同时受到许多条件的制约。为了保证设计质量，设计前必须做好充分的准备。准备工作包括以下几个方面的内容。

1. 必要的批文

建设单位必须具有以下批文才可以向设计单位办理委托手续。

(1)上级主管部门的批文。上级主管部门对建设项目的批准文件，包括建设项目的使用要求、建设面积、单价和总投资等。

(2)城市建设部门同意设计的批文。为了加强城市的管理及进行统一规划，一切设计都必须事先得到城市建设部门的批准。批文必须明确指出用地红线以及有关规划、环境等要求。

2. 熟悉设计任务书

设计任务书是建设单位向设计单位在委托设计时必须提交的文件。

(1)上级批准的该项目的计划一般包括计划项目、规模、投资等。

(2)经城建部门批准的该项目的建设用地范围及红线位置。

(3)建设单位对设计项目的具体使用要求和意见，包括房间类型、设备及进度要求等。

3. 收集必需的原始设计资料

收集必需的原始设计资料对设计有指导作用，一般应收集以下资料：

(1)有关设计项目的定额指标及标准。有些建筑类型(如住宅、中小学、医院等)，国家有关部门已明确规定了指标及标准，设计者可直接使用；有些建筑类型，国家仅有概略指标，如单位建筑面积等，设计者可参照执行；还有些建筑类型，国家暂时尚无统一规定，设计者可借鉴同类型工程的设计经验，选用适当的定额指标。

(2)建设地点的气象、水文、地质、地震资料。其内容包括温度、湿度、降雨量、风向、风速、积雪与冻土深度、地下水位及水质、地质勘探资料、地震烈度等，它们是设计中应采取的技术措施的主要依据。

(3)建设地点材料供应及施工条件。了解当地地方建筑材料品种、规格、性能、价格；了解预制构件加工能力、质量、当地施工技术力量及机械化施工能力强弱，以便在设计中就地取材，选用与当地技术条件相适应的结构方案。

4. 设计前的调查研究

(1)学习有关方针政策及了解国内外同类型工程的设计资料。

(2)调查建筑物的使用要求。可深入访问使用和设计单位有实践经验的人员；参观同类已建房屋，深入研究其设计特点和实际使用中的优缺点以便吸取经验。

(3)基地踏勘。设计人员到建设基地内做深入调查，了解、核对基地地形地貌、基地方位及长宽尺寸、基地面积、道路走向、现有建筑及树木概况、基地周围环境等；了解当地生活习惯、历史变迁和传统建筑形式、建设经验等，以便使设计与当地环境协调。

2.1.2 初步设计阶段

初步设计是为主管部门审批而提供的文件，也是技术设计和施工图设计的依据。初步设计阶段的任务是提出设计方案，即根据设计任务书的要求和收集到的必要基础资料，结合基地环境，综合考虑技术经济条件和建筑艺术的要求，对建筑总体布置、空间组合进行合理的安排，提出两个或多个方案供建设单位选择。在已确定方案的基础上，进一步充实完善，综合成为较理想的方案，并绘制成初步设计供主管部门审批。

初步设计一般包括设计说明书、设计图纸、主要设备材料表和工程概算四部分。具体的图纸和文件如下：

(1)设计总说明。设计指导思想及主要依据，设计意图及方案特点，建筑结构方案及构造特点，建筑材料及装修标准，主要技术经济指标以及结构、设备等系统的说明。

(2)建筑总平面图。比例1∶500、1∶1 000。应表示用地范围，建筑物位置、大小、层数及设计标高，道路及绿化布置，技术经济指标，地形复杂时，应表示粗略的竖向设计意图。

(3)各层平面图、剖面图、立面图。比例1∶100、1∶200。应表示建筑物各主要控制尺寸，如总尺寸、开间、进深、层高等，同时应表示标高、门窗位置、室内固定设备及有特殊要求的厅、室的具体布置、立面处理、结构方案及材料选用等。

(4)工程概算书。建筑物投资估算、主要材料用量及单位消耗量。

(5)大型民用建筑及其他重要工程，必要时可绘制透视图、鸟瞰图或制作模型。

2.1.3 技术设计阶段

初步设计经建设单位同意和主管部门批准后，就可以进行技术设计。技术设计是初步设计具体化的阶段，也是各种技术问题的定案阶段。主要任务是在初步设计的基础上进一步解决各种技术问题，协调各工种之间技术上的矛盾。经批准后的技术图纸和说明书，即为编制施工图、主要材料设备订货及工程拨款的依据文件。

技术设计的图纸和文件与初步设计大致相同，但比初步设计更详细些。具体内容包括整个建筑物和各个局部的具体做法，各部分确切的尺寸关系，内外装修的设计，结构方案的计算和具体内容，各种构造和用料的确定，各种设备系统的设计和计算，各技术工种之间各种矛盾的合理解决，设计预算的编制等。这些工作都是在有关各技术工种共同商议之下进行的，并应相互认可。对于不太复杂的工程，技术设计阶段可以省略，把这个阶段的一部分工作内容并入初步设计阶段(承担技术设计部分任务的初步设计称为扩大初步设计)，另一部分工作则留待施工图设计阶段进行。

2.1.4 施工图设计阶段

施工图设计是建筑设计的最后阶段，是提交施工单位进行施工的设计文件。在初步设计(或技术设计)得到上级主管部门审批同意后，方可进行施工图设计。

施工图设计的内容包括建筑、结构、水、电、采暖、通风等专业设计图纸、工程说明书、预算书。具体图纸和文件如下：

(1)建筑总平面图。比例 1∶500、1∶1 000。应表示建筑用地范围，建筑物及室外工程(道路、围墙、大门、挡土墙等)的位置、尺寸、标高、绿化美化设施的布置，并附必要的说明及详图，以及技术经济指标，地形及工程复杂时应绘制竖向设计图。

(2)建筑物各层平面图、剖面图、立面图。比例 1∶50、1∶100、1∶200。除表达初步设计或技术设计的内容以外，还应详细标出门窗洞口、墙段尺寸及必要的细部尺寸、详图索引。

(3)建筑构造详图。建筑构造详图包括平面节点、檐口、墙身、阳台、楼梯、门窗、室内装修、立面装修等详图。应详细表示各部分构件关系、材料尺寸及做法、必要的文字说明。根据节点需要，比例可分别选用 1∶20、1∶10、1∶5、1∶2、1∶1 等。

(4)各专业相应配套的施工图纸，如基础平面图、结构布置图、钢筋混凝土构件详图等。

项目 2.2 建筑设计内容

民用建筑的设计内容包括建筑、结构和设备设计等专业。

2.1.1 建筑设计

建筑设计的主要任务是根据任务书的要求及国家有关建筑方针政策，对建筑单体或总体做出合理布局，提出满足使用和观感要求的设计方案，解决建筑造型，处理内外空间，选择围护结构材料，解决建筑防火、防水等技术问题，做出有关构造设计和装修处理。一般由建筑师完成。

2.2.2 结构设计

结构设计是在建筑方案确定的条件下，解决结构选型、结构布置，分析结构受力，对所有受力构件做出设计。一般由结构工程师完成。

2.2.3 设备设计

设备设计主要包括给水排水、电气照明、采暖和空调通风、动力等方面的设计，一般由相关专业设备工程师在建筑方案确定的条件下做出专业计算与设计。

从上述各专业承担的任务中，可以看出，尽管各专业完成的任务不同，但同时都为同一目的——一幢建筑的设计而共同工作。这就要求各专业之间密切合作，当出现矛盾时，要互相协商解决。同时也可以看出，结构、水暖、电气等设计都是在建筑方案的基础上进行的，所以，在民用建筑设计中，建筑方案起着决定性的作用。而建筑专业在作方案时，不仅要考虑建筑功能和建筑艺术，还要综合考虑结构设备等专业的要求，尊重这些专业本身规律，在各专业间起综合协调作用。各专业的设计图纸、计算书、说明书及概预算构成一套完整的建筑工程文件，以此作为建筑工程施工的依据。

项目 2.3　建筑设计依据

2.3.1　建筑空间尺度的要求

1. 人体尺度及人体活动所需的空间尺度

建筑物中家具、设备的尺寸，踏步、窗台、栏杆的高度，门洞、走廊、楼梯的宽度和高度以及各类房间的高度和面积大小，都和人体尺度以及人体活动所需的空间尺度直接或间接有关，因此，人体尺度是确定空间的基本依据之一。人体所需的空间尺度包括人体自然所占空间、动作域空间和心里空间(图 2-1)。我国成年男子和成年女子的平均高度分别为 1 670 mm 和 1 560 mm，人体尺度和人体活动所需的空间尺度如图 2-2 所示。

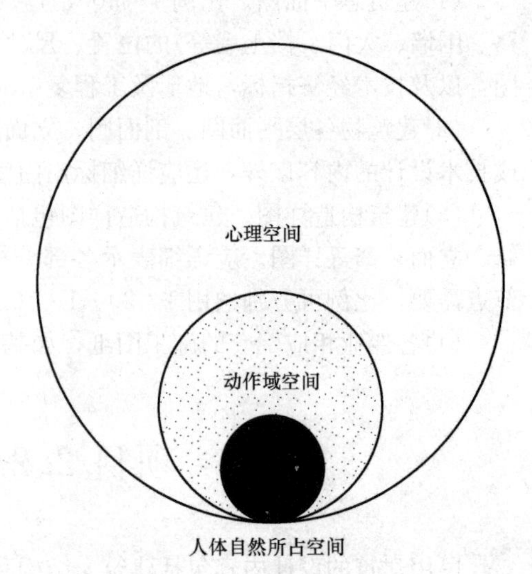

图 2-1　人体所需空间尺度

2. 家具、设备尺寸和使用它们所需的活动空间

房间内家具、设备的尺寸以及人们使用它们所需要的活动空间是确定房间内部使用面积的重要依据。合理选择家具、设备在房间中的摆设位置，并在其周围预留足够的使用空间。常用家具尺寸如图 2-3 所示。

2.3.2　自然条件的影响

由于建筑物始终处于自然环境之中，因此进行建筑物设计时必须对自然条件有充分的了解。

1. 气候条件的影响

气候条件是指建设地区的温度、湿度、日照、雨雪、风向、风速等，对建筑物的设计有较大的影响，是建筑设计的重要依据。日照和主导风向通常是确定房屋朝向和间距的主要因素。在设计前，必须收集当地有关的气象资料，作为设计的依据。我国部分城市的风向玫瑰图如图 2-4 所示。

2. 地形、地质及地震烈度的影响

基地地形平缓或起伏，基地的地质构造、土壤特性和地基承受力的大小，对建筑物的平面组合、结构布置和建筑体型都有明显的影响。

地震烈度表示地面及建筑物遭受地震破坏的程度。烈度在 6 度及 6 度以下的地区，地震对建筑物的损坏影响较小；烈度在 9 度以上的地区，地震破坏力很大。建筑抗震设防的重点是对 7、8、9 度地震烈度的地区(表 2-1)。

3. 水文条件的影响

水文条件是指地下水位的高低及地下水的性质，直接影响到建筑物的基础及地下室。一般应根据地下水位的高低及地下水位的性质确定是否在该地区建造房屋或采用相应的防水和防腐蚀措施。

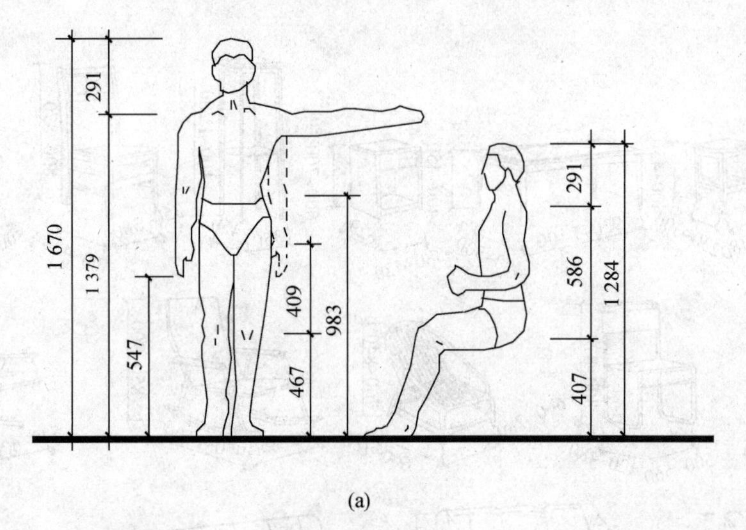

(a)

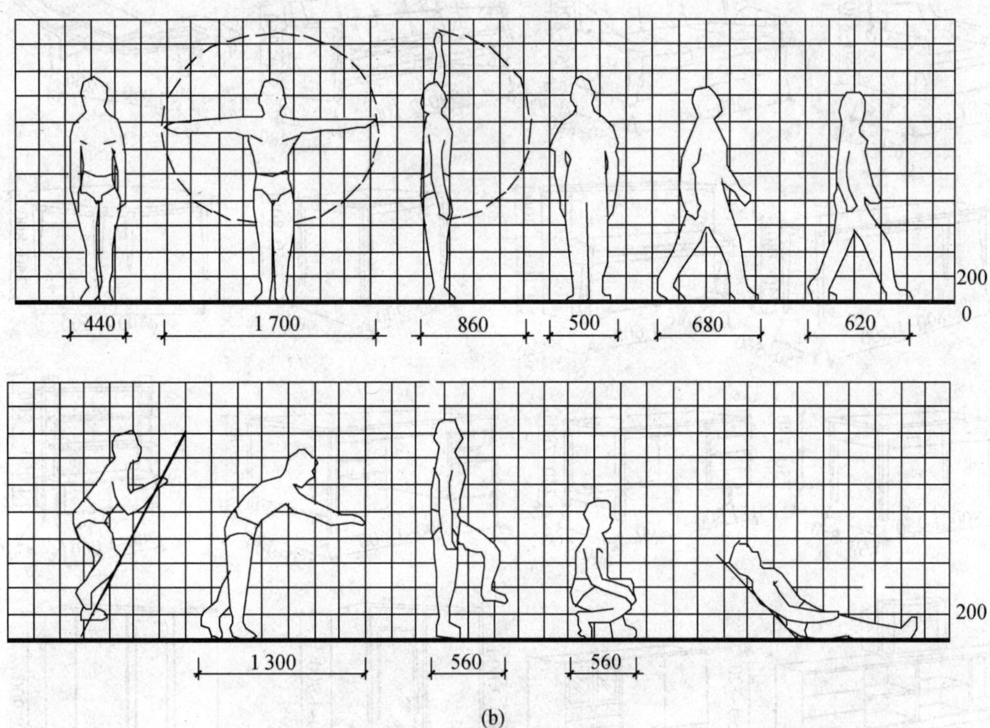

(b)

图 2-2　人体尺度和人体活动所需的空间尺度

(a)中等身材成年男子的人体基本尺度；

(b)人体活动所需空间尺度

2.3.3　建筑模数数列

为了实现工业化大规模生产，使不同材料、不同形式和不同制造方法的建筑构配件、组合件具有一定的通用性和互换性，在建筑业中必须共同遵守《建筑模数协调标准》(GB/T 50002—2013)的规定。

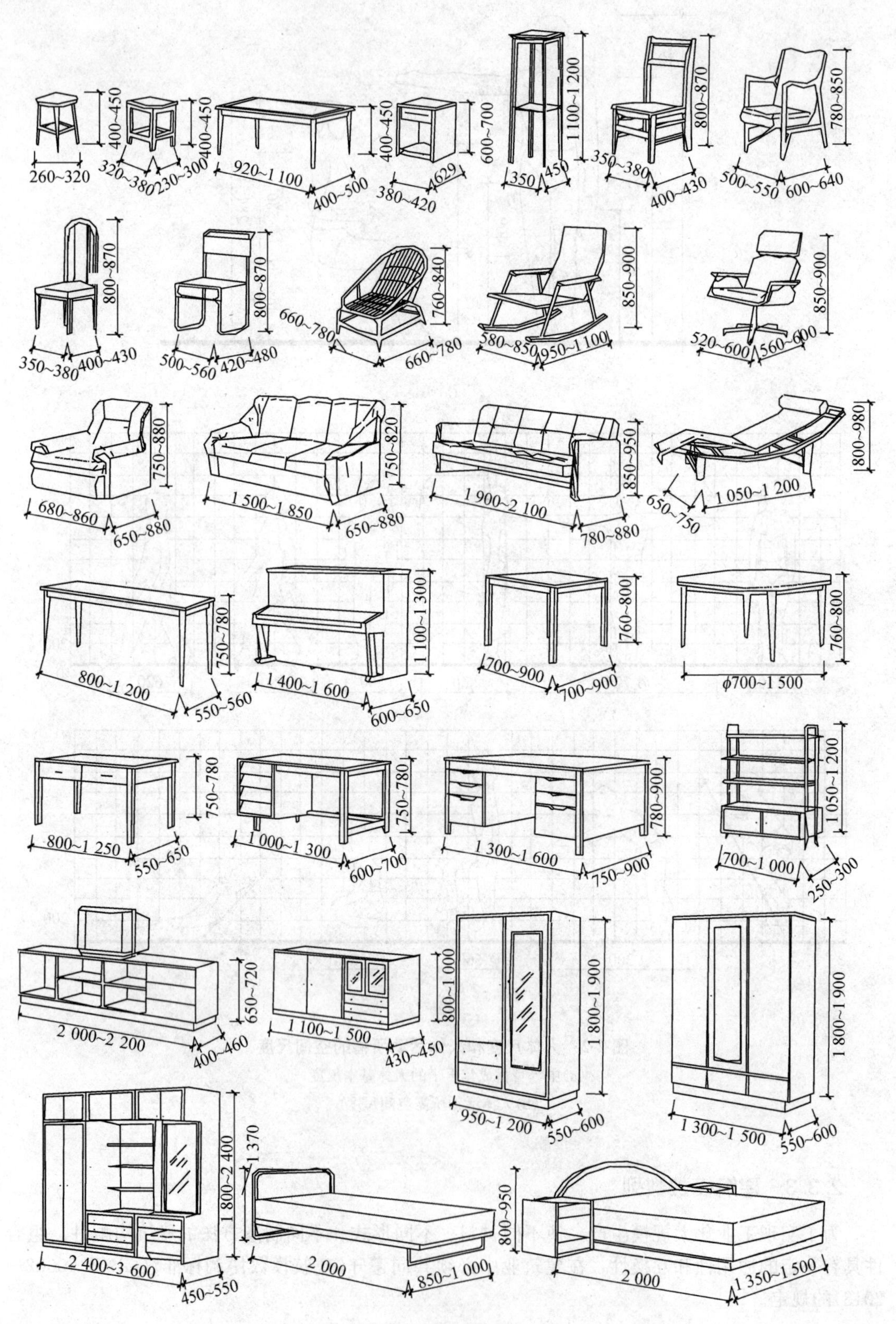
400~450
260~320
400~450
320~380
230~300
400~450
920~1 100
400~500
600~700
380~420
4629
1 100~1 200
350
450
800~870
350~380
400~430
780~850
500~550
600~640
800~870
350~380
400~430
800~870
500~560
420~480
760~840
660~780
660~780
850~900
580~850
950~1 100
850~900
520~600
560~600
750~880
680~860
650~880
750~820
1 500~1 850
650~880
850~950
1 900~2 100
780~880
800~980
650~750
1 050~1 200
750~780
800~1 200
550~560
1 100~1 300
1 400~1 600
600~650
760~800
700~900
700~900
760~800
ϕ700~1 500
750~780
800~1 250
550~650
750~780
1 000~1 300
600~700
780~900
1 300~1 600
750~900
1 050~1 200
700~1 000
250~300
650~720
2 000~2 200
400~460
800~1 000
1 100~1 500
430~450
1 800~1 900
950~1 200
550~600
1 800~1 900
1 300~1 500
550~600
1 800~2 400
2 400~3 600
450~550
1 370
2 000
850~1 000
800~950
2 000
1 350~1 500

图 2-3 常用家具尺寸

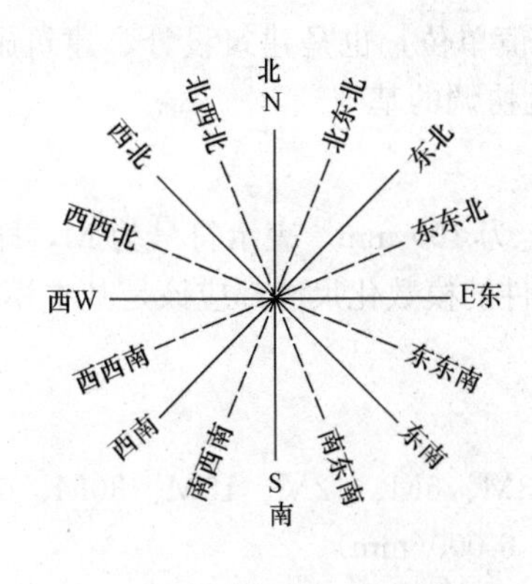

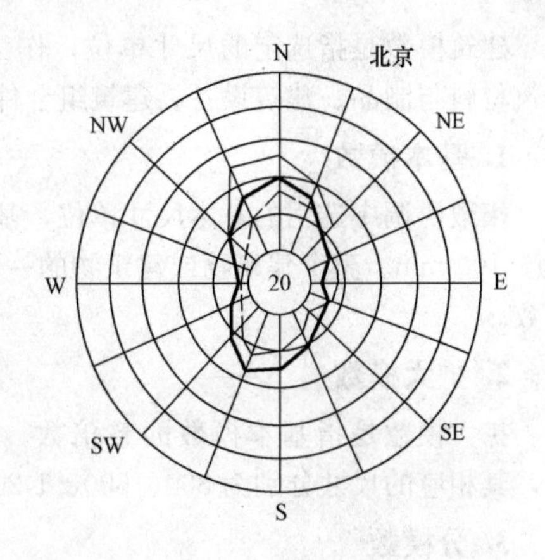

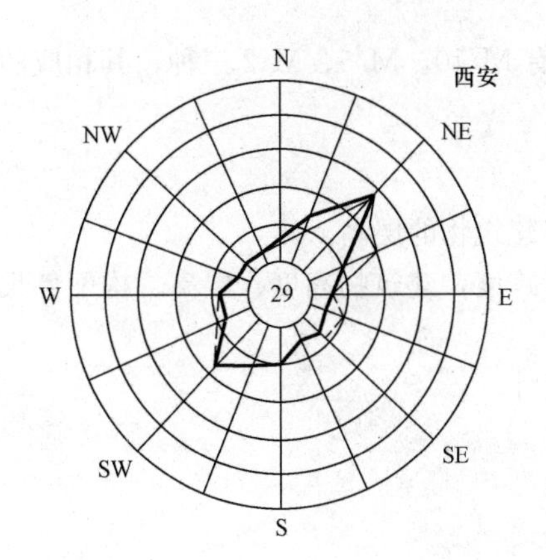

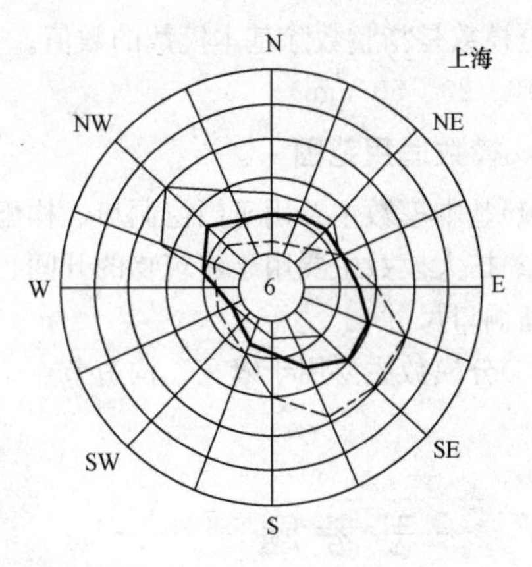

图 2-4　我国部分城市的风向玫瑰图

表 2-1　地震烈度表

地震烈度/度	地面及建筑物受破坏的程度
1～2	人们一般感觉不到，只有地震仪才能记录
3	室内少数人能感到轻微的振动
4～5	人们有不同程度的感觉，有一些室内物件摆动和有尘土掉落现象
6	较老的建筑多数要被破坏，个别有倒塌的可能；有时在潮湿疏松的地面上，有细小裂缝出现，少数山区发生土石散落
7	家具倾覆破坏，水池中产生波浪，对坚固的住宅建筑有轻微的损坏，如墙上产生轻微的裂缝，抹灰层大片的脱落，瓦从屋顶掉下等；工厂的烟囱上部倒下；严重地破坏陈旧的建筑物和简易建筑物，有时有喷砂、冒水现象
8	树干摇动很大，甚至折断，大部分建筑遭到严重破坏，坚固的建筑物墙上产生很大裂缝而遭到严重的损坏；工厂的烟囱和水塔倒塌
9	一般建筑物倒塌或部分倒塌；坚固的建筑物受到严重破坏，其中大多数变得不适于使用；地面出现裂缝，山区有滑坡现象
10	建筑严重破坏，地面裂缝很多；湖泊、水库有大浪出现；部分铁轨弯曲变形
11～12	建筑普遍倒塌，地面变形严重，造成巨大的自然灾害

建筑模数是指选定的尺寸单位，作为尺寸协调中的增值单位，也是建筑设计、建筑施工、建筑材料与制品、建筑设备、建筑组合件等各部门进行尺度协调的基础。

1. 基本模数

模数协调中选用的基本尺寸单位，基本模数的数值规定为 100 mm，表示符号为 M，即 1M 等于 100 mm。整个建筑物或建筑物的一部分以及建筑组合件的模数化尺寸都应该是基本模数的倍数。

2. 扩大模数

扩大模数是指基本模数的整倍数。扩大模数的值为 3M、6M、12M、15M、30M、60M6 个，其相应的尺寸分别为 300、600、1 200、1 500、3 000、6 000(mm)。

3. 分模数

分模数是指整数除基本模数的数值。分模数的基数有 M/10、M/5、M/2 三种，其相应的尺寸为 10、20、50(mm)。

4. 模数适用范围

(1)基本模数主要用于门窗洞口、构配件断面尺寸及建筑物的层高。

(2)扩大模数主要用于建筑物的开间、进深、柱距、跨度，建筑物高度、层高、构配件尺寸和门窗洞口尺寸。

(3)分模数主要用于缝宽、构造节点、构配件断面尺寸。

思考题

1. 建筑设计包括哪几个阶段？

2. 建筑设计的内容是什么？

3. 建筑设计的依据是什么？

4. 自然气候对建筑有哪些影响？

5. 图 2-4 中所示的风向是怎样的？

6. 实行《建筑模数协调标准》的意义是什么？基本模数、扩大模数、分模数的含义和适用范围分别是什么？

模块3　建筑平面设计

学习要求

了解建筑平面组合设计与总平面的关系，熟悉建筑平面设计的过程、内容，掌握建筑平面设计的基本原理和方法。

建筑平面设计是解决建筑物在水平方向各房间具体设计，以及各房间之间的关系问题，是建筑设计的重要内容。进行平面设计时，根据功能要求确定房间合理的面积、形状和尺寸以及门窗的大小、位置；满足日照、采光、通风、保温、隔热、隔声、防潮、防水、防火、节能等方面的需要；考虑结构的可行性和施工的方便；保证平面组合合理，功能分区明确。

民用建筑类型繁多，各类建筑房间的使用性质和组成类型也不相同。无论是由几个房间组成的小型建筑物或由几十个甚至上百个房间组成的大型建筑物，均是由使用空间与交通联系空间组成，而使用空间又可以分为主要使用空间与辅助使用空间(图 3-1)。

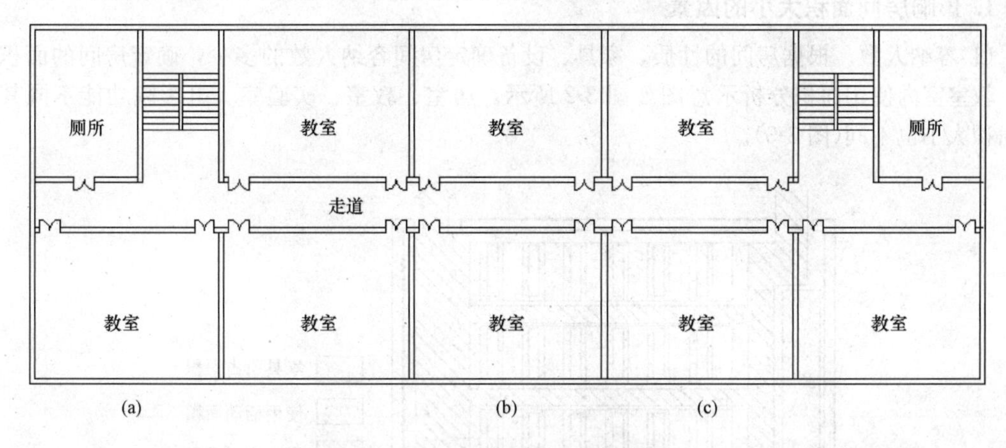

图 3-1　某中学教学楼平面空间构成

(a)主要使用空间；(b)辅助使用空间；(c)交通联系空间

(1)主要使用空间是建筑物的核心，它决定了建筑物的性质。往往表现为数量多或空间大，如住宅中的起居室、卧室；教学楼中的教室、办公室；商业建筑中的营业厅；影剧院中的观众厅等都是构成各类建筑中的主要使用空间。

(2)辅助使用空间是为保证建筑物主要使用要求而设置的，与主要使用空间相比，则属于建筑物的次要部分，如公共建筑中的卫生间、储藏室及其他服务性房间；住宅建筑中的厨房、厕所等。

(3)交通联系空间是建筑物中各房间之间、楼层之间和室内与室外之间联系的空间。如各类建筑物中的门厅、走道、楼梯间、电梯间等。

项目 3.1　主要使用空间的平面设计

主要使用空间是各类建筑的主要部分，是供人们工作、学习、生活、娱乐等的房间。由于建筑类别不同，使用功能不同，因此对使用房间的要求也不同。如住宅中的卧室是满足人们休息、睡眠用的；教学楼中的教室是满足教学用的；电影院中的观众厅是满足人们观看电影和集会用的。虽然如此，但总的来说，使用房间设计应考虑的基本因素仍然是一致的，即要求有适宜的尺度、足够的面积、恰当的形状、良好的朝向、采光和通风条件、方便的内外交通联系、有效地利用建筑面积以及合理的结构布局和便于施工等。

3.1.1　主要使用空间的平面设计

各种不同的使用房间都是为了供一定数量的人在里面进行活动和布置所需的家具和设备，因此，必须有足够的面积。按照使用要求，房间的面积可以分为以下三部分。

(1)家具和设备所占用的面积。

(2)人们使用家具、设备及活动所需的面积。

(3)房间内部的交通面积。

1. 影响房间面积大小的因素

(1)容纳人数。根据房间的性质、家具、设备确定房间容纳人数的多少，确定房间的面积大小。教室室内使用面积分析示意图如图 3-2 所示。居室、教室、实验室、电影院功能不同其房间面积大小也不同(图 3-3)。

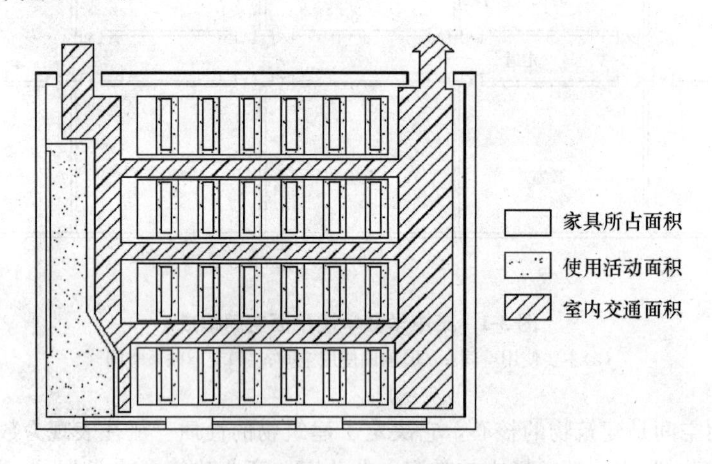

图 3-2　教室室内使用面积分析示意图

在实际工作中，房间面积的确定主要是依据我国有关部门及各地区制订的面积定额指标。根据房间的容纳人数及面积定额就可以得出房间的总面积。应当指出，每人所需的面积除面积定额指标外，还需通过调查研究，并结合建筑物的标准综合考虑(表 3-1)。

有些建筑的房间面积指标未作规定，使用人数也不固定，如展览室、营业厅等。这就需要设计人员根据设计任务书的要求，对同类型、规模相近的建筑进行调查研究，充分掌握使用特点，结合经济条件，通过分析比较得出合理的房间面积。

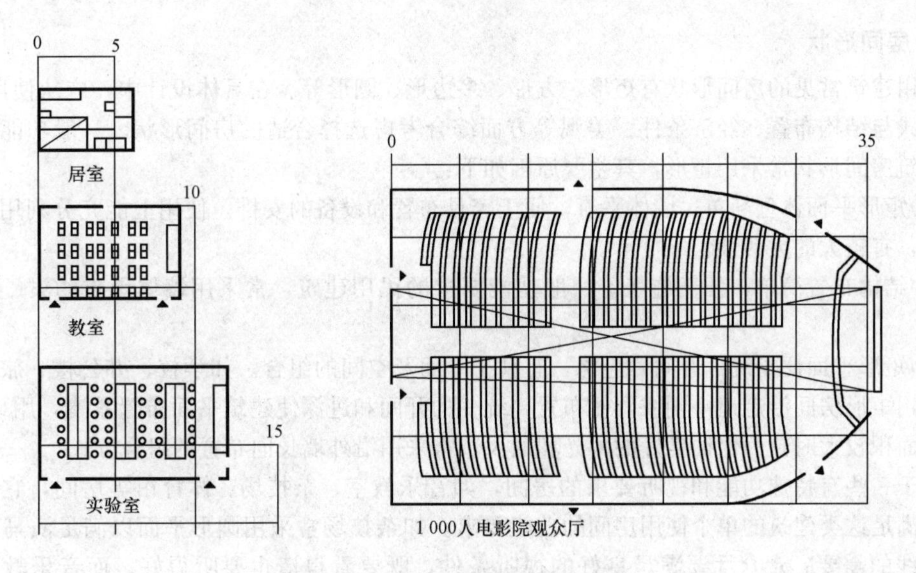

图 3-3　不同功能的房间的平面面积

表 3-1　部分民用建筑房间面积定额参考指标

项目	房间名称	面积定额/(m²·人⁻¹)	备注
中小学	普通教室	1～1.2	小学取下限
办公室	一般办公室	3.5	不包括走道
	会议室	0.5	无会议桌
		2.3	有会议桌
铁路旅客站	普通候车室	1.1～1.3	—
图书馆	普通阅览室	1.8～2.5	4～6座双面阅览桌

(2)家具、设备及人们使用活动面积(图 3-4)。为了满足不同房间的功能需求，需要布置不同的家具、设备，不同的活动面积，建筑面积也不同；同一类型的房间，同样的家具类型，家具的款式不同，家具面积不同，活动所需面积也不同，从而需要的总建筑面积也不同。

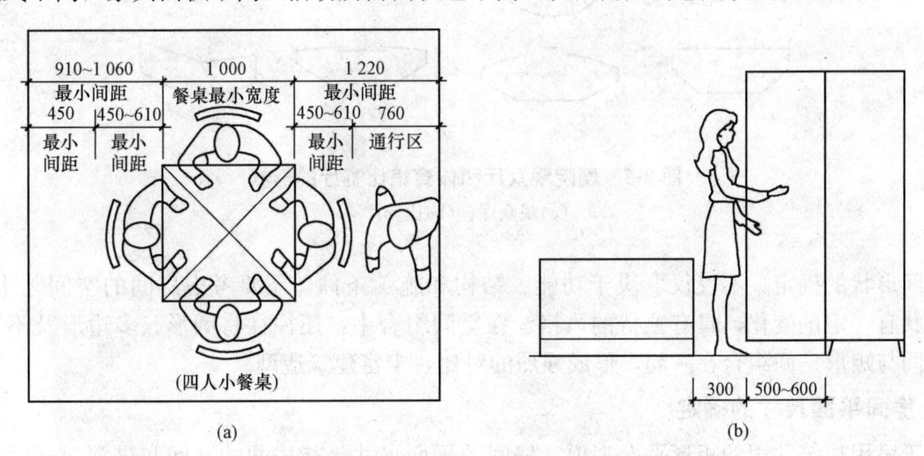

图 3-4　家具设备及人们使用活动面积

(a)家具布置所需面积；(b)衣柜使用所需建筑面积

2. 房间形状

民用建筑常见的房间形状有矩形、方形、多边形、圆形等。在具体设计中，应从使用要求、结构形式与结构布置、经济条件、美观等方面综合考虑选择合适的房间形状。一般功能要求的民用建筑房间形状常采用矩形，其主要原因如下：

(1)矩形平面体型简单，墙体平直，便于家具布置和设备的安排，使用上能充分利用室内有效面积，有较大的灵活性。

(2)结构布置简单，便于施工。一般功能要求的民用建筑，常采用墙体承重的梁、板构件布置。

(3)矩形平面便于统一开间、进深，有利于平面及空间的组合。如学校、办公楼、旅馆等建筑常采用矩形房间沿走道一侧或两侧布置，统一的开间和进深使建筑平面布置紧凑，用地经济。当房间面积较大时，为保证良好的采光和通风，常采用沿外墙长向布置的组合方式。

对于一些有特殊功能和视听要求的房间，如音乐教室、杂技场、体育馆等房间，它的形状首先应满足这类建筑的单个使用房间的功能要求。如杂技场常采用圆形平面以满足演马戏时动物跑弧线的需要；观众厅要满足良好的视听条件，既要看得清也要听得好；而音乐教室的平面也是综合使用人数、使用方式以及各种其他因素，例如视线、声学效果等所设计出来的成果(图 3-5)。

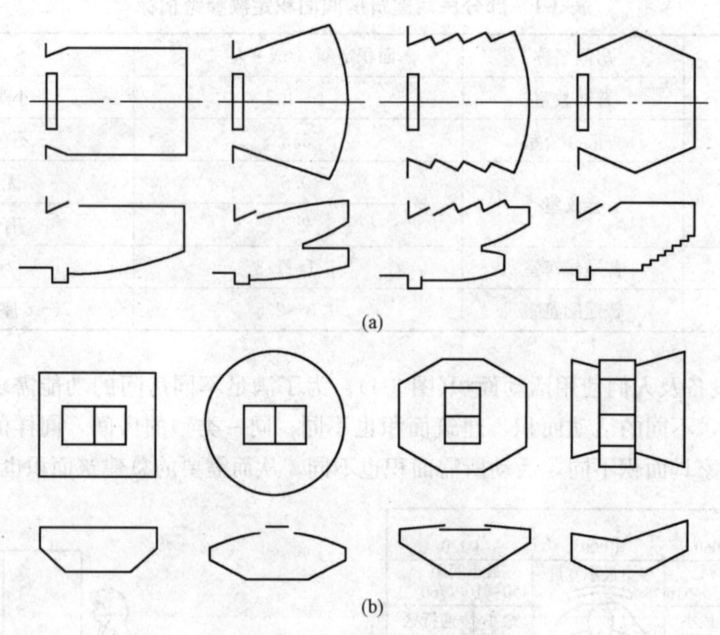

图 3-5　剧院观众厅和体育馆比赛厅的形状

(a)观众厅；(b)比赛厅

房间形状的确定，不仅仅取决于功能、结构和施工条件，还要考虑房间的空间艺术效果，使其形状有一定的变化，具有独特的风格。在空间组合中，还往往将圆形、多边形及不规则形状的房间与矩形房间组合在一起，形成强烈的对比，丰富建筑造型。

3. 房间平面尺寸的确定

对于民用建筑常用的矩形平面来说，房间的平面尺寸是指房间的开间和进深。开间是指房间两相邻横轴线之间的距离；进深是指房间两纵轴线之间的距离。开间和进深应符合建筑模数要求，一般采用 3M，如图 3-6 所示。

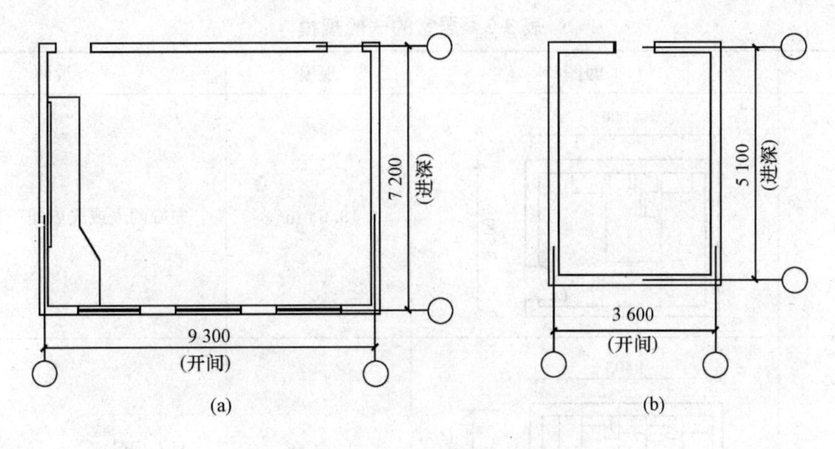

图 3-6　教室、宿舍开间进深示意图

(a)教室；(b)宿舍

(1)房间的使用要求。根据房间的使用性质确定活动特点、房间家具布置。考虑到睡眠的特点，主卧室内应布置床、床头柜、衣柜等家具。确定主卧室时，首先要考虑床的布置。为了适应不同的床位布置方式，以及纵横两个方向都能安放床位，主卧室的净宽应大于床的长度加门的宽度，故开间不宜小于 3.30M(图 3-7)。居室的一般规模见表 3-2。

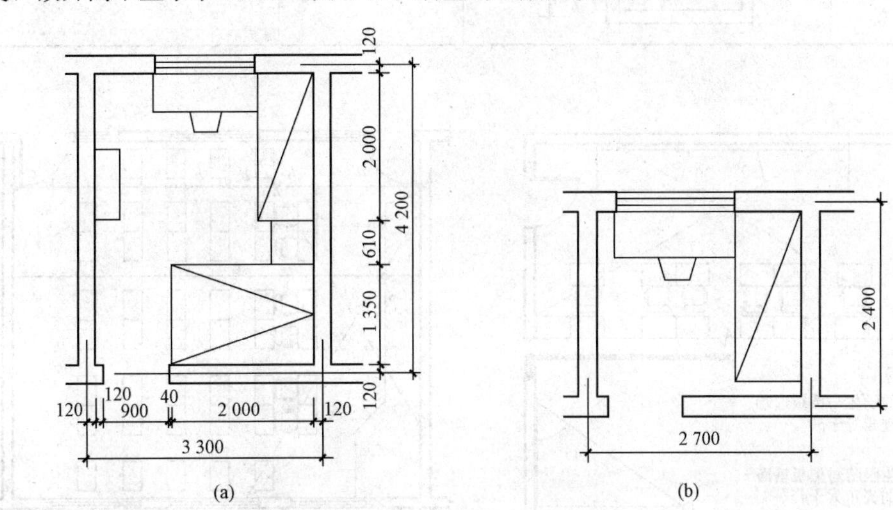

图 3-7　卧室平面布置图

(a)主卧室平面布置图；(b)次卧室平面布置图

根据教室的使用活动特点，在确定平面尺寸时，必须满足学生的视听要求，课桌椅应布置在规定的视距和视角范围以内，如图 3-8 所示。

①为防止第一排座位距黑板太近，垂直视角太小造成学生近视，第一排座位与黑板的距离必须≥2.00 m，且保证垂直视角大于 45°。

②为防止最后一排座位距离黑板太远，影响学生的视觉和听觉，最后一排与黑板的距离不宜大于 8.5 m。

③为避免学生过于斜视而影响视力和视觉效果，水平视角(前排边座与黑板远端的视线夹角)应≥30°。

表 3-2　居室的一般规模　　mm

空间	平面图	规模	说明
主卧室	4 500 3 300	13.93 m^2	夫妇两人或夫妇加一婴儿用
次卧室	4 500 2 700	11.3 m^2	两人用卧室
次卧室	3 300 2 100	6.3 m^2	一人用卧室，成人或老人一人用

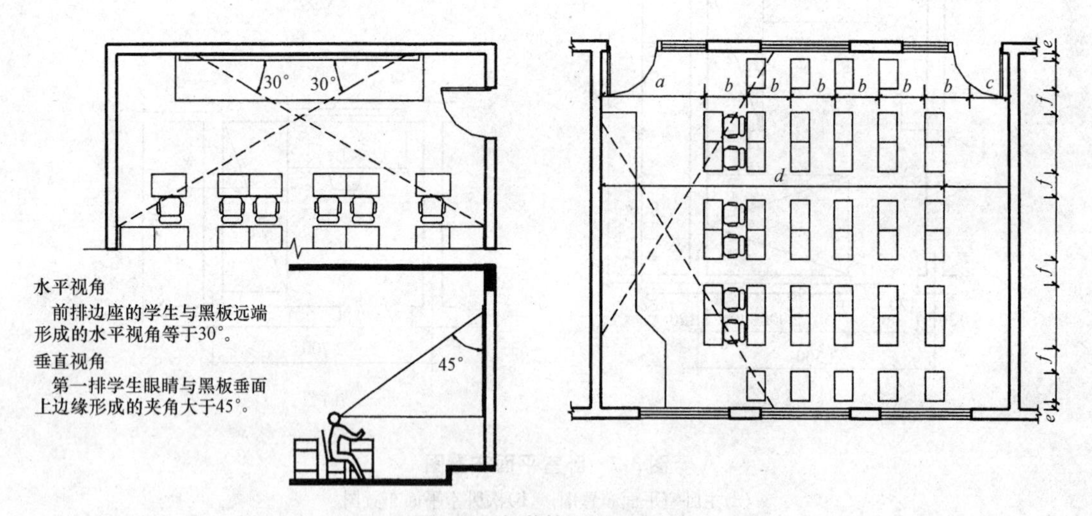

图 3-8　中学教室平面布置

(2)房间的采光限制。一般房间均要求有良好的天然采光，房间进深常受到采光的限制。为保证采光要求，一般单侧采光时，进深不大于窗上口至地面距离的 2 倍；双侧采光时进深可较单侧采光时增大一倍，如图 3-9 所示。

(3)精神享受和审美要求。房间的平面尺寸在满足功能要求的前提下，还应考虑人们的精神享受和审美要求。房间的长宽比例不同，给人的视觉感受也不同。如窄而长的房间会使人产生向前的导向感，较为方正的房间会使人产生静止感。房间的长宽比一般以 1∶1～1∶1.5 为宜。

(4)经济技术方面。房间的平面尺寸应使结构布置经济合理。在墙承重结构和框架结构中，梁的经济跨度一般为 5～9 m，房间的开间、进深应尽量标准化、减少构件类型、便于构件统一。

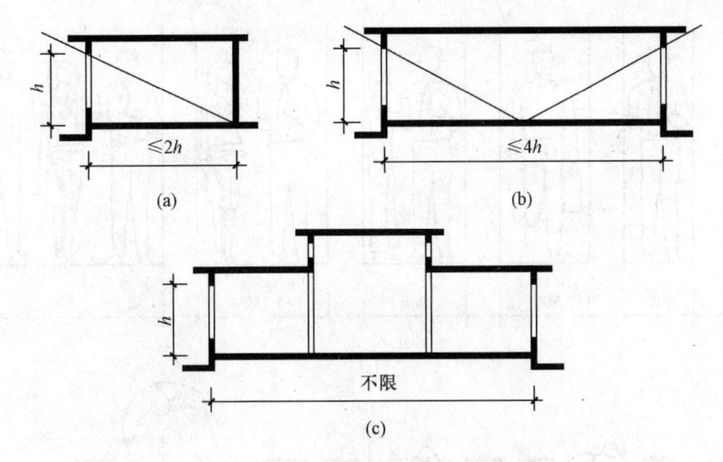

图 3-9　采光方式对房间进深的影响

(a)单侧采光；(b)双侧采光；(c)混合采光

3.1.2　主要使用空间的门窗设置

1. 门的设计和布置

房间门的作用是供人出入和各房间交通联系，有时也兼采光和通风。窗的主要功能是采光、通风。同时门、窗也是外围护结构的组成部分。因此，门、窗设计是一个综合性问题，它的大小、数量、位置及开启方式直接影响房间的采光和通风、家具布置的灵活性、房间面积的有效利用、人流活动及交通疏散、建筑外观及经济性等各个方面。

(1)门的宽度。门的宽度一般由人流量和搬运家具、设备时所需要的宽度来确定。单股人流通行最小宽度一般为 550～600 mm，一个人侧身通行的宽度需要 380 mm，所以门的宽度为 900～1 000 mm。住宅中由于房间面积较小、人数较少，为了减少门占用的使用面积，分户门和主要使用房间门的宽度为 900 mm，阳台和厨房的门宽多为 800 mm；学校的教室由于使用人数较多可采用 1 000 mm 宽度的门。在房间面积较大、活动人数较多时，如会议室、大教室、观众厅等，可根据疏散要求设宽度为 1 200～1 800 mm 的双扇门。作为建筑的主要出入门，如大厅、过厅，也有采用四扇门或多扇门的，一扇门的宽度一般为750～900 mm。对于有特殊要求的房间，如医院的病房可采用大小扇门的形式，正常通行时关闭小扇门，当通过病人用车时，保证门的宽度有 1 300 mm(图 3-10)。

有大量人流通过的房间，如剧院、电影院、礼堂、体育馆的观众厅，门的总宽度根据建筑性质确定，国家规范中规定按每 100 人不小于 0.6 m 计算。

(2)门的数量。门的数量根据房间人数的多少、面积的大小以及疏散方便程度等因素决定。《建筑设计防火规范》(GB 50016—2014)中规定，当房间位于两个安全出口之间，且建筑面积不大于 120 m^2，疏散门可设置 1 个，门的净宽度不小于 0.9 m；除托儿所、幼儿园、老年人建筑外，房间位于走道尽端，且房间内任一点到疏散门的直线距离不大于 15 m，可设置 1 个门，门的净宽度不小于 1.4 m。剧院、电影院、礼堂的观众厅，其疏散门的数量应经计算确定，且不应少于 2 个，每个疏散门的平均疏散人数不应超过 250 人，每扇门的净宽不应小于 1.4 m。

(3)门的位置。门的位置恰当与否直接影响到房间的使用，确定门的位置时要考虑室内人流活动的特点和家具布置的要求，尽量考虑缩短交通路线，使室内有较完整的使用空间和墙面，同时还要考虑有利于组织采光和穿堂风。

图 3-11 所示是在同一面积情况下由于房间门的位置不同，出现了不同的使用效果。图 3-11(a)

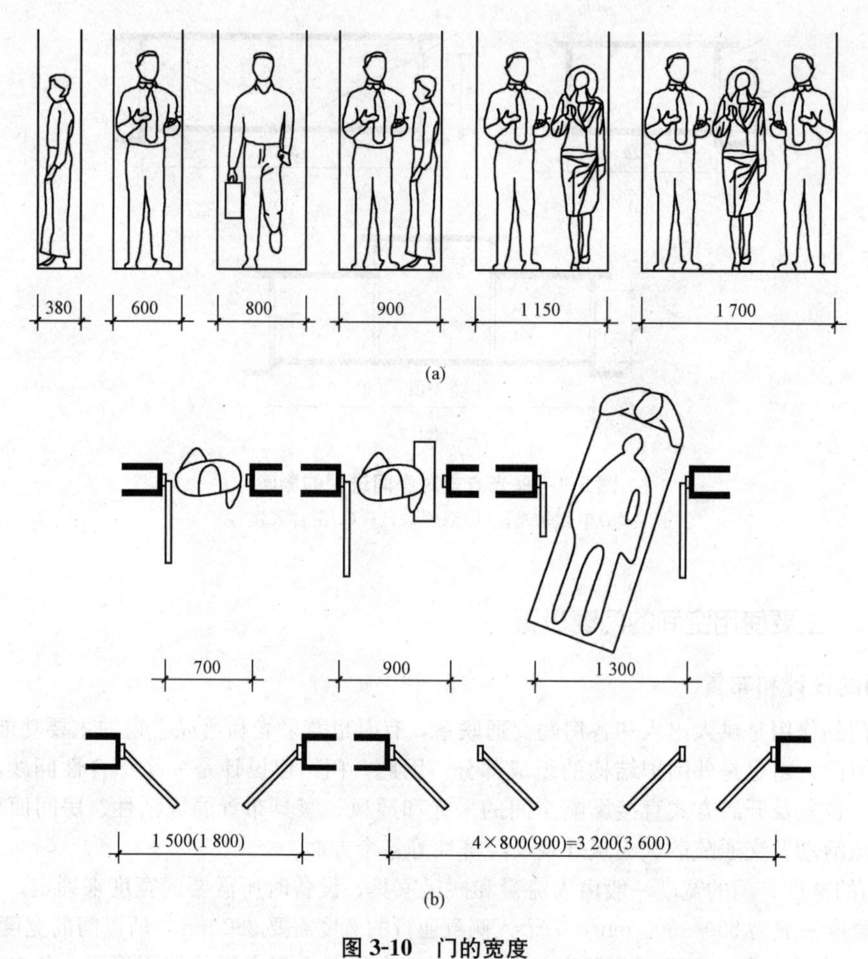

图 3-10　门的宽度

(a)不同宽度走道的通行人流示意图；(b)医院病房门的宽度

表示卧室的门布置在房间的一角，使房间有较完整的使用空间和墙面，有利于家具的布置，房间利用率高；图 3-11(b)表示门布置在房间墙中间，使家具的布置受到了局限；图 3-11(c)表示四人间集体宿舍，将门布置在墙的中间，有利于床位的摆放，且活动方便，互不干扰；图3-11(d)表示布置干扰大，使用不便。因此，门的合理布置要根据具体情况综合分析来确定。

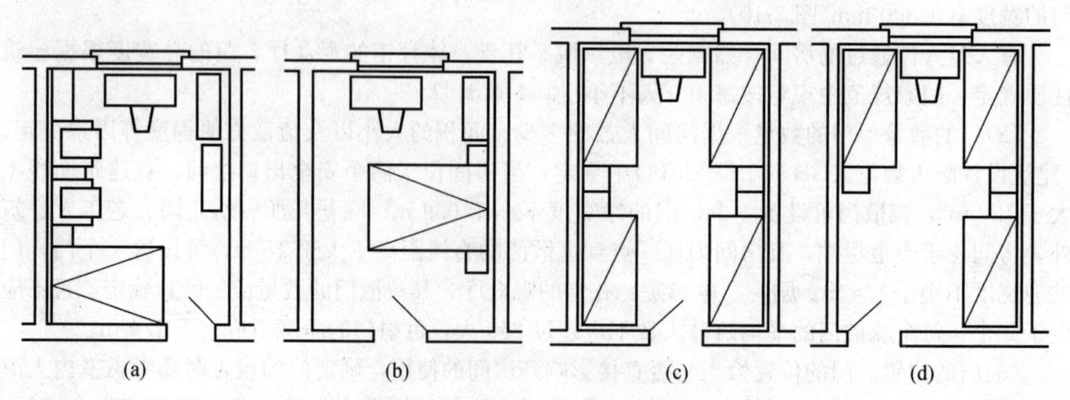

图 3-11　卧室、集体宿舍门的位置

(a)、(c)合理的卧室布置；(b)、(d)不合理的卧室布置当一个房间有两个或两个以上门时，门与门之间的交通联系必然给房间的使用带来影响，这时要考虑缩短交通路线和家具布置灵活的问题。如图 3-12 所示是套间门的位置设置比较，其中，图 3-12(a)、(c)表示房间内的穿行面积过大，影响房间家具摆设和使用；图 3-12(b)、(d)表示房间内交通面积较短，家具设置方便。

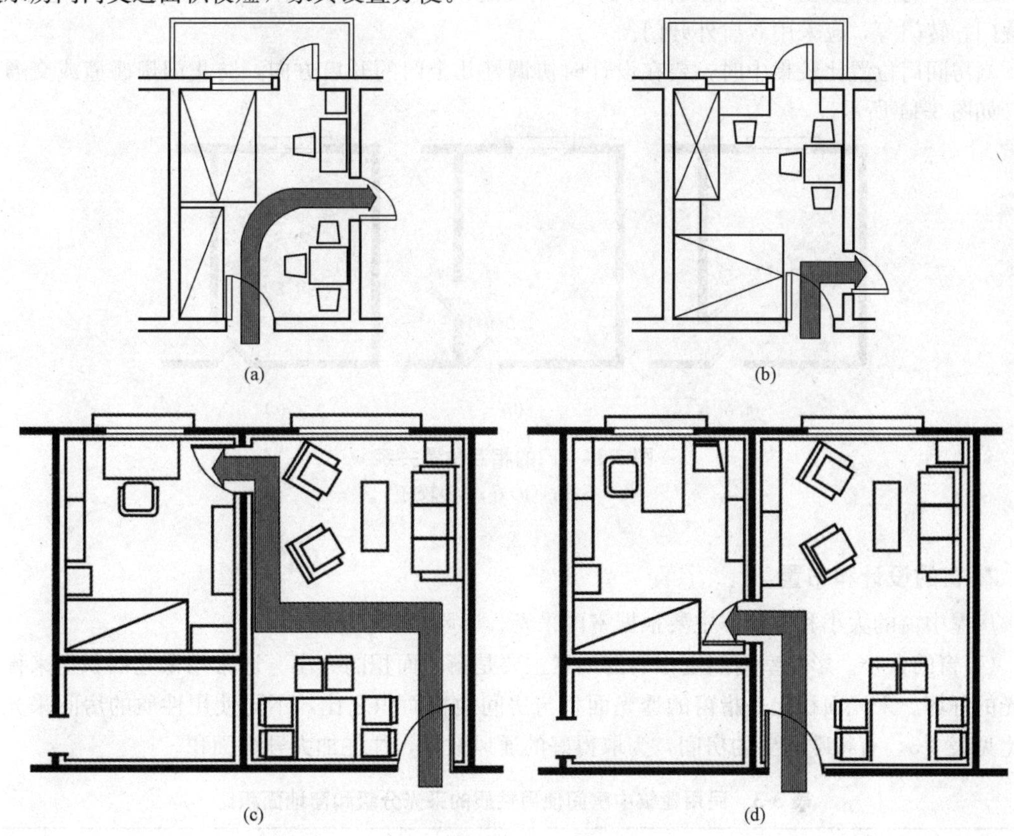

图 3-12　套间布置门的位置比较

(a)、(c)不合理的布置；(b)、(d)合理的布置

当房间人数较多时，门的设计除要满足数量的要求外，还要强调均匀布置，使疏散方便。如图 3-13 所示为影剧院观众厅疏散门和实验室门的布置示意图。

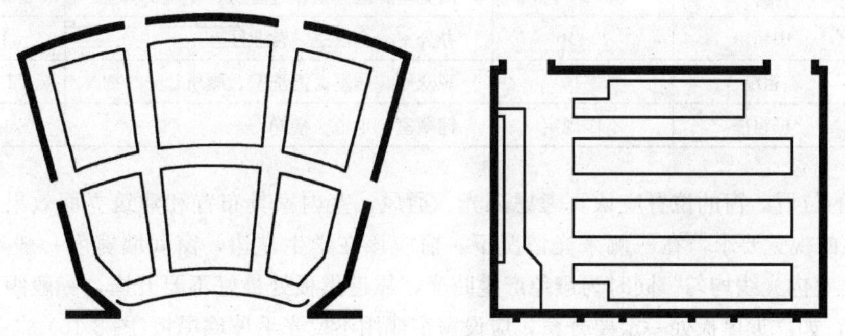

图 3-13　观众厅及实验室门的布置示意图

(4)门的开启方式。门的开启方式类型很多，如普通平开门、弹簧门、推拉门等，在民用建筑中用得最普遍的是普通平开门。平开门分外开和内开两种。对于人数较少的房间，一般要求

门向房间内开启，以免影响走廊的交通，如住宅、宿舍、办公室等；对于使用人数较多的房间，如会议室、礼堂、教室、观众厅以及住宅单元入口门，考虑疏散的安全，门应开向疏散方向。有防风沙、保温要求或人员出入频繁的房间，可以采用转门或弹簧门。我国规范规定，对于幼儿园建筑，为确保安全，不宜设弹簧门；影剧院建筑的观众厅疏散门严禁用推拉门、卷帘门、折叠门、转门等，应采用双肩外开门。

当房间门位置比较集中时，要在设计时协调好几个门的开启方向，防止门扇碰撞或交通不便，如图 3-14 所示。

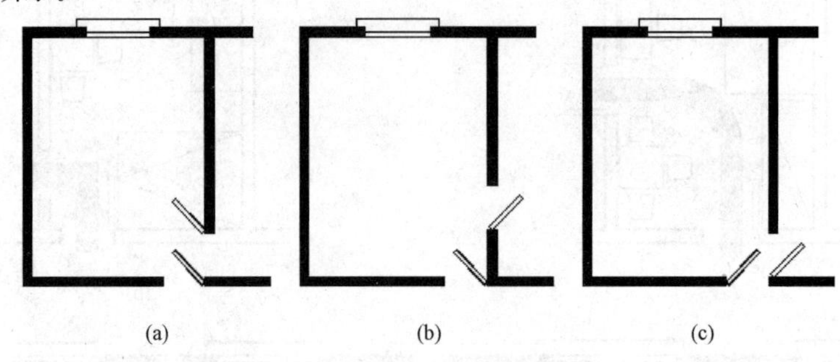

图 3-14　门的相互位置关系

(a)不好；(b)好；(c)较好

2. 窗的设计和布置

房屋中窗的大小和位置，主要根据室内采光、通风要求来考虑。

(1)窗的大小。影响室内照度强弱的因素主要是窗户面积的大小。通常用采光面积比来衡量采光的好坏。采光面积比是指窗的透光面积与房间地板面积之比，不同使用性质的房间采光面积比见表 3-3。有特殊需要的房间，为取得好的通风效果，往往加大开窗面积。

表 3-3　民用建筑中房间使用性质的采光分级和窗地面积比

采光等级	视觉活动特征		房间名称	窗地面积比
	工作或活动要求精度	要求识别的最小尺寸/mm		
Ⅰ	极精密	<0.2	绘图室、制图室、画廊、手术室	1/3～1/5
Ⅱ	精密	0.2～1	阅览室、医务室、健身房、专业实验室	1/4～1/6
Ⅲ	中精密	1～10	办公室、会议室、营业厅	1/6～1/8
Ⅳ	粗糙	>10	观众厅、居室、盥洗室、厕所	1/8～1/10
Ⅴ	极粗糙	不作规定	储藏室、走道、楼梯	1/10 以下

(2)窗的位置。窗的位置应认真考虑采光、通风、室内家具布置和建筑立面效果，如教室为了保证学生的视觉要求，在一侧采光情况下，窗应该在学生左边，窗间墙宽度一般不应大于 80 cm，以保证室内光线均匀。同时为避免产生眩光，靠近黑板处最好不要开窗，一般距离黑板不应小于 80 cm，如靠近黑板处一定要开窗，应设窗帘或用不反光毛玻璃黑板(图 3-15)。

为了使采光均匀，通常将窗居中布置于房间的外墙上，但这样的窗位有时会使两边的墙都小于摆放家具所需要的尺度，应灵活布置窗位，使其偏向一边。有时为避免眩光的产生，也会使窗偏向一边。

窗的位置对室内通风效果的影响也很明显。门窗的相对位置采用对面通直布置时，室内气

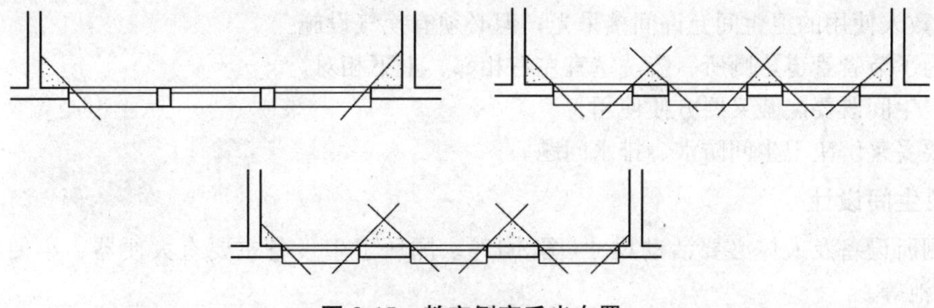

图 3-15　教室侧窗采光布置

流通畅，同时，也要尽可能使穿堂风通过室内使用活动部分的空间。如图 3-16 所示为门窗平面位置对气流组织的影响。图中所示为教室平面，常在靠走廊一侧开设高窗，以调节出风通路，改善教室内通风条件。

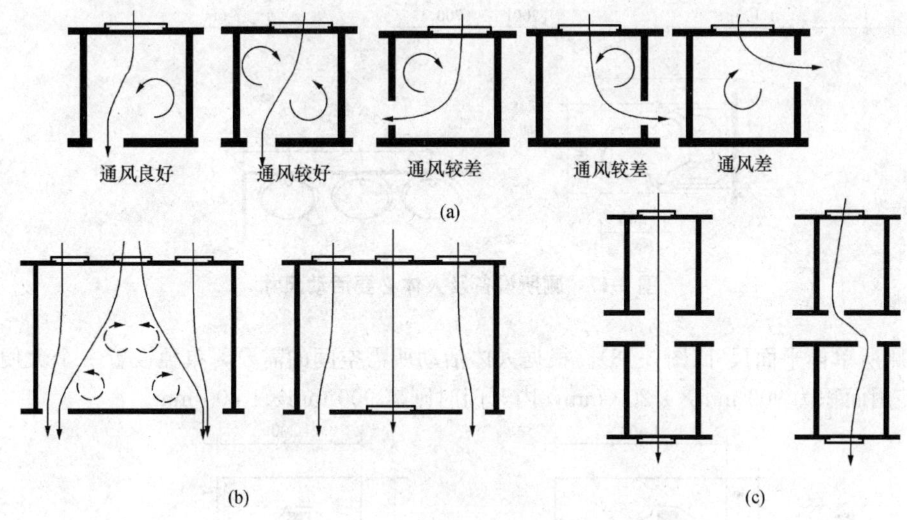

图 3-16　门窗平面位置对气流组织的影响

(a)一般房间门窗相互位置；(b)教室门窗相互位置；

(c)内廊式平面房间门窗相互位置

项目 3.2　辅助使用空间的平面设计

辅助使用空间是指为使用房间提供服务的房间，如厕所、盥洗室、浴室、厨房、通风机房、配电房等。这些房间在整个建筑平面中虽然属于次要地位，但却是不可缺少的部分，直接关系到人们使用方便与否。

3.2.1　卫生间

1. 卫生间设计的一般要求

卫生间包括厕所、盥洗室、浴室等。卫生间的设计要求如下：

(1)在满足设备布置及人体活动要求的前提下，力求布置紧凑，节约面积。

(2)公共建筑使用人数较多，卫生间应有良好天然采光和自然通风，以便排除臭气。住宅、旅馆等少数人使用的卫生间允许间接采光，但必须有换气设施。

(3)为了节省管道，厕所、盥洗室宜左右相邻、上下相对。

(4)卫生间既要隐蔽又要方便使用。

(5)要妥善解决卫生间防水、排水问题。

2. 卫生间设计

(1)厕所设备及人体必要活动尺寸(图 3-17)。厕所卫生设备主要有大便器、小便器、洗手盆、污水池等。

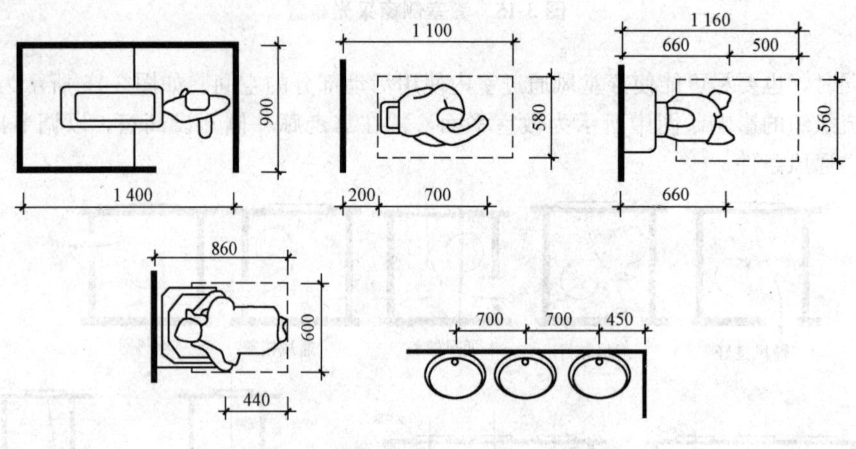

图 3-17　厕所设备及人体必要活动尺寸

(2)厕所单体平面尺寸(图 3-18)。根据人体活动所需空间的需要，单独设置一个大便器的厕所最小使用面积为 900 mm×1 200 mm，内开门时则需 900 mm×1 400 mm。

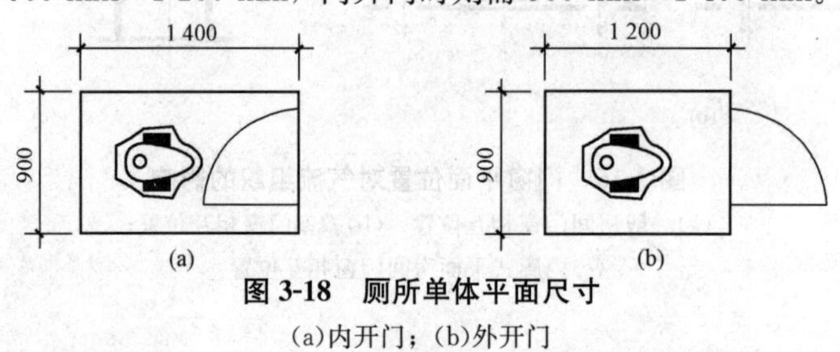

图 3-18　厕所单体平面尺寸

(a)内开门；(b)外开门

(3)厕所平面的组合方式。公共建筑中厕所内大便器布置方式一般有单排式和双排式两种，其布置方式以及尺寸要求如图 3-19 所示。

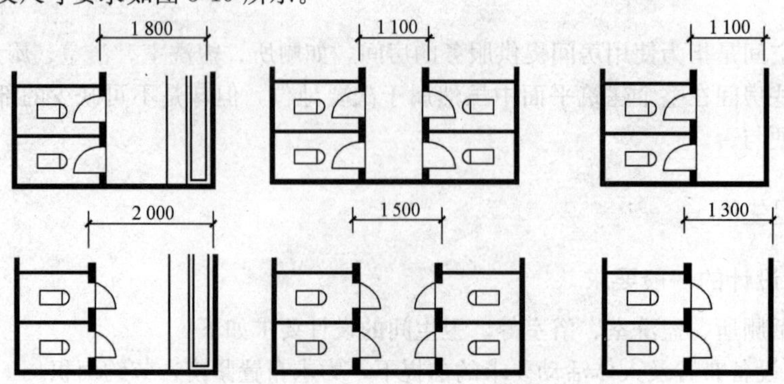

图 3-19　厕所平面的组合方式

(4)厕所设备参考指标。卫生设备的数量主要取决于使用人数、使用对象、使用特点。如中、小学一般是下课后集中使用，因此卫生设备数量适当多一些，以免造成拥挤。一般民用建筑每一个卫生器具可供使用的人数见表 3-4。具体设计中可参考各种类型建筑设计规范。

表 3-4　厕所设备参考指标

建筑类型	男小便器/(人/个)	男大便器/(人/个)	女大便器/(人/个)	洗手盆/(人/个)	男女比例
体育馆	80	250	100	150	2∶1
影剧院	35	75	50	140	按实际情况
中小学	40	40	25	100	1∶1
火车站	80	80	50	150	按实际情况
宿舍	20	20	15	15	按实际情况
旅馆	20	20	12	—	按设计情况

(5)厕所的平面布置方式。厕所布置分为有前室与无前室两种。有前室的厕所常用于公共建筑中，它有利于隐蔽，可以改善通往厕所的走道和过厅的卫生条件。前室设双重门，通往厕所的门可设弹簧门，便于随时关闭。前室内一般设有洗手盆及污水池，为保证必要的使用空间，前室的深度应不小于 1.5～2.0 m。当厕所面积小，不可能布置前室时，应注意门的开启方向，务必使厕所蹲位及小便器处于隐蔽位置(图 3-20)。

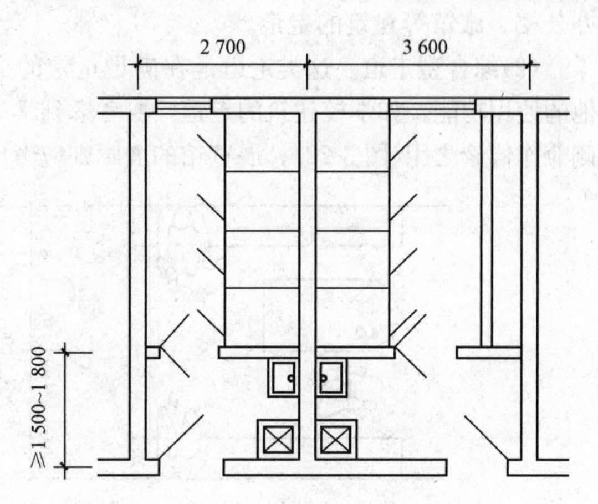

图 3-20　有前室的厕所平面布置图

3.2.2　厨房

厨房设计应保持良好的采光和通风条件。厨房的墙面、地面应考虑防水、便于清洁；室内布置应符合操作流程，并保证必要的操作空间和储藏空间。

一般住宅的厨房布置形式有单排、双排、L形、U形等几种，如图 3-21 所示。

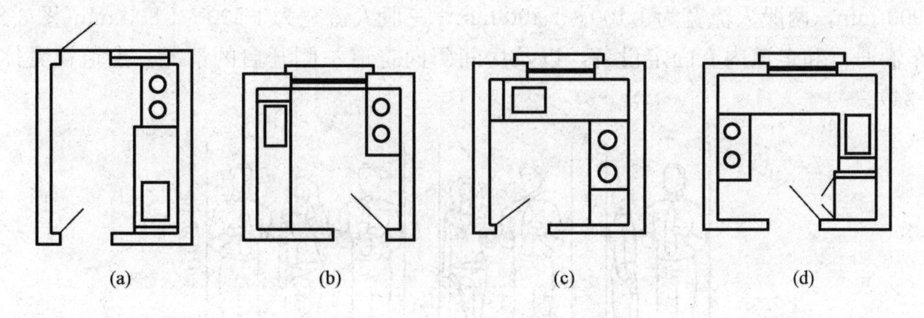

图 3-21　厨房布置形式示意图

(a)单排；(b)双排；(c)L形；(d)U形

项目 3.3　交通联系空间的平面设计

建筑物是由若干使用房间组成的，但使用房间之间在水平方向和垂直方向以及与室外之间的联系，是通过走道、楼梯、电梯和门厅来实现的，因此将走道、楼梯、电梯、门厅等称为建筑物的交通联系部分。它们设计得是否合理直接影响到建筑物的使用。

3.3.1　走道

走道也称走廊，是水平交通空间，起着联系各个房间的作用。

1. 走道的分类

走道按使用性质不同分为以下两种类型：

(1)交通型走道。完全是为交通而设置的走道，这类走道内不允许再有其他的使用要求。如办公楼、旅馆等建筑的走道。

(2)综合型走道。这类走道是在满足正常的交通情况下，根据建筑的性质，在走道内安排其他的使用功能，如学校建筑的走道，要考虑到学生课间休息；医院门诊部走道要考虑到两侧或一侧兼作候诊之用(图 3-22)；展览馆的展廊则应考虑布置陈列橱窗、展柜，满足边走边看的要求。

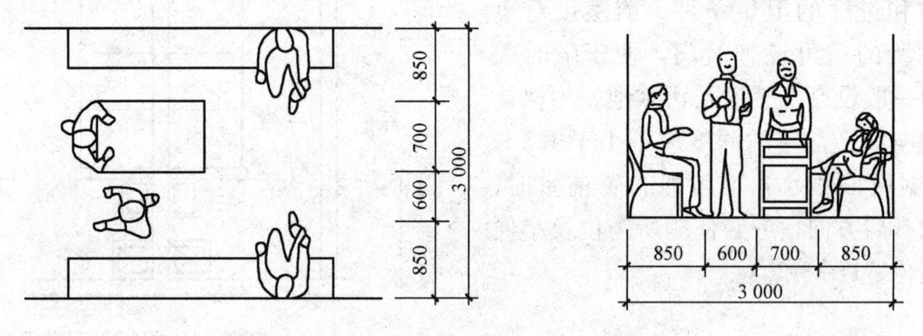

图 3-22　医院门诊部走道基本宽度的确定

2. 走道的设计

(1)走道宽度。一般情况下根据人体尺度及人体活动所需空间尺寸确定，单股人流走道宽度尺寸为 900 mm，两股人流宽为 1 100～1 200 mm，三股人流宽为 1 500～1 800 mm(图 3-23)。对于考虑车辆通行和走道内有固定设备，以及房间门向走道一侧开启的情况，走道视具体情况加宽(图 3-24)。

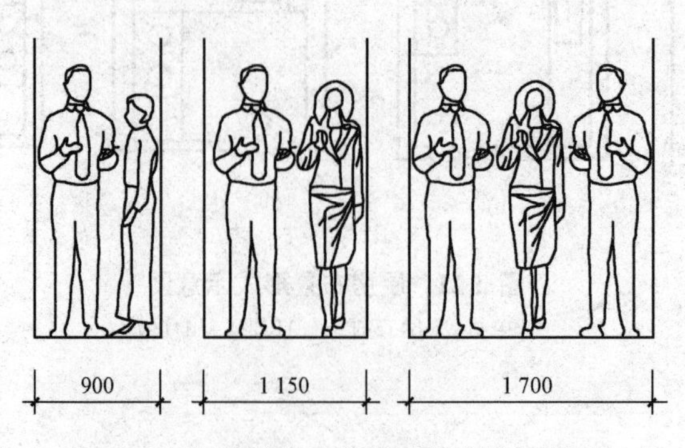

图 3-23　不同宽度走道的通行人流示意图

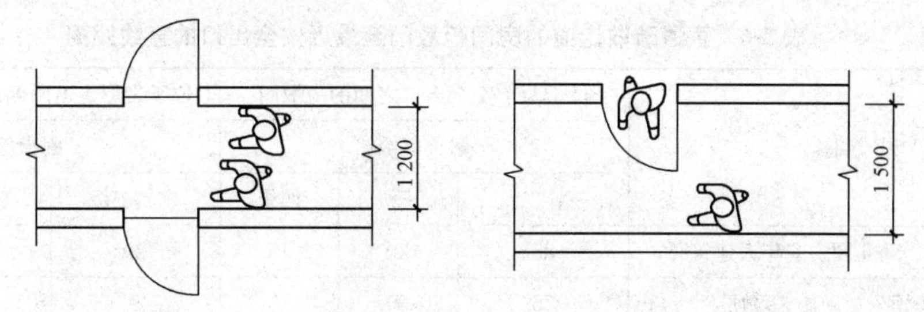

图 3-24　走道的宽度

一般民用建筑的走道宽度，有关规范中做了规定，如中、小学校教学楼走道的净宽度，当两侧布置房间时，不应小于 2 100 mm，当一侧布置房间时不应小于 1 800 mm，行政及教职工办公用房不应小于 1 500 mm；办公楼走道长度小于 40 m 且单侧布置房间时，走道净宽不应小于 1 300 mm，双侧布置房间时不应小于 1 400 mm，当长度大于 40 m 时，单侧布置房间走道净宽不应小于1 500 mm，双侧布置房间不应小于 1 800 mm；医院建筑需利用走道单侧候诊，走道净宽不应小于 2 100 mm，两侧候诊时，净宽不应小于 3 000 mm。

走道的宽度除满足上述要求外，从安全疏散的角度，《建筑设计防火规范》(GB 50016—2014)对走道的宽度做了明确的规定(表 3-5)。

表 3-5　楼梯门和走道的宽度指标

建筑的耐火等级 建筑层数	一、二级	三级	四级
1～2 层	0.65	0.75	1.00
3 层	0.75	1.00	—
≥4 层	1.00	1.25	—
注：底层外门的总宽度应按该层以上最多的一层人数计算，不供楼上人员疏散的外门，可按本层人数计算。			

(2)走道长度。走道的长度是根据建筑平面房间组合的实际需要来确定的，应符合防火疏散的安全要求。房间门到疏散口(楼梯、门厅等)的疏散方向有双向和单向之分。双向疏散的走道称为普通走道；单向疏散的走道称为袋形走道(图 3-25)。这两种走道的长度根据建筑物的性质和耐火等级而确定，《建筑设计防火规范》(GB 50016—2014)中做了规定(表 3-6)。

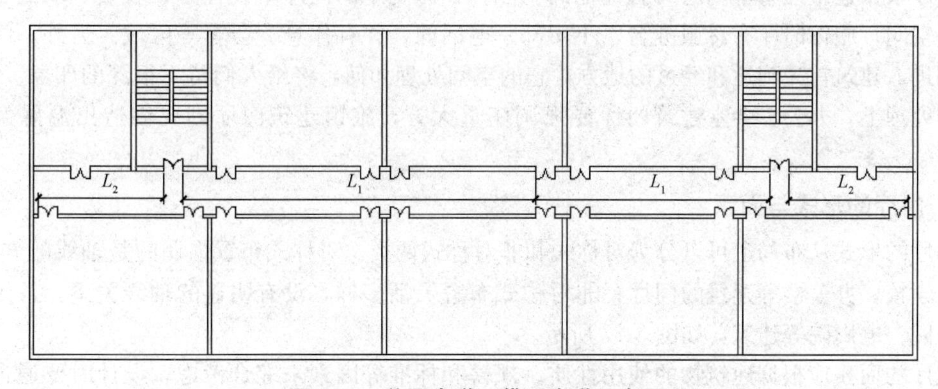

图 3-25　普通走道、袋形走道示意图

表 3-6　直通疏散走道的房间疏散门至最近安全出口的直线距离　　m

名称			位于两个安全出口之间的疏散门			位于袋形走道两侧或尽端的疏散门		
			耐火等级			耐火等级		
			一、二级	三级	四级	一、二级	三级	四级
托儿所、幼儿园、老年人建筑			25	20	15	20	15	10
歌舞娱乐放映游艺场所			25	20	15	9	—	—
医疗建筑	单、多层		35	30	25	20	15	10
医疗建筑	高层	病房部分	24	—	—	12	—	—
医疗建筑	高层	其他部分	30	—	—	15	—	—
教学建筑	单、多层		35	30	25	22	20	10
教学建筑	高层		30	—	—	15	—	—
高层旅馆、展览建筑			30	—	—	15	—	—
其他建筑	单、多层		40	35	25	22	20	15
其他建筑	高层		40	—	—	20	—	—

注：1. 建筑内开向敞开式外廊的房间疏散门至最近安全出口的直线距离可按本表的规定增加 5 m。
2. 直通疏散走道的房间疏散门至最近敞开楼梯间的直线距离，当房间位于两个楼梯间之间时，应按本表的规定减少 5 m；当房间位于袋形走道两侧或尽端时，应按本表的规定减少 2 m。
3. 建筑物内全部设置自动喷水灭火系统时，其安全疏散距离可按本表的规定增加 25%。

(3)走道采光。为了使用安全、方便和减少走道的空间封闭感，除某些公共建筑走道可用人工照明外，一般走道应有直接的天然采光，采光面积比不应低于 1/10。

对于两侧布置房间的走道，常用的采光方式有：走道尽端开窗直接采光；利用门厅、过厅、开敞式楼梯间直接采光；在办公楼、学校建筑中常利用房间两侧高窗或门上亮窗采光；在医院建筑中常利用开敞的候诊室和隔断分隔的护士站直接或间接采光(图 3-26)。

3.3.2　门厅

门厅是公共建筑的主要出入口，其主要作用是接纳人流，疏导人流。在水平方向连接走道，在垂直方向与电梯、楼梯直接相连，是建筑物内部的主要交通枢纽。

门厅根据建筑性质不同还具有其他的功能，如医院中的门厅常设挂号、收费、取药、咨询服务等空间；旅馆门厅有总服务台、小卖部、电话间，并有休息、会客等区域。另外，门厅作为人们进入建筑首先到达和经过的地方，它的空间处理如何，将给人们留下很深的印象。因此，在空间处理上，办公、会堂建筑门厅要强调庄重大方，旅馆建筑门厅则要创造出温馨亲切的气氛。

1. 门厅的形式与面积

门厅的形式从布局上可以分为对称式和非对称式两类。对称式布置强调的是轴线的方向感，如用于学校、办公楼等建筑的门厅；非对称式布置灵活多样，没有明显的轴线关系，常用于旅馆、医院、电影院等建筑，如图 3-27 所示。

门厅的面积应根据建筑物的使用性质、规模和标准等因素来综合考虑，设计时要通过调研和参考同类面积定额指标来确定(表 3-7)。

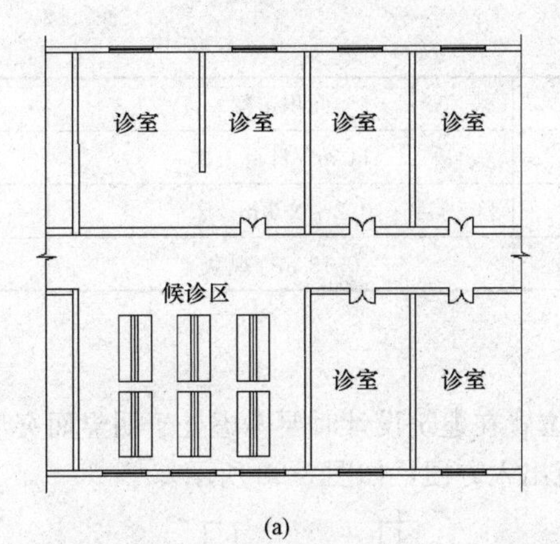

(a)

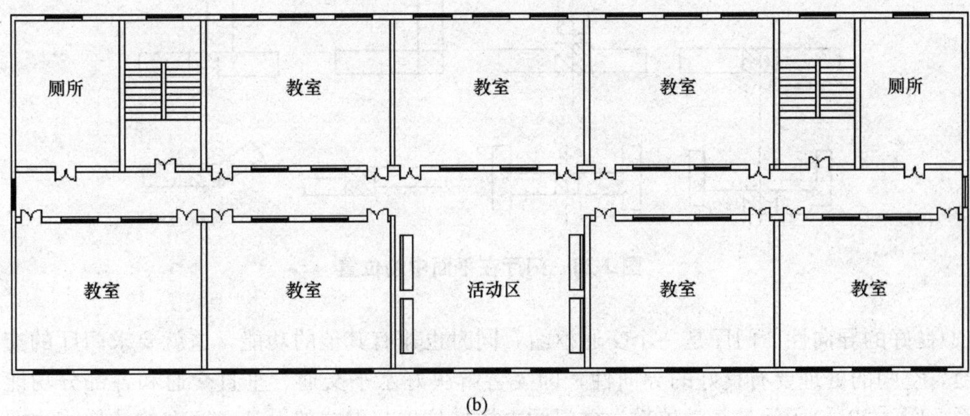

(b)

图 3-26　改善走道采光通风措施示意图

(a)门诊部；(b)教学楼

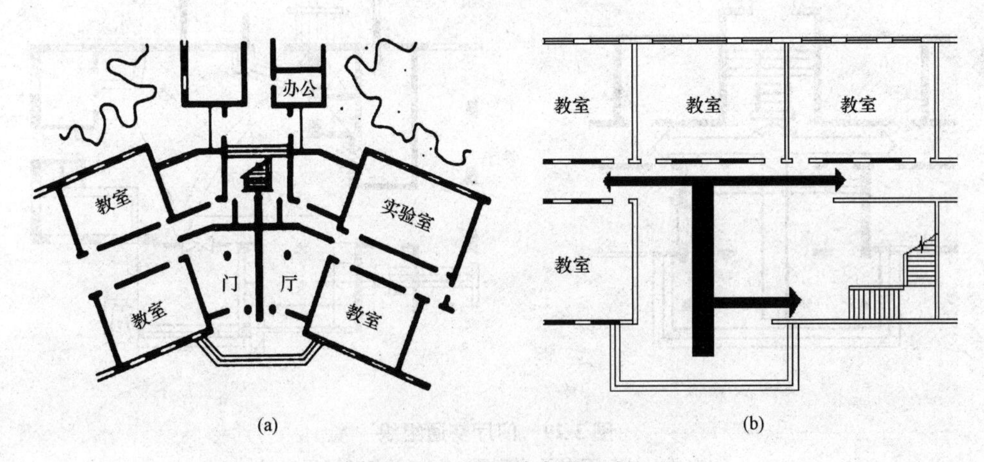

(a)　　(b)

图 3-27　门厅的布局形式

(a)对称式；(b)非对称式

表 3-7　部分建筑门厅面积设计参考指标

建筑名称	面积定额	备注
中小学校	0.06～0.08 m^2/人	—
食堂	0.08～0.18 m^2/座	包括洗手

续表

建筑名称	面积定额	备注
城市综合医院	11 m^2/日百人次	包括询问
旅馆	0.2～0.5 m^2/床	—
电影院	0.13 m^2/观众	—

2. 门厅的设计要求

(1)明显的位置。门厅的位置在建筑设计时要考虑处于明显而突出的位置上，具有较强的醒目性，明确的流线关系，人流出入方便，如图 3-28 所示。

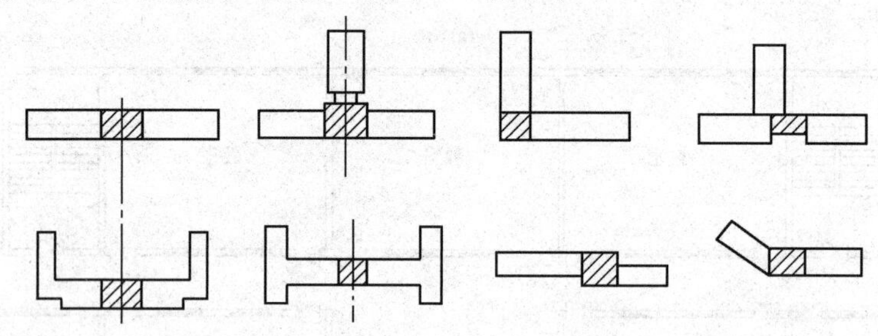

图 3-28　门厅在平面中的位置

(2)良好的导向性。门厅是一个交通枢纽，同时也兼有其他的功能，这就要求门厅的交通组织便捷，空间的处理要有良好的导向性，即妥善解决好水平交通、垂直交通和各部分功能之间的关系。图 3-29(a)所示是某学校教学楼门厅内楼梯位置与形式的设计，宽敞的楼梯将主要人流直接引导到楼层，次要人流则通过走道连接底层房间；图 3-29(b)所示为某旅馆交通示意图。

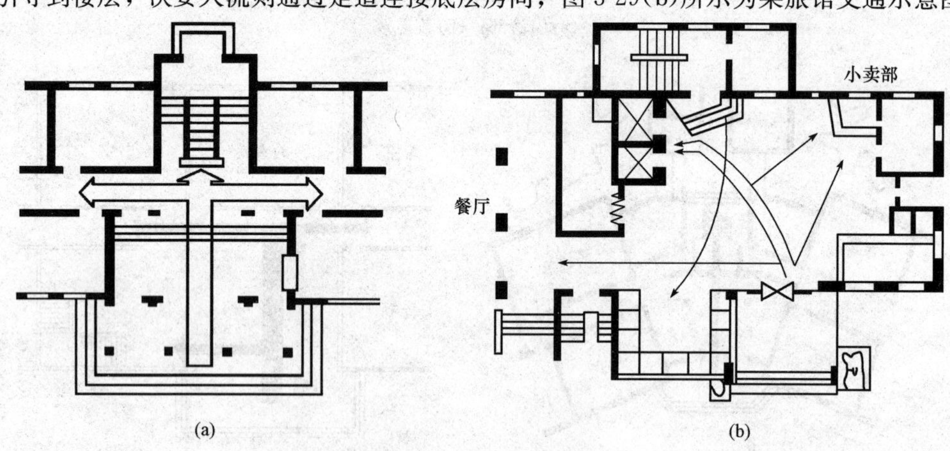

图 3-29　门厅交通组织

(a)某教学楼门厅交通示意图；(b)某旅馆交通示意图

(3)适宜的空间尺度。由于门厅较大、人流集中、功能较复杂等原因，所以门厅设计时要根据具体情况，解决好门厅面积与层高之间的比例关系，创造出适宜的空间尺度，避免空间的压抑感和保证大厅有良好的通风与采光。图 3-30 是某剧院建筑利用两层层高，加大门厅净高，以保证大厅内使用人员有良好的精神享受。

门厅空间设计和建筑造型，应按各种建筑不同要求，对顶棚、地面及墙面进行处理。同时还要处理门厅的采光和人工照明等问题。

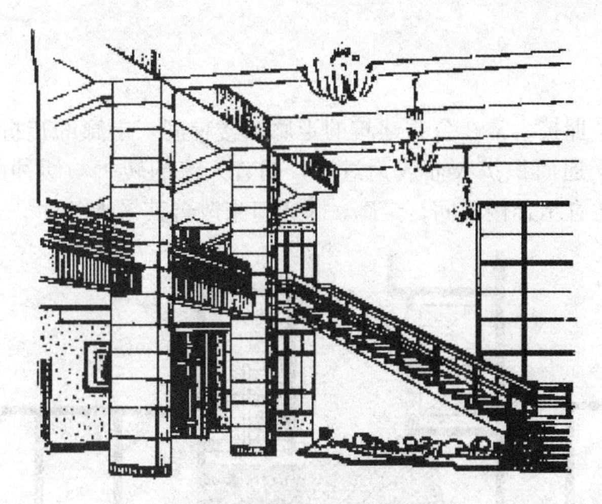

图 3-30　某剧院两层跑马廊

(4)内外过渡空间。门厅作为室外向室内过渡的空间，一般在入口处应设门廊等，供人们出入时暂时停留及在雨雪天张收雨具等之用，并可防止雨雪飘入室内，同时也能达到遮阳及建筑观感上的要求。对于一些大型公共建筑，门廊的大型雨篷下常用来作为上下汽车的地方，如图 3-31 所示。

另外，门厅的设计要考虑到室内外的过渡，防止雨雪飘入室内，一般在入口处设雨篷。考虑到严寒地区保温、防寒、防风的需要，门厅入口设大于 1.5 m 的门斗(图 3-32)。

(5)其他。门厅对外出口的宽度数量应满足防火疏散要求。一个防火分区总出入口数量不少于 2 个，人流较集中时按经验估算。

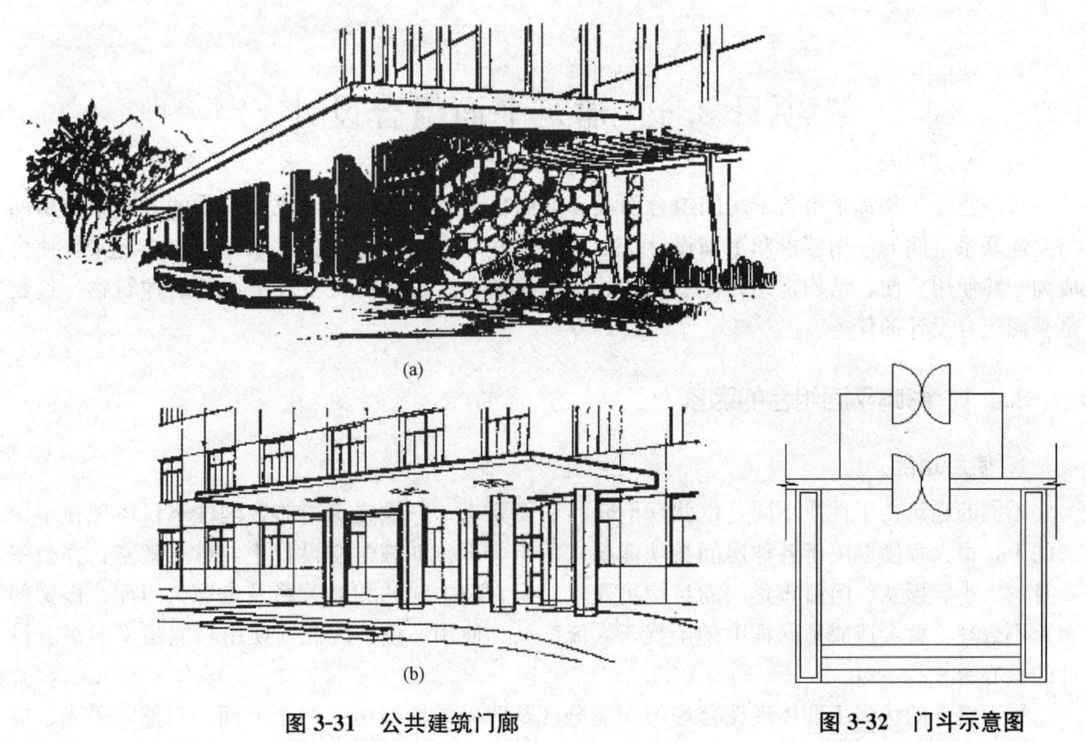

图 3-31　公共建筑门廊

(a)门厅内外空间过渡；(b)门厅坡道

图 3-32　门斗示意图

3.3.3 过厅

为了避免人流过于拥挤，常在公共建筑的走廊与楼梯间，走廊的转折处或走廊与人数较多的房间的衔接处，将交通面积扩大而成为过厅，起着人流的转折与缓冲的作用，如图 3-33 所示。设计过厅时，应注意结合楼梯间、走廊、采光口来改善其采光条件。

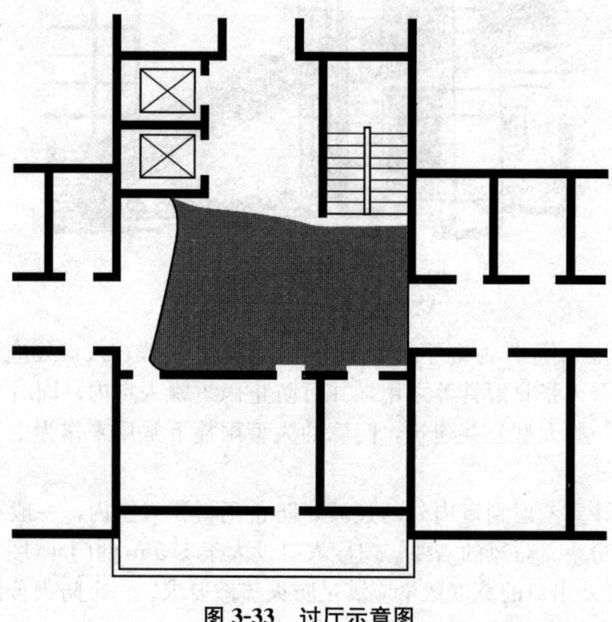

图 3-33　过厅示意图

项目 3.4　建筑平面组合设计

每一幢建筑物都是由若干房间组合而成。前面已经着重分析了组成建筑物的各种单个房间与交通联系空间的使用要求和平面设计。如何将这些单个房间与交通联系空间组合起来，使之成为一幢使用方便、结构合理、体型简洁、构图完整、造价经济及与环境协调的建筑物，这就是平面组合设计的任务。

3.4.1 影响平面组合的因素

1. 使用功能

不同的建筑由于性质不同，也就有不同的功能要求。一幢建筑物的合理性不仅体现在单个房间上，很大程度取决于各种房间按功能要求的组合上。如教学楼设计中，虽然教室、办公室本身的大小、形状、门窗布置均满足使用要求，但它们之间的相互关系及走廊、门厅、楼梯的布置不合理，就会造成不同程度的干扰，人流交叉、使用不便，因此，使用功能是平面组合设计的核心。

平面组合的优劣主要体现在合理的功能分区及明确的流线组织两个方面。当然，采光、通风、朝向等要求也应予以充分重视。

(1)合理的功能分区。合理的功能分区是将建筑物若干部分按不同的功能要求进行分类，并根据它们之间的密切程度加以划分，使之分区明确，联系方便。在分析功能关系时，常借助于功能分析图来形象地表示各类建筑的功能关系及联系顺序。按照功能分析图将性质相同、联系密切的房间邻近布置或组合在一起，将使用中有干扰的部分适当分隔。这样，既满足联系密切的要求，又能创造相对独立的使用环境。

具体设计时，可根据建筑物不同的功能特征，从以下几个方面进行分析。

①主次关系。组成建筑物的各房间，按使用性质及重要性，必然存在着主次之分。在平面组合时应分清主次、合理安排。如教学楼中，教室、实验室是主要使用房间；办公室、管理室、厕所等则属于次要房间。居住建筑中的起居室是主要房间，厨房、储藏室是次要房间(图 3-34)。商业建筑中的营业厅，影剧院中的观众厅、舞台皆属主要房间(图 3-35)。

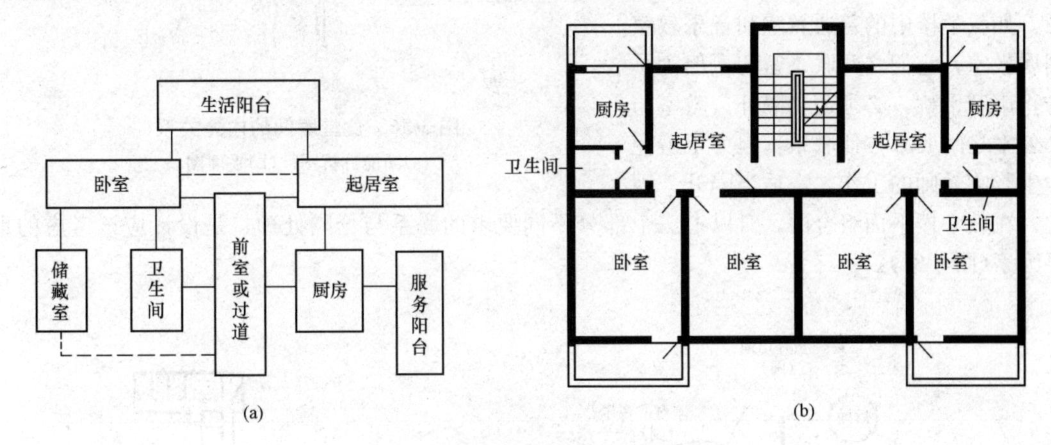

图 3-34 居住建筑房间的主次关系

(a)功能分析图；(b)平面图

平面组合中，次要房间可布置在条件较差的位置。一般是将主要使用房间布置在朝向较好的位置，靠近主要出入口，并有良好的采光通风条件。

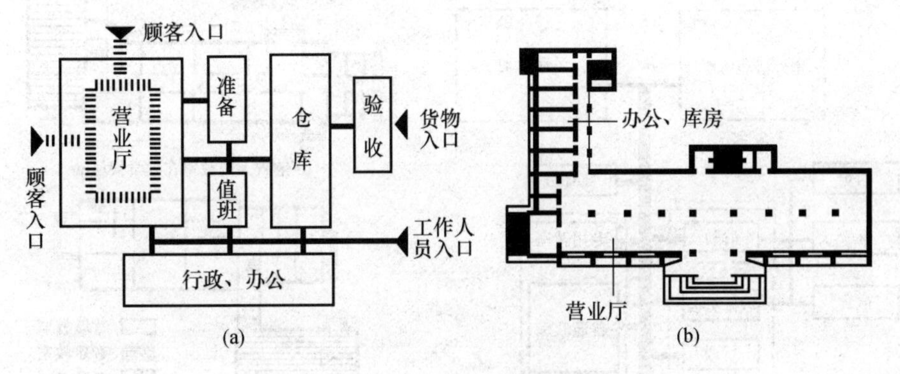

图 3-35 商业建筑房间的主次关系

(a)功能分析图；(b)平面图

②内外关系。各类建筑的组成房间中，有的对外联系密切，直接为公众服务；有的对内关系密切，供内部使用，如办公楼中的接待室、传达室是对外，而各种办公室是对内的。又如影剧院的观众厅、售票房、休息厅、公共厕所是对外，而办公室、管理室、储藏室是对内的。平面组合时应妥善处理功能分区的内外关系，一般是将对外联系密切的房间布置在交通枢纽附近，位置明显便于直接对外，而将对内联系较多的房间布置在较隐蔽的位置。如图 3-36 所示为食堂

房间的内外关系。对于食堂建筑，餐厅是对外的，人流量大，应布置在交通方便、位置明显处。而对内性强的厨房等部分则布置在后部，货物入口面向内院较隐蔽的场所。

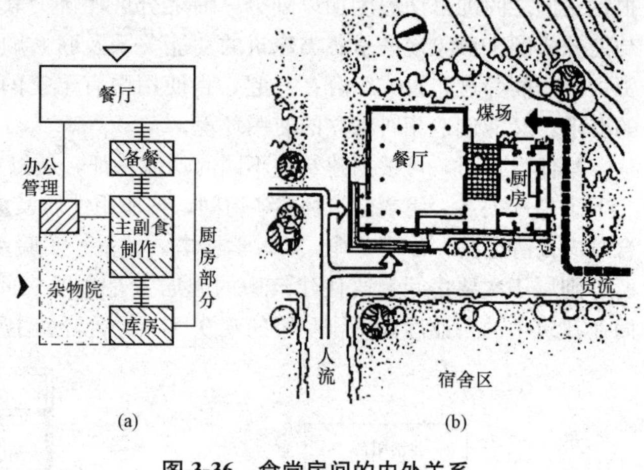

图 3-36　食堂房间的内外关系

(a)功能分析图；(b)平面图

③联系与分隔。在分析功能关系时，常根据房间的使用性质如“闹”与“静”“清”与“污”等方面反映的特性进行功能分区，使其既有分隔又有适当的联系。如教学楼中的普通教室和音乐教室同属教室，它们之间联系密切，但为了防止声音干扰，必须适当隔开。教室与办公室之间要求方便联系，但为了避免学生影响教师的工作，需适当隔开。因此，在教学楼平面组合中，对以上三个部分不同要求的联系与分隔处理，是设计应该考虑的重要因素(图 3-37)。

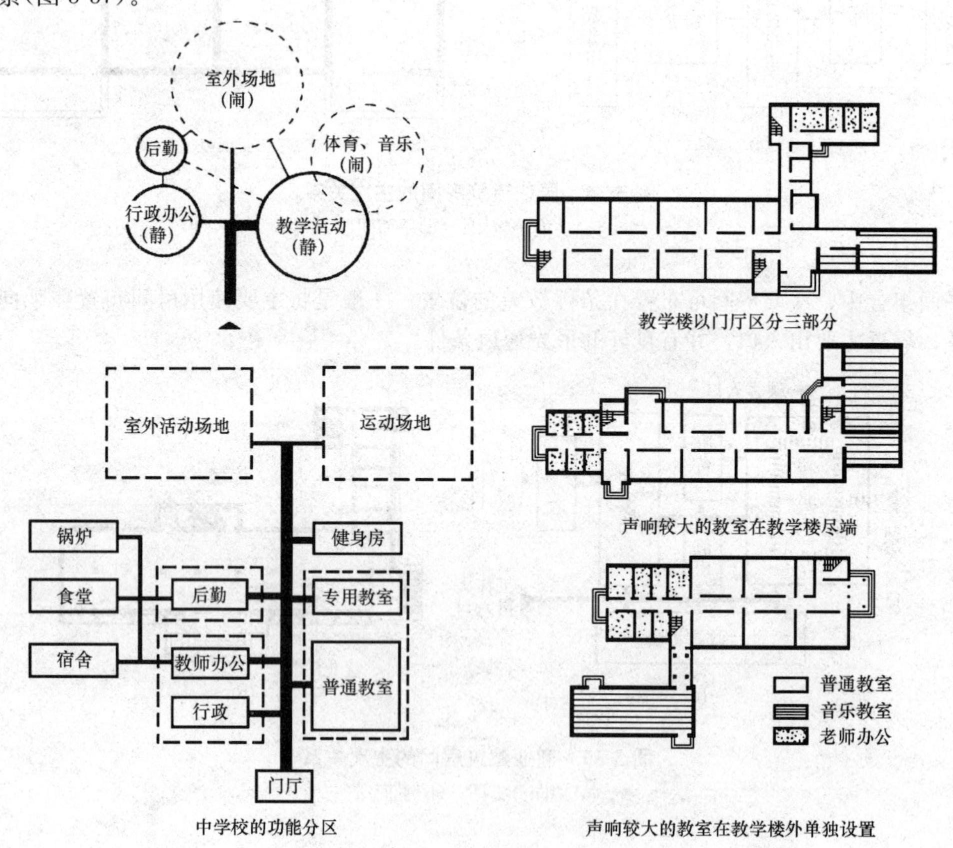

图 3-37　教学楼房间的联系与分隔

(2)明确的流线组织。各类民用建筑，因使用性质不同，往往存在着多种流线，归纳起来，分为人流及货流两类。所谓流线组织明确，即要使各种流线简捷、通畅，不迂回逆行，尽量避免相互交叉。

在建筑平面设计中，各房间一般是按使用流线的顺序关系有机地组合起来的。因此，流线组织合理与否，直接影响到平面组合是否紧凑、合理，平面利用是否经济等。如展览馆建筑，各展室常常是按人流参观路线的顺序连贯起来。火车站建筑有旅客进出站路线、行包路线，人流路线按先后顺序为到站→问讯→售票→候车→检票→上车，出站时经由站台验票出站。平面布置时以人流线为主，使进出站及行包线分开，并尽量缩短各种流线的长度(图 3-38)。

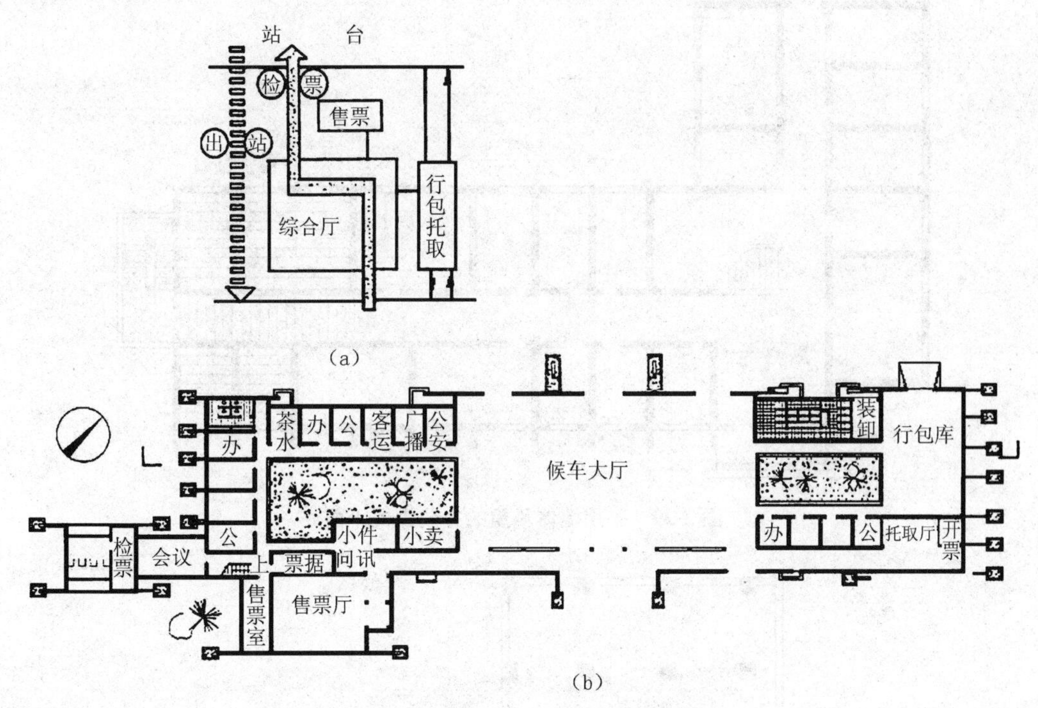

图 3-38　小型火车站流线关系平面图

(a)小型火车站流线；(b)某火车站流线关系平面图

2. 结构类型

平面组合在考虑满足使用功能要求的前提下，应选择经济合理的结构方案，并使平面组合与结构布置协调一致。目前，民用建筑常用的结构类型主要有三种，即混合结构、框架结构、空间结构。

(1)混合结构。建筑物的主要承重构件有墙、柱、梁、板、基础等，以砖墙和钢筋混凝土梁、板的混合结构为最普遍。这种结构形式的优点是构造简单、造价较低；其缺点是房间尺寸受钢筋混凝土梁、板经济跨度的限制，室内空间小，开窗也受到限制，仅适用于房间开间和进深尺寸较小、层数不多的中小型民用建筑，如住宅、中、小学校、医院及办公楼等。

从混合结构的经济和安全性进行平面组合时应注意以下几点：

①房间开间和进深尺寸应尽量统一，以利于楼板的合理布置，减少楼板类型，并符合钢筋混凝土楼板的经济跨度。

②上下承重墙对齐，尽量避免在大房间上重叠布置小房间。一般情况下，可将大房间布置在顶层或附建于大楼旁。

③为保证建筑物有足够的刚度，承重墙应尽量做到均匀，门窗洞口大小要符合墙体受力的特点。

(2)框架结构。框架结构的主要特点是：承重系统与非承重系统有明确的分工，支承建筑空间的骨架是承重系统，而分割室内外空间的围护结构和轻质隔墙是非承重系统。这种结构形式强度高，整体性好，刚度大，抗震性好，平面布局灵活性大，开窗较自由，但钢材、水泥用量大，造价较高。适用于开间、进深较大的商店、教学楼等公共建筑以及多、高层住宅旅馆等，如图 3-39、图 3-40 所示。

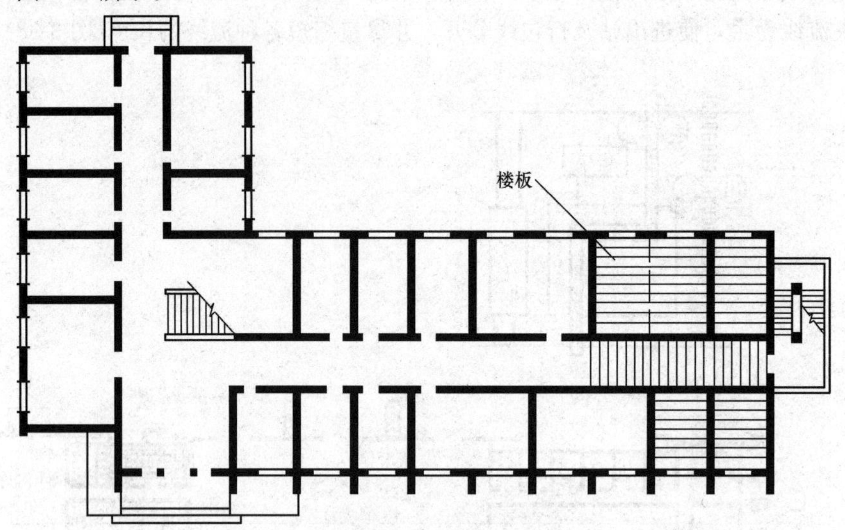

图 3-39　采用墙体承重的办公大楼平面

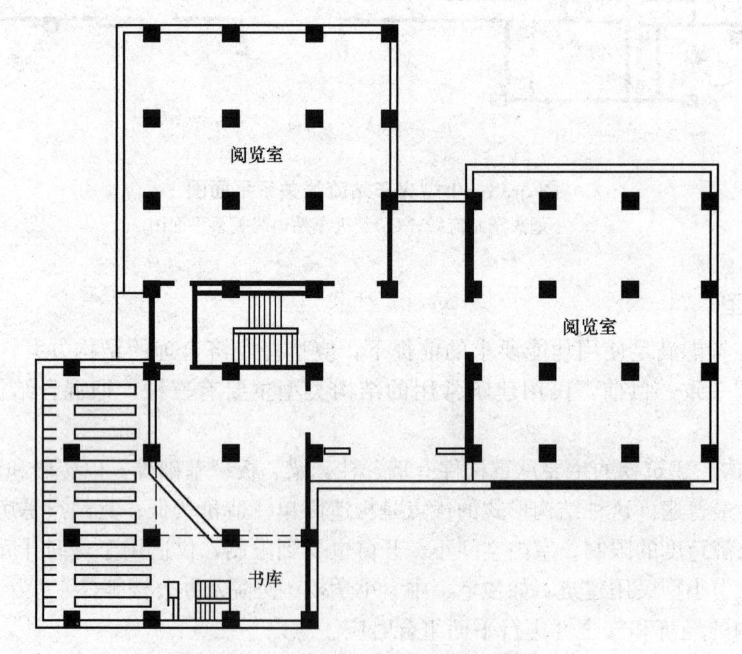

图 3-40　采用框架结构的旅馆平面

(3)空间结构。随着建筑技术、建筑材料和结构理论的进步，新型高效能的结构有了突出的发展，出现了各种大跨度的新型空间结构，如薄壳结构、网架结构、悬索结构等。这类结构用材经济，受力合理，并为解决大跨度的公共建筑提供了有利条件。

①薄壳结构是一种新型薄壁空间结构，可充分利用钢筋混凝土的可塑性形成各种形状，这种结构的特点是壁薄、自重轻，能充分发挥材料的最大效能。当平面形状适合时，可获得较大

的刚度，如图 3-41(a)所示。

②网架结构多采用钢管组合而成，能承受较大的纵向弯曲力，整体性好，刚度大，自重轻，适用于多种平面形式。从发展来看，对于大跨度公共建筑，采用网架结构具有很大的现实性和经济意义。目前，我国一些大跨度的体育馆多采用网架结构。如南京五台山体育馆、首都体育馆、上海体育馆等，如图 3-41(b)所示。

③悬索结构是充分利用高强钢丝组合而成的，利用钢索的耐拉特性来承受拉力，因而较大幅度地节省材料，减轻结构自重，并获得更大跨度的空间。悬索结构造型灵活，可以适应任何形状的平面，如图 3-41(c)所示。

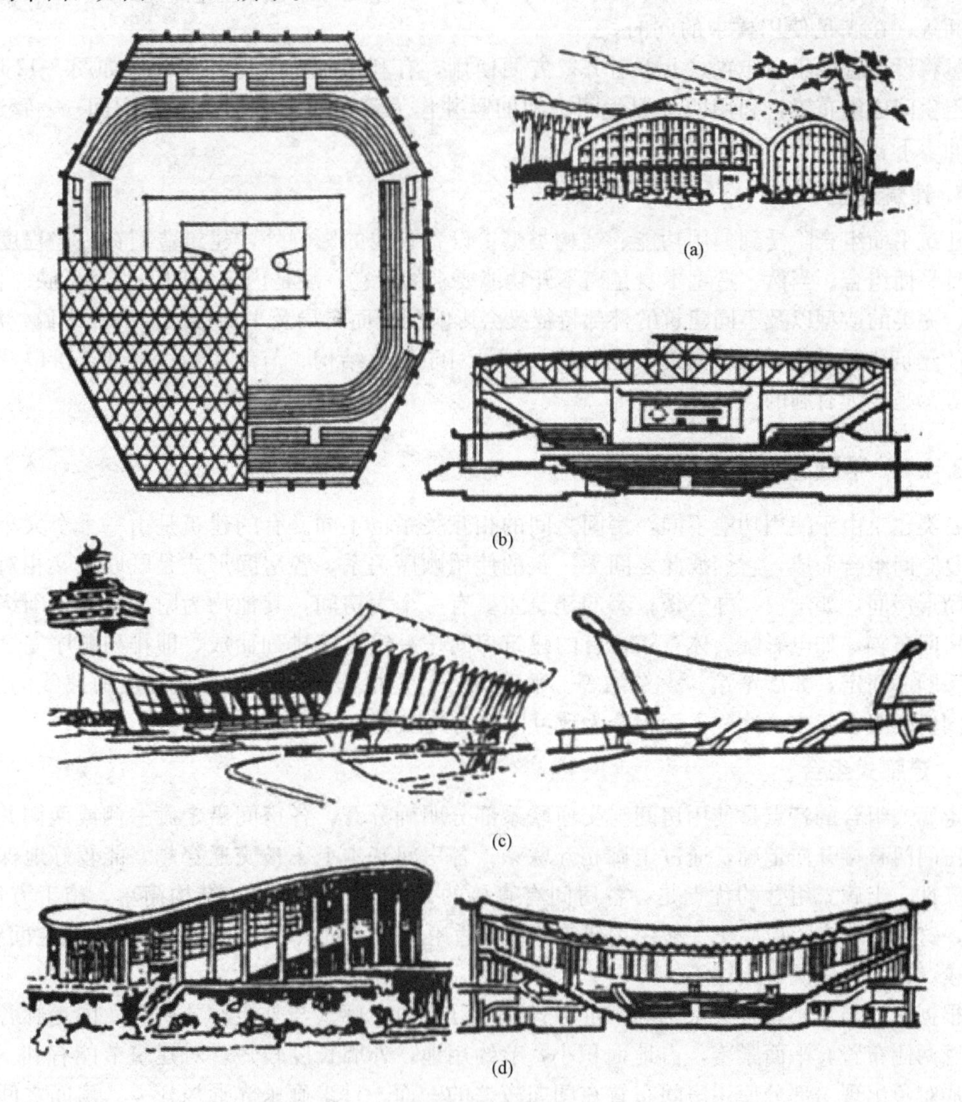

图 3-41　空间结构

(a)北京网球馆(薄壳结构)；(b)五台山体育馆(网架结构)；
(c)杜勒斯国际航空站(悬索结构)；(d)浙江人民体育馆(悬索结构)

3. 设备管线

民用建筑中的设备管线主要包括给水排水、空气调节、采暖以及电气照明等所需的设备管线，它们都占有一定的空间。在进行平面组合时，除应考虑一定的设备位置，恰当地布置相应的房间，如厕所、盥洗室、配电室、空调机房、水泵房等以外，对于设备管线比较多的房间，如住宅中的厨房、厕所；学校、办公楼中的厕所、盥洗室，旅馆中的客房卫生间、公共卫生间等，在满足使用要求的同时，应尽量将设备管线集中布置，上下对齐，方便使用，有利于施工和节约管线。如图 3-42 所示，旅馆卫生间成组布置，利用两个卫生间中间的竖井作为管道垂直方向布置的空间——管道间。管道间上下叠合，管线布置集中。

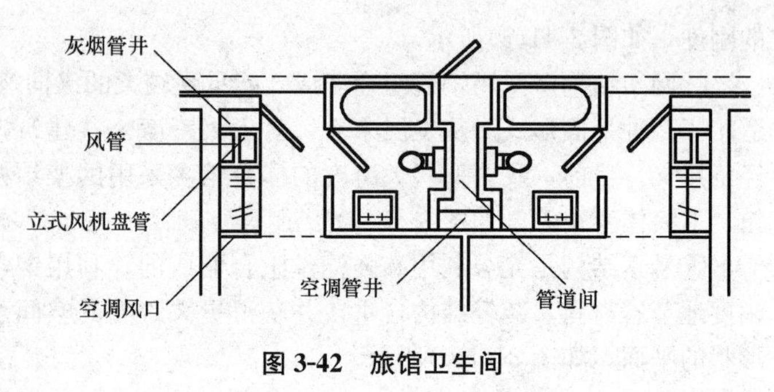

图 3-42　旅馆卫生间

4. 建筑造型

建筑平面组合除受到使用功能、结构类型、设备管线的影响外，建筑造型在一定程度上也影响到平面组合。当然，造型本身是离不开功能要求的，它一般是内部空间的直接反映。但是，简洁、完美的造型以及不同建筑的外部特征又会影响到平面布局及平面形状。一般来说，简洁、完美的建筑造型无论对缩短内部交通流线，还是对于简化结构、节约用地、降低造价以及抗震性能等都是极为有利的。

3.4.2　平面组合形式

各类建筑由于使用功能不同，房间之间的相互关系也不同。有的建筑是由一个个大小相同的重复空间组合而成，它们彼此之间无一定的使用顺序关系，各房间形式是既联系又相对独立的封闭形房间，如学校、办公楼；有的建筑主要有一个大房间，其他均为附属房间，围绕着这个大房间布置，如电影院、体育馆；有的建筑房间按一定顺序排列而成，即排列顺序完全按使用联系顺序而定，如展览馆、火车站等。平面组合就是根据使用功能特点及交通路线的组织，将不同房间组合起来。这些平面组合大致可以归纳为以下几种形式。

1. 走廊式组合

走廊式组合的特点是使用房间与交通联系部分明确分开，各房间沿走廊一侧或两侧并列布置，房间门直接开向走廊，通过走廊相互联系；各房间基本上不被交通穿越，能较好地保持相对独立性。走廊式组合的优点是：各房间有直接的天然采光和通风，结构简单，施工方便等。因此，这种形式广泛应用于一般民用建筑，特别适用于房间面积不大、数量多的重复空间组合，如学校、宿舍、医院、旅馆等。

根据房间与走廊布置关系不同，走廊式又可分为内走廊式与外走廊式两种。内走廊各房间沿走廊两侧布置，平面紧凑，占地面积小，节约用地，外墙长度较短，对建筑节能有利。但这种布局难免出现一部分使用房间布置在朝向较差的一面，且走廊采光通风较差，房间之间相互干扰较大。外走廊基本上可保证主要房间有好的朝向，并可获得良好的采光通风条件，因此，南方地区的建筑多采用单侧外走廊的布置形式。但这种布局造成走廊过长，交通面积大，房屋进深小，占地面积大和造价不够经济等缺点。个别建筑由于特殊要求，也采用双侧外走廊形式(图 3-43)。

2. 套间式组合

套间式组合的特点是用穿套的方式按一定的序列组织房间。房间与房间之间相互穿套，不

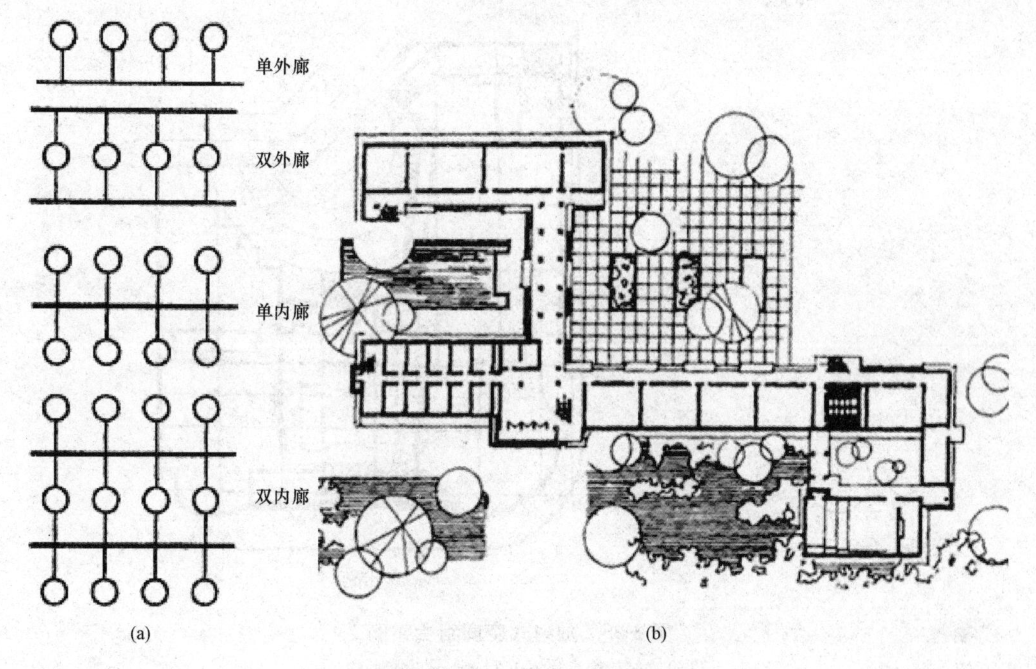

图 3-43　走廊式平面布置实例

(a)走廊的布置形式；(b)某中学平面布置图

再通过走廊联系。因此，平面布置紧凑，面积利用率高，房间之间联系方便。其缺点是各房间使用不灵活，相互干扰大。

套间式组合按其空间序列的不同又可分为串联式(图 3-44)和放射式(图 3-45)两种。串联式是按一定的顺序关系将房间连接起来的；放射式是将各房间围绕交通枢纽呈放射状布置。

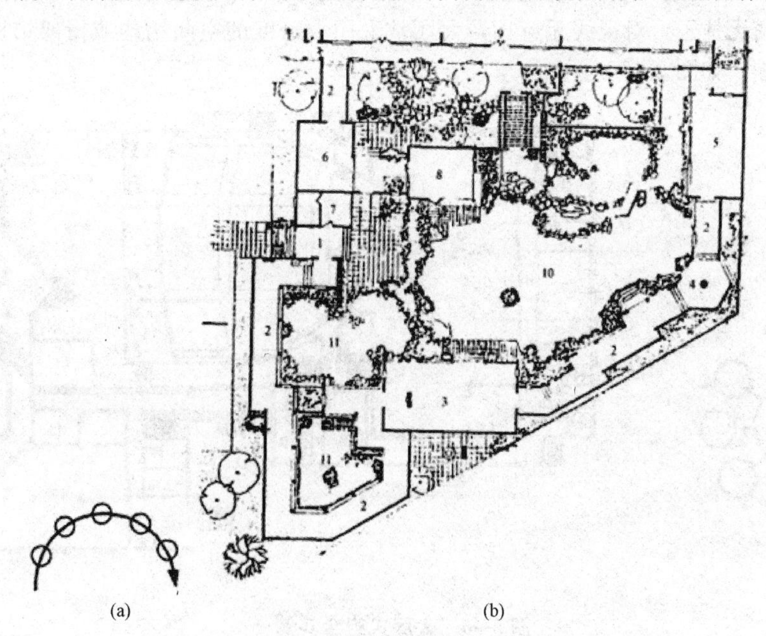

图 3-44　串联式空间组合实例

(a)串联式组合示意；(b)某博物馆平面

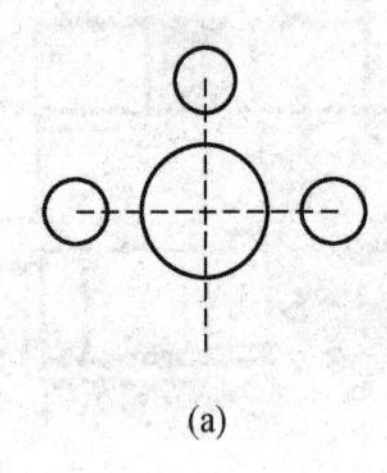

(a)

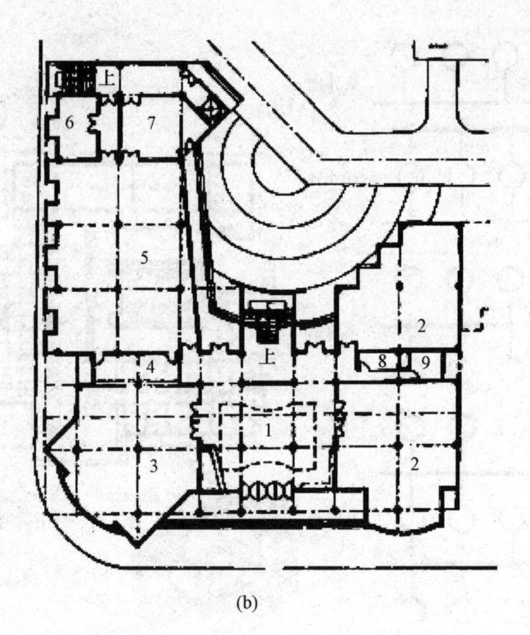

(b)

图 3-45　放射式空间组合实例

(a)放射式组合示意；(b)某图书馆平面

3. 大厅式组合

大厅式组合是以公共活动的大厅为主穿插布置辅助房间。这种组合的特点是主体房间使用人数多，面积大，层高大；辅助房间与大厅相比，尺寸大小悬殊，常布置在大厅周围，并与主体房间保持一定的联系。按功能要求的不同，大厅式平面组合又可分为以下两大类：

(1)有视、听要求的大厅，如影剧院、体育馆等。大厅基本上是封闭的，采用人工照明甚至机械通风。厅内无柱子，对视线无遮挡，大厅常采用大跨度的空间结构或桁架结构，辅助房间布置在大厅周围，如图 3-46 所示。

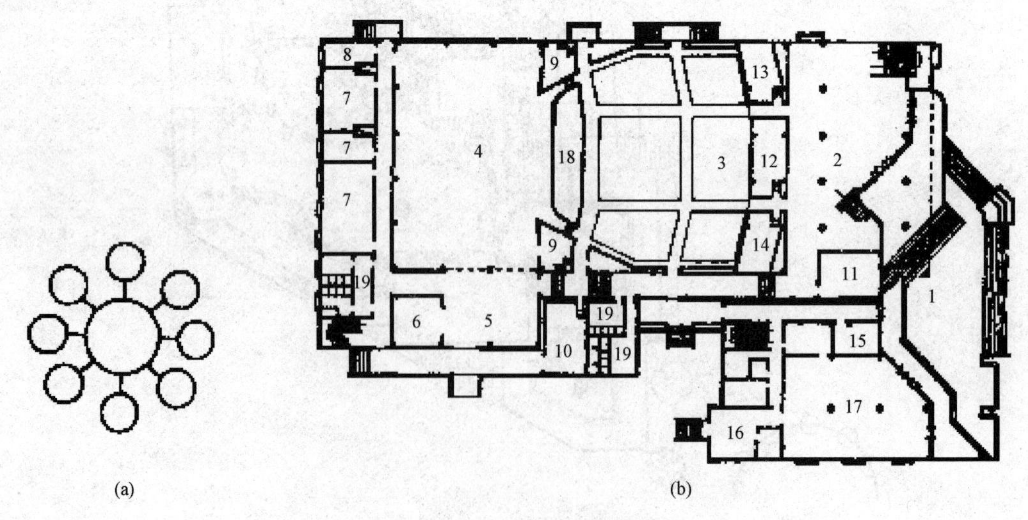

(a)　(b)

图 3-46　大厅式组合实例一

(a)大厅式组合示意；(b)某剧院平面

(2)供人流聚集或进行商业活动的大厅，如火车站、航空港、大型商场、食堂等。这类建筑大厅平面尺寸也很大，在满足使用要求的前提下，大厅内允许布置柱子，因此可形成多层大厅，如图 3-47 所示。

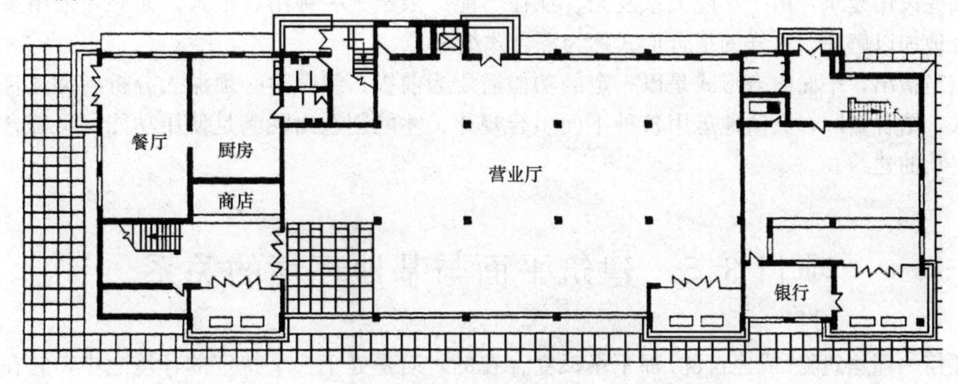

图 3-47　大厅式组合实例二

大厅式组合除应满足使用要求外，还要特别注意交通路线的组织，以满足人流畅通，导向明确，疏散安全等要求。

4. 单元式组合

将关系密切的房间组合在一起成为一个相对独立的整体，称为单元。将一种或多种单元按地形和环境情况在水平或垂直的方向重复组合起来成为一幢建筑，这种组合方式称为单元式组合。

单元式组合的优点是：能提高建筑标准化，节省设计工作量，简化施工，同时功能分区明确，平面布置紧凑，单元与单元之间相对独立，互不干扰。除此以外，单元式组合布局灵活，能适应不同的地形，形成多种不同组合形式。因此，单元式组合广泛应用于大量性民用建筑中，如住宅、学校、医院、幼儿园等，如图 3-48 所示。

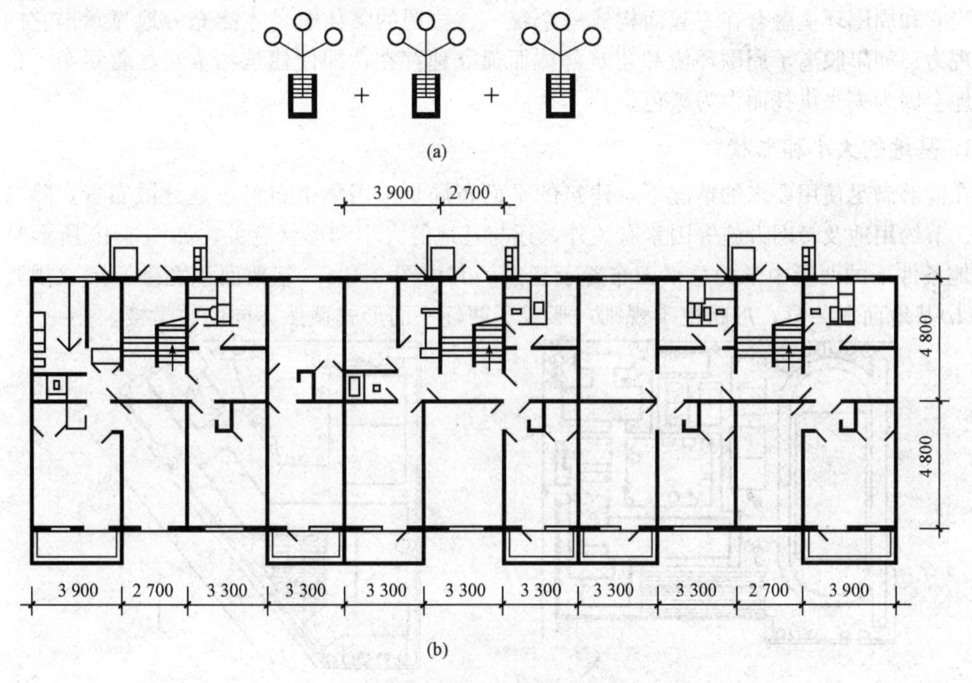

图 3-48　单元式住宅组合形式

(a)组合示意图；(b)某住宅平面图

5. 混合式组合

某些民用建筑，由于功能关系复杂，往往不能局限于某一种组合形式，而必须采用多种形式综合地加以解决，这样的组合形式称为混合式组合。

应当指出，平面组合形式是以一定的功能需要为前提，组合时必须深入分析各类建筑的特殊要求，结合实际，灵活地运用各种平面组合规律，才能创造出既满足使用功能，又符合经济美观要求的建筑。

项目 3.5　建筑平面与基地环境的关系

任何一幢建筑物(或建筑群)都不是孤立存在的，而是处于一个特定的环境之中，它在基地上的位置、形状、平面组合、朝向、出入口的布置及建筑造型等都必然受到总体规划及基地条件的制约。由于基地条件不同，相同类型和规模的建筑会有不同的组合形式，即使是基地条件相同，由于周围环境不同，其组合也不会相同。为使建筑既满足使用要求，又能与基地环境协调一致，首先必须做好总平面。根据使用功能要求，结合城市规划的要求，场地的地形地质条件、朝向、绿化以及周围建筑等因地制宜地进行总体布置，确定主要出入口的位置，进行总平面功能分区。在功能分区的基础上进一步确定单体建筑的布置。

建筑平面组合与总体规划、周围环境、基地条件的关系，涉及的范围很广，这里仅就基地条件、建筑物间距和朝向等方面，进行简要分析。

3.5.1　基地条件

建筑物的平面组合和平面形式的选择与建筑基地的大小、形状和地形条件有关。任何建筑，只有当它和周围环境融合在一起而构成一个统一、协调的整体时，才能充分地显示出它的价值和表现力；如果脱离了周围环境和建筑群体而孤立地存在，即使建筑物本身尽善尽美，也不可避免地会因为失去烘托而大为减色。

1. 基地的大小和形状

在能够满足使用要求的情况下，建筑的平面布局是采用集中布置还是分散布置，除与气候条件、节约用地及管网设施等因素有关外，还与基地的大小和形状有关。如图 3-49 所示是在不同基地条件下的两所中学的总平面布置示意图，其中图 3-49(a)基地面积宽敞，形状规则；图 3-49(b)基地面积狭窄，形状也不规则，形成了两幢平面形式截然不同的教学楼。

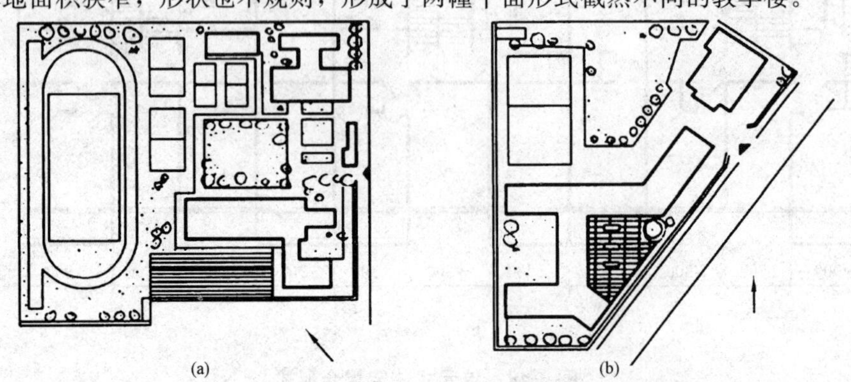

图 3-49　不同基地条件的中学总平面布置示意图

(a)基地面积宽敞，形状规则；(b)基地面积狭窄，形状不规则基地状况又直接影响着建筑平面形式。一般来说，当场地规整、平坦时，对于规模小，性质单一的建筑，常采用简洁、规整的矩形平面，以使结构简单，施工方便；对于建筑规模大、功能关系复杂、房间数量较多的公共建筑，根据功能要求，结合地段状况，考虑室外场地(包括集散场地、活动场地、停车场地和堆放场地等)的设置，可采用“L”形、“Ⅱ”形、“I”形、“口”形、“Ⅲ”形以及由此派生出来的其他平面形式。当建筑场地狭窄，应考虑建筑的性质和使用要求，结合场地的具体情况，可设计为圆形、三角形、梯形、“Y”形、扇形或其他不规则的平面形状(图 3-50)。

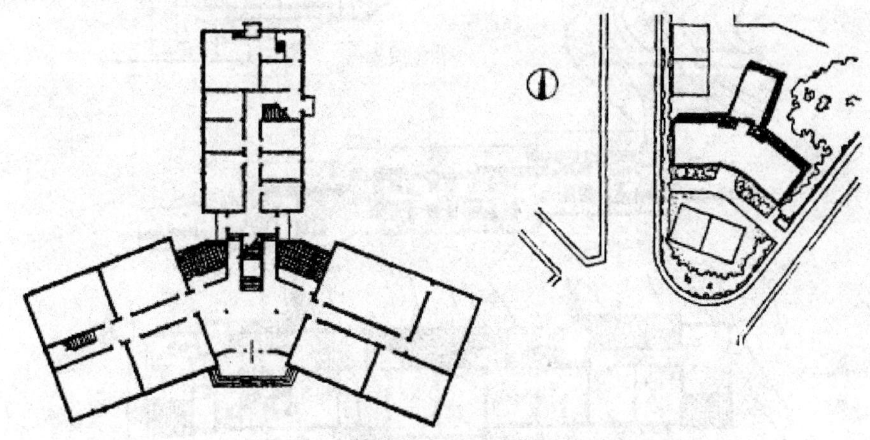

图 3-50　基地状况对平面布置的影响

另外，城市沿街建筑，要考虑城市交通和沿街景观的要求，在平面组合时，采取相应的措施。当建筑物位于城市干道的交叉口处时，为了避免建筑物出入人流与街道转角处来往行人的相互干扰，常把建筑作曲尺形，并后退一定距离，形成一个开阔场地，这样也有利于车辆转弯时，避免视线遮挡。

2. 基地的地形条件

建筑基地的地形条件，对建筑平面组合的影响也十分明显。在地势平坦，地形有利的条件下，建筑布局有较大的回旋余地，可以有多种布局形式；在地势起伏变化，地形比较特殊的条件下，平面组合必然要受到多方面的限制和约束。如果能够巧妙地利用地形条件，不仅具有良好的经济效果，而且还可以赋予设计方案以鲜明的特点。

坡地建筑的平面设计，应依山就势，顺应地势的起伏变化，按照坡度大小、朝向以及通风要求，使建筑布局、平面组合、剖面关系与地形条件紧密结合。坡地上房屋位置的选择，应进行详细勘测调查，注意滑坡、地下水的分布情况；地震区应尽量避免在陡坡及断层上建造房屋。建筑物与等高线的相互关系，可分为平行于等高线和垂直于等高线两种布置方式，如图 3-51 所示。

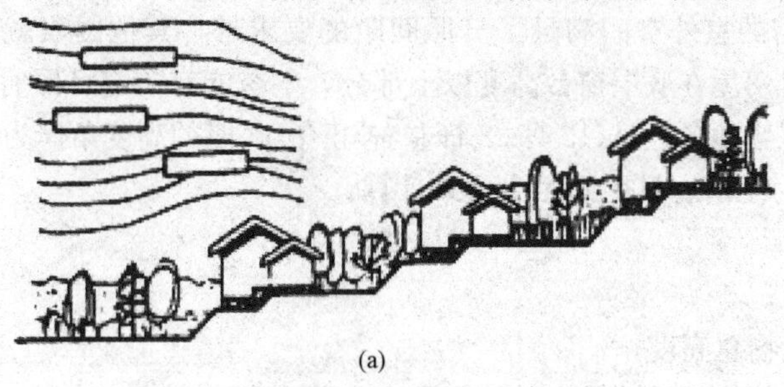

(a)

图 3-51　基地与建筑的关系(一)

(a)建筑物平行于等高线布置

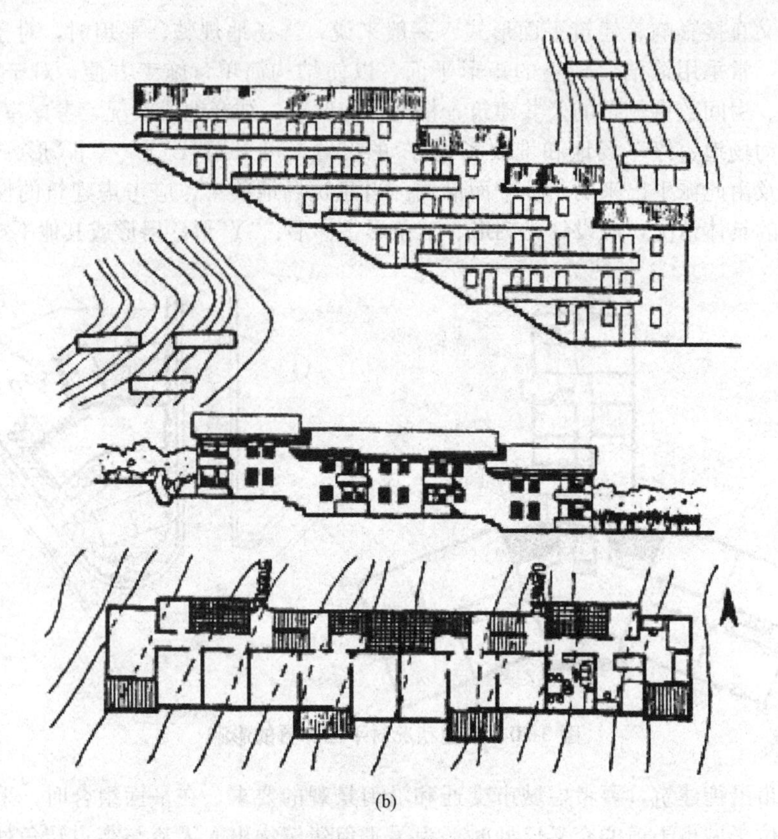

图 3-51 基地与建筑的关系(二)

(b)建筑物垂直于等高线布置

3.5.2 建筑物间距

建筑物间距的确定主要考虑以下因素：

(1)房屋的室外使用要求，如行人、车辆通行的道路，房屋之间的噪声、视线干扰等。

(2)日照、通风等卫生要求。

(3)防火安全要求[应符合《建筑设计防火规范》(GB 50016—2014)的规定]。

(4)建筑观瞻、室外活动空间及绿化用地的要求。

(5)建筑施工的要求。

(6)节约用地等。

对于住宅、宿舍等成排布置的建筑，日照要求通常是确定房屋间距的主要因素。在一般情况下，除室外庭院所需的室外空间满足了日照间距的要求外，其他因素就基本能得到满足。日照间距应满足使后成排房屋在底层窗台高度以上部分，冬季能有一定日照时间的要求，如图 3-52 所示。通常计算时，以当地冬至日(12 月 22 日左右)正午 12 时的高度角作为确定房屋日照间距的依据。当建筑物朝向为正南，日照间距由下式计算：

$$L=(H-H_1)/\tan\alpha$$

式中 L——日照间距；

H——遮挡建筑物总高度；

H_1——被遮挡建筑物日照计算高度，通常取底层窗台高度；

α——冬至日正午 12 时太阳高度角。

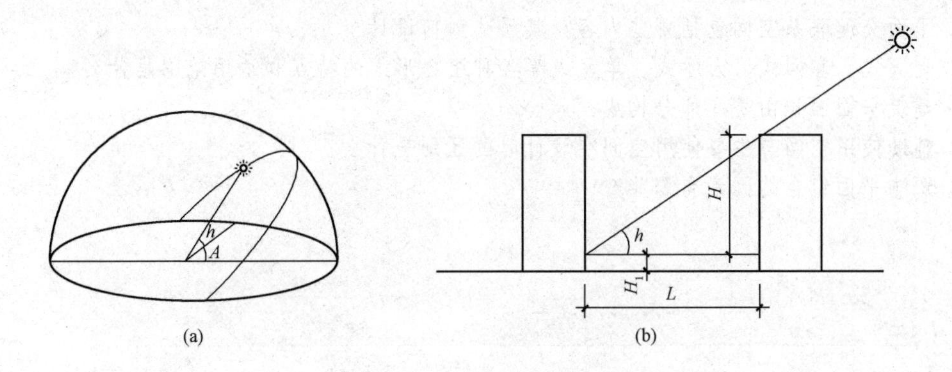

图 3-52　日照和建筑物的间距

(a)太阳高度角和方位角；(b)建筑物日照间距

3.5.3　建筑物朝向

建筑物的朝向，要综合考虑建筑日照、主导风向、基地地形、道路走向及周围环境等因素。在一般情况下，建筑物的朝向应有利于在冬季能获得较多的阳光直射、紫外线和太阳辐射热；在夏季应避免过多的日照，以减少太阳辐射热。根据我国所处的地理纬度，建筑物的朝向以南向或南偏东(西)一定的角度为好。在南方炎热地区，为了改善夏季室内的气候状况，确定建筑朝向时，应兼顾到夏季主导风向。当条件允许时，建筑物长轴与夏季主导风向的夹角应不小于45°。在多风沙地区，建筑朝向还应考虑到尽可能避开风沙出现季节的主导风向。

一些人流比较集中的公共建筑，主要朝向通常和街道位置、人流走向、周围环境有关；风景区的建筑，一般又以山河景色、绿化条件作为考虑建筑朝向的主要因素。

沿街建筑物的朝向，还应考虑道路的走向。一般常将建筑物的长轴与道路平行布置。当街道为南北走向时，为使街道两侧建筑物获得好的朝向，常把建筑的主体部分南北向布置，将辅助用房或商业服务性建筑沿街布置，两者连成一个整体(图 3-53)，这样既照顾了城市街景要求，又使主体建筑处于好的朝向。

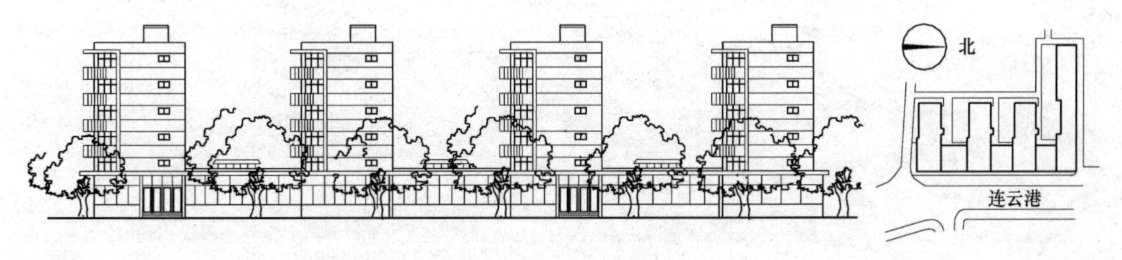

图 3-53　沿街建筑布置

思考题

1. 影响房间面积大小的因素有哪些？
2. 房间的门窗设置对建筑的影响有哪些？
3. 房间平面尺寸指的是什么？试判定房间的开间和进深。

4. 平面交通联系空间包括哪些内容？其尺寸如何设计？
5. 走廊式、套间式、大厅式、单元式等各种组合形式的特点和适用范围是什么？
6. 建筑平面面积由哪几部分构成？
7. 辅助使用空间与主要使用空间在设计时的区别是什么？
8. 影响平面组合的因素有哪些？

模块 4　建筑体型和立面设计

学习要求

了解建筑外部形象设计的一般要求，熟悉建筑体型组合与立面设计的基本原理和方法。

建筑具有物质与精神、实用与美观的双重性。建筑首先要满足人们的物质生活需要，同时又要满足人们一定的审美要求，因此，建筑是实用与美观有机结合的整体。建筑的美观主要是通过内部空间的组织、外部造型的艺术处理以及建筑群体空间的布局等方面来体现的，而建筑物的外观形象对于人们来说更直观，产生的影响也更为深刻。

建筑体型和立面设计是整个建筑设计的重要组成部分，应与平、剖面设计同时进行，并贯穿于整个设计的始终。在平、剖面设计的基础上，运用建筑造型和立面构图方面的规律(如均衡、韵律、对比、统一等)，对建筑外部形象从总体到细部反复推敲、协调、深化，使之达到形式与内容完美的统一，这是建筑体型和立面设计的主要方法。

项目 4.1　建筑体型和立面设计的要求

4.1.1　反映建筑功能和建筑类型的特征

建筑的外部形体不是由设计者随心所欲决定的，它是内部空间合乎逻辑的反映，有什么样的内部空间，就有什么样的外部体型。如由许多单元组合拼接而成的住宅，为一整齐的长方体型，以单元组合而成的建筑以其简单的体型，小巧的尺度感，整齐排列的门窗和重复出现的阳台而获得居住建筑所特有的生活气息和个性特征，如图 4-1 所示；由多层教室组成的长方体为主体的教学楼，主体前有一小体量的长方体(单层)多功能教室或阶梯教室，两者之间通过廊子连接，由于室内采光要求高，人流出入多，立面上往往形成高大、明亮的窗户和宽敞的入口；

图 4-1　单元式住宅

商场建筑需要较大营业面积，因此层数不多而每层建筑面积较大，使得体型呈扁平状，同时底层外墙面上的大玻璃陈列橱窗和人流方向明显的入口，通常又是一些商业建筑立面的特征；作为剧院主体部分的观众厅，不仅体量高大，而且又位于建筑物中央，前面是宽敞的门厅，后面紧接着是高耸的舞台，剧院建筑通过巨大的观众厅、高耸的舞台和宽敞的门厅所形成的强烈虚实对比来表现剧院建筑的特征。

4.1.2 结合材料性能、结构、构造和施工技术的特点

建筑物的体型、立面和所用材料、结构选型以及采用的施工技术、构造措施关系极为密切，这是由于建筑物内部空间组合和外部体型的构成，只能通过一定的物质技术手段来实现。如墙体承重的混合结构，由于构件受力要求，窗间墙必须保留一定宽度，窗户不能开太大，因此，具有较为厚重、封闭的特点；商业建筑结构具有开敞、透明的建筑特点，如图 4-2 所示。

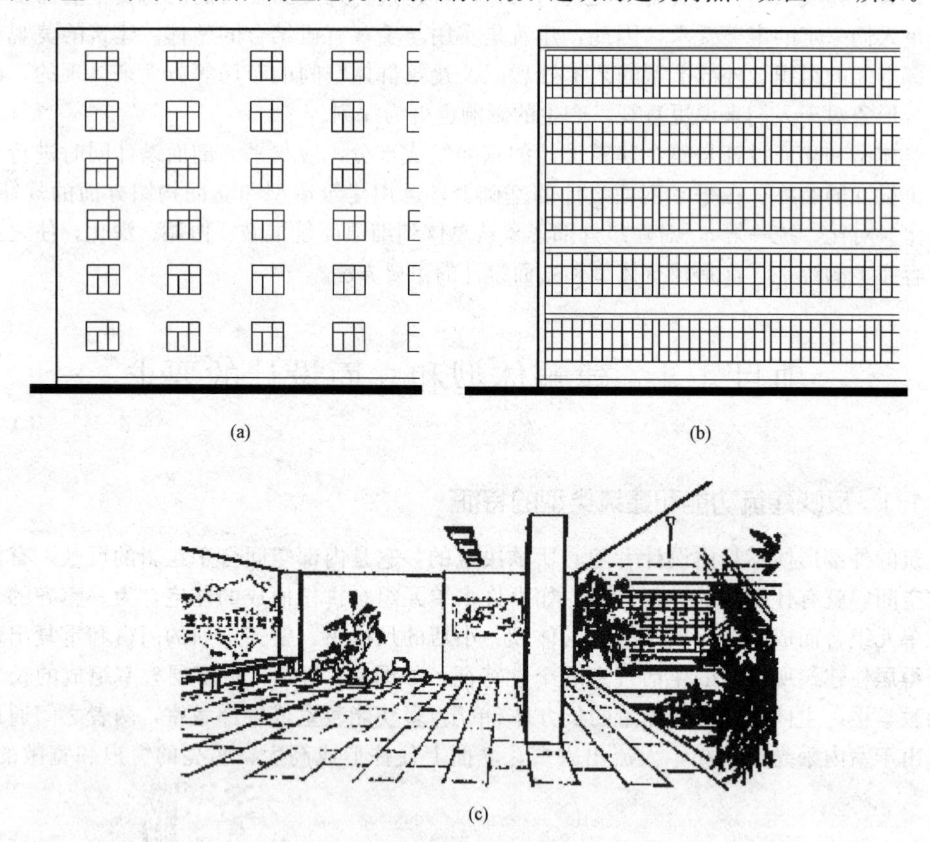

图 4-2 不同结构建筑立面的特点

(a)混合结构；(b)框架结构建筑；(c)框架结构灵活开敞的底层布置

4.1.3 适应一定的社会经济条件

建筑在国家基本建设投资中占有很大比例，因此在建筑体型和立面设计中，必须正确处理适用、经济、美观等方面的关系。各种不同类型的建筑物，根据其使用性质和规模，应严格掌握国家规定的建筑标准和相应的经济指标。在建筑标准、所用材料、造型要求和外观装饰等方面区别对待，防止片面强调建筑的艺术性，忽略建筑设计的经济性，应在合理满足使用要求的前提下，用较少的投资建造美观、简洁、明朗、朴素、大方的建筑物。

4.1.4 适应基地环境和城市规划的要求

任何一幢建筑都处于一定的外部空间环境之中，同时也是构成该处景观的重要因素。因此，建筑外形不可避免地要受外部空间的制约，建筑体型和立面设计要与所在地区的地形、气候、道路以及原有建筑物等基地环境相协调，同时也要满足城市总体规划的要求。如风景区的建筑，在造型设计上应该结合地形的起伏变化，使建筑高低错落、层次分明、与环境融为一体。又如在山区或丘陵地区的住宅建筑，为了结合地形条件和争取较好的朝向，往往采用错层布置，产生多变的体型。如图4-3所示为美国宾夕法尼亚州的流水别墅。

图 4-3 美国宾夕法尼亚州的流水别墅

位于城市中的建筑物，一般由于用地紧张，受城市规划约束较多。建筑造型设计要密切结合城市道路、基地环境、周围原有建筑物的风格及城市规划部门的要求。

4.1.5 符合建筑美学原则

建筑审美没有客观标准，审美标准由经验决定，而审美经验又是由文化素养决定，同时还取决于地域、民族风格、文化结构、观念形态、生活环境以及学派等。但是一幢新建筑落成以后，总会给人们留下一定的印象并产生美或不美的感觉，因此建筑的美观是客观存在的，建筑的美在于各部分的和谐以及相互组合的恰当与否，并遵循建筑美的法则。建筑造型设计中的美学原则，是指建筑构图中的一些基本规律，如统一、均衡、稳定、对比、韵律、比例和尺度等。

1. 统一与变化

统一与变化即"统一中求变化，变化中求统一"的法则，它是一种形式美的根本规律，广泛适用于建筑以及建筑以外的其他艺术，具有广泛的普遍性和概括性。

(1)以简单的几何形体求统一。任何简单的几何形体，如球体、正方体、圆柱体、长方体等本身都具有一种必然的统一性，并容易被人们所接受。由这些几何形体所获得的基本建筑形式，各部分之间具有严格的制约关系，给人以肯定、明确和统一的感觉。如某体育馆，以简单的长方体为基本形体，达到统一、稳定的效果，如图4-4所示。

(2)主从分明求统一。复杂体量的建筑根据功能的要求，通常包括主要部分及附属部分。如果不加以区别对待，都竞相突出自己或都处于同等重要的地位，不分主次，就会削弱建筑整体的统一，使建筑显得平淡、松散、缺乏表现力。在建筑体型设计中常运用轴线处理，以低衬高及体型变化等手法来突出

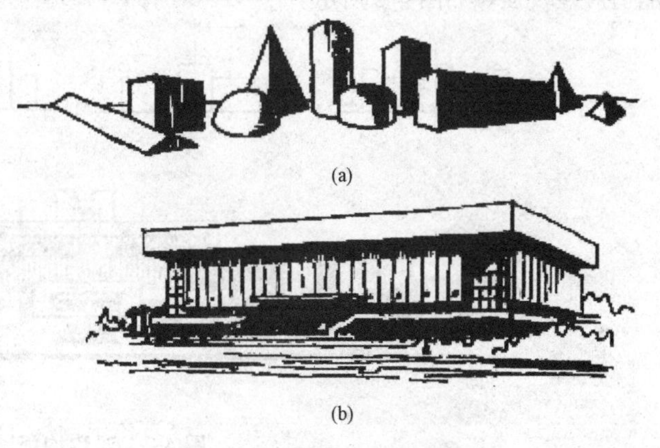

(a)

(b)

图 4-4 以简单几何形体求统一

(a)建筑的基本形体；(b)体育馆

主体，获得主次分明、完整统一的建筑形象，如图 4-5 所示。

图 4-5　主从分明求统一

(a)以低衬高；(b)体型变化衬托主体

(3)以协调求统一。一幢建筑物的各部分在形状、尺度、比例、色彩、质感和细部都采用协调处理的手法也可求得统一感。

2. 均衡与稳定

由于建筑物的各部分体量表现出不同的重量感，因此几个不同体量组合在一起时，必然会产生一种轻重关系。均衡是指前后左右的轻重关系，稳定则是指上下之间的轻重关系。

一般情况下，体量大的、实体的、材质粗糙及色彩暗的，感觉要重些；体量小的、通透的、材质光洁及色彩明快的，感觉要轻一些。在建筑设计中，要利用、调整好这些因素，使建筑形象获得均衡、稳定的感觉，如图 4-6 所示。

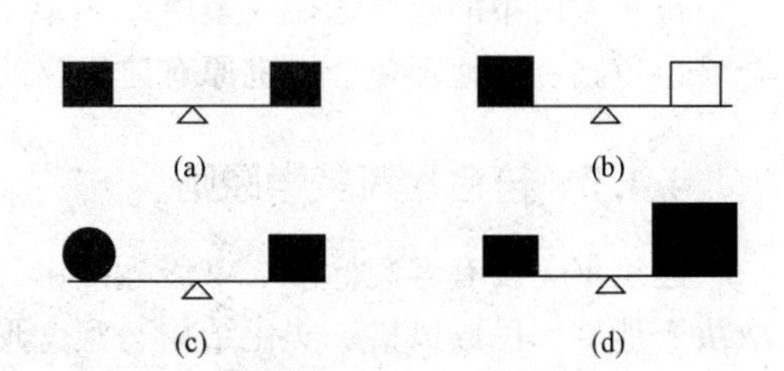

图 4-6　均衡的力学原则

(a)绝对对称平衡；(b)基本对称平衡；

(c)、(d)不对称平衡

力学原理的均衡，也称作静态的均衡，一般分为对称的均衡和不对称的均衡。对称的均衡是以建筑中轴线为中心，重点强调两侧的对称布局。一般来说，对称的体型易产生均衡感，并能通过对称获得庄严、肃穆的气氛，如图 4-7 所示；不对称的均衡将均衡中心偏于建筑的一侧，利用不同体量、材料、色彩、虚实变化等达到不对称的均衡，这种形式的建筑轻巧、活泼，功能适应性较强，如图 4-8 所示。

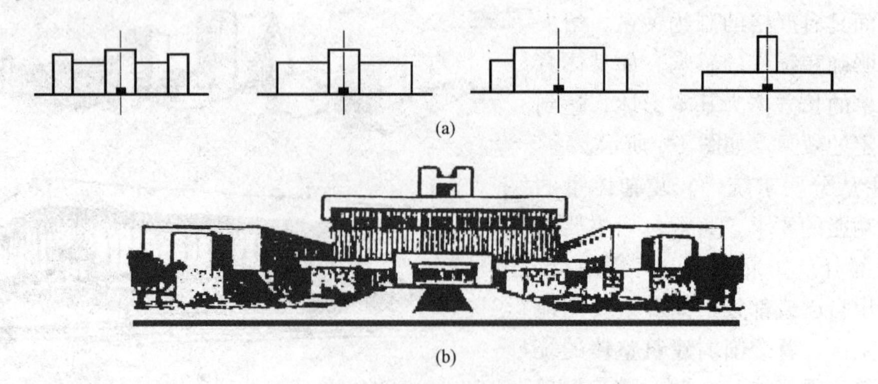

图 4-7　对称均衡设计

(a)对称均衡示意图；(b)某对称均衡结构建筑

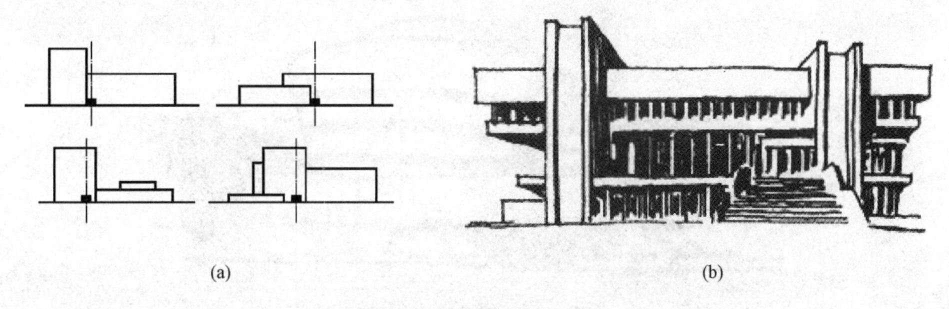
(a)　(b)

图 4-8　不对称均衡设计

(a)不对称均衡示意图；(b)某不对称均衡结构建筑

有些物体是依靠运动求得均衡的，如旋转的陀螺，展翅飞翔的鸟，行驶着的自行车等都是动态均衡。随着建筑结构技术的发展和进步，动态均衡对建筑处理的影响将日益显著，动态均衡的建筑组合更自由、更灵活，从任何角度看都有起伏变化，功能适应性更强。如纽约肯尼迪机场候机楼[图 4-9(a)]、澳大利亚悉尼歌剧院[图 4-9(b)]以象征主义手法将外形处理成展翅欲飞的鸟。

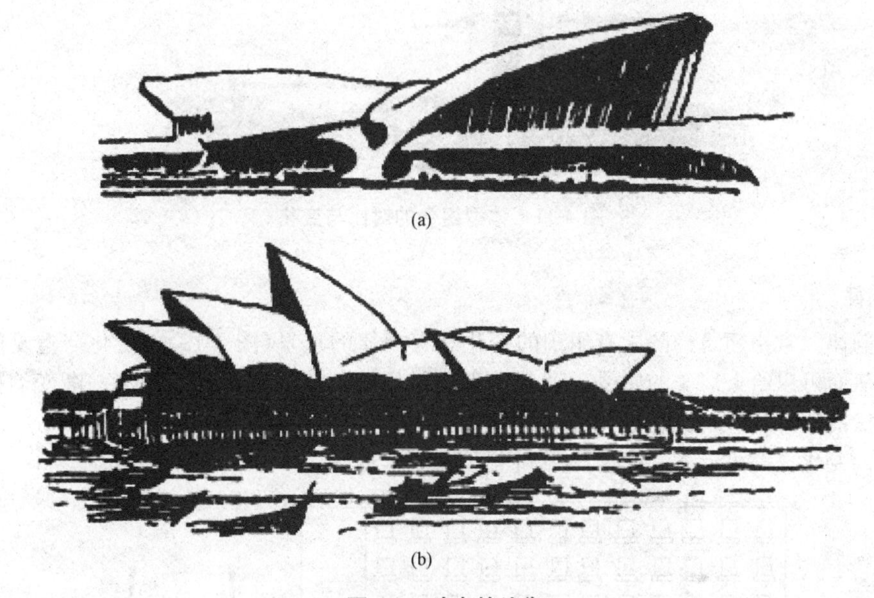
(a)
(b)

图 4-9　动态的均衡

(a)纽约肯尼迪机场候机楼；(b)澳大利亚悉尼歌剧院

关于稳定，通常上小下大、上轻下重的处理能获得稳定感，人们在长期实践中形成的关于稳定的观念反复延续了几千年，以至到近代还被人们当作一种建筑美学的原则来遵循。但随着现代新结构、新材料的发展和人们的审美观念的变化，关于稳定的概念也有所突破，创造出上大下小、上重下轻、底层架空的建筑形式，如美国古根海姆美术馆，如图 4-10 所示。

3. 对比与微差

一个有机统一的整体，其各种要素除按照一定秩序结合在一起外，必然还有各种差异，对比是指显著的差异，微差是指不显著的差异。对比可以借相互之间的烘托、陪衬而突出各自的特点以求得变化；微差可以借彼此之间的连续性以求得协调。对比与微差在建筑中的运用，主要有体量的大小、长短、高低对比、形状对比、方向对比、虚与实对比以及色彩、质地、光影

图 4-10　不稳定的均衡

对比等。对比强烈，则变化大，能突出重点；对比小，则变化小，易于取得相互呼应、协调的效果。在立面设计中，虚实对比具有很大的艺术表现力。如坦桑尼亚国会大厦，由于功能特点及气候条件，实墙面积很大，开窗很小，虚实对比极为强烈，给人以强烈的印象，如图 4-11 所示。

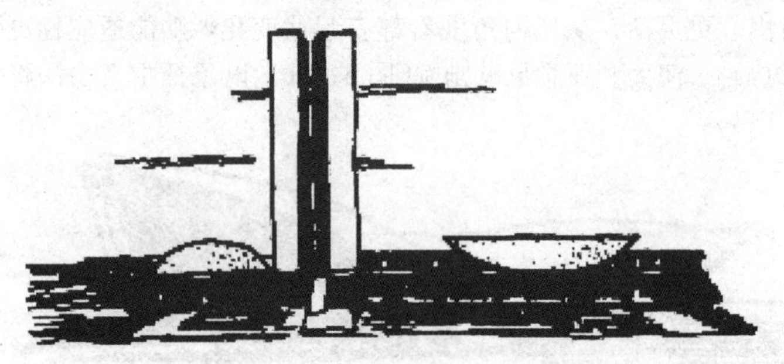

图 4-11　体型组合的对比与变化

4. 韵律

所谓韵律，常指建筑构图中有组织的变化和有规律的重复(图 4-12)。变化与重复的形成有节奏感，从而可以给人以美的感受。建筑造型中常用的韵律手法有连续韵律、渐变韵律、交错韵律和起伏韵律等(图 4-13)。建筑物的体型、门窗、墙柱等的形状、大小、色彩、质感的重复和有组织的变化，都可形成韵律来加强和丰富建筑形象。

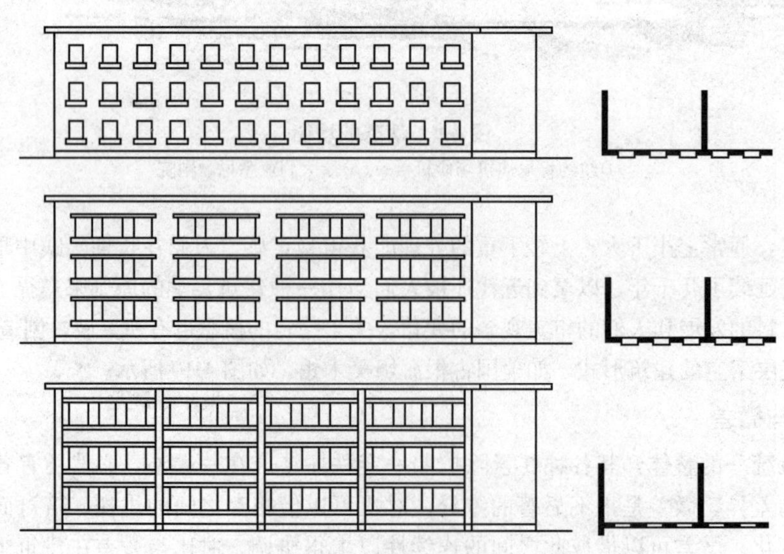

图 4-12　教学楼中不同窗户的组合

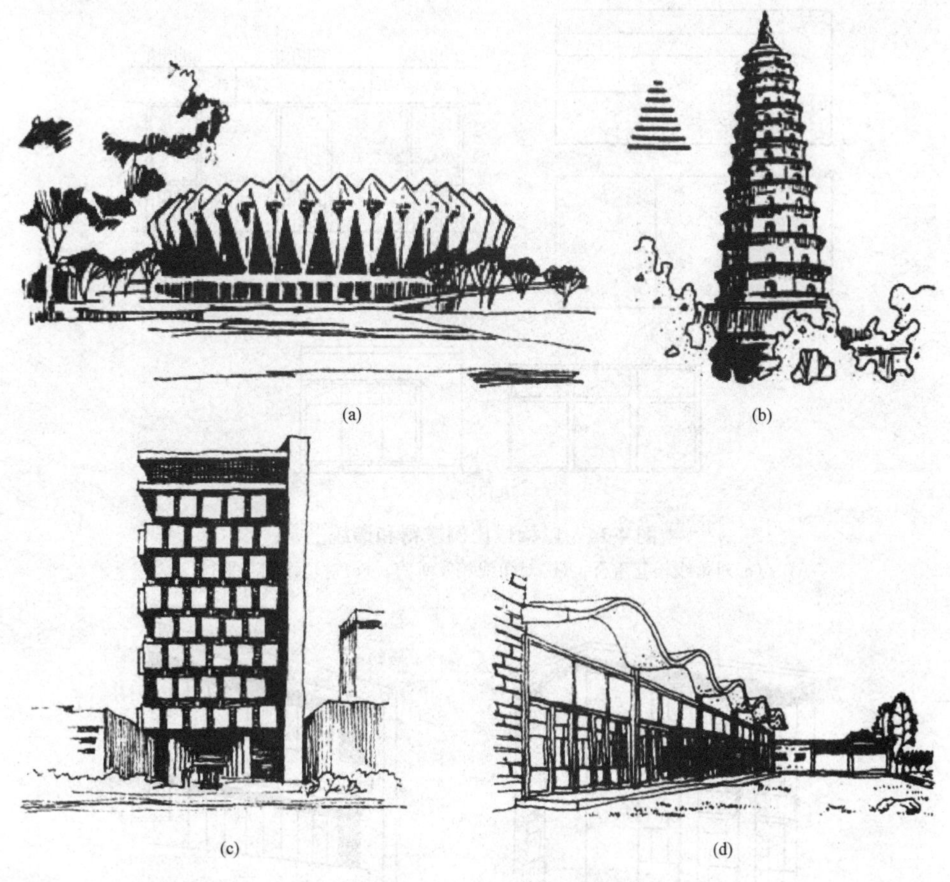

图 4-13　建筑造型中常用的韵律手法

(a)连续韵律；(b)渐变韵律；(c)交错韵律；(d)起伏韵律

5. 比例和尺度

比例一方面是指建筑物的整体或局部某个构件本身长、宽、高之间的大小比较关系；另一方面是指建筑物整体与局部，或局部与局部之间的大小比较关系。任何物体不论呈何种形状，都存在着长、宽、高三个方向的尺寸，良好的比例就是寻求这三者之间最理想的关系。一座看上去美观的建筑都应具有良好的比例大小和合适的尺度，否则会使人感到不舒服，而无法产生美感。

在建筑立面上，矩形最为常见，建筑物的轮廓、门窗等都形成不同大小的矩形，如果这些矩形的对角线有某种平行、垂直或重合的关系，将有助于形成和谐的比例关系，如图 4-14 所示。

立面的比例和尺度的处理与建筑功能、材料性能和结构类型分不开，如图 4-15 中，砖混结构的建筑由于受结构和材料的限制，开间小，窗间墙又必须有一定的宽度，因而窗户多为狭长形，尺度较小；框架结构的建筑，柱距大，柱子断面尺度小，窗户可以开得宽大而明亮。两者在比例和尺度上显示出很大的差别。

尺度是指建筑物整体或局部与人之间的比较关系。建筑中尺度的处理应反映出建筑物真实体量的大小，当建筑整体或局部给人的大小感觉同实际体量的大小相符合时，尺度就正常，否则，不但使用不方便，看上去也不习惯，造成对建筑体量产生过大或过小的感觉，而失去应有的尺度感。建筑中有些构件，如栏杆、窗台、扶手、踏步等，它们的绝对尺寸与人体相适应，一般都比较固定，栏杆、窗台、扶手为 1 000 mm 左右，踏步为 150 mm 左右，人们通过它们与建筑整体相互比较之后，就能获得建筑物体量大小的概念，具有某种尺度感(图 4-16)。

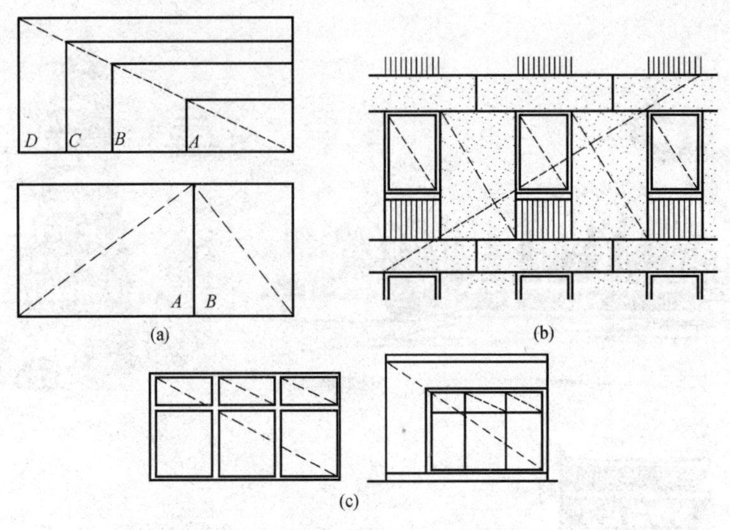

图 4-14　以相似比例求得和谐统一

(a)对角线相互重合；(b)对角线相互垂直；(c)对角线相互平行

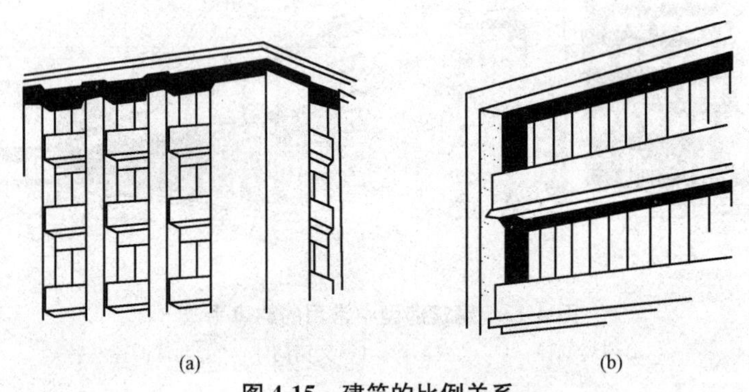

图 4-15　建筑的比例关系

(a)砖混结构；(b)框架结构

图 4-16　建筑物的尺度感

立面的尺度恰当，可以正确反映出建筑物的真实大小，否则便会出现失真现象。建筑立面常借助于门窗、踏步、栏杆等的尺度，反映建筑物的正确尺度感(图 4-17)。

(a)

(b)

图 4-17　建筑尺度的分类

(a)夸大的立面尺度；(b)缩小的尺度

某建筑立面各组成部分和门窗等比例不当，经过修改和调整后，各部分的尺寸大小和相互比例关系比较协调，如图 4-18 所示。

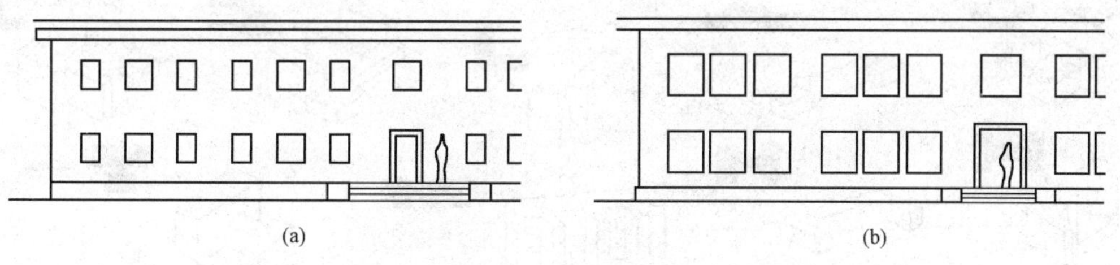

(a)　　　(b)

图 4-18　建筑立面中各部分的比例关系

(a)各部分比例不当；(b)调整后比例协调

一些建筑物的立面，经常结合门厅、窗排列或楼梯间等内部空间组合的变化，使立面外观既不琐碎零乱，又不致过于单调呆板，如图 4-19 所示。

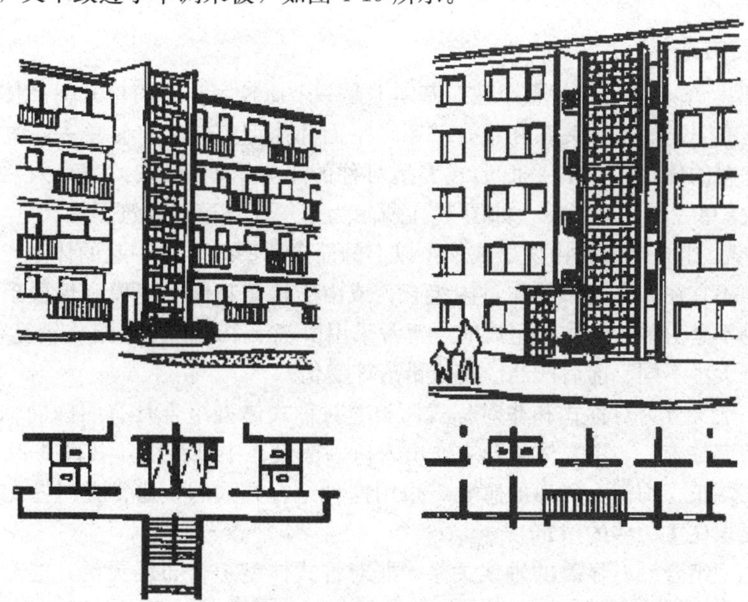

图 4-19　楼梯间在立面中的组合

项目 4.2　建筑体型和立面设计的方法

建筑的体型和立面是建筑外形中不可分割的两个方面，只有将二者作为一个有机的整体加以考虑，才能获得完美的建筑形象。

4.2.1　建筑体型的组合

建筑体型无论简单与复杂，都是由一些基本的几何形体组合而成，其组合形式可归纳为单一体型[图 4-20(a)]与组合体型[图 4-20(b)]两大类。

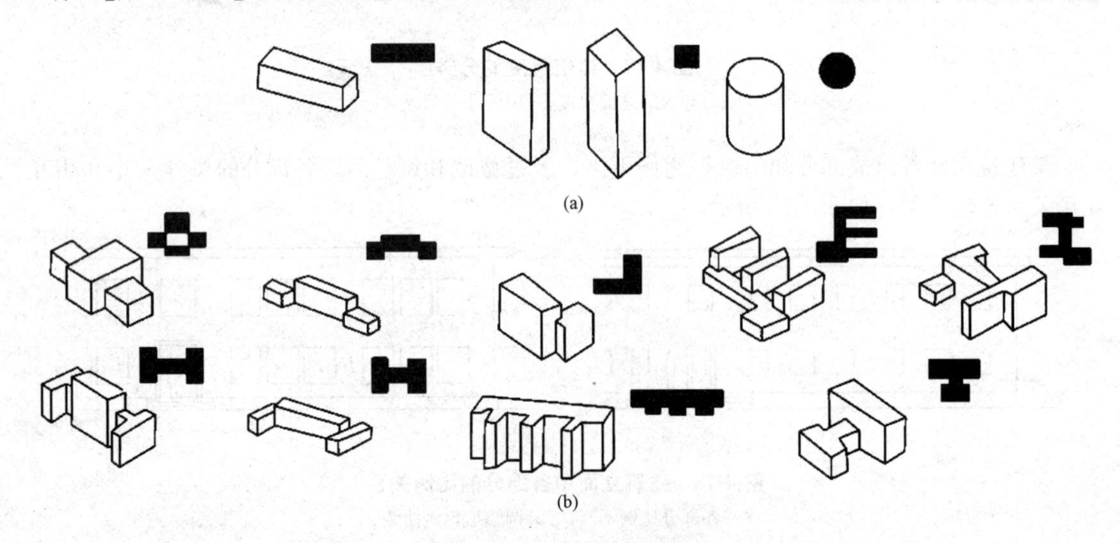

图 4-20　常见的外部体型

(a)单一体型；(b)组合体型

1. 体型组合方式

(1)单一体型。单一体型是指整个建筑基本上是一个比较完整的简单几何形体。采用这种体型建筑的特点是有明显的主从关系和组合关系，平面和体型都较为完整单一，复杂的内部空间都组合在一个完整的体型中。其平面形式多呈对称的正方形、矩形、三角形、圆形、多边形、风车形和“Y”形等单一的几何形状，如图 4-21 所示为单一长方形的建筑形式。

(2)组合体型。组合体型是由两个或两个以上的简单体型组合在一起的体型。当建筑物规模较大或内部空间不宜在一个简单的体量内组合，或由于建筑功能、规模和地段条件等因素的影响，很多建筑物不是由单一的体量组成时，常常采用由若干个不同体量组成较复杂的组合体型，并且在外形上有大小不同、前后凹凸、高低错落等变化。

组合体型一般又分为对称式和非对称式两类。对称式体型组合具有明确的轴线，主从关系明确，体型比较完整统一，主要体量及主要出入口一般设在中轴线上，如图 4-22 所示，此组合常给人以庄严、端正、均衡、严谨的感觉。采用这种组合方式的，通常是一些纪念性建筑、行政办公建筑或要求庄重一些的建筑。

非对称式体型组合没有显著的轴线关系，非对称式体型组合布局灵活，能充分满足功能要求并和周围环境有机地结合在一起，给人以活泼、轻巧、舒展的感觉，如图 4-23 所示。

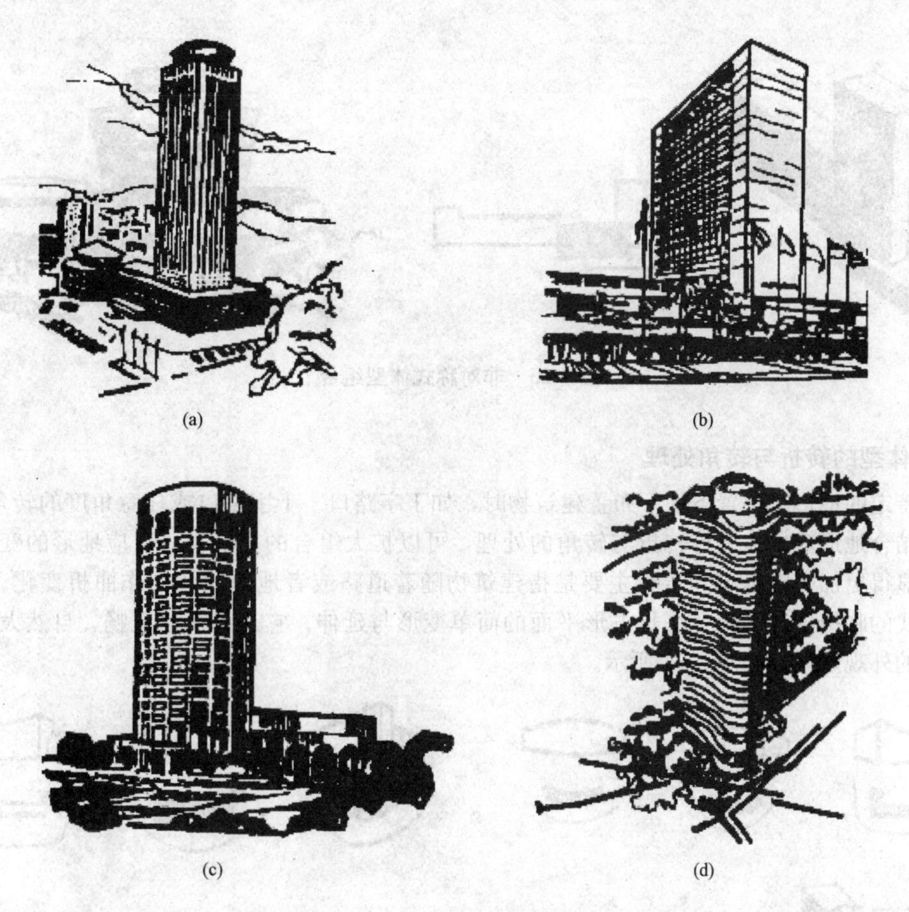
(a) (b) (c) (d)

图 4-21　单一长方形的建筑形式

(a)柱状；(b)板状；(c)圆柱体型；(d)"Y"形体型

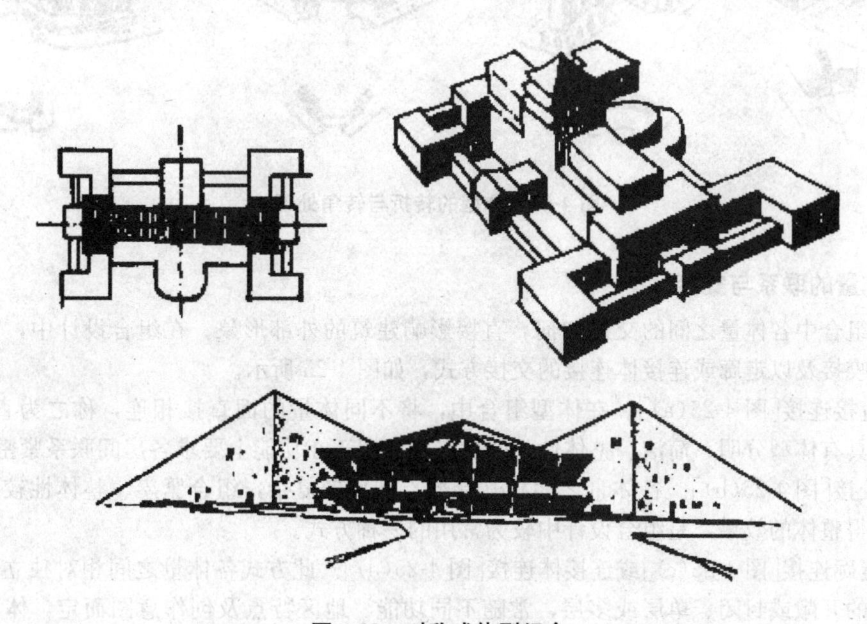

图 4-22　对称式体型组合

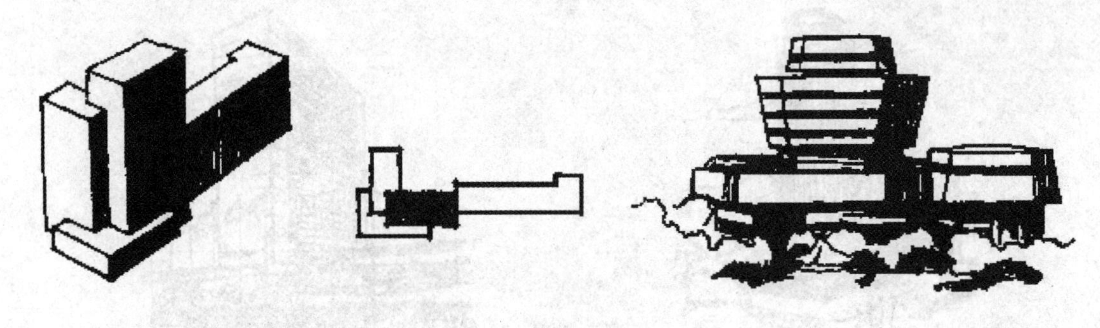

图 4-23　非对称式体型组合

2. 体型的转折与转角处理

在特定的地形或位置条件下布置建筑物时，如丁字路口、十字路口或任意角度的转角地带，若能够结合地形巧妙地进行转折与转角的处理，可以扩大组合的灵活性、适应地形的变化，使建筑物显得更加完整统一。转折主要是指建筑物随着道路或者地形的变化作曲折变化。因此，这种形式的临街部分实际上是长方形平面的简单变形与延伸，它具有简洁流畅、自然大方、完整统一的外观形象，如图 4-24 所示。

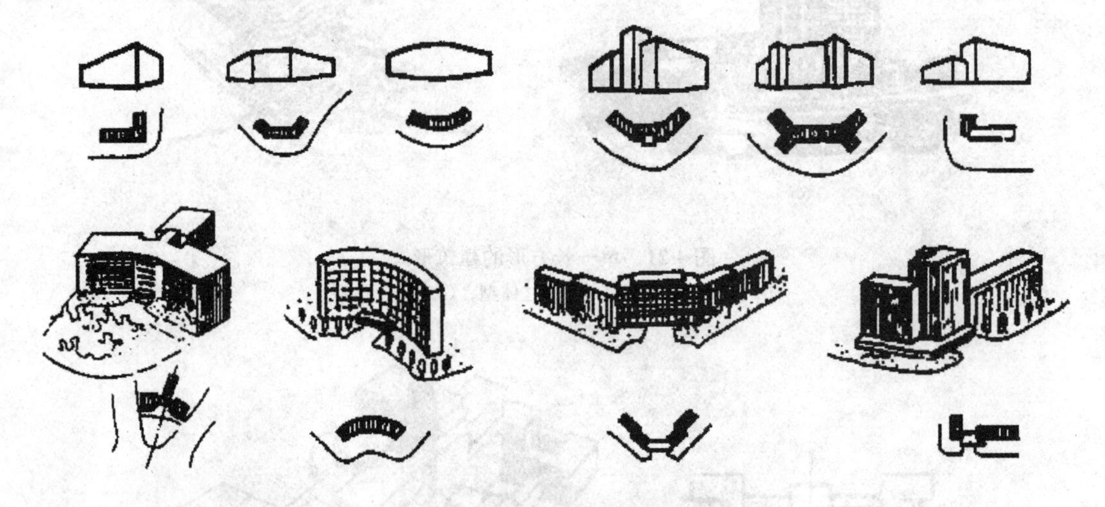

图 4-24　体型的转折与转角处理

3. 体量的联系与交接

体型组合中各体量之间的交接如何，直接影响建筑的外部形象。在组合设计中，常采用直接连接、咬接及以走廊或连接体连接的交接方式，如图 4-25 所示。

(1)直接连接[图 4-25(a)]。在体型组合中，将不同体量的面直接相连，称之为直接连接。此种方式具有体型分明、简洁、整体性强的优点，常用于在功能上要求各房间联系紧密的建筑。

(2)咬接[图 4-25(b)]。各体量之间相互穿插，体型较复杂，组合紧凑、整体性较强，较前者容易获得整体的效果，是组合设计中较为常用的一种方式。

(3)走廊连接[图 4-25(c)]或连接体连接[图 4-25(d)]。此方式各体量之间相对独立又互相联系，走廊的开敞或封闭、单层或多层，常随不同功能、地区特点及创作意图而定，体型给人以轻快、舒展的感觉。

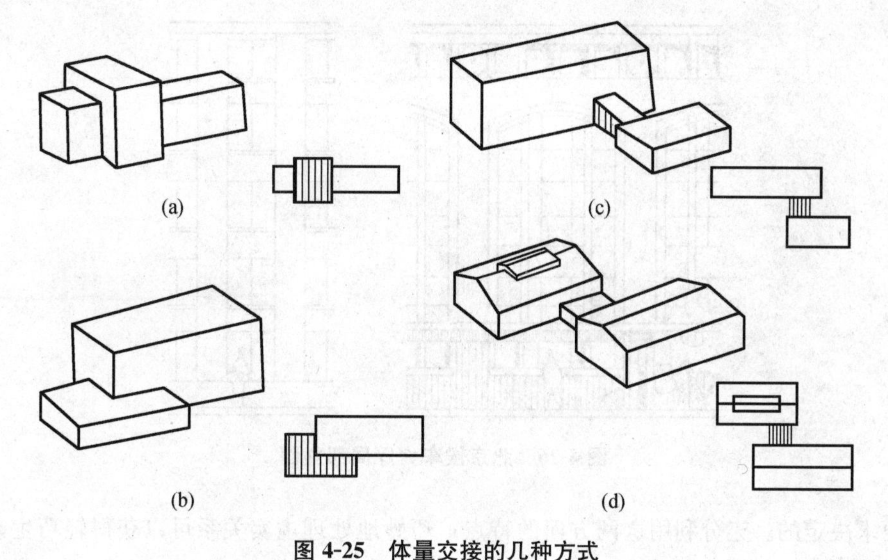

图 4-25 体量交接的几种方式

(a)直接连接；(b)咬接；(c)走廊连接；(d)连接体连接

4.2.2 建筑立面设计方法

建筑立面是由许多构件组成的，这些构件包括门窗、墙柱、阳台、遮阳板、雨篷、檐口、勒脚、花饰等。立面设计就是恰当地确定这些部件的尺寸大小、比例关系以及材料色彩等，并通过形的变换、面的虚实对比、线的方向变化等求得外形的统一与变化以及内部空间与外形的协调统一。

进行立面处理时，应注意以下几点：

(1)建筑立面是为满足施工要求而按正投影绘制的，分别为正立面、背立面和侧立面，而一般人看到的是两个面。因此，在推敲建筑立面时不能孤立地处理每个面，必须认真处理几个面的相互协调和相邻面的衔接关系，以取得统一。

(2)建筑造型是一种空间艺术，研究立面造型不能只局限于立面尺寸大小和形状，应考虑到建筑空间的透视效果。如对高层建筑的檐口处理，其尺度需要夸大，如果仍采用常规尺度，从立面图看虽然合适，但建成后在地面观看，由于透视的原因，就会感到檐口尺度过小。

(3)立面处理是在符合功能和结构要求的基础上，对建筑空间造型的进一步深化。因此，建筑外形应立足于运用建筑物构件的直接效果、入口的重点处理以及少量装饰处理等手段，尤其对于中小型建筑更应力求简洁、明朗、朴素、大方，避免烦琐装饰。

1. 比例适当、尺度正确

比例适当、尺度正确是立面完整统一的重要之处。立面的比例和尺度的处理与建筑功能、材料性能和结构类型是分不开的。由于使用性质、容纳人数、空间大小、层高等不同，形成全然不同的比例和尺度关系。

建筑立面常借助于门窗、细部等的尺度处理反映出建筑物的真实大小。如北京火车站候车大厅局部立面(图 4-26)，层高为一般建筑两倍，由于采用了拱形大窗，从而获得应有的尺度感。

2. 立面的虚实与凹凸的对比

建筑立面中“虚”的部分——窗、空廊、凹廊等，给人以轻巧、通透的感觉，“实”的部分——墙、柱、屋面、栏板等，给人以厚重、封闭的感觉。建筑外观的虚实关系主要是由功能

图 4-26　北京候车大厅局部立面

和结构要求决定的。充分利用这两方面的特点，巧妙地处理虚实关系可以获得轻巧生动、坚实有力的外观形象，如图 4-27 所示。

以虚为主、虚多实少的处理手法能获得轻巧、开朗的效果，常用于剧院门厅、餐厅、车站、商店等人流大量聚集的建筑，如图 4-27(a)所示。以实为主、实多虚少能产生稳定、庄严、雄伟的效果，常用于纪念性建筑及重要的公共建筑，如图 4-27(b)所示。虚实相当的处理容易给人单调、呆板的感觉。在功能允许的条件下，可以适当将虚的部分和实的部分集中，使建筑物产生一定的变化，如图 4-27(c)所示。

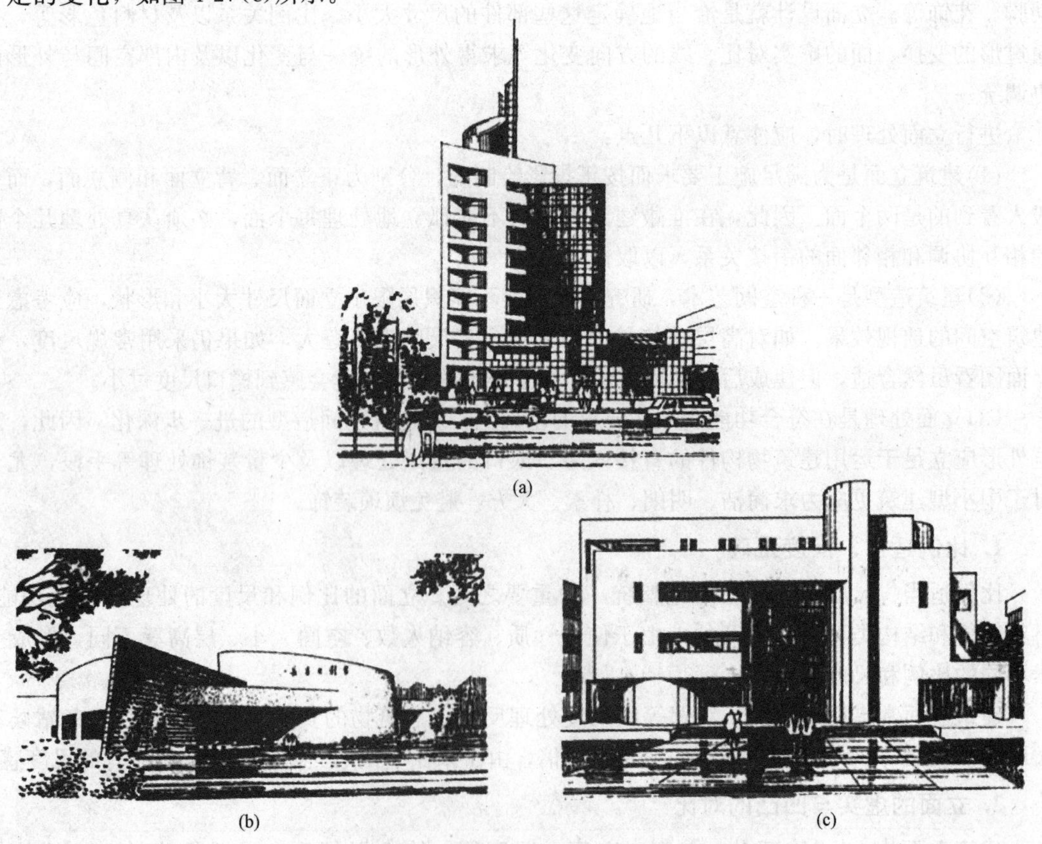

图 4-27　建筑立面中的虚实变化

(a)以虚为主；(b)以实为主；(c)虚实相当

在立面处理中，还常借助于大面积花格起过渡作用。在大片实墙上设置花格，此时花格起着虚的作用；反之，在大片玻璃窗中适当处理花格，则花格起着实的作用。

由于功能和构造上的需要，建筑外立面常出现一些凹凸部分。凹的部分有凹廊、门洞等，凸的部分一般有阳台、雨篷、遮阳板、挑檐、凸柱、凸出的楼梯间等。通过凹凸关系的处理可以加强光影变化，增强建筑物的体积感，丰富立面效果。住宅建筑常常利用阳台和凹廊来形成虚实、凹凸变化。

3. 运用线条的变化使立面具有韵律和节奏感

任何线条本身都具有一种特殊的表现力和多种造型的功能。从方向变化来看，垂直线具有挺拔、高耸、向上的气氛；水平线使人有舒展与连续、宁静与亲切的感觉；斜线具有动态的感觉；网格线有丰富的图案效果，给人以生动、活泼而有秩序的感觉。从粗细、曲折变化来看，粗线条显得厚重、有力；细线条则显得精致、柔和；直线显得刚强、坚定；曲线则显得优雅、轻盈。

建筑立面上客观存在着各种各样的线条，如立柱、墙垛、窗台、遮阳板、檐口、通长的栏板、窗间墙、分格线等。任何好的建筑，立面造型中千姿百态的优美形象也正是通过各种线条在位置、粗细、长短、方向、曲直、疏密、繁简、凹凸等方面的变化而形成的，如图 4-28 所示。

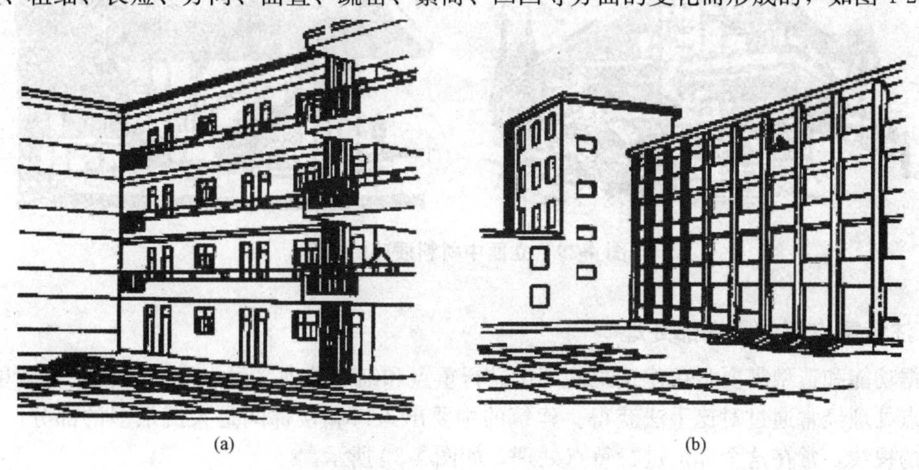

图 4-28　立面划分比较

(a)横向划分；(b)竖向划分

4. 正确配置立面色彩和材料质感

不同的色彩具有不同的表现力，给人以不同的感受。一般来说，以浅色或白色为基调的建筑给人以明快清新的感觉，深色显得稳重，橙黄等暖色调使人感到热烈、兴奋，青、蓝、紫、绿等色使人感到宁静。运用不同色彩的处理，可以表现出不同建筑的性格、地方特点及民族风格。

建筑外形色彩设计包括大面积墙面的基调色的选用和墙面上不同色彩的构图两方面。设计时应注意，色彩处理必须和谐统一而富有变化，应与建筑性格一致，还应注意和周围环境协调一致，其次基色运用还应考虑气候特征。

由于材料质感不同，建筑立面也会给人以不同的感觉。材料的表面，根据纹理结构的粗和细、光亮和暗淡的不同组合，会产生以下四种典型的质地效果。

(1)粗而无光的表面。有笨重、坚固、大胆和粗犷的感觉。

(2)细而光的表面。有轻快、平易、高贵、富丽和柔弱的感觉。

(3)粗而光的表面。有粗壮而亲切的感觉。

(4)细而无光的表面。有朴素而高贵的感觉。

材料质感的处理包括两个方面，一方面是利用材料本身的特性，如大理石、花岗石的天然纹理，金属、玻璃的光泽等；另一方面是人工创造的某种特殊的质感，如仿石饰面砖、仿树皮纹理的粉刷等。

色彩和质感都是材料表面的属性，在很多情况下两者合为一体，很难把它们分开。一些住宅的外墙常采用浅色抹面与红砖，由于两种不同色彩、不同质感的材料之间互相对比和衬托而收到悦目和生动明快的效果。如图 4-29 所示为运用天然石材的粗糙质感与木材的细致纹理和抹灰产生的对比，显得生动而富有变化。

图 4-29　立面中材料质感的处理

5. 注意重点部位和细部处理

根据功能和造型需要，在建筑某些部位进行重点和细部处理，可以突出主体，打破单调感。立面重点处理经常通过对比手法获得。建筑的主要出入口和楼梯间是人流最多的部分，为了吸引人们的视线，常在这个部位进行重点处理，如图 4-30 所示。

图 4-30　建筑入口重点处理

在立面设计中，对于体量较小或人们接近时才能看得清的部分，如墙面线脚、花格、漏窗、檐口细部、窗套、栏杆、遮阳、雨篷、花台及其他细部装饰等的处理称为细部处理。细部处理必须从整体出发，接近人体的细部应充分发挥材料色泽、纹理、质感和光泽度的美感作用。对于位置较高的细部，一般应着重于总体轮廓和注意色彩、线条等大效果，而不宜刻画得过于细腻，如图 4-31 所示。

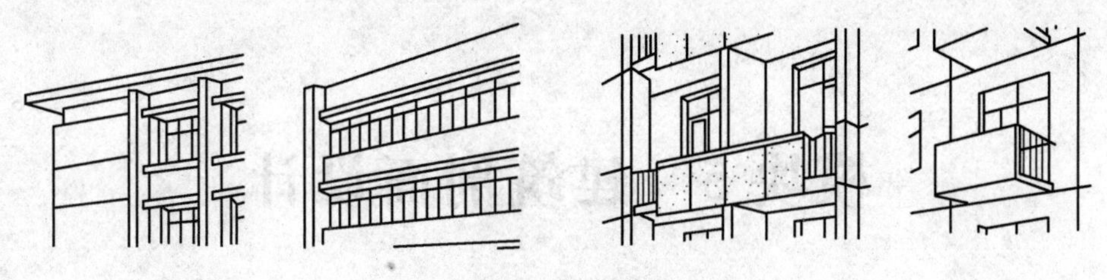

图 4-31　细部处理

思考题

1. 结合建筑实例，在建筑体型及立面设计的美学原则中，各种规律的含义是什么？
2. 建筑体型组合的方式有哪些？请举例说明。
3. 结合建筑实例，谈谈建筑立面设计中对质感和色彩应如何处理。
4. 结合建筑实例，谈谈建筑重点及细部的处理手法。
5. 建筑体型的转折和转角应如何处理？
6. 影响建筑体型和立面设计的因素有哪些？

模块 5　建筑剖面设计

学习要求

了解确定建筑剖面形状、高度、层数及建筑空间组合的原理和方法，熟悉建筑剖面设计的内容。

建筑剖面图是表示建筑物在垂直方向建筑各部分的组合关系。建筑剖面设计的主要内容包括建筑层高、层数的确定，采光、通风的处理以及空间的组织与利用等。

项目 5.1　建筑剖面形状及各部分高度

5.1.1　建筑高度和剖面形状的确定

建筑的剖面设计，首先要根据建筑的使用功能确定其层高和净高。建筑的层高是指从楼面(地面)至楼面的距离；而净高是指从楼面至顶棚(梁)底面的距离，如图 5-1 所示。

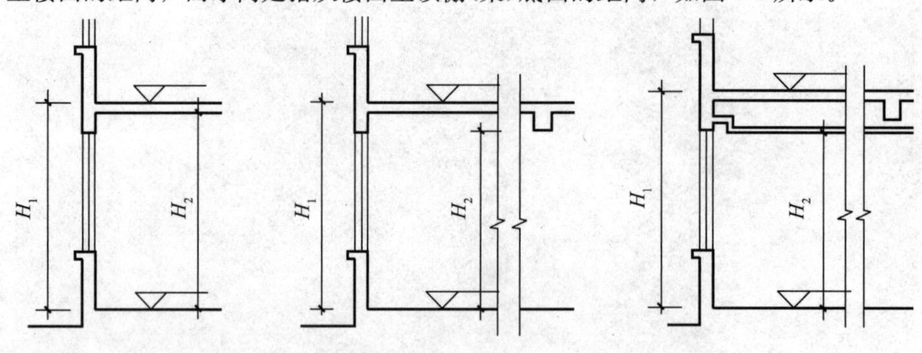

图 5-1　建筑层高(H_1)和净高(H_2)

建筑高度和剖面形状的确定主要考虑以下几个方面。

1. 室内使用性质和活动特点

室内使用性质和活动特点随房间用途而异。

首先，房间的净高与人体活动尺度有很大关系，一般情况下，室内最小净高应使人举手不接触到顶棚为宜，应不低于 2.20 m(图 5-2)。

其次，不同类型的房间由于使用人数不同，房间面积大小不同，其净高要求也不同。对于住宅中的卧室、起居室，因使用人数少，房间面积小，净高可低一些，一般大于 2.40 m，层高在 2.8 m 左右；中学的教室，由于使用人数较多，面积较大，净高宜高一些，一般取 3.4 m 左右，层高为 3.6～3.9 m。

再次，房间内的家具以及人使用时所需的必要空间，也直接影响着房间高度。如学生宿舍，通常设双层床，为保证上、下床居住者的正常活动，室内净高应大于 3.0 m，层高一般取 3.3 m 左右(图 5-3)。

图 5-2 室内净高

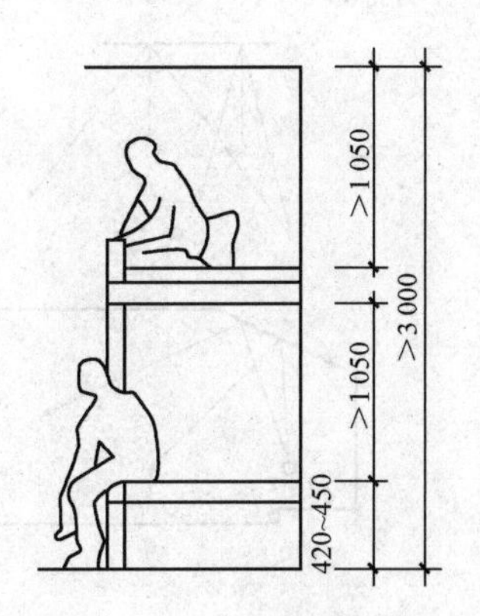

图 5-3 宿舍对房间高度的要求

一些室内人数较多、面积较大具有视听等使用特点的活动房间，如学校的阶梯教室、电影院、剧院的观众厅、会场等，这些房间的高度和剖面形状，需要综合许多方面的因素才能确定，如仅以视线要求为例来分析，对室内地坪的剖面形状就有一定的要求。为了在房间的剖面中保证有良好的视线质量，即从人们的眼睛到观看对象之间没有遮挡，需要进行视线设计，使室内地坪按一定的坡度变化升起，如图 5-4 所示。

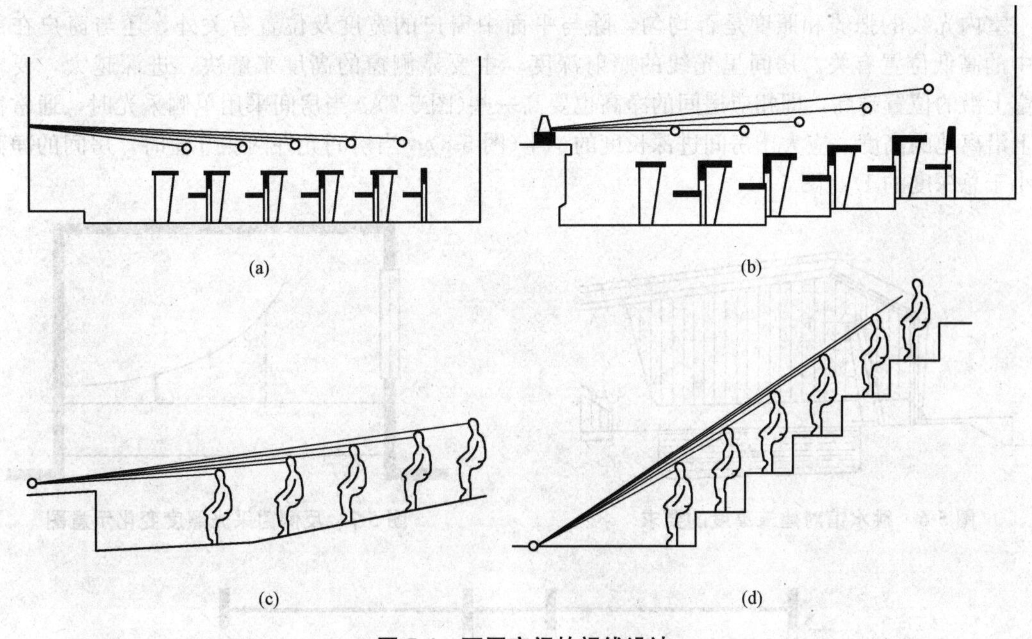

图 5-4 不同空间的视线设计

(a)普通教室；(b)阶梯教室；(c)剧院观众厅；(d)体育馆比赛厅

为了保证室内有良好的音质效果，使声场分布均匀，避免出现声音空白区、回声以及聚焦等现象，在剖面设计中要选择好顶棚形状，如图 5-5 所示。

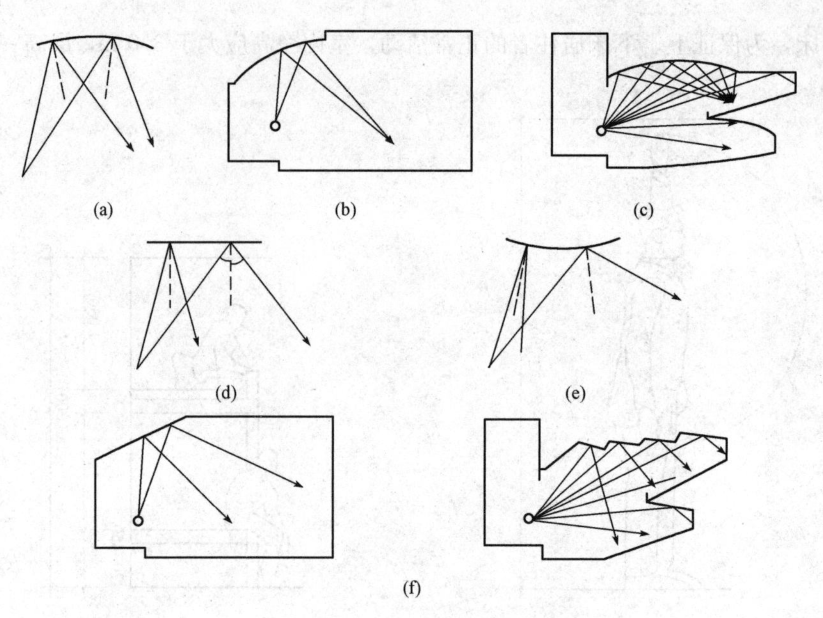

图 5-5　音质要求和剖面形状的关系

(a)声聚焦；(b)声聚焦；(c)声聚焦；

(d)声反射均匀；(e)声发散；(f)声音反射较均匀

电影放映、体育活动等其他使用特点的考虑，也都对房间的高度、体积和剖面形状有一定的影响，如图 5-6 所示。

2. 采光、通风、空气卫生的要求

室内光线的强弱和照度是否均匀，除与平面中窗户的宽度及位置有关外，还与窗户在剖面中的高低位置有关。房间里光线的照射深度，主要靠侧窗的高度来解决，进深越大，要求侧窗上沿的位置越高，即相应房间的净高也要高一些(图 5-7)。当房间采用单侧采光时，通常窗户上沿离地的高度，应大于房间进深长度的一半(图 5-8)；当房间允许两侧开窗时，房间的净高不小于总深度的 1/4(图 5-9)。

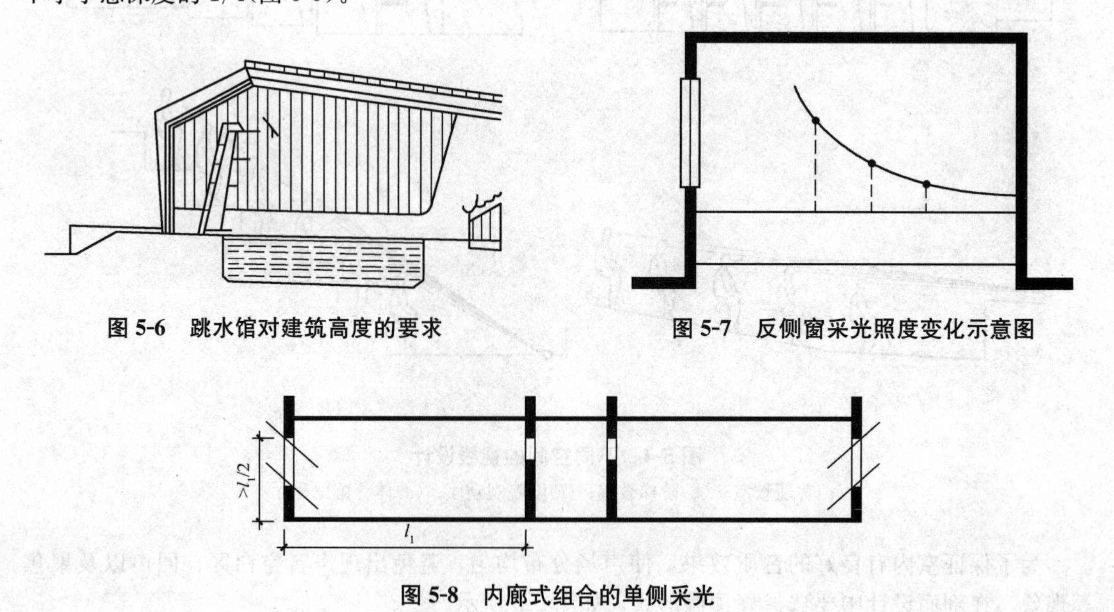

图 5-6　跳水馆对建筑高度的要求

图 5-7　反侧窗采光照度变化示意图

图 5-8　内廊式组合的单侧采光

采光方式有以下几种：

(1)普通侧窗(窗台高 900 mm 左右)。其优点是造价经济，结构简单，采光面积大，光线充足，并且可以看到室外空间的景色，感觉比较舒畅，建筑立面处理也开朗、明快，因此广泛运用于各类民用建筑中。但其缺点是单侧窗采光照度不均匀，应尽量提高窗上沿的高度或采用双侧窗采光，并控制房间的进深。

(2)高侧窗(窗台高 1 800 mm 左右)。结构、构造也较简单，有较大的陈列墙面，同时可避免眩光，用于展览建筑效果较好(图 5-10)，有时也用于仓库建筑等。

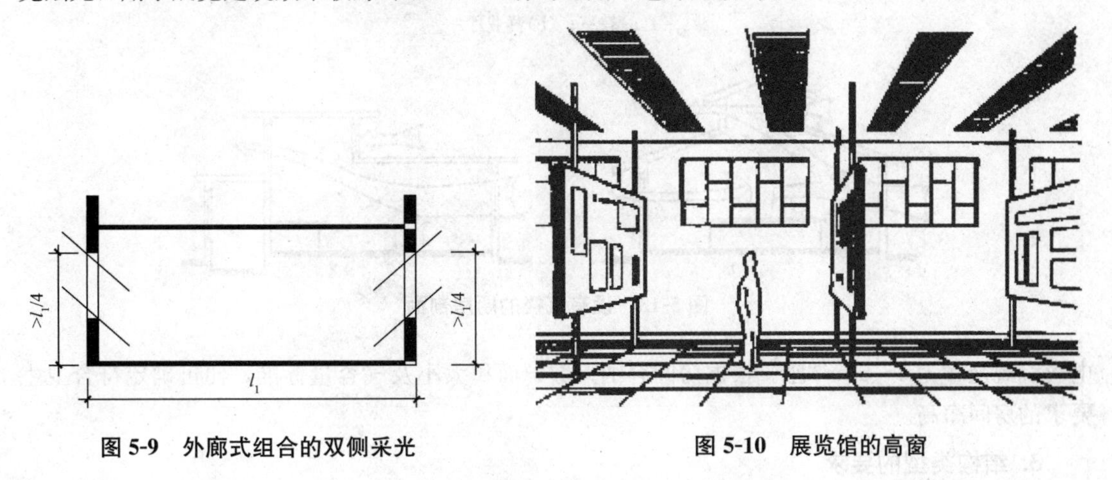

图 5-9　外廊式组合的双侧采光　　　**图 5-10　展览馆的高窗**

(3)天窗。多用于展览馆、体育馆及商场等建筑。其特点是光线均匀，可避免进深大的房间深处照度不足的缺点，采光面积不受立面限制，开窗大小可按需要设置并且不占用墙面，空间利用合理，能消除眩光(图 5-11)。但天窗也有局限性，只适用于单层及多层建筑的顶楼。

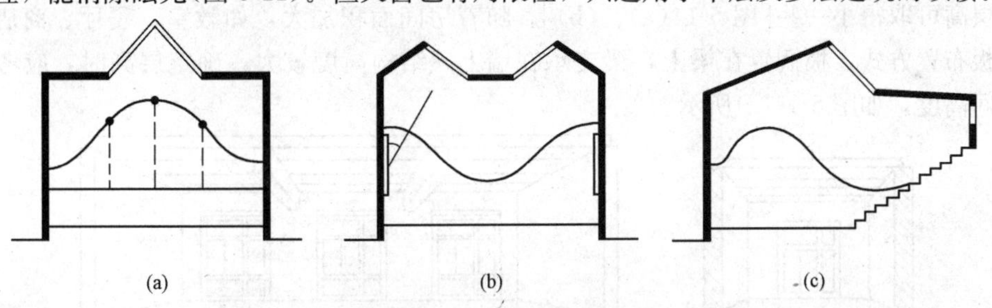

图 5-11　大厅中天窗的位置和室内照度分布的关系

(a)博物馆；(b)画廊；(c)体育馆

房间内的通风要求，室内进出风口在剖面上的高低位置，也对房间净高的确定有一定影响。温湿和炎热地区的民用房屋，经常利用空气的气压差，对室内组织穿堂风。如在内墙上开设高窗，或在门上设置亮子，使气流通过内外墙的窗户，组织室内通风(图 5-12)。

依据房间通风要求，在建筑的迎风面设进风口，在背风面设出风口，使其形成穿堂风，内进出风口在剖面上的位置高低，也对房间净高的确定有一定影响(图 5-13)。应注意的是，房间里的家具、设备和隔墙不要阻挡气流通过。

一些房间，如食堂的厨房部分，室内高度应考虑到操作时散发大量的蒸汽和热量，这些房间的顶部常设置气楼，图 5-13 是设有气楼的厨房剖面形状和室内通风排气路线示意图。

对容纳人数较多的公共建筑，为保证房间必要的卫生条件，在剖面设计中，除组织好通风换气外，还应考虑房间正常的气容量。其取值与房间用途有关，如中小学教室为 3～5 m^2/人，

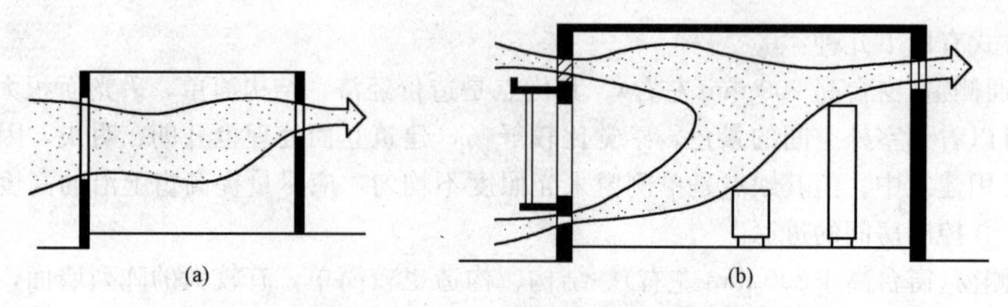

图 5-12 房间剖面中进出风口的位置和通风线路示意图

(a)教室；(b)营业厅

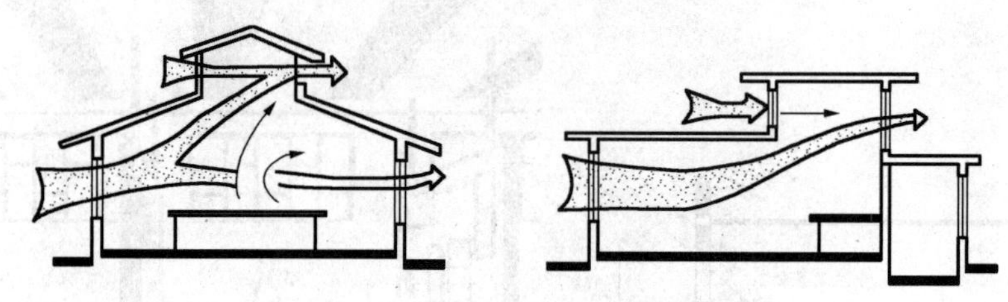

图 5-13 设有气楼的厨房剖面

电影院观众厅为 4～5 m^2/座。根据房间容纳人数、面积大小及气容量标准，便可确定符合卫生要求的房间净高。

3. 结构类型的要求

层高等于净高加上楼板层(或屋顶结构层)的高度。因此在满足房间净高要求的前提下，其层高尺寸随结构层的高度而变化。结构层高度越高，则层高越大；结构层高度越小，则层高相应也小。一般住宅建筑由于房间开间进深小，多采用墙体承重，在墙上直接搁板，由于结构高度小，层高可取得小一些[图 5-14(a)、(b)]。随着房间面积加大，如教室、餐厅、商店等，多采用梁板布置方式，板搁置在梁上，梁支承在墙上，结构高度较大，确定层高时，应考虑梁所占的空间高度，如图 5-14(c)所示。

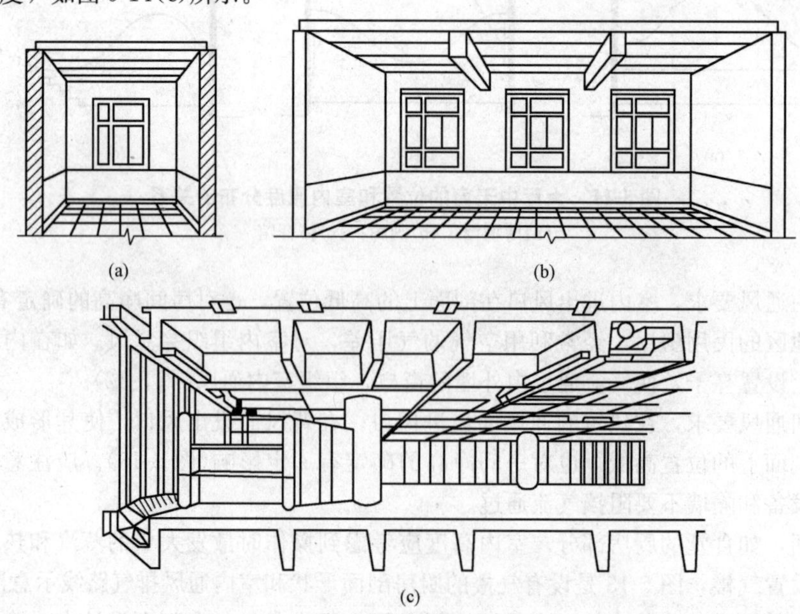

图 5-14 不同结构类型对建筑层高的影响

(a)砖墙承重结构；(b)梁板结构；(c)主次梁结构

4. 房间高度的要求

在民用建筑中，有些设备占据了部分的空间，对房间的高度产生一定的影响，如顶棚部分嵌入或悬吊的灯具、顶棚内外的一些空调管道以及其他设备，如图 5-15 所示。

图 5-15　电视演播室对房间高度的影响

5. 室内空间比例要求

在确定房间高度时，还要考虑房间高与宽的合适比例，给人以正常的空间感。

房间不同的比例尺度，往往给人不同的感受。高而窄的空间易使人感到兴奋、激昂，严肃但过高，则会感到空荡、不亲切；宽而低的房间，使人感到宁静、开阔、亲切，但过低，则会感到压抑。

不同的建筑，需要不同的空间比例。纪念性建筑要求高大空间，以造成严肃、庄重的气氛；大型公共建筑的休息厅、门厅要求开阔、明朗的气氛。总之，要合理巧妙地运用空间的变化，使物质功能与精神要求结合起来，如图 5-16 所示。

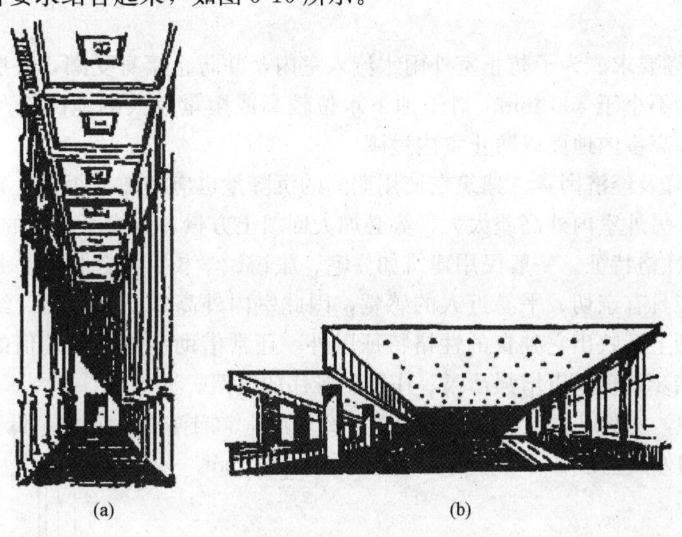

(a)　(b)

图 5-16　不同空间比例的建筑

(a)窄而高的建筑；(b)宽而低的建筑

6. 建筑经济效果

层高是影响建筑造价的一个重要因素。因此，在满足使用要求和卫生要求的前提下，适当降低层高可相应减小房屋的间距，节约用地，减轻房屋自重，改善结构受力情况，节约材料。

寒冷地区以及有空调要求的建筑，从减少空调费用、节约能源出发，层高也宜适当降低。实践表明，普通砖混结构的建筑物，层高每降低 100 mm 可节省投资 1%。

5.1.2 建筑各部分高度的确定

建筑剖面中，除了各个房间室内的净高和剖面形状需要确定外，还需要分别确定房屋层高，以及室内地坪，楼梯平台和房屋檐口等标高。

1. 层高的确定

房屋层高的最后确定，需要综合功能、技术经济和建筑艺术等多方面的要求。表 5-1 是上海地区中、小学建筑中，根据使用性质、卫生要求和技术经济条件，制订的教室、实验室等房间的层高试行指标。

表 5-1 中小学建筑房间的层高 m

学校	教室、实验室等(教学楼中房间)	独立的雨天活动室	办公及辅助用房(单独部分)	独立传达室
中学	3.4～3.5	3.8～4.0	3.2	3.1
小学	3.4	3.8～4.0	3.2	3.1

2. 室内外高差

建筑物室内外地面高差主要由以下因素确定：

(1)内外联系方便。建筑物室内外高差应方便内外联系，特别对于一般住宅、商店、医院等建筑更是如此。室内外高差以不大于 600 mm 为宜。对于仓库一类建筑，为便于运输，在入口处常设置坡道，为不使坡道过长影响室外道路布置，室内外地面高差以不超过 300 mm 为宜。

(2)防水、防潮要求。为了防止室外雨水流入室内，并防止墙身受潮，底层室内地面应高于室外地面，一般为不小于 300 mm。对于地下水位较高或雨量较大的地区以及要求较高的建筑物，也有意识地提高室内地面以防止室内过潮。

(3)建筑物沉降及经济因素。建筑在使用期间的沉降量也应考虑，否则，日后可能使室内地面低于室外地面。另外室内外高差太大，势必加大回填土方量，造成不必要的浪费。

(4)建筑物的性格特征。一般民用建筑如住宅、旅馆、学校、办公楼等，是人们工作、学习和生活的场所，应具有亲切、平易近人的感觉，因此室内外高差不宜过大。纪念性建筑除在平面空间布局及造型上反映出它独自的性格特征以外，还常借助室内外高差值的增大，如采用高的台基和较多的踏步处理，以增强严肃、庄重、雄伟的气氛。

在建筑设计中，一般以底层室内地面标高为±0.000，高于它的为正值，低于它的为负值。大量性民用建筑室内外高差常取 300～600 mm，最小为 150 mm。

3. 窗台高度

窗台高度与使用要求、人体尺度、家具尺寸、通风要求及立面处理需要有关。大多数的民用建筑，窗台高度主要考虑方便人们工作、学习，保证书桌上有充足的光线，常取 900～1 000 mm(图 5-17)。

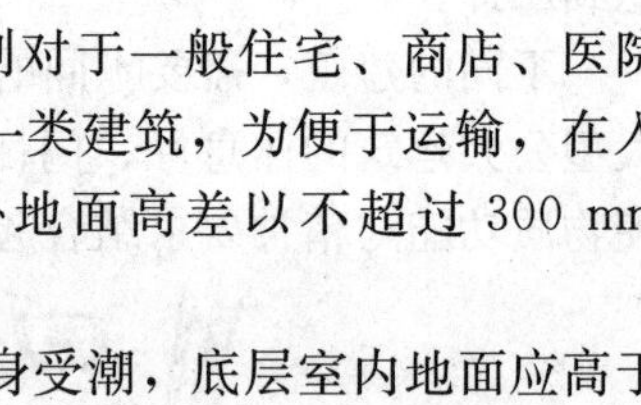

900~1 000

图 5-17 窗台基本高度

对于有特殊要求的房间，设有高侧窗的陈列室，为消除和减少眩光，应避免陈列品靠近窗台布置。为此，一般将窗下口提高到距离地面 2 500 mm 以上。厕所、浴室窗台可提高到 1 800 mm 左右。托儿所、幼儿园窗台高度应考虑儿童的身高及较小的家具设备，医院儿童病房应方便护士照顾病人，窗台高度均应较一般民用建筑低一些，常取 600～700 mm，如图 5-18 所示。

除此之外，某些公共建筑的房间如餐厅、休息厅、娱乐活动场所，尤其是风景区建筑，为争取最大限度地扩大视野范围，丰富室内空间，常将窗台做得很低，甚至采用落地窗。

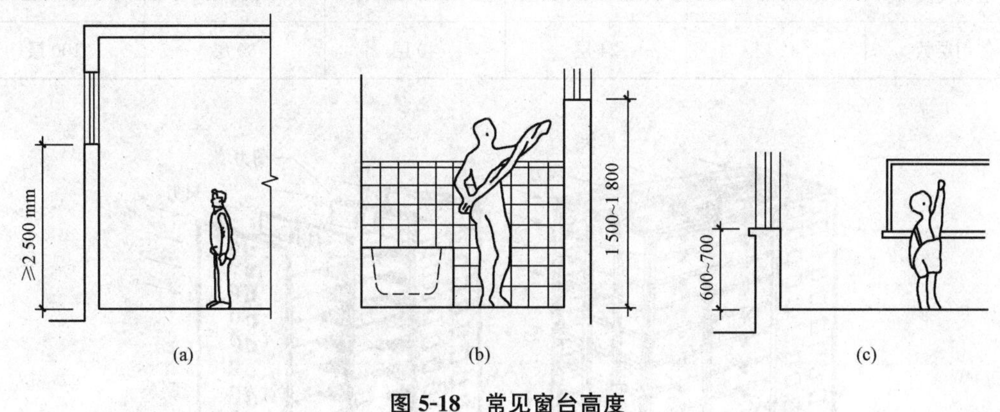

图 5-18　常见窗台高度

(a)展览厅陈列室高度；(b)展览厅陈列室高度；(b)幼儿园窗台高度

项目 5.2　建筑层数的确定

影响建筑层数确定的因素很多，主要有建筑本身的使用要求、基地环境和城市规划的要求、选用的结构类型、施工材料的要求以及建筑防火和经济条件的要求等。

1. 建筑本身的使用要求

由于建筑用途不同，使用对象不同，所以对建筑的层数也要求不同。如幼儿园为了使用安全和便于儿童与室外活动场地的联系，应建低层，其层数不应超过 3 层。医院、中小学校建筑也宜在 3、4 层之内；影剧院、体育馆、车站等建筑，由于使用中有大量人流，为便于迅速、安全疏散，也应以单层或低层为主；对于大量建设的住宅、办公楼、旅馆等建筑，一般可建成多层或高层。

2. 基地环境和城市规划的要求

建筑层数的确定，不能脱离一定的环境条件限制。特别是位于城市街道两侧、广场周围、风景园林区、历史建筑保护区的建筑，必须重视与环境的关系，做到与周围建筑物、道路、绿化相协调，同时应符合城市总体规划的统一要求。

3. 结构、材料和施工的要求

建筑物建造时所用的结构体系和材料不同，允许建造的建筑物层数也不同。如一般砖混结构，墙体多采用砖砌筑，自重大，整体性差，且随层数的增加，下部墙体越来越厚，既费材料又减少使用面积，故常用于建造 6、7 层以下的大量性民用建筑，如多层住宅、中小学教学楼、中小型办公楼等。

钢筋混凝土框架结构、剪力墙结构、框架-剪力墙结构、框筒结构及筒体结构则可用于建多层或高层建筑(表 5-2)，如高层办公楼、宾馆、住宅等。空间结构体系，如折板结构、薄壳结构、网架等，则适用于低层、单层、大跨度建筑，如剧院、体育馆等(图 5-19)。

表 5-2 各种结构体系的使用层数

体系名称	框架	框架-剪力墙	剪力墙	框筒	筒体
适用功能	商业娱乐办公	酒店办公	住宅公寓	办公酒店	办公酒店
适用高度	50 m	80 m	120 m	100 m	400 m
使用层数	12 层	24 层	40 层	30 层	100 层

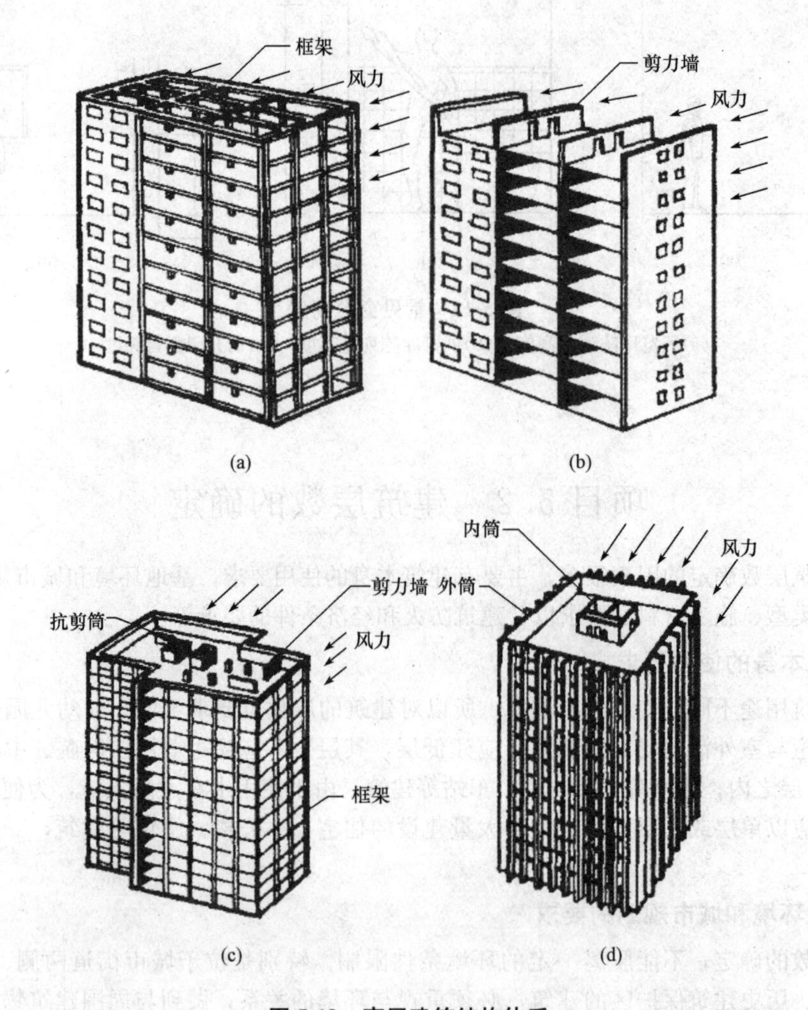

图 5-19 高层建筑结构体系

(a)框架结构；(b)剪力墙结构；(c)框架-剪力墙结构；(d)筒体结构

另外，建筑施工条件、起重设备及施工方法等，对确定房屋的层数也有一定的影响。

4. 建筑防火要求

按照《建筑设计防火规范》(GB 50016—2014)的规定，建筑层数应根据建筑的性质和耐火等级来确定。不同耐火等级建筑的允许建筑高度或层数、防火分区最大允许建筑面积应符合表 5-3 的规定。

表 5-3　不同耐火等级建筑的允许建筑高度或层数、防火分区最大允许建筑面积

名称	耐火等级	允许建筑高度或层数	防火分区的最大允许建筑面积/m^2	备注
高层民用建筑	一、二级	按表 5-4 确定	1 500	对于体育馆、剧场的观众厅，防火分区的最大允许建筑面积可适当增加
单、多层民用建筑	一、二级	按表 5-4 确定	2 500	
	三级	5 层	1 200	—
	四级	2 层	600	—
地下或半地下建筑(室)	一级	—	500	设备用房的防火分区最大允许建筑面积不应大于 1 000 m^2

注：1. 表中规定的防火分区最大允许建筑面积，当建筑内设置自动灭火系统时，可按表中的规定增加 1.0 倍；局部设置时，防火分区的增加面积可按该局部面积的 1.0 倍计算。
2. 裙房与高层建筑主体之间设置防火墙时，裙房的防火分区可按单、多层建筑的要求确定。

表 5-4　民用建筑分类

名称	高层民用建筑		单、多层民用建筑
	一类	二类	
住宅建筑	建筑高度大于 54 m 的住宅建筑(包括设置商业服务网点的住宅建筑)	建筑高度大于 27 m，但不大于 54 m 的住宅建筑(包括设置商业服务网点的住宅建筑)	建筑高度不大于 27 m 的住宅建筑(包括设置商业服务网点的住宅建筑)
公共建筑	(1)建筑高度大于 50 m 的公共建筑； (2)建筑高度 24 m 以上部分任一楼层建筑面积大于 1 000 m^2 的商店、展览、电信、邮政、财贸金融建筑和其他多种功能组合的建筑； (3)医疗建筑、重要公共建筑； (4)省级及以上的广播电视和防灾指挥调度建筑、网局级和省级电力调度建筑； (5)藏书超过 100 万册的图书馆、书库	除一类高层公共建筑外的其他高层公共建筑	(1)建筑高度大于 24 m 的单层公共建筑； (2)建筑高度不大于 24 m 的其他公共建筑

注：1. 表中未列入的建筑，其类别应根据本表类比确定。
2. 除《建筑设计防火规范》(GB 50016—2014)另有规定外，宿舍、公寓等非住宅类居住建筑的防火要求，应符合《建筑设计防火规范》(GB 50016—2014)有关公共建筑的规定。
3. 除《建筑设计防火规范》(GB 50016—2014)另有规定外，裙房的防火要求应符合《建筑设计防火规范》(GB 50016—2014)有关高层民用建筑的规定。

5. 经济条件要求

建筑的造价与层数关系密切。对于砖混结构的住宅，在一定范围内，适当增加房屋层数，可降低住宅的造价。一般情况下，5、6 层砖混结构的多层住宅是比较经济的，如图 5-20 所示。

除此之外，建筑层数与节约土地关系密切。在建筑群体组合设计中，个体建筑的层数越多，用地越经济。如图 5-21 所示，把一幢 5 层住宅和 5 幢单层平房相比较，在保证日照间距的条件下，用地面积要相差 2 倍左右，同时，道路和室外管线设置也都相应减少。

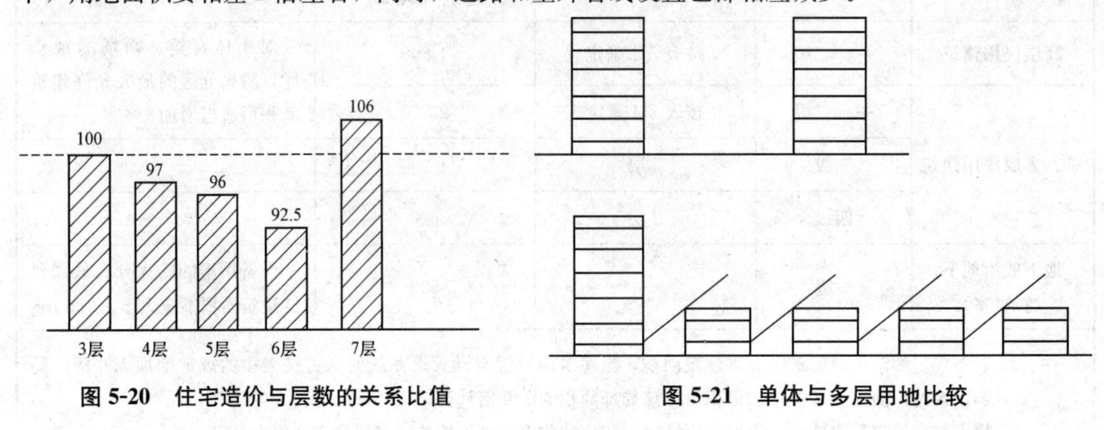

图 5-20　住宅造价与层数的关系比值　　**图 5-21　单体与多层用地比较**

项目 5.3　建筑剖面空间的组合设计

建筑的空间组合，包括水平方向和垂直方向的组合关系。在组合设计中，除考虑水平方向的功能外，还必须同时考虑在垂直方向上的功能关系。建筑剖面的空间组合设计，是在平面组合的基础上进行的，它主要是根据建筑在功能上的需要与精神的要求，分析建筑物各部分应有的高度、层数及在垂直方向上的空间组合和利用等问题。

5.3.1　建筑剖面空间组合设计的原则

(1)根据功能要求，按使用性质和特点进行垂直分区，且分区要明确，流线要清晰。

(2)合理利用空间。

(3)结构合理。

(4)设备管道要集中。

(5)对于不同高度的空间，采用不同的组合方式。

5.3.2　建筑剖面空间组合设计的组合关系

1. 功能相同、高度相同或相近的房间组合

(1)功能相同、高度相同或相近的房间尽量组合在同一区或层内，以便于结构布置和施工，如办公楼的办公室、教学楼的普通教室等；若个别房间的功能相同，高度相近时，可以在不影响使用的条件下，适当调整房间高度，使同一层的房间高度尽量相同，如图 5-22 所示。

(2)一幢建筑物内大多数房间功能相同、高度相同或相近，而个别房间功能不同、高度较大时，可以把这样的房间放在建筑物底层的一端、顶层或单独设置在建筑物旁边，如图 5-23 所示。如办公楼的大会议室，可以放在建筑物的一端、顶层或单独设于建筑物旁；对于教学楼的阶梯教室、多功能大厅，可置于教学楼走廊的一端，或单独设置。

2. 功能不同、高度不同的房间组合

(1)当一幢建筑物内，有一部分房间功能相近、高度相同，而另一部分房间功能不同、高度

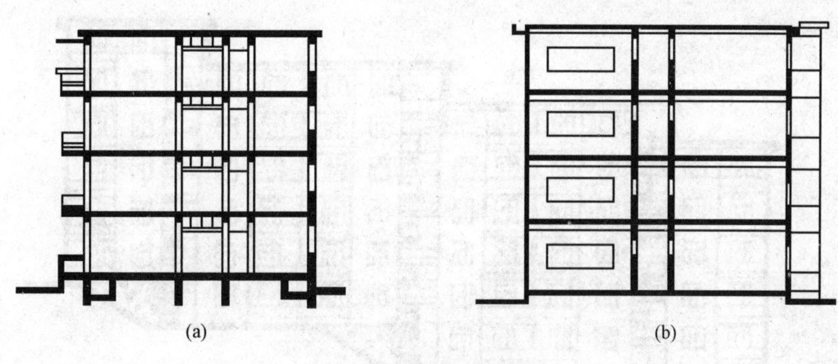

图 5-22　相同剖面组合

(a)单元式住宅；(b)内廊式教学楼

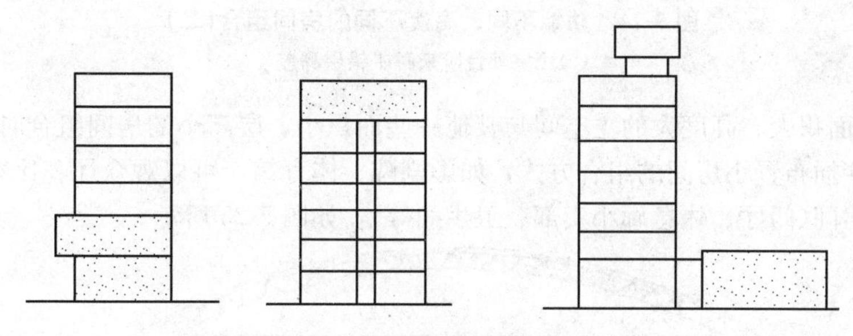

图 5-23　层高相差较大的房间的组合

不同时，可把各部分功能相近、高度相同的房间组合在各自一层或一区内，两部分可通过上下台阶、走廊等错层组合(图 5-24)。

①用踏步来解决错层高差[图 5-24(a)]。对于层间高差小、层数少的建筑，可采用在较低标高的走廊上设置少量踏步的方法来解决。如中学教学楼，当教室与办公部分相连时，因层高不同，出现高差，多设踏步来连接。

②用楼梯来解决错层高差[图 5-24(b)]。当组成建筑物的两部分空间高差较大时，可通过选用楼梯梯段的数量和调整梯段的踏步数量，使楼梯平台的标高与错层楼地面的标高一致。

③用室外台阶来解决错层高差[图 5-24(c)]。这种错层方式较自由，可以依山就势，适应地形标高变化，比较灵活地进行随意错落布置。图 5-24(c)为垂直等高线布置，用室外台阶解决高差的住宅实例。

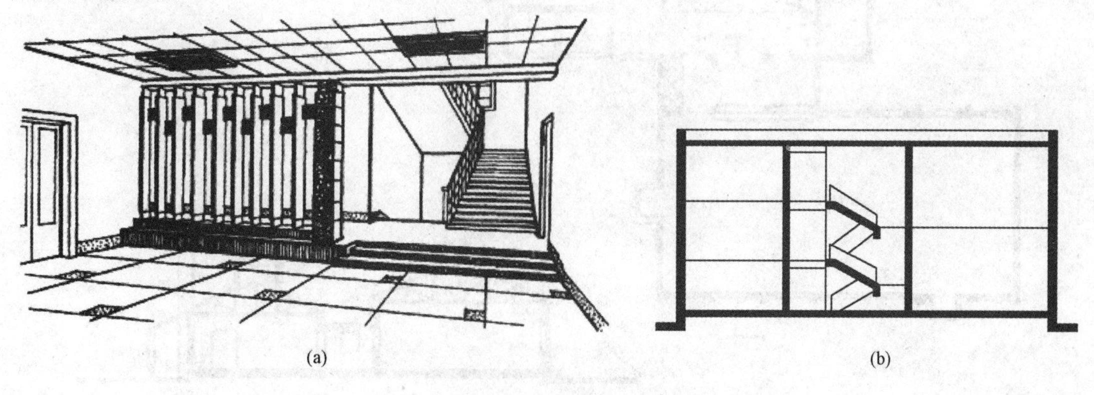

图 5-24　功能不同、高度不同的房间组合(一)

(a)用踏步来解决错层高差；(b)用楼梯来解决错层高差

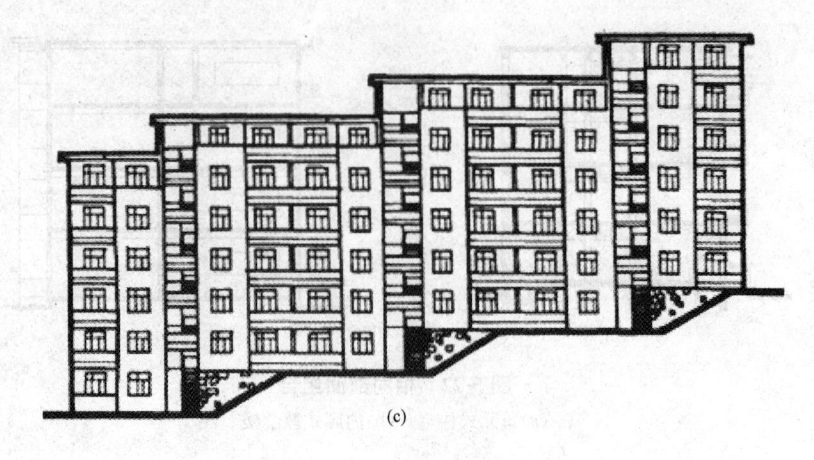

(c)

图 5-24　功能不同、高度不同的房间组合(二)

(c)用室外台阶来解决错层高差

(2)当一个面积大、高度大的主空间与其他一些面积小、层高小的房间组合时，可用以大空间为主，周围穿插布置小房间的组合方式，如影剧院、体育馆，可以观众厅、比赛大厅为中心，在周围布置小房间(门厅、休息廊小卖部、卫生间等)，如图 5-25 所示。

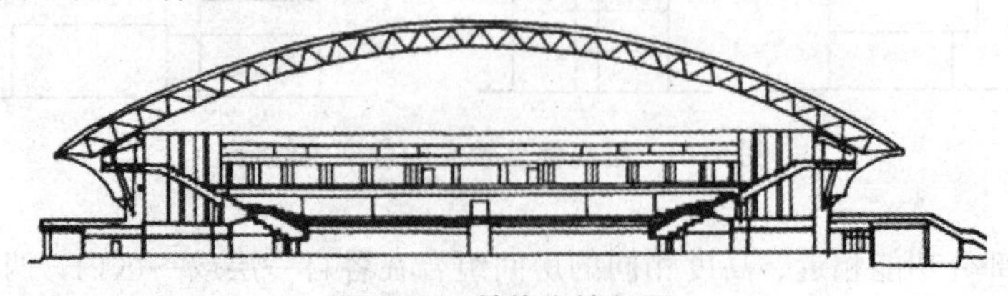

图 5-25　某体育馆剖面

3. 功能不同、面积不同、层高不同的单层建筑物

对于功能不同、面积不同、层高不同的单层建筑物，可按其工艺流程进行组合设计，如饭店、餐厅等，其工艺流程是：供应原料采购→入库→加工→备餐→餐厅，如图 5-26 所示。

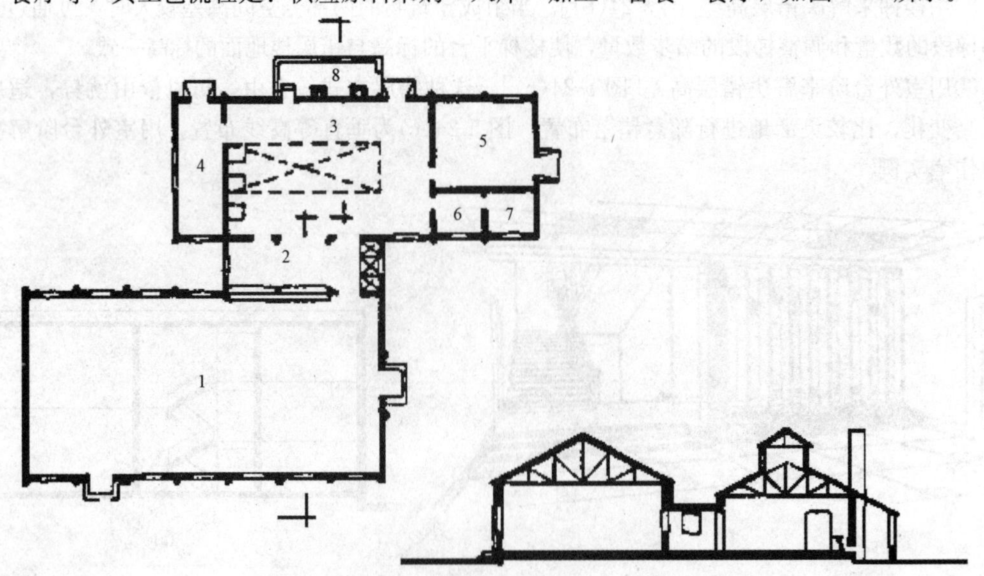

图 5-26　单层食堂剖面中不同高度房间的组合

1—餐厅；2—备餐；3—厨房；4—主食库；5—调味库；6—管理；7—办公；8—烧火间

项目 5.4　建筑室内空间的处理和利用

5.4.1　建筑室内空间的处理

建筑空间有内外之分，室内空间与人的关系最密切，对人的影响也最大。它应在满足建筑功能要求的前提下，进行一定的艺术处理。以满足人们精神上的需求，给人以美感。室内空间的艺术处理，涉及各方面的内容，设计手法也多种多样，下面从以下几个方面来介绍一些设计中应注意的问题。

1. 空间的形状与比例

不同形状的室内空间，会使人产生不同的感觉，在确定空间形状时，必须把使用功能和精神功能统一起来考虑，使之既适用又能给人以良好的精神享受。一般公共建筑室内空间的形状，最常见的是矩形平面的长方体，它在艺术处理上能达到多样变化的效果，既可以处理成亲切宜人的环境，也可以处理成庄严隆重的气氛。这些不同的感觉，主要是由空间长、宽、高的比例不同而产生的，如一个窄而高的空间[图 5-27(a)]，由于竖向的方向性比较强烈，会使人产生崇高向上的感觉，可以激发人们产生兴奋、激昂的情绪。哥特式教堂所具有的窄而高的室内空间，利用空间的几何形状特征，给人一种精神力量。一个细而长的空间[图 5-27(b)]，则形成深远、期待的感受，空间越细长，感受越强烈。大而高的空间，给人以庄重肃穆的感觉；大而矮的空间[图 5-27(c)]则给人以亲切、开阔的感觉。当然，如果上述空间的比例处理不当，则使人感到空荡、压抑和沉闷。

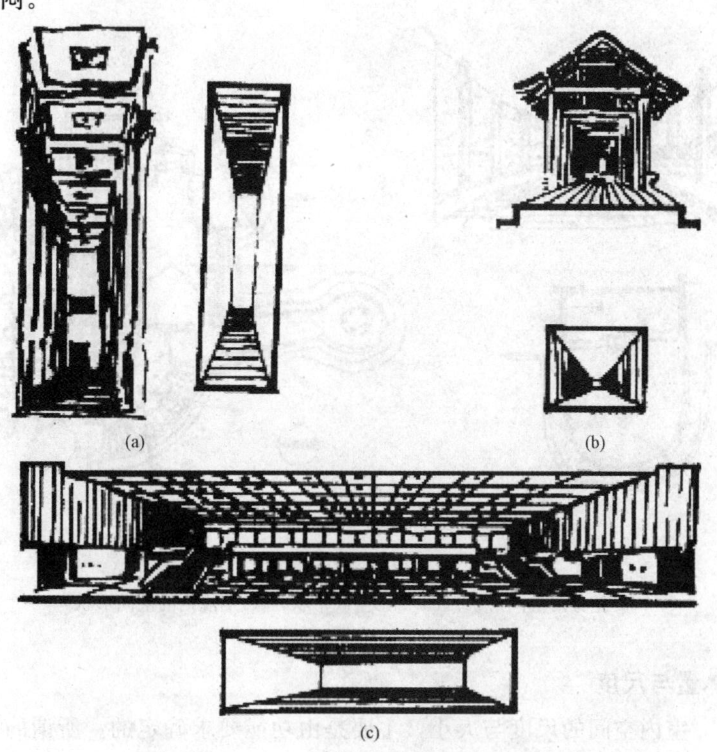

图 5-27　不同比例关系的空间

(a)窄而高空间；(b)细而长空间；(c)大而矮空间

除长方形的室内空间外，为了适应某些特殊的功能要求，还可采用一些其他形状的室内空间。如某些公共建筑的大厅、门厅以及会堂等，为了强调和突出空间的重要性，常采用正方形空间形状[图 5-28(a)]、圆形空间形状[图 5-28(b)]、八角形空间形状等，形成端庄、平稳、隆重、庄严的气氛。

还有一些建筑，当室内空间需要表现活泼、开敞、轻松的气氛时，常选择一些不对称或不规则的空间形状[图 5-28(c)]，这种空间具有灵活、自由、亲切、流畅等特点，易于取得与相邻空间或自然环境相互流通、延伸与穿插的效果。如园林建筑、旅馆及各种文娱性质的公共建筑。

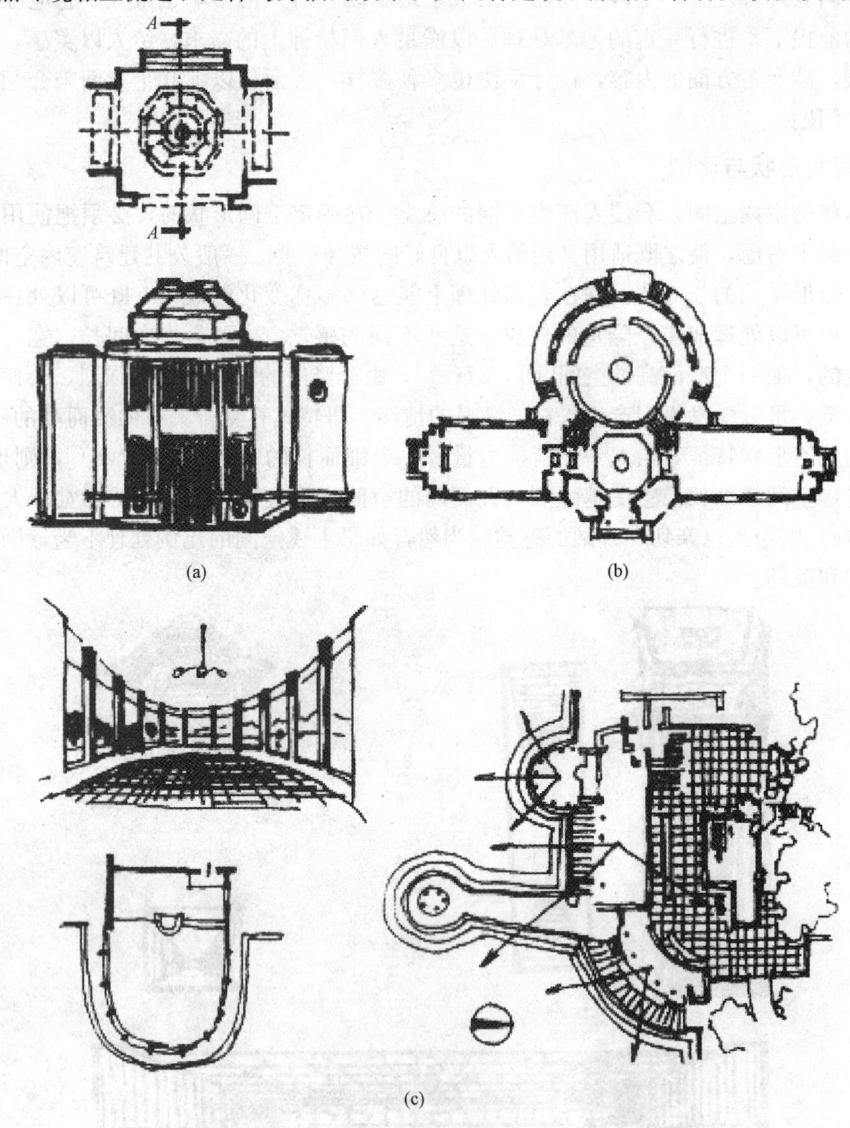

图 5-28　空间形状

(a)正方形空间形状；(b)圆形空间形状；(c)不规则的空间形状

2. 空间的体量与尺度

一般情况下，室内空间的尺度与大小，主要是由功能要求确定的。所谓的空间尺度就是人们权衡空间的大小、粗细等感觉上的量度问题。一般情况下，房间的尺度首先应与房间的性格相一致，如住宅中的居室，过大的空间将难以造成亲切、宁静的气氛。居室的空间只要能够保证功能的合理性，即可获得恰当的尺度感。对于公共建筑来讲，过小或过低的空间将会使人感到局促或压抑，这样的尺度感也会有损于它的公共性。而出于功能要求，公共活动空间一般都具有较大的面积和高度，只要实事求是地按照功能要求来确定它的大小和尺寸，一般都可获得与功能气质相适应的尺度感(图 5-29)。

图 5-29　不同建筑的室内空间尺度

(a)公建大厅；(b)住宅卧室

室内空间尺度应符合人体的尺度要求，表现正确的尺度感，特别是室内一些人们经常接触到的构件的尺寸，如窗台、栏杆、踏步、台阶等，其尺寸均应符合人的使用要求，否则，不仅影响使用，而且也影响视觉要求(图 5-30)。

图 5-30　室内各种尺寸与人体尺度的关系

3. 空间的分隔与联系

空间的分隔与联系是多方面、多层次的，可简单概括为两个方面，一方面是相邻空间之间的分隔与联系；另一方面是空间内部根据需要再进行的分隔。

(1)相邻空间之间的分隔与联系。相邻空间包括室内空间之间以及室内室外空间之间两种形式。它们之间的分隔与联系，常见的处理手法有两种，一种是“围”的手法；另一种是“透”的手法。“围”与“透”的处理造成不同的空间效果，前者封闭、沉闷；后者开敞、舒展。采用何种形式，主要取决于房间的功能性质，同时也要考虑环境特点、民族习惯、地方风格、技术水平等。如在住宅建筑中，卧室应该封闭些，而起居室则应开敞些；园林建筑中有时为充分结合环境而将空间做成通透、开敞的形式，使室内外融为一体(图 5-31)。

(a) (b)

图 5-31　空间的"围"与"透"

(a)园林；(b)居室

在现代建筑中，由于新材料、新结构、新设备等物质技术条件的发展以及进一步强调空间的处理，空间的围合手法越来越多，如打开墙壁，采用通透的墙面，以沟通室内外事间，选择轻盈通透的隔墙，以取得空间的渗透和流动，以及打破封闭的边角，开设转角窗等(图 5-32)。

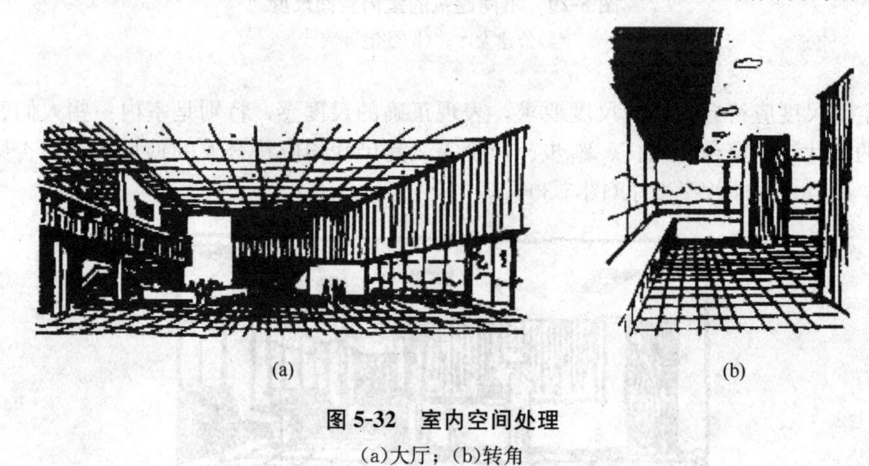

(a) (b)

图 5-32　室内空间处理

(a)大厅；(b)转角

(2)空间内部的再分隔。主要是根据室内使用要求来创造所谓空间里的空间，这些空间有的尺寸只是一种感觉上的划分，可采用多种处理手法在室内水平方向和垂直方向上进行分隔。如用门洞或不到顶的隔墙来分隔[图 5-33(a)]；用博古架、帷幕帘进行分隔[图 5-33(b)]；用家具或设备进行分隔[图 5-33(c)]；还可用降低或提高地面、顶棚的高度[图 5-33(d)]以及用不同的材料、色彩、质感或光线的明暗[图 5-33(e)]等来分隔空间。

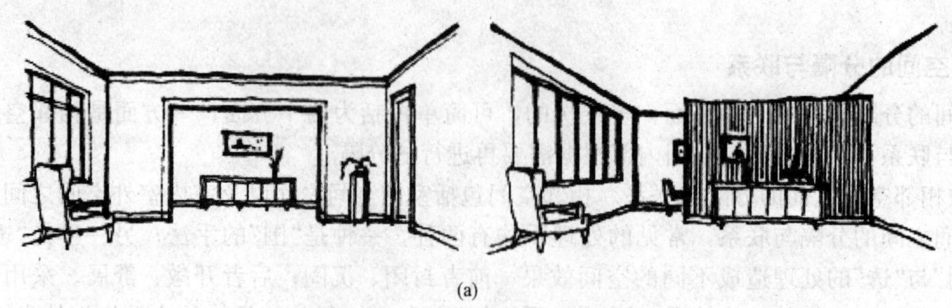

(a)

图 5-33　空间内部的再分隔(一)

(a)用门洞、隔墙分隔空间

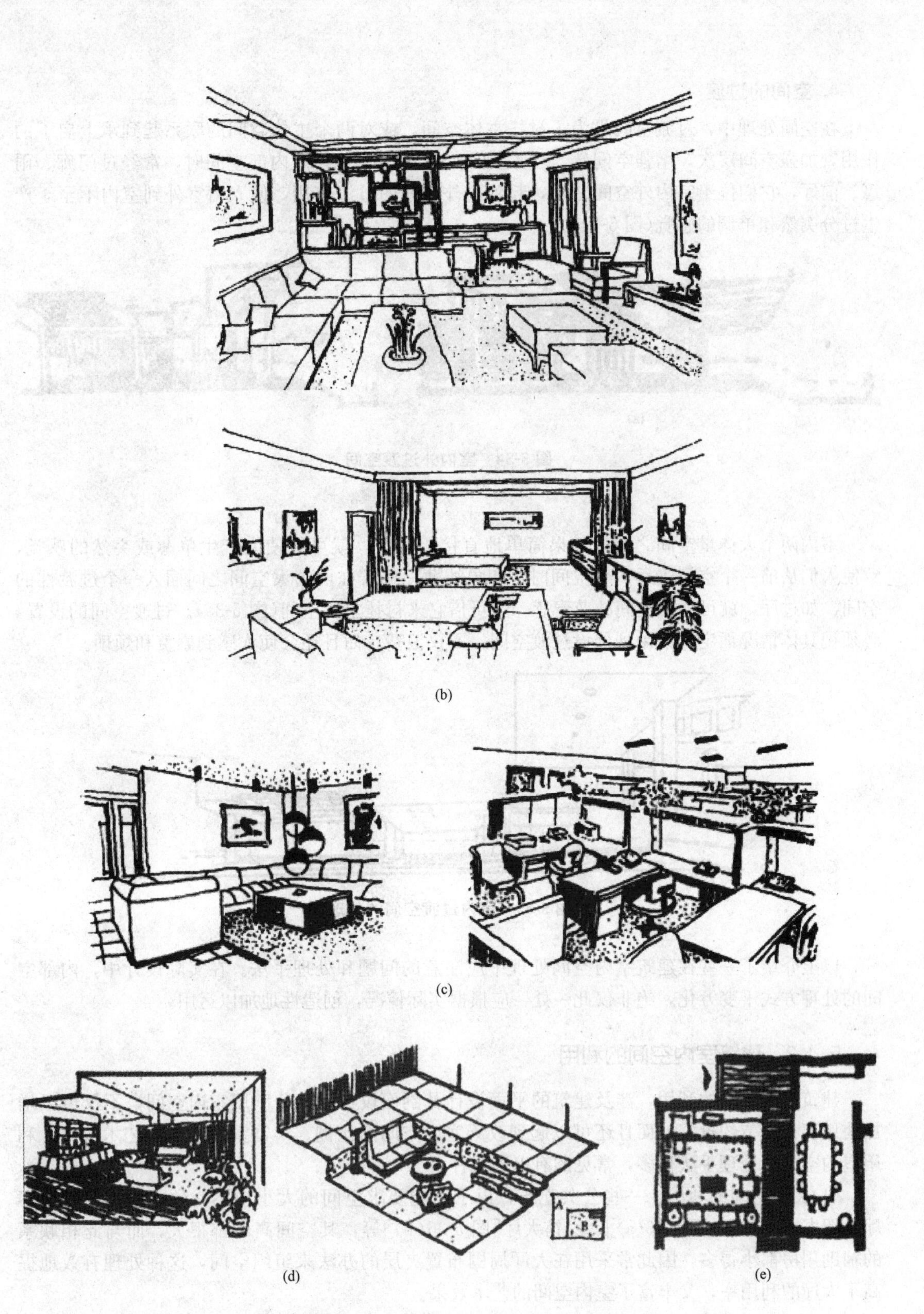

图 5-33　空间内部的再分隔(二)

(b)用博古架、帷幕帘进行分隔；(c)用家具或设备分隔空间；
(d)用降低或提高顶棚、地面来分隔空间；(e)变化地面材质塑造空间分隔空间

4. 空间的过渡

在空间处理中，过渡空间是为了衬托主体空间，或对两个主体空间的联系起到承上启下的作用，加强空间层次，增强空间感。当人们从外界进入建筑物的内部空间时，常经过门廊、雨篷、前厅，它们位于室内外空间之间，起到内外空间的过渡作用，使人由室外到室内不至于产生过分突然和单调的感觉(图 5-34)。

(a)　　(b)

图 5-34　室内外过渡空间

(a)雨篷；(b)前厅

室内两个大体量空间之间，如果简单地直接相连接，就可能使人产生单薄或突然的感觉，致使人们从前一个空间进后一个空间时，印象淡薄。倘若在两个大空间之间插入一个过渡性的空间，如过厅，就可加强空间的节奏感，又可借它来衬托主要空间(图 5-35)。过渡空间的设置，必须视具体情况而定，如果到处设过渡空间，不仅浪费，而且还会使人感到累赘和烦琐。

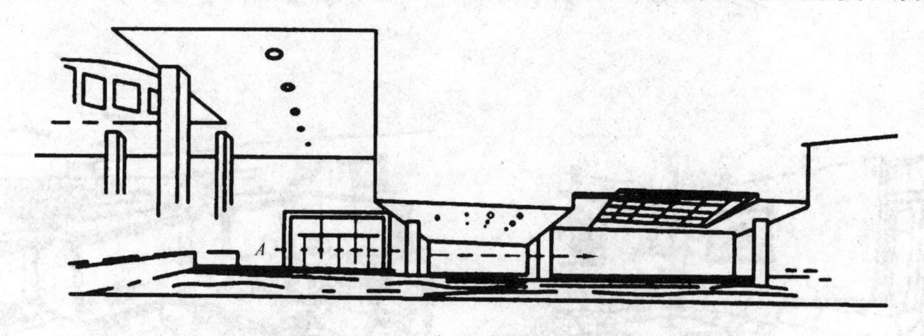

图 5-35　室内过渡空间的处理

以上介绍了一些在建筑室内空间处理中应注意的问题和处理手法。在实际设计中，内部空间的处理方式千变万化，绝非仅此一处，应根据实际情况，创造性地加以运用。

5.4.2　建筑室内空间的利用

建筑室内空间的利用，涉及建筑的平面设计及剖面设计，充分利用室内空间，不仅可以增加使用面积和节约投资，而且还可以起到改善室内空间的比例、丰富室内空间的艺术效果。利用室内空间的处理手法很多，常见的有以下几种：

(1)夹层空间的利用。一些公共建筑，由于功能要求空间的大小很不一致，如体育馆比赛厅、图书馆阅览室[图 5-36(a)]、宾馆大厅[图 5-36(b)]等，其空间高度都很大，而与此相联系的辅助用房都小得多，因此常采用在大厅周围布置夹层的办法来组织空间，这种处理有效地提高了大厅的利用率，又丰富了室内空间的艺术效果。

(2)房间上部空间的利用。房间上部空间主要是指除了人们日常活动和家具布置以外的空间，如住宅中常利用卧室上部空间设置吊柜、搁板作为储藏之用(图 5-37)。

(3)楼梯及走道空间的利用。一般民用建筑楼梯间底层休息平台下至少有半层高，可采取降低

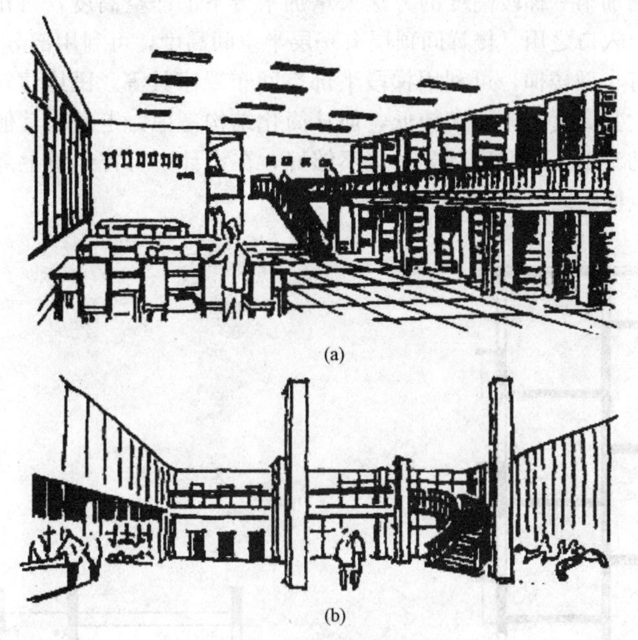

(a)

(b)

图 5-36　夹层空间利用

(a)图书馆阅览室；(b)某宾馆大厅

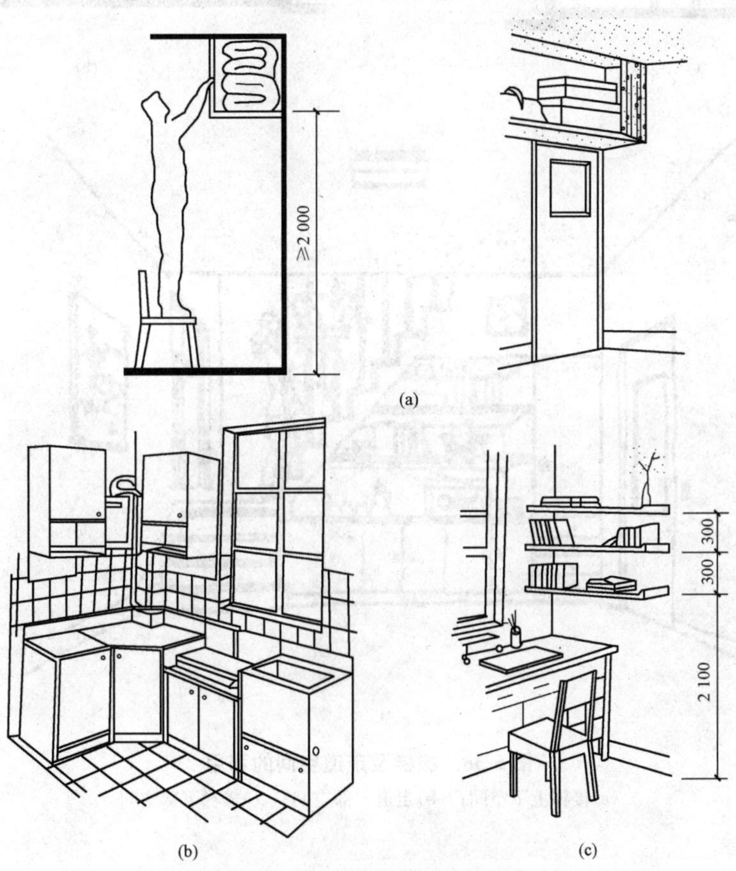

(a)

(b)　　(c)

图 5-37　房间上部空间的利用

(a)居室设吊柜；(b)厨房设吊柜；(c)墙壁设书架

平台下地面标高或增加第一梯段高度的方法来增加平台下的净空高度，可作为布置储藏室、辅助用房以及室内外出入口之用。楼梯间顶层有一层半空间高度，可利用部分空间布置储藏空间。有些建筑房间内设有小型楼梯，可利用梯段下部空间布置家具等。民用建筑的走道，其面积及宽度一般较小，因此其高度相应要求较低，但从简化结构考虑，走道与其他房间往往采用相同的层高，造成一定的浪费，空间比例关系也不够好，在设计中可在走道上部铺放设备管道及照明线路，再做吊顶，使空间得以充分利用(图 5-38)。

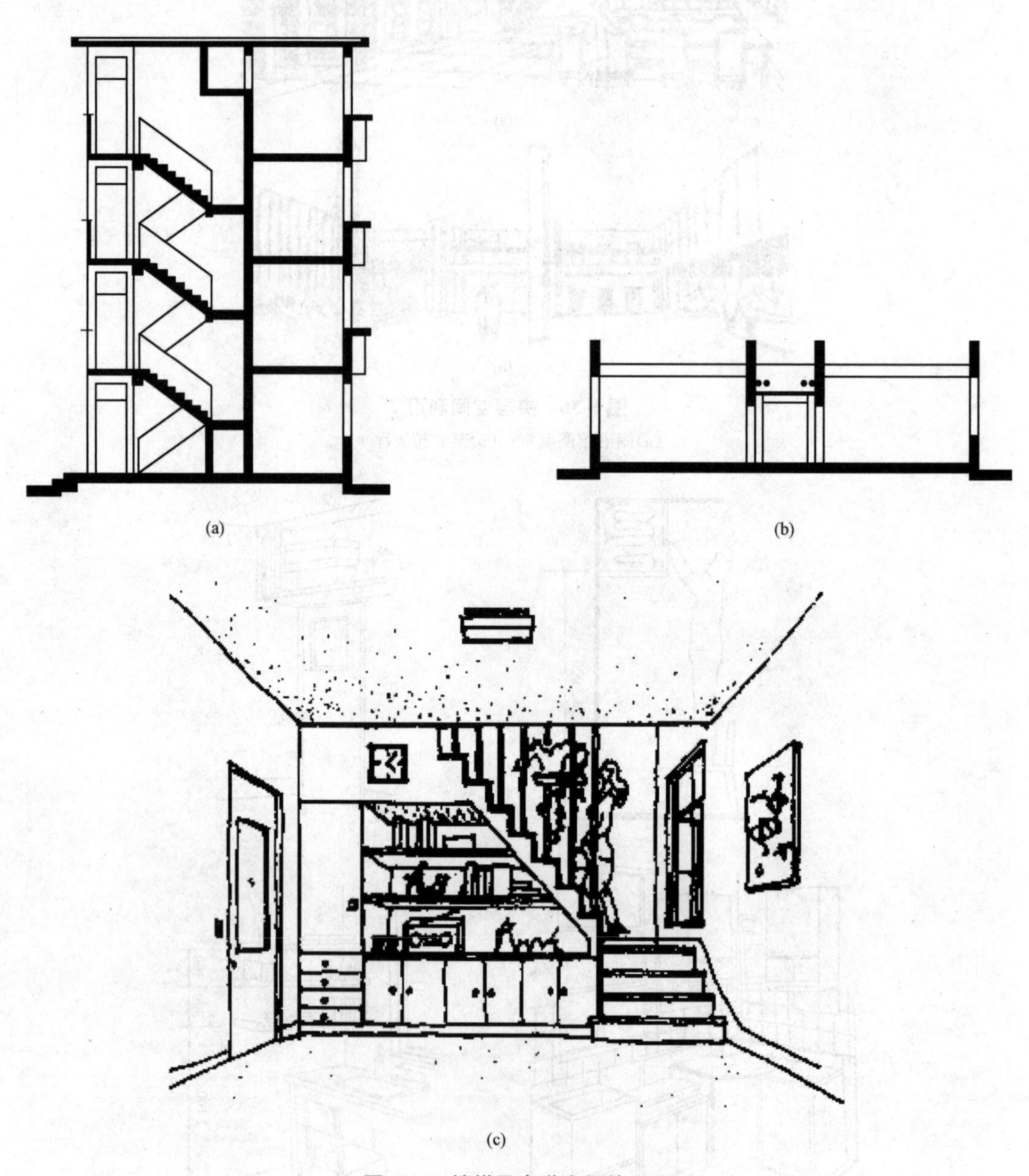

图 5-38　楼梯及走道空间的利用

(a)楼梯上下空间；(b)走道上部空间；(c)楼梯下部空间

思考题

1. 如何确定房间的剖面形状？试举例说明。
2. 什么是层高和净高？确定层高与净高应考虑哪些因素？试举例说明。
3. 房间窗台高度如何确定？试举例说明。
4. 室内外地面高差由哪些因素确定？
5. 确定建筑物层数应考虑哪些因素？试举例说明。
6. 建筑空间组合有哪几种处理方式？试举例说明。
7. 建筑空间的利用有哪些处理手法？试举例说明。

模块6　建筑垂直交通设计

学习要求

了解楼梯的形式，熟悉楼梯的组成；了解楼梯设计的基本知识，能识读楼梯的平面图和剖面图；了解预制钢筋混凝土楼梯的构造，掌握现浇钢筋混凝土楼梯的构造；掌握室外台阶与坡道的构造。

项目6.1　楼梯的组成及类型

在建筑物中，楼梯是重要的垂直交通设施，楼梯的首要作用是联系上下交通通行；其次楼梯作为建筑物主体结构还起着承重、安全疏散、美观装饰等作用。除楼梯外，建筑物中还有电梯、自动扶梯、台阶、坡道及爬梯等垂直交通设施。

6.1.1　楼梯的组成

楼梯一般由楼梯段、楼梯平台、栏杆(或栏板)和扶手组成，如图6-1所示。

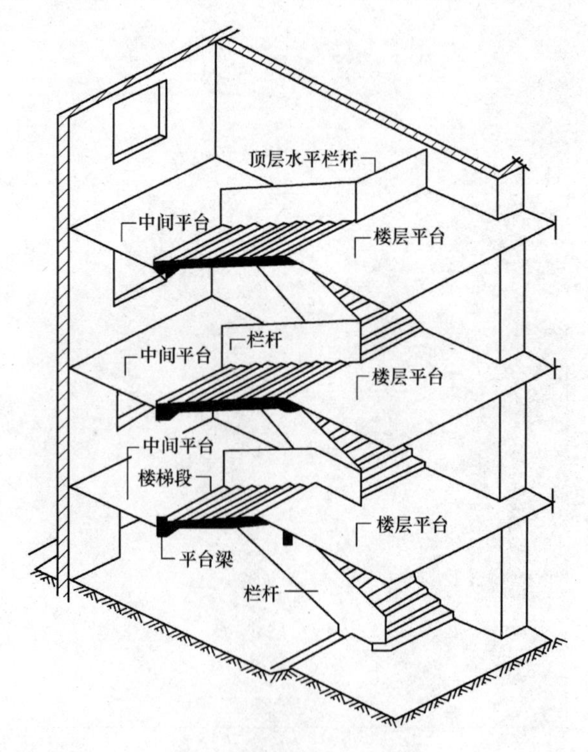

图6-1　楼梯组成示意图

(1)楼梯段。楼梯段是联系两个不同标高平台的倾斜构件，由若干个连续的踏步组成，是楼梯主要的承重和使用部分，又称为梯跑或梯段。为了适应人们的日常习惯和减轻上下楼梯时的疲劳，一个梯段上的踏步数最多不得超过 18 级，最少不得少于 3 级。

(2)楼梯平台。楼梯平台是指两楼梯段之间的水平板，可分为中间平台和楼层平台。中间平台是指位于两层楼面之间的平台，主要是解决楼梯段的转向问题，并使人们在连续上楼时可在平台上稍加休息，缓解疲劳，故又称为休息平台；楼层平台与楼层地面齐平，除有休息平台的作用外，还有缓冲并分配从楼梯到达各楼层人流的功能。

(3)栏杆(或栏板)、扶手。栏杆(或栏板)、扶手是楼梯段和平台的安全设施，一般设置在梯段和平台临空边缘，要求必须坚固可靠，并有足够的安全高度。栏杆或栏板上部供人倚扶的连续配件称为扶手。

6.1.2 楼梯的类型

楼梯的类型取决于楼梯间的平面形式与大小，楼梯的高度与层数，建筑物的使用功能等因素，可根据不同条件对楼梯进行分类。

(1)按楼梯材料分类。楼梯可分为钢筋混凝土楼梯、钢楼梯、木楼梯和组合楼梯等。

(2)按楼梯在建筑物中所处的位置分类。楼梯可分为室内楼梯和室外楼梯。

(3)按楼梯的使用性质分类。楼梯可分为主要楼梯、辅助楼梯、疏散楼梯和消防楼梯。

(4)按楼梯间的平面形式分类。楼梯可分为开敞楼梯间(非封闭楼梯间)、封闭楼梯间、防烟楼梯间，如图 6-2 所示。

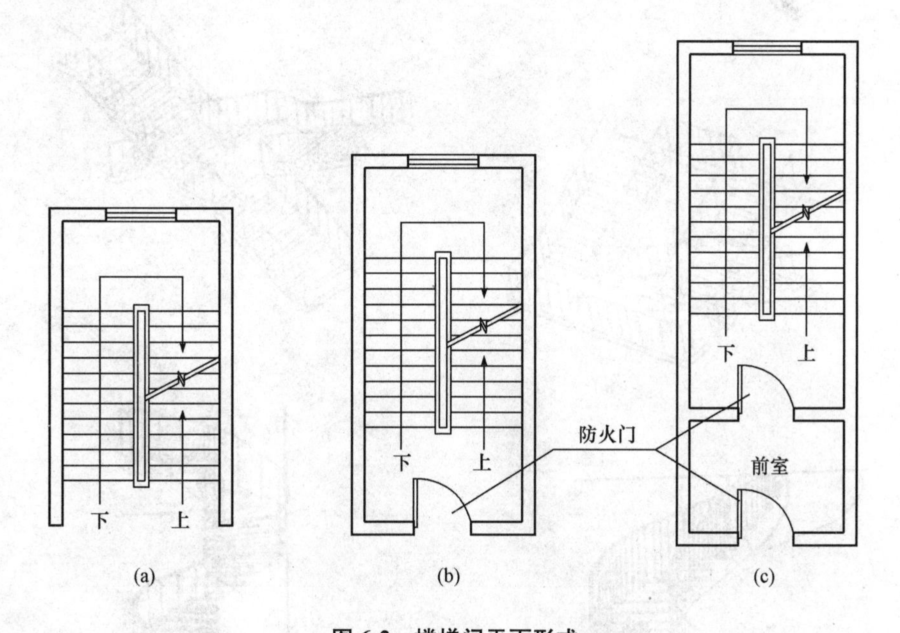

图 6-2　楼梯间平面形式

(a)开敞楼梯间；(b)封闭楼梯间；(c)防烟楼梯间

(5)按楼梯的平面形式分类。楼梯可分为直跑楼梯(单跑)、直跑楼梯(双跑)、转角楼梯、双分转角楼梯、三跑楼梯、双跑楼梯、双分平行楼梯、圆形楼梯、螺旋楼梯等，如图 6-3 所示。

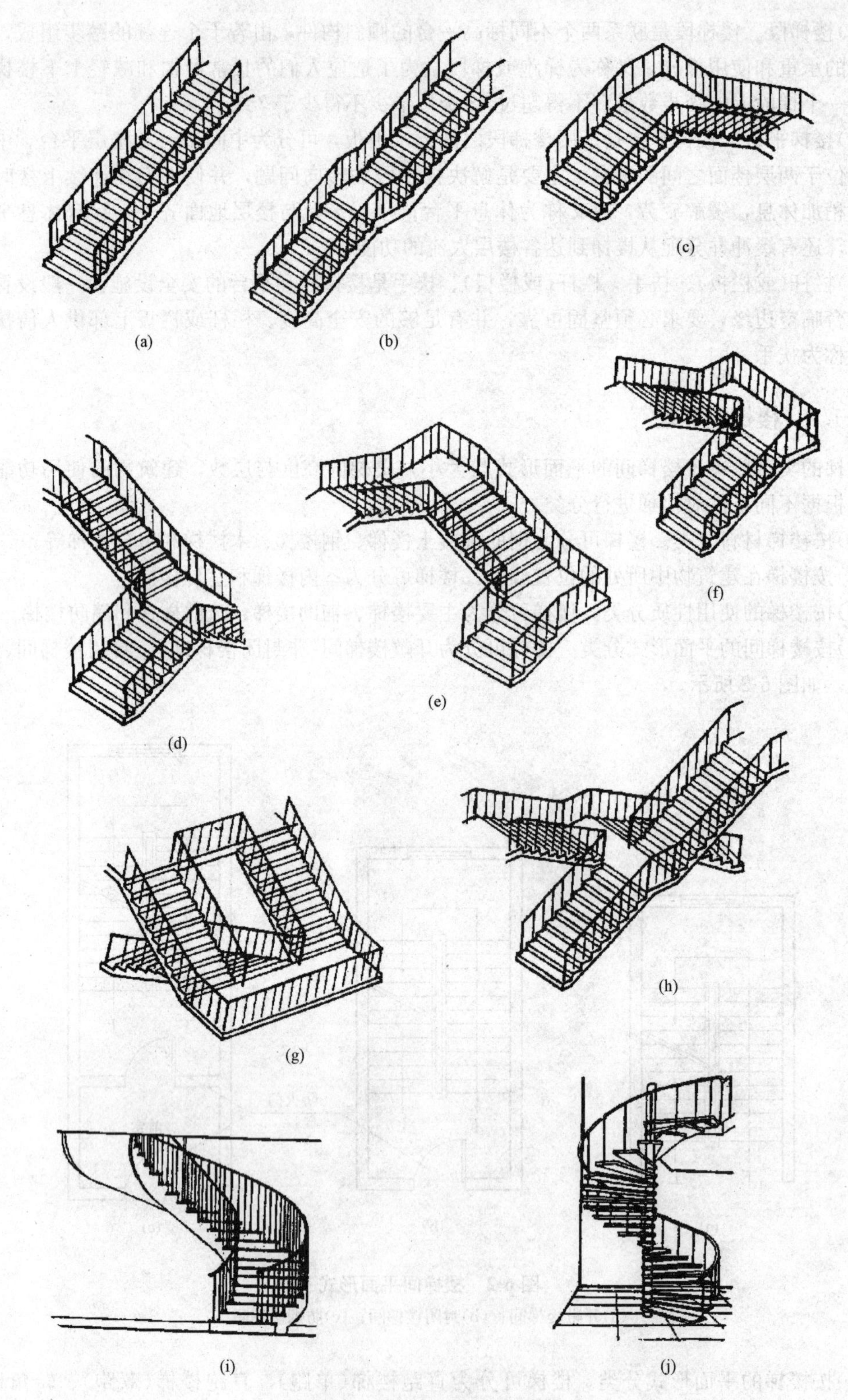

图 6-3　楼梯平面形式示意图

(a)直跑楼梯(单跑)；(b)直跑楼梯(双跑)；(c)转角楼梯；(d)双分转角楼梯；
(e)三跑楼梯；(f)双跑楼梯；(g)双分平行楼梯；(h)圆形楼梯；(i)、(j)螺旋楼梯

项目 6.2 楼梯的设计

6.2.1 楼梯的设计要求

(1)应具有足够的通行能力。

①作为主要楼梯，应与主要出入口邻近，且位置明显。

②应避免垂直交通与水平交通交接处拥挤、堵塞。

(2)必须满足防火要求。

①楼梯间只允许直接对外开窗采光，不得向室内任何房间开窗。

②楼梯间四周墙壁必须为防火墙。

③高层建筑物及有防火要求的建筑物，应设计成封闭式楼梯或防烟楼梯。

(3)楼梯间必须有良好的自然采光。

6.2.2 楼梯的尺度

1. 楼梯的坡度

楼梯的坡度是指梯段的坡度，即楼梯段的倾斜角度。楼梯的坡度有两种表示方法，即角度法和比值法。

在确定楼梯坡度时，应综合考虑使用和经济因素，一般楼梯的坡度在23°～45°之间。23°以下适用于台阶或坡道，45°以上适用于爬梯。

一般来说，楼梯的坡度越大，楼梯的占地面积越小，越经济，但行走吃力；反之，楼梯的坡度越小，踏步相对平缓，行走较舒适。因此，对于人流集中、交通量大的建筑，楼梯的坡度应小些；对使用人数较少，交通量小的建筑，楼梯的坡度可以略大些，如图6-4所示。

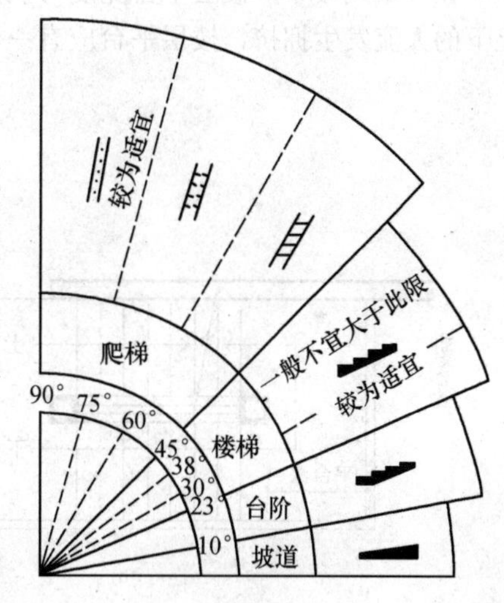

图 6-4 楼梯的坡度

2. 楼梯段的宽度

楼梯段宽度是楼梯段临空侧扶手中心线到另一侧墙面(或靠墙扶手中心线)之间的水平距离，应根据通过该楼梯段的人流数、防火要求及建筑物的使用性质等因素确定。楼梯段宽度的规定见表6-1。

表 6-1 楼梯段宽度

计算依据：每股人流宽度为550+(0～150)		
类别	梯段宽	备注
单人通过	≥900	满足单人携物通过
双人通过	1 100～1 400	—
多人通过	1 650～2 100	

为保证建筑的安全使用，单股人流梯段宽：$B \geqslant 0.55+(0\sim0.15)$，其中，0.55 m为正常人

体的宽度，0～0.15 m 为人行走时的摆幅，如图 6-5 所示。

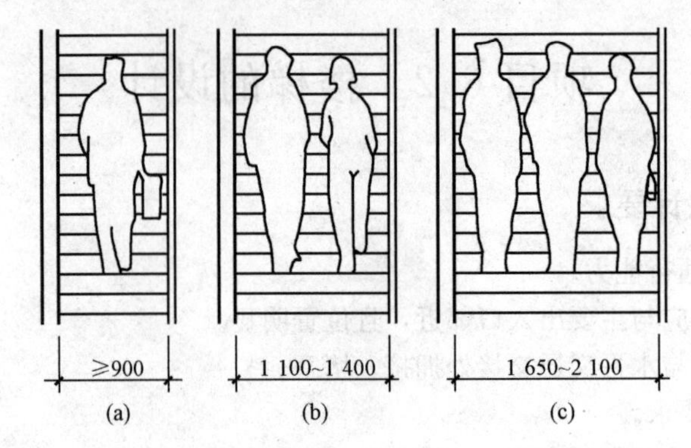

图 6-5　梯段的宽度(单位：mm)

(a)单人通行；(b)双人通行；(c)三人通行

3. 楼梯平台的深度

为了保证正常情况下通行顺畅和搬运家具方便，中间平台和楼层平台的宽度均应等于或大于楼梯段的宽度，并不小于 1 100 mm，如图 6-6(a)所示。

在开敞式楼中，楼层平台宽度可利用走廊或过厅的宽度，但为防止走廊上的人流与从楼梯上下的人流发生拥挤，楼层平台应有一个缓冲空间，并应不小于 500 mm，如图 6-6(b)所示。

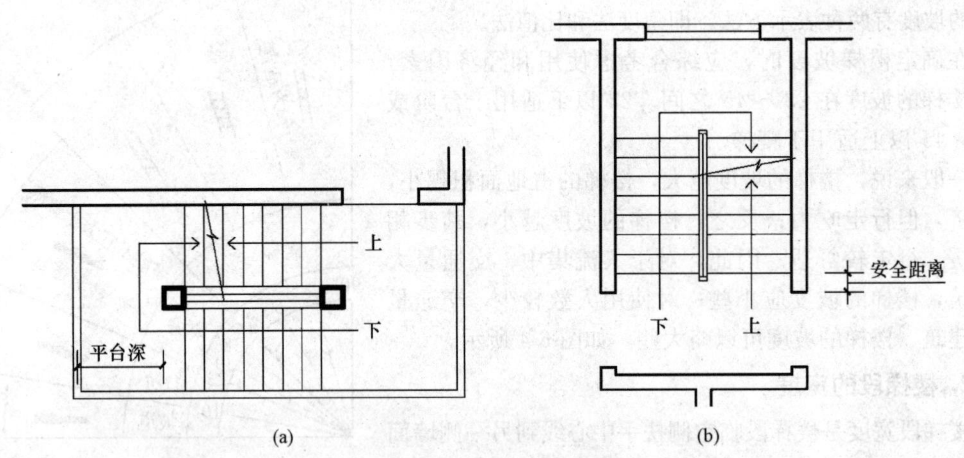

图 6-6　开敞式楼梯间的楼层平台

(a)平台深避开结构柱起算；(b)遇有开门处踏步留出安全距离

4. 楼梯的踏步尺寸

楼梯坡度与楼梯的踏步密切相关，楼梯的踏步尺寸包括踢面高和踏面宽，踢面高与踏面宽之比即为楼梯坡度。因此，必须选用合适的尺寸以控制楼梯坡度。为使人们在上下楼梯时行走舒适，踏面宽与踢面高之间应满足下列关系：

$$2h+b\approx600\ \text{mm}$$

式中　h——踢面高(mm)；

　　　b——踏面宽(mm)。

民用建筑中，常用的适宜踏步尺寸见表 6-2。

表 6-2　常用适宜踏步尺寸　　mm

建筑类别	住宅	学校、办公楼	剧院、食堂	医院(病人用)	幼儿园
踢面高	150～175	140～160	120～150	150	120～150
踏面宽	260～300	280～340	300～350	300	260～300

一般情况下，楼梯踏步踢面高度以 150 mm 为宜，不应高于 175 mm；踏步踏面宽度以 330 mm 为宜，不应窄于 250 mm。当踏步踏面宽度过大时，将导致楼梯间进深增加；而踏步踏面宽度过小，会使人们行走时不安全。因此，实际中可把踏步的细部进行适当变化，如采用将踏步面出挑或使踢面倾斜的方式，如图 6-7 所示。踏步的出挑长度一般为 20～30 mm。

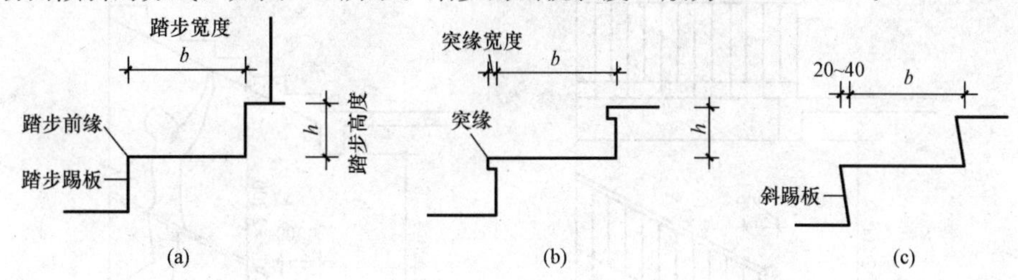

图 6-7　踏步形式与尺寸

(a)无突缘；(b)有突缘(直踏板)；(c)有突缘(斜踏板)

5. 楼梯栏杆扶手的高度

楼梯栏杆扶手的高度指踏步踏面至扶手顶面的垂直距离。扶手高度应与人体重心高度协调，避免人们倚靠栏杆扶手时因重心外移而发生意外。

楼梯扶手高度与楼梯的坡度、楼梯的使用要求有关，很陡的楼梯，扶手的高度矮些；坡度平缓时，扶手高度可稍大。当楼梯坡度为 30°左右时，成人扶手高度一般为 900 mm，儿童扶手高度常采用 600 mm，如图 6-8 所示。

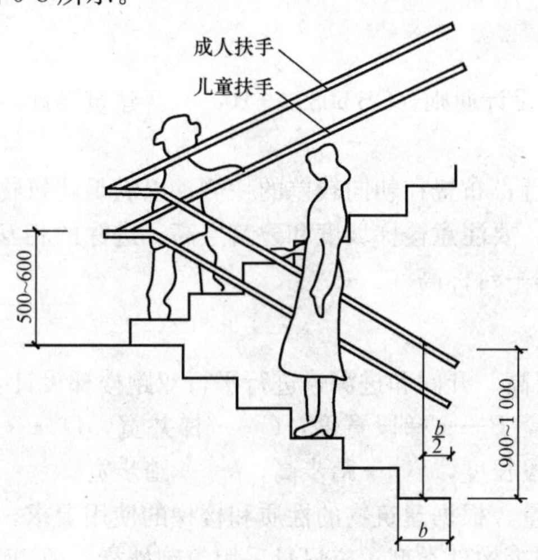

图 6-8　栏杆扶手高度

一般室内楼梯扶手高度≥900 mm，楼梯井一侧水平栏杆长度＞500 mm，其高度≥1 000 mm，室外楼梯栏杆高度≥1 050 mm。高层建筑的室外楼梯栏杆高度应适当提高，但应≤1 200 mm。幼儿园建筑的楼梯可增加一道 500～600 mm 高的儿童扶手。

6. 楼梯的净空高度

楼梯的净空高度包括平台上的净空高度和楼梯段上的净空高度两部分。

(1)平台上的净空高度。平台上的净空高度是指平台表面到上部结构最低处之间的垂直距离。起止踏步前缘与顶部凸出物内边缘线的水平距离应不小于 300 mm，平台过道处净高应≥2 000 mm，如图 6-9(a)所示。

(2)楼梯段上的净空高度。楼梯段上的净空高度是指自踏步前沿(包括最低和最高一级踏步前沿线 300 mm 以外范围内)至上部结构地面之间的垂直距离。楼梯段的净高与人体尺度、楼梯的坡度有关。我国有关规范规定，楼梯段的净高应≥2 200 mm，如图 6-9(b)所示。

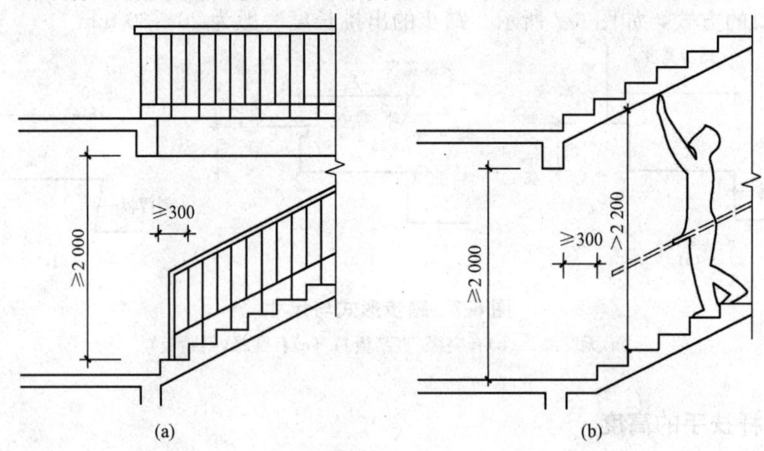

图 6-9　楼梯平台及梯段上净高

(a)平台上净高；(b)梯段上净高

6.2.3　楼梯的设计

1. 注意事项

(1)严格遵守《民用建筑设计通则》(GB 50352—2005)、《建筑设计防火规范》(GB 50016—2014)等规范的规定。

(2)通常楼梯沿外墙设置，布置在朝向较差的一侧，以满足建筑物采光和通风要求。

(3)在建筑剖面设计中，要注意楼梯坡度和建筑层高、进深的相互关系，也要安排好人们在楼梯下出入或错层搭接时的平台标高。

2. 设计步骤

条件：已知楼梯间的层高、开间和进深，进行平行双跑楼梯设计。

假定：A——开间净宽，B——梯段宽度，C——梯井宽，D——平台宽，H——房屋层高，N——踏步数量，L——梯段长度，h——踏步高，b——踏步宽。

(1)确定踏步尺寸和数量。根据建筑物的性质和楼梯的使用要求，确定踏步尺寸，见表 6-2。

踏步数 $N=H/h$，为减少构件类型，应尽量采用等跑楼梯，故 N 宜为偶数；若计算得 N 为奇数或非整数，则取 N 为偶数，反过来调整踏步高。

再根据 $2h+b=600\sim620$ mm，确定梯段宽度 b。

$$b=(600\sim620)\text{mm}-2h$$

(2)梯段水平投影长度 L。根据踏步数 N 和踏步宽度 b，确定梯段水平投影长度。

$$L=(0.5N-1)\times b$$

(3)梯段宽度 B。确定楼梯井宽度 C，C=60～200 mm，根据楼梯开间确定梯段宽度 B。

$$B=(\text{开间}-C-\text{墙厚})/2$$

(4)中间平台宽度 D_1。初步确定中间平台宽度 D_1，$D_1 \geqslant$梯段宽 B。

(5)楼层平台宽度 D_2。根据中间平台宽度 D_1 及楼梯长度 L，计算楼层平台宽度 D_2。

$$D_2=\text{进深}-D_1-L$$

对于封闭平面的楼梯间，$D_2 \geqslant$梯段宽 B；

对于开敞式楼梯，当楼梯间外为走廊时，D_2 可以略小。

(6)进行楼梯净高的验算，有时需要调整楼梯的踏步数及踏步的高、宽。

(7)绘制出楼梯的平面图及剖面图，如图 6-10 所示。

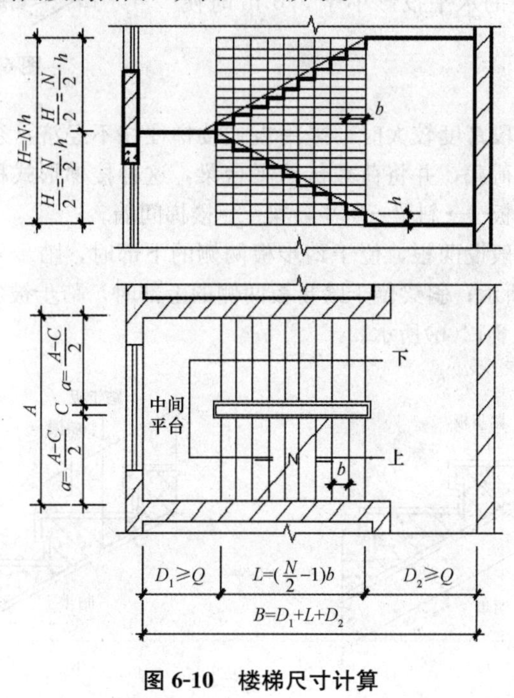

图 6-10　楼梯尺寸计算

项目 6.3　钢筋混凝土楼梯的构造

楼梯是建筑中重要的安全疏散设施，要求有较高的耐火性能。钢筋混凝土具有坚固耐久、节约木材、防火性能好、可塑性强等优点，在民用建筑中被大量采用。

按施工方法不同，钢筋混凝土楼梯可分为现浇整体式和预制装配式两类。

6.3.1　现浇整体式钢筋混凝土楼梯构造

现浇整体式钢筋混凝土楼梯是指楼梯段、楼梯平台等整体浇筑在一起的楼梯。

现浇整体式钢筋混凝土楼梯的优点是：刚度大，坚固耐久，可塑性强，结构整体性好，对抗震较为有利，并能适应各种楼梯形式。其缺点是：施工进度慢，支模板和绑扎钢筋难度较大，耗费模板多。

现浇整体式钢筋混凝土楼梯根据梯段的传力特点不同，可分为板式楼梯和梁板式楼梯两种。

1. 板式楼梯

板式梯段是把楼梯段看作一块斜放的板，楼梯板分为有平台梁和无平台梁两种情况。如图 6-11 所示。板式楼梯的传力过程为：楼梯段──►平台梁──►楼梯间墙。

板式楼梯梯段地面平整光滑，外形简单，施工方便，但耗材多。当楼梯段跨度较大、荷载较大时，板的厚度将增大，混凝土和钢筋用量增多，不经济。因此，适用于楼梯梯段长度的水平投影小于 3.0 m 时使用，如住宅、宿舍。

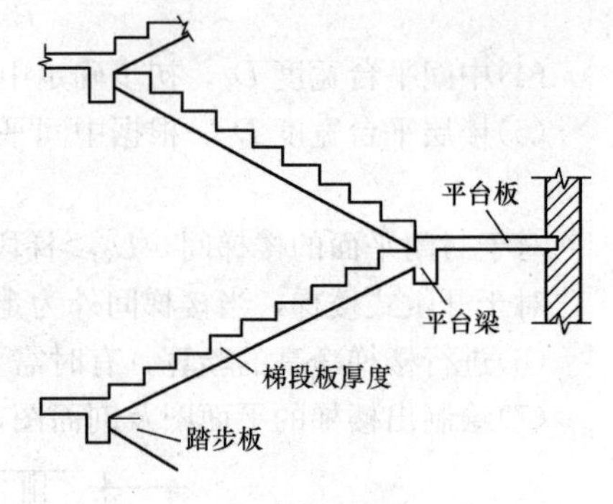

图 6-11　板式楼梯

2. 梁板式楼梯

当楼梯荷载较大或梯段跨度较大时，采用板式楼梯往往不经济，须在楼梯段两侧加设斜梁(简称梯梁)，以承受板的荷载，并将荷载传给平台梁，这种楼梯形式称为梁板式楼梯。梁板式楼梯的传力过程为：踏步板──►斜梁──►平台梁──►楼梯间墙。

梁板式楼梯的斜梁一般设两根，位于踏步板两侧的下部时，踏步外漏，称为正梁式梯段或明步梯段，如图 6-12(a)所示；斜梁位于踏步板两侧的上部时，踏步被斜梁包在里面，称为反梁式梯段或暗步梯段，如图 6-12(b)所示。

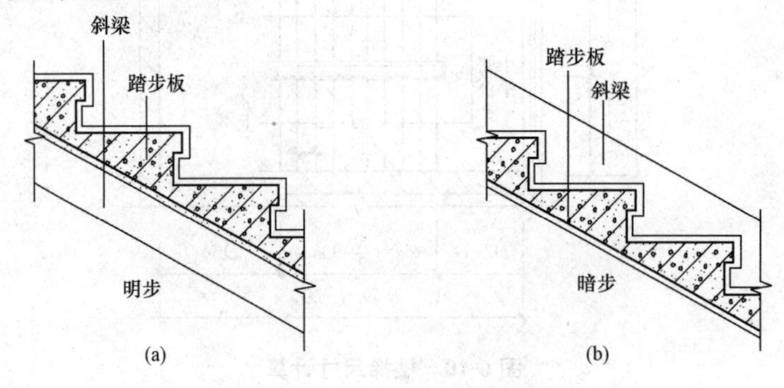

图 6-12　明步梯段和暗步梯段

(a)明步梯段；(b)暗步梯段

明步梯段在结构布置上有双梁布置和单梁布置之分。板下面的斜梁可布置在一侧、中间(单梁式)或两侧(双梁式)，如图 6-13 所示。

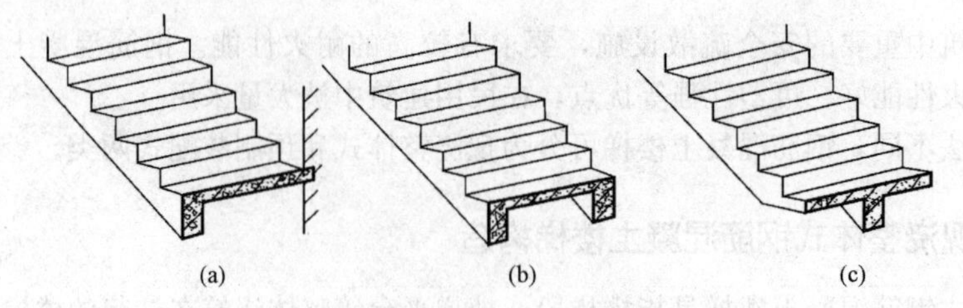

图 6-13　梁板式楼梯

(a)梯板一侧设斜度；(b)梯板两侧设斜度；(c)梯板中间设斜度

单梁式楼梯受力较复杂，楼梯不仅受弯，而且受扭，但外形轻巧、美观，多用于对建筑空间造型有较高要求的情况。

双梁式楼梯由于两侧设有斜梁，减少了楼梯板的跨度，从而减少板的厚度，节约材料，结构合理，适用于荷载较大、层高较高的建筑，如商场、教学楼等。其缺点是支模板复杂，并且当楼梯斜梁截面较大时，楼梯外形显得笨重。

6.3.2　预制装配式钢筋混凝土楼梯构造

预制装配式钢筋混凝土楼梯是将楼梯的组成构件在工厂或工地现场预制，然后在施工现场拼装而成。这种楼梯具有施工进度快，受外界因素影响小，节省模板，现场湿作业少，质量容易保证等优点；但其缺点是整体性、抗震性能及设计灵活性较差，而且施工时需要配套的起重设备。

根据预制装配式钢筋混凝土楼梯的构件尺寸不同，大致可分为小型构件装配式楼梯和中、大型构件装配式楼梯两种。

1. 小型构件装配式楼梯

小型构件装配式楼梯按预制踏步的支承方式可分为墙承式、梁承式、悬挑式和悬挂式四种。

(1)墙承式楼梯。由踏步板、平台板两种预制构件组成，整个楼梯段由单独的一字形或L形踏步板两端支承在墙上形成，省去了平台梁和斜梁，如图 6-14、图 6-15 所示。

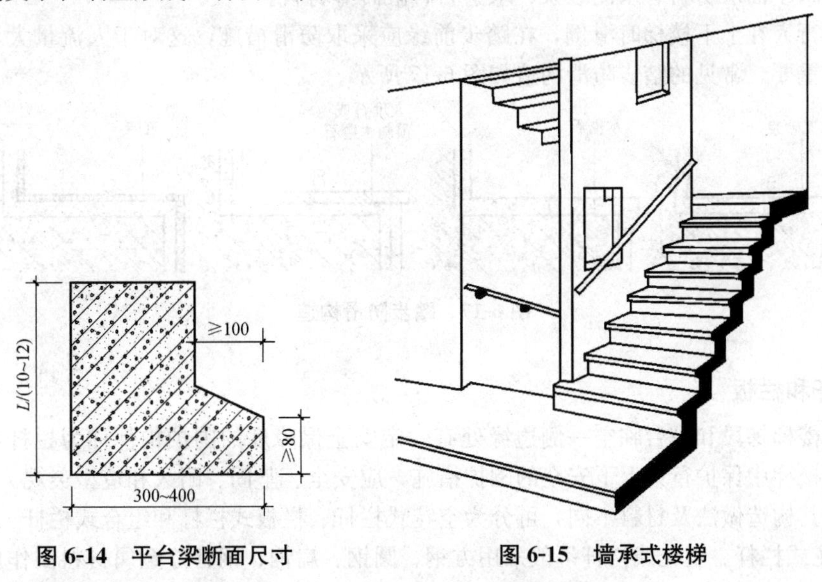

图 6-14　平台梁断面尺寸　　**图 6-15　墙承式楼梯**

(2)梁承式楼梯。由踏步板、斜梁、平台梁和平台板四种预制构件组成。踏步板两端支承在斜梁上，斜梁支承在平台梁上。根据踏步板形式的不同，斜梁有矩形和锯齿形两种，如图 6-16 所示。

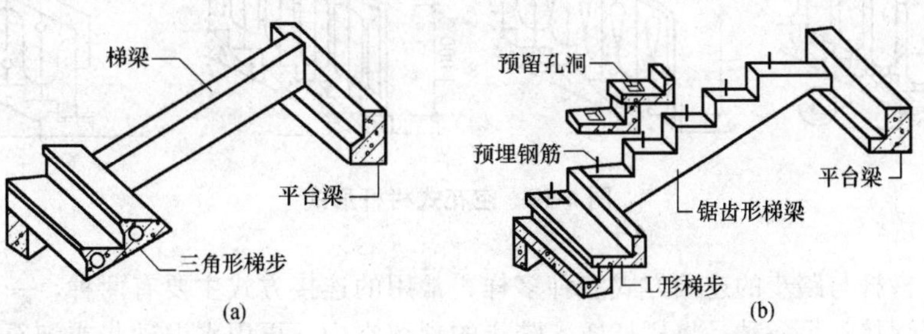

图 6-16　梁承式楼梯

(a)三角形踏步板、矩形断面斜梁；(b)L形踏步板、锯齿形梯梁

(3)悬挑式楼梯。由踏步板、平台板两种预制构件组成。踏步板一端嵌入楼梯间侧墙内，另一端形成悬臂。踏步板的截面形式有一字形、正L形、反L形，其中正L形较常见，且为了施工方便，踏步板砌入墙体部分均为矩形。

(4)悬挂式楼梯。悬挂式楼梯与悬挑式楼梯的不同之处在于踏步板的另一端不是悬空，而是用金属拉杆悬挂在上部结构上。

2. 中、大型构件装配式楼梯

当施工现场吊装能力较强时，可采用中型或大型构件装配式楼梯。中、大型构件装配式楼梯的预制构配件数量和种类较少，并且装配容易，施工速度快，适用于在成片建设的大量性建筑中使用。

6.3.3 楼梯的细部构造

1. 踏步

人们在梯段上行走，脚步用力较大，因而造成的磨损也大，为保证正常使用，踏步面层应耐磨、防滑、便于清扫，并且具有一定的装饰效果。

常用的踏步面层材料有水泥砂浆、水磨石、缸砖等材料。

为防止行人在上下楼梯时滑倒，在踏步前缘应采取防滑措施，这对于人流量大、表面光滑的楼梯更为重要。常见的踏步防滑构造如图6-17所示。

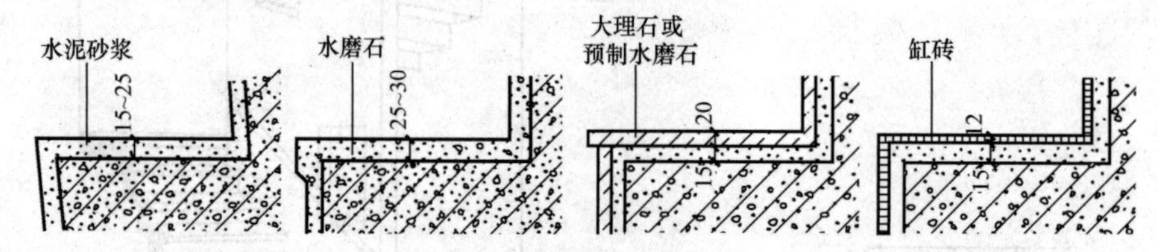

图6-17 踏步防滑构造

2. 栏杆和栏板

布置在楼梯梯段和平台临空一侧边缘处有一定安全保障度的围护构件称为栏杆或栏板。栏杆或栏板是楼梯中保护行人上下安全的围护措施，应安全、坚固、耐久和造型美观。

栏杆按其构造做法及材料不同，可分为空花式栏杆、栏板式栏杆和组合式栏杆三种形式。

(1)空花式栏杆。空花式栏杆一般采用方钢、圆钢、扁钢、钢管等金属材料制作成各种图案(图6-18)。空花式栏杆通风，采光效果好，施工方便，造型美观。

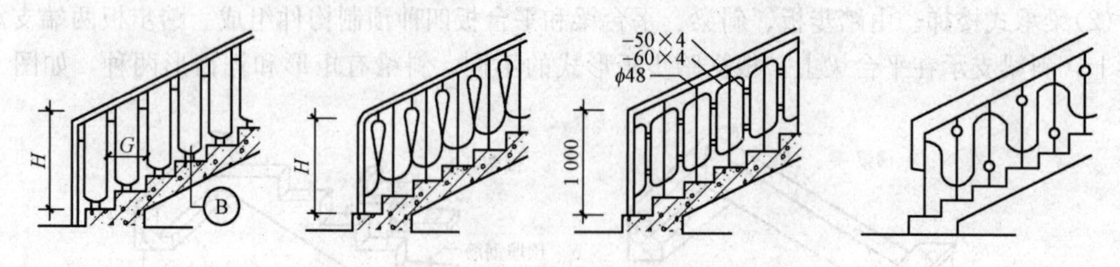

图6-18 空花式栏杆形式

工程中，栏杆与踏步的连接方式多种多样，常用的连接方式主要有两种，一种是踏步内设预埋件与栏杆焊接；另一种是将栏杆插入踏步的预留空中，再用水泥砂浆或细石混凝土填实锚固，如图6-19所示。

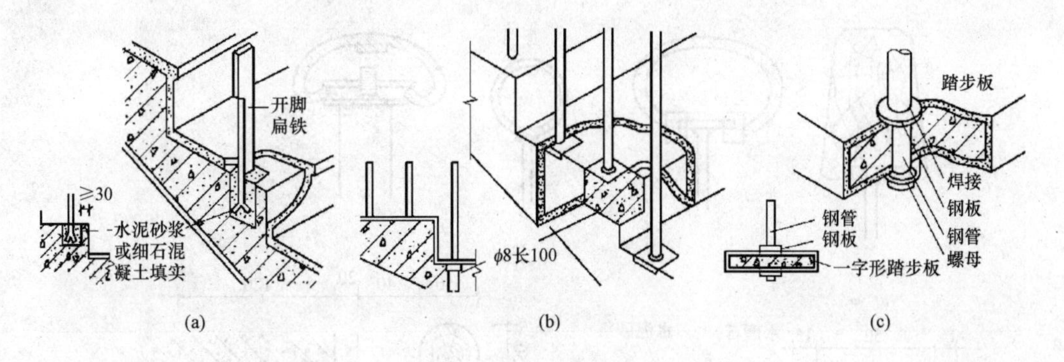

图 6-19　栏杆与踏步连接

(a)预留孔洞锚接；(b)预埋铁件焊接；(c)预埋铁件

(2)栏板式栏杆。栏板式栏杆一般采用钢筋混凝土、加筋砖砌体、有机玻璃或钢化玻璃等材料制作。栏板表面应平整光滑，便于清洗。

(3)组合式栏杆。组合式栏杆是空花式栏杆和栏板式栏杆组成的一种栏杆形式。空花部分作为主要抗侧力构件，常采用金属材料；栏板部分作为防护和美观装饰构件，常采用模板、塑料贴面、铝板、有机玻璃等装饰材料，如图 6-20 所示。

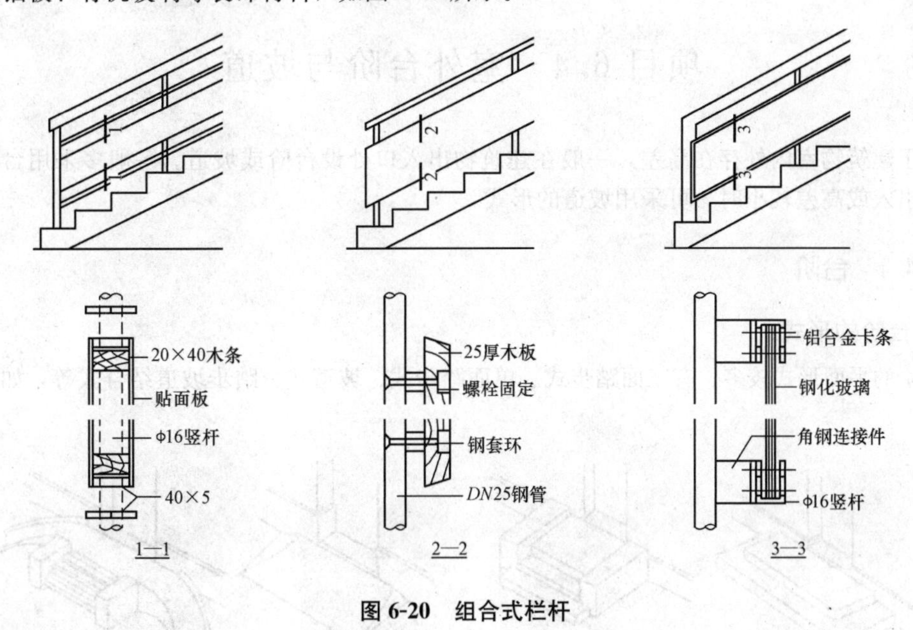

图 6-20　组合式栏杆

3. 扶手

栏杆或栏板顶部供人们行走倚扶用的连续构件称为扶手。

楼梯扶手按使用材料分为木扶手、金属扶手、塑料扶手等；按构造形式分为镂空栏杆扶手、栏板扶手和靠墙扶手等。其断面形状和尺寸除考虑造型外，应以方便手握为主，顶面宽度一般不大于 90 mm。

木扶手、塑料扶手通过木螺丝、扁铁与镂空栏杆连接；金属扶手通过焊接或螺钉连接；靠墙扶手由预埋铁件的扁钢及木螺丝来固定；栏板上的扶手多采用水泥砂浆抹面或水磨石粉面处理，如图 6-21 所示。

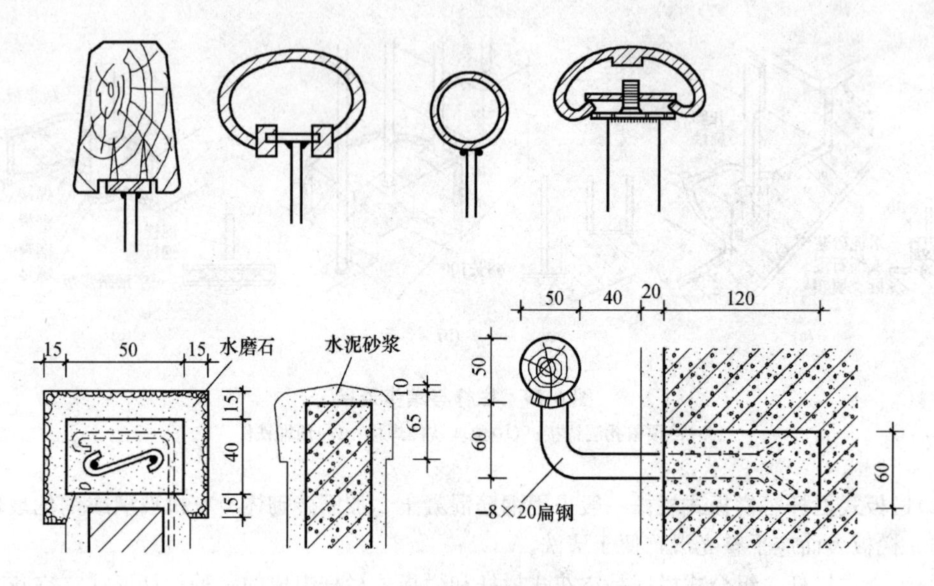

图 6-21　栏杆及栏板的扶手构造

项目 6.4　室外台阶与坡道

由于建筑物室内外存在高差，一般在建筑物出入口处设台阶或坡道。一般多采用台阶，当有车辆出入或高差较小时，可采用坡道的形式。

6.4.1　台阶

1. 台阶的形式

台阶的平面形式较多，有三面踏步式、单面踏步式、坡道式、踏步坡道结合式等，如图 6-22 所示。

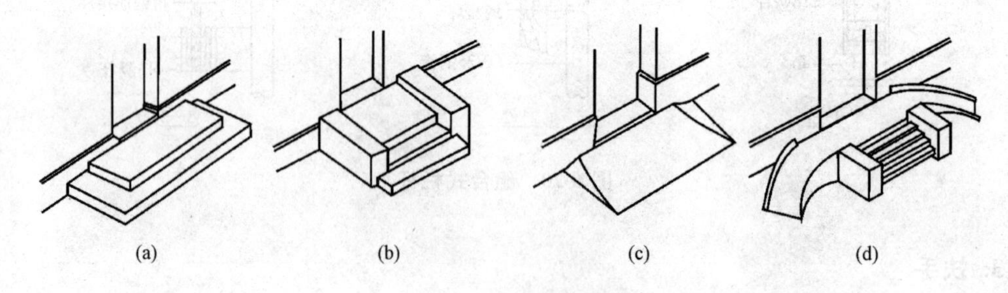

图 6-22　台阶的形式

(a)三面踏步式；(b)单面踏步式；(c)坡道式；(d)踏步坡道结合式

2. 台阶的设计要求

台阶由平台和踏步组成，坡度小于楼梯。平台面应比门洞口每边宽出 500 mm，并比室内地面低 20～50 mm，向外做出约 1%的排水坡度。踏步的高宽比一般为 1∶2～1∶4，踏步高取 100～150 mm，踏步宽取 300～400 mm。

3. 台阶的构造

台阶的构造分实铺和架空两种，大多数台阶采用实铺。台阶应在建筑物主体工程完成后再进行施工，并与主体结构之间留出约 10 mm 的沉降缝。台阶构造与地面构造基本相同，由基层、垫层和面层等组成。基层一般用素土、三合土或灰土夯实；垫层采用 C10 素混凝土即可；面层则应采用水泥砂浆、混凝土、水磨石、缸砖、天然石材等耐气候作用的材料，如图 6-23 所示。

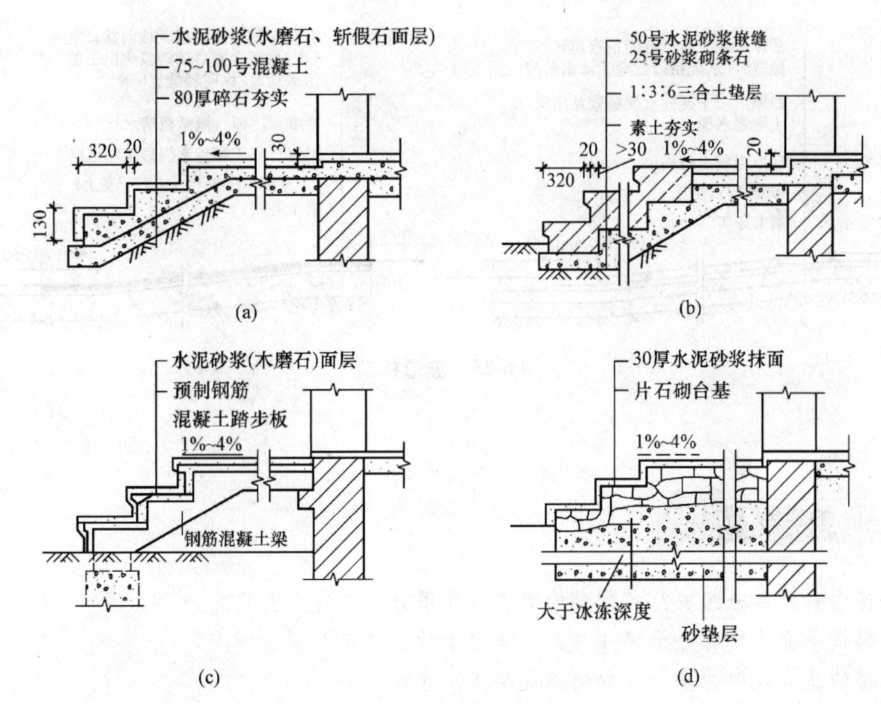

图 6-23　台阶构造示例

(a)混凝土台阶；(b)石台阶；(c)预制钢筋混凝土架空台阶；(d)浇土地基台阶

6.4.2　坡道

1. 坡道的分类

坡道按其用途的不同，可以分为行车坡道和轮椅坡道两类。

行车坡道分为普通行车坡道[图 6-24(a)]与回车坡道[图 6-24(b)]两种。普通行车坡道设在有车辆进出的建筑入口处，如车库、库房等。回车坡道与台阶组合设在公共建筑的出入口处，如办公楼、旅馆、医院、酒店出入口等。

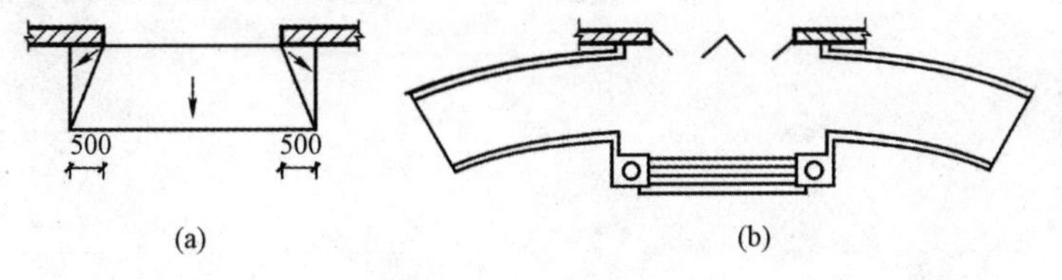

图 6-24　行车坡道

(a)普通行车坡道；(b)回车坡道

2. 坡道的构造

坡道的坡段宽度每边应大于门洞口宽度至少 500 mm，坡段的出墙长度取决于室内外地面高差和坡道的坡度大小。考虑到人在坡道上行走时的安全，坡道的坡度受面层做法的限制：光滑面层坡道的坡度不大于 1∶12，粗糙面层坡道的坡度不大于 1∶6，带防滑齿的坡道不大于 1∶4。

常见的坡道材料有混凝土或石块等，面层以水泥砂浆居多，对经常处于潮湿、坡度较陡或采用水磨石做面层的坡道，其表面应做防滑处理，如图 6-25 所示。

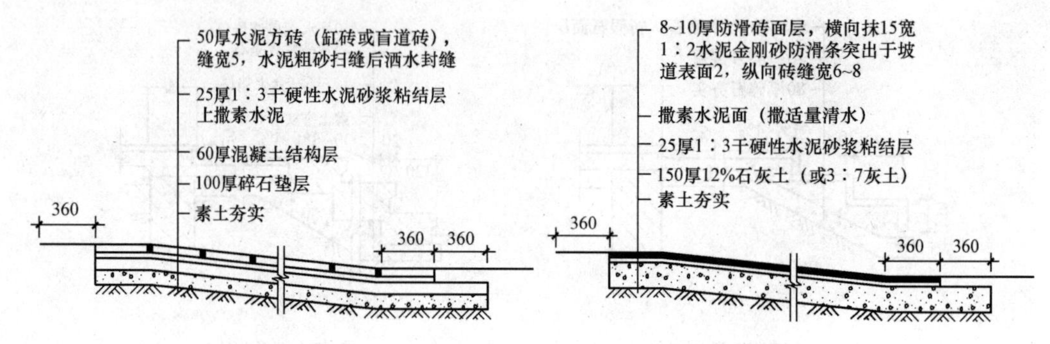

图 6-25　坡道构造

思考题

1. 楼梯由哪几部分组成？各部分的要求与作用分别是什么？
2. 楼梯按平面形式可分为哪几种？各适用于什么建筑？
3. 楼梯的适宜坡度为多少？如何确定踏步尺寸？
4. 楼梯的宽度有哪些尺寸？如何设计？
5. 楼梯净高有什么要求？如何解决底层平台下供人通行的问题？
6. 楼梯间开间、进深如何设计？
7. 钢筋混凝土楼梯的结构形式有哪些？各有什么特点？
8. 现浇整体式钢筋混凝土楼梯常见的结构形式有哪些？各有什么特点？
9. 简述踏步防滑措施并图示其构造。
10. 简述并图示室外台阶的构造。

模块 7　建筑防火设计

学习要求

了解起火原因及建筑防火的内容与任务，了解火灾的发展阶段与火势蔓延途径；熟悉防火分区的要求，安全疏散的规定及要求；掌握建筑防火设计原则与构造要求。

项目 7.1　火灾的发展和火势蔓延途径

7.1.1　火灾的发展

火灾的发展往往具有一定的规律。一般来说，火灾的发展过程可分为初起阶段、发展阶段、猛烈燃烧阶段和衰减阶段。

(1)初起阶段。这一阶段燃烧是局部的，火势不够稳定，室内的平均温度不高，蔓延速度对建筑结构的破坏能力比较低。

(2)发展阶段。这一阶段燃烧轻度增大、温度升高、气体对流增强、燃烧速度加快、燃烧面积扩大，为控制火势发展和扑灭火灾，及早发现火灾，及时扑救非常重要。

(3)猛烈燃烧阶段。在此阶段，室内所有的可燃物全部被燃烧，火焰可能充满整个空间。若门窗玻璃破碎，为燃烧提供了充足的空气，室内温度很高，一般可达 1 100 ℃，燃烧稳定，破坏力强，建筑物的可燃构件均被烧着，难以扑灭。

(4)衰减阶段。经过猛烈燃烧之后，室内可燃物大都被烧尽，燃烧向着自行熄灭的方向发展。一般把火灾温度降低到最高值的 80%作为猛烈阶段与衰减阶段的分界。这一阶段虽然有火焰燃烧停止，但火场的余热还能维持一段时间的高温，且衰减阶段温度下降速度比较慢。

7.1.2　火灾的蔓延方式及途径

1. 火灾的蔓延方式

火势在建筑中的蔓延主要是靠可燃构件的直接燃烧而产生热的传导、热的辐射和热的对流。

(1)热的传导。通过热传导的方式蔓延扩大的火灾，有两个比较明显的特点：一是热量必须经导热性好的建筑构件或建筑设备，如金属构件、薄壁隔墙或金属设备等的传导，能够使火灾蔓延到相邻或上下层房间；二是蔓延的距离较近，一般只能是相邻的建筑空间。可见传导蔓延扩大的火灾，其规模是有限的。

(2)热的辐射。热辐射是相邻建筑之间火灾蔓延的主要方式，同时，也是起火房间内部燃烧蔓延的主要方式之一。建筑防火中所谓的防火间距，主要是考虑预防火焰辐射引起相邻建筑着火而设置的间隔距离。

(3)热的对流。热对流是建筑物内火灾蔓延的一种主要方式。建筑火灾发展到猛烈阶段后，一般情况是窗玻璃轰燃之际已经破坏，又经过一段时间的猛烈燃烧，内走廊的木质户门被烧穿，或门框上的高窗烧坏，导致烟火涌入内走廊。门窗的破坏，有利于通风，使火燃烧更加剧烈，升温更快，耐火建筑一般可达 1 000 ℃～1 100 ℃，木结构建筑可达 1 200 ℃～1 300 ℃。除在水平方向对流蔓延外，火灾在竖向管井也是由热对流方式蔓延的。

2. 火灾的蔓延途径

火势的蔓延途径是建筑物中划分防火分区、设置防火分隔物的依据；分析火势蔓延途径是火灾扑救工作中有效实施"堵截包围、穿插分隔"策略的需要。

大量的火灾灾情研究表明，火势的蔓延途径主要有以下几个方面：

(1)火灾在水平方向的蔓延。火势在水平方向蔓延主要是通过内墙门及间隔墙进行蔓延。如户门为可燃的木质门，被火烧穿；铝合金防火卷帘窗因无水幕保护或水幕未洒水，导致卷帘被熔化；管道穿孔处未用非燃材料密封等处理不当导致火势蔓延；铁皮防火门在正常使用时是开着的，一旦发生火灾，不能及时关闭；当采用木板隔墙时，火容易穿过木板缝隙窜到墙的另一面，木板极易被燃烧。板条抹灰墙受热时，内部首先自燃，直到背火面的抹灰层破裂，火便会蔓延。当墙为厚度很小的非燃烧体时，隔墙靠墙堆放的易燃物体，可能因墙的导热和辐射而自燃起火。另外，防火卷帘背火面堆放可燃物，或卷帘与可燃装修材料接触时，也会导致火势在水平方向蔓延。

(2)火灾通过竖井蔓延(电梯、楼梯、垃圾井、设备管道井)。在现代建筑物中，有大量的电梯、楼梯、垃圾井、设备管道井等竖井，这些竖井往往贯穿整个建筑，若未作周密完善的防火设计，一旦发生火灾，火势便会通过竖井蔓延到建筑物的任意一层。

另外，建筑物中一些不引人注意的吊装用的或其他用途的孔道，有时也会造成整个大楼的恶性火灾，如吊顶与楼板之间、幕墙与分隔结构之间的空隙、保温夹层、下水管道等都有可能因施工质量等留下孔洞。

(3)火灾由窗口向上层蔓延(窗间墙)。在现代建筑中，火通过外墙窗口喷出烟气和火焰，沿窗间墙及上层窗口窜到上层室内，这样逐层向上蔓延，会使整个建筑物起火。若采用带形窗更容易吸附喷出向上的火焰，蔓延更快。

(4)火灾由通风管道蔓延。通风管道蔓延火势一般有两种方式：一是通风道内起火，并向连通的空间，如房间、吊顶内部、机房等蔓延；二是通风管道可以吸进起火房间的烟气蔓延到其他空间，而在远离火场的其他空间再喷吐出来，造成火灾中大批人员因烟气中毒而死亡。因此，在通风管道穿通防火分区和穿越楼板之处，一定要设置自动关闭的防火阀门。

项目 7.2　防火分区与安全疏散

7.2.1　防火分区

1. 含义及作用

防火分区是指在建筑物内利用耐火性能比较好的墙壁、楼板等防火分隔物划分出的能在一定时间内防止火灾向同一建筑的其他部分蔓延的局部空间，是控制建筑物火灾的基本空间单元。

按照防止火灾向防火分区以外扩大蔓延的功能可分为三类：一是竖向防火分区，用以防止多层或高层建筑物曾与层之间竖向发生火灾蔓延；二是水平防火分区，用以防止火灾在水平方向扩大蔓延；三是特殊防火分区，位于防火分区内的疏散走道、楼梯间、井道等，必须是具有防火作用的防火单元。

防火分区的主要作用是阻止火势蔓延；为人员物资的疏散提供条件；为火灾补救提供条件。

2. 划分原则

从防火的角度看，防火分区划分的越小，越有利于保证建筑物的防火安全。但如果划分得过小，则势必会影响建筑物的使用功能。通常，划分防火分区应符合以下几项原则：

(1)分区的划分必须与使用功能的布置相统一。

(2)分区应保证安全疏散的正常和优先。

(3)分隔物应首先选用固定分隔物。

(4)越重要、越危险的区域防火分区面积越小。

(5)设有自动灭火系统的防火分区，其允许最大建筑面积可按要求增加一倍；当局部设有自动灭火系统时，增加面积可按局部面积的一倍计算。

3. 主要防火分隔物

(1)防火墙。防火墙根据其在建筑物中的位置和构造分为横向防火墙、纵向防火墙、室内防火墙、室外防火墙等。其常见形式如图 7-1 所示。

(2)防火门。防火门除用作普通门外，还具有防火隔烟的功能，是一种活动的防火分隔物。

(3)防火卷帘。防火卷帘示意图如图 7-2 所示。

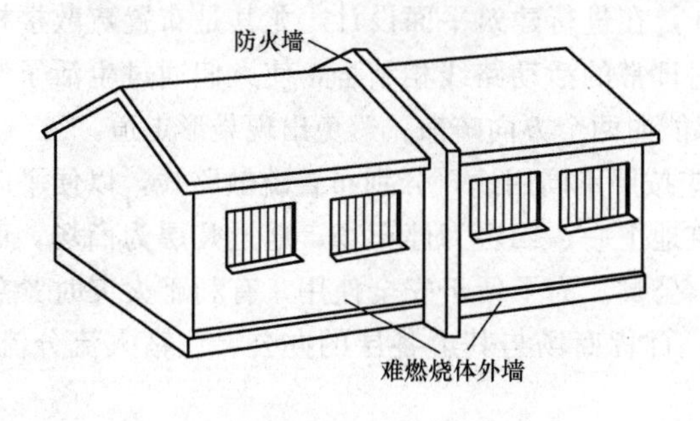

图 7-1　防火墙示意图

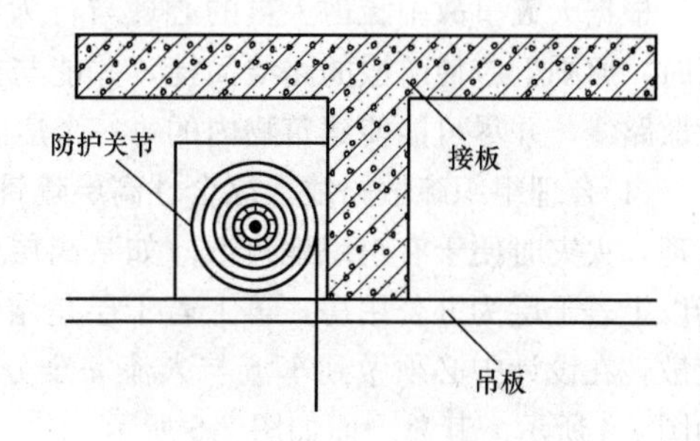

图 7-2　防火卷帘示意图

(4)防火窗。防火窗一般由钢窗框、钢窗扇和防火玻璃组成，常安装在防火墙和防火门上。

(5)防火水幕带。当需要设置防火分区，而无法设置防火墙、防火门等分隔物时，可采用防火水幕带代替防火墙或防火门等。

(6)上下层窗间墙。为防止火势从外墙窗口向上蔓延，可以采取增加窗槛墙的高度或在窗口上方设置防火挑檐等措施。

(7)防火带。当工业厂房内由于工艺生产等要求无法布置防火墙时，可采用防火带代替防火墙。

7.2.2　安全疏散

1. 安全疏散的重要性

安全疏散无疑具有重要的意义。当建筑物发生火灾时，为了避免建筑物内的人员因烟气中毒、火烧和房屋倒塌而受到伤害，必须尽快撤离失火建筑，同时，消防队员也要迅速对起火部位进行火灾扑救。因此，需要完善的安全疏散设施。

建筑物内的人员能否安全地疏散，取决于人员所需的安全疏散时间(Required Safety Egress Time，RSET)与火场可用安全疏散的时间(Available Safety Egress Time，ASET)的比较，如图

7-3 所示。如果 RSET≤ASET，则人员疏散是安全的，二者差值越大则安全度越高，反之则不安全。

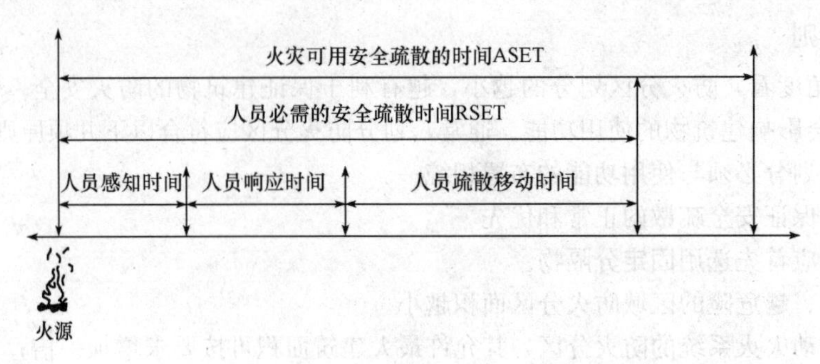

图 7-3　人员安全疏散示意图

RSET 与人员数量、房间门口数量与宽度、水平疏散距离、垂直疏散距离、出口大小尺寸等因素有关。安全疏散对于人员集中的公共场所(如商业大楼、礼堂、体育馆等)和高层民用建筑尤其重要。很多惨痛教训都是因为疏散通道不畅或被人为堵死所致。

2. 安全疏散设施的布置与疏散路线

根据火灾事故中疏散人员的心理与行为特征，在进行建筑平面设计，尤其是布置疏散楼梯间时，原则上应使疏散的路线简捷，并能与人们日常的活动路线相结合，使人们通过生活了解疏散路线，并尽可能使建筑物内的每一个房间都能向两个方向疏散，避免出现袋形走道。

(1)合理组织疏散路线。综合性高层建筑，应按照不同用途，分别布置疏散路线，以便平时管理，火灾时便于有组织地疏散。如某高层建筑地下一、二层为停车场，地上几层为商场，商场以上若干层为办公用房，再上若干层是旅馆、公寓。为了便于安全使用，有利于火灾时紧急疏散，在设计中必须做到车流与人流完全分流，百货商场与其上各层的办公、住宿人流分流，如图 7-4 所示。其总平面如图 7-5 所示。

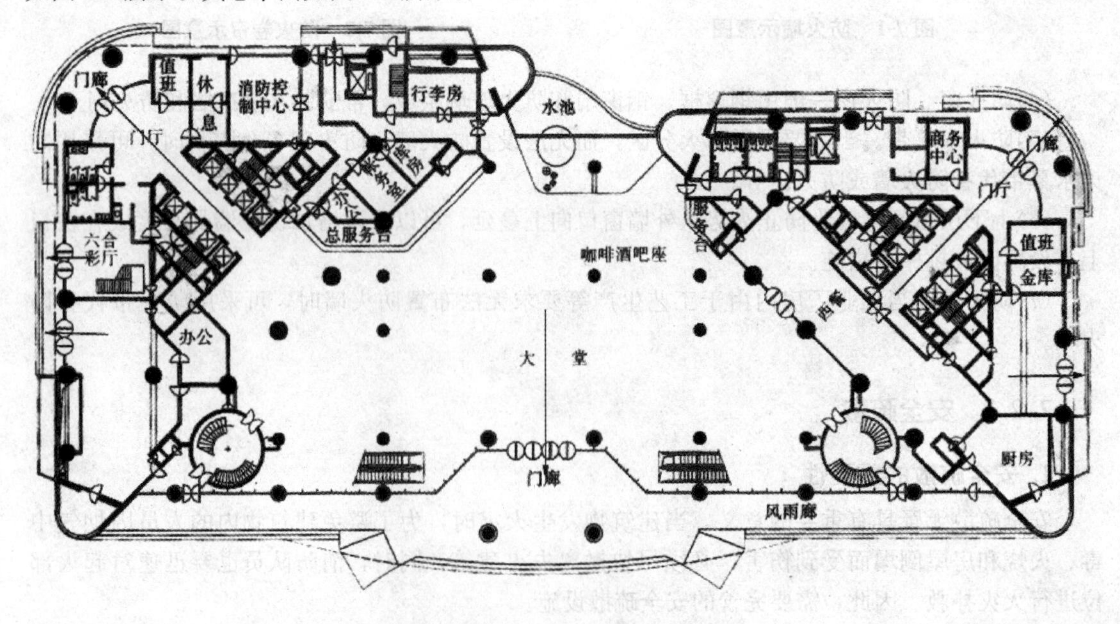

图 7-4　综合性高层建筑的人流路线

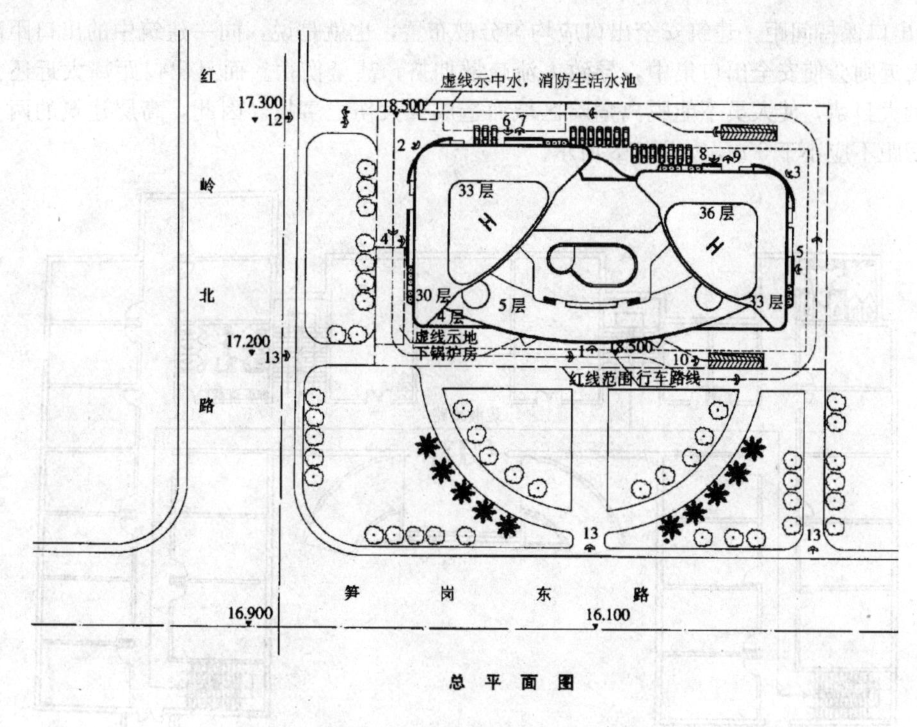

图 7-5 综合性高层建筑总平面图的人流路线

(2)标准层(或防火分区)的端部设置。对中心核式建筑，布置环形或双向走道；一字形、L形建筑，端部应设疏散楼梯，以便于双向疏散。

(3)靠近电梯间设置。如图 7-6 所示，发生火灾时，人们往往首先考虑熟悉并经常使用的、由电梯所组成的疏散路线，靠近电梯间设置疏散楼梯，即将常用路线和疏散路线结合起来，有利于疏散的快捷和安全。如果电梯厅为开敞式时，楼梯间应按防烟楼梯间设计，以避免电梯井蔓延烟火而切断通向楼梯的通道。

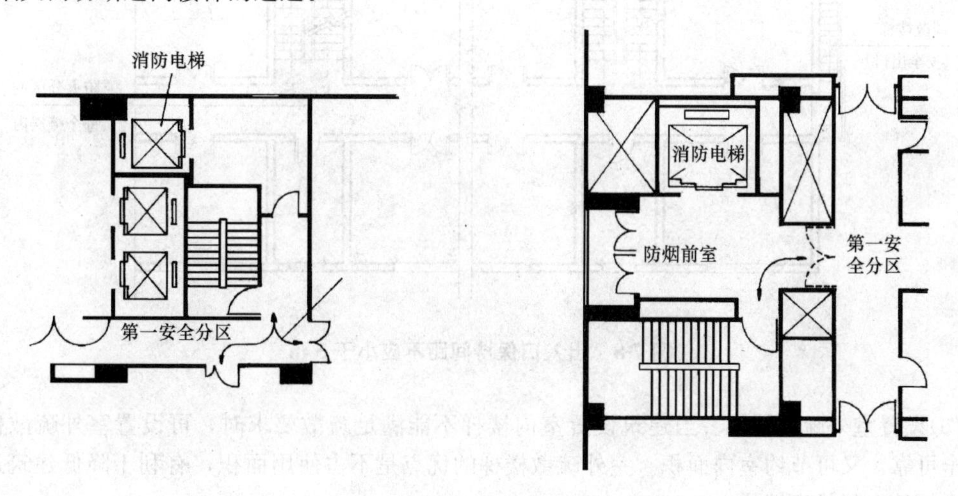

图 7-6 疏散楼梯与消防电梯结合设置

(4)靠近外墙设置。这种布置方式有利于采用安全性最高的、带开敞前室的疏散楼梯间形式。同时，也有利于自然采光通风和消防队进入高楼灭火救人，如图 7-7 所示。

(5)出口保持间距。建筑安全出口应均匀分散布置，也就是说，同一建筑中的出口距离不能太近。太近则会使安全出口集中，导致人流疏散拥挤，甚至伤亡。而且出口距离太近还会出现同时被烟火封堵，使人员不能脱离危险区域而造成重大伤亡事故。因此，高层建筑的两个安全出口的间距不应小于 5 m，如图 7-8 所示。

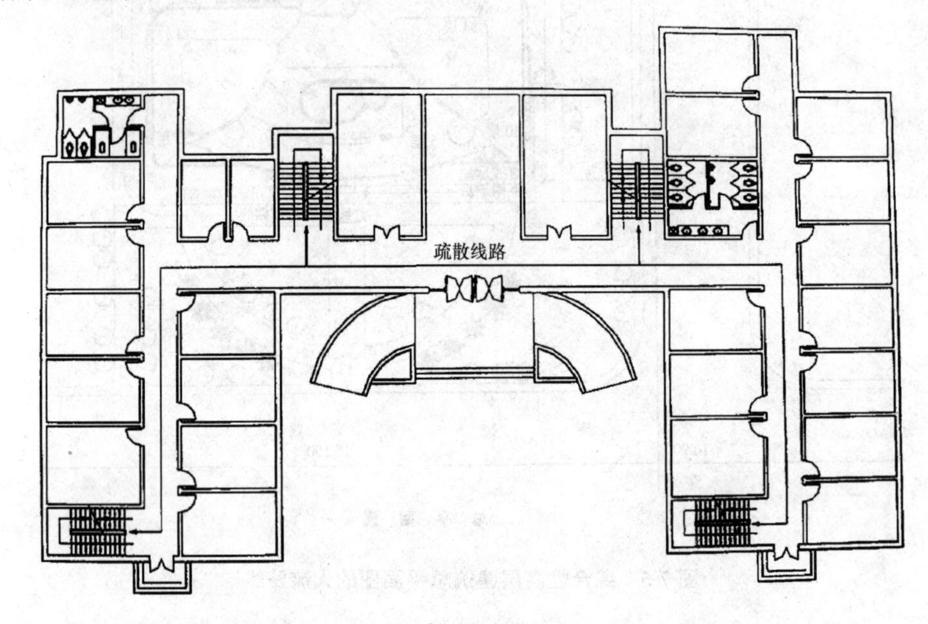

图 7-7 疏散楼梯靠外墙设置

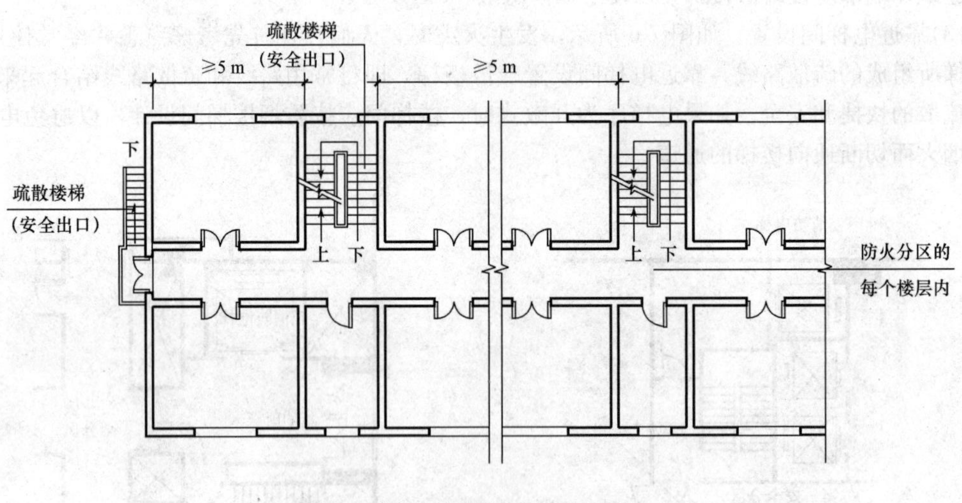

图 7-8 出入口保持间距不应小于 5 m

(6)设置室外疏散楼梯。当建筑设置室内楼梯不能满足疏散要求时，可设置室外疏散楼梯，既安全可靠，又可节约室内面积。室外疏散楼梯的优点是不占使用面积，有利于降低建筑造价，又是良好的自然排烟楼梯。

项目 7.3　建筑防火设计的主要内容和要求

7.3.1　建筑防火设计的主要内容

建筑防火工作，是城市综合消防安全管理中一项重要的过程环节，概括地讲，建筑防火的基本内容如下。

(1)建筑总平面布局方面(处理好与周边环境的关系)。

①控制建筑规模和方位。如控制危险物品(可燃、易燃液体储罐、气体储罐、可燃材料堆放场地)的容积和设置方位，控制不同耐火等级建筑物的容积和高度。

②控制建筑密度。是通过限制建筑的安全间距实现的。

③合理布置建筑的消防车道、消防水源等。

(2)建筑结构的耐火及防爆等方面。控制和提高建筑物耐火等级(尽量采用一、二级耐火等级建筑)，促使建筑物外壁不燃或难燃；控制建筑构件的耐火极限和燃烧性能，控制建筑材料、装修材料的燃烧性能；对建筑防火分隔构件上的开口采取防火封堵措施，以维持建筑构件的耐火性能；对有爆炸危险性的建筑，采取防爆的建筑构件、泄压设施等，减少爆炸时对主体结构的破坏等。

(3)建筑物内部的平面布置方面。

①划分建筑物空间的防火、防烟分区。采用防火分隔构件划分防火、防烟分区，控制防火分区和防烟分区的最大允许建筑面积，发生火灾时尽量把火灾、烟气控制在一定范围内，阻止火势和烟气蔓延扩大。

②设置建筑的疏散避难设施和外部灭火救援进入通道设施。包括控制疏散总长度；选择疏散楼梯的形式；合理设计疏散出口、安全出口、疏散楼梯的数量、分布和宽度；设置建筑物内的避难场所等，为疏散创造有利条件缩短逃生时间；设置消防电梯等专用通道。

③合理布置危险设施、人员密集场所和贵重物品在建筑中的位置。如对有较大火灾危险性或爆炸危险性的设备和物品，不宜布置在建筑的地下部位，减少对结构的破坏以便于扑救；人员密集场所、老弱病残弱质群体的活动场所，宜布置在首层、二、三层，便于逃生；对贵重设备、贵重物品等价值高的财产进行保护，尽量远离危险物品和设施场所，尽量分隔成一个独立的防护单元等。

(4)控制建筑内危险物品及容量。

7.3.2　建筑防火设计的要求

建筑防火设计应遵照“预防为主，防消结合”的消防工作方针执行。

1. 疏散安全出口设计

(1)疏散安全出口的宽度。安全出口是指供人员安全疏散用的房间的门、楼梯间或直通室外安全区域的出口。为了在发生火灾时，能够迅速安全地疏散人员，减少人员伤亡，在建筑防火设计时，必须设置足够数量的安全出口。安全出口应分散布置，且便于寻找，并应有明显标志。

安全出口的宽度是由疏散宽度指标计算得来的。宽度指标是对允许疏散时间、人体宽度、人流在各种疏散条件下的通行能力等进行调查、实测、统计、研究的基础上建立起来的。它既有利于工程技术人员进行工程设计，又有利于消防安全部门检查监督。下面简要介绍工程设计中应用的计算安全出口宽度的简捷方法——百人宽度指标。

百人宽度指标可按下式计算：

$$B=\frac{N}{A \cdot t}b \tag{7-1}$$

式中 B——百人宽度指标，即每 100 人安全疏散需要的最小宽度(m)；

N——疏散总人数(人)；

T——允许疏散时间(min)；

A——单股人流通行能力，平坡地时，$A=43$ 人/min；阶梯地时，$A=37$ 人/min；

b——单股人流的宽度，人流不携带行李时，$b=0.55$ m。

火灾试验表明，建筑物从着火到出现轰燃的时间大多在 5～8 min。允许疏散时间应控制在轰燃之前，并适当考虑安全系数。一、二级耐火等级的公共建筑与高层民用建筑，其允许疏散时间为 5～7 min，三、四级耐火等级建筑的允许疏散时间为 2～4 min。一、二级耐火等级的影剧院允许疏散时间为 2 min，三级耐火等级的允许疏散时间为 1.5 min。一、二级耐火等级的体育馆，其允许疏散时间为 3～4 min。现行《建筑设计防火规范》(GB 50016—2014)没有明确条文提出这些疏散时间，仅在条文说明中有显示，并隐含在疏散宽度指标中。

【例 7-1】 试求 $t=2$ min 时(三级耐火等级)的百人宽度指标。已知，平坡地时，$A_1=43$ 人/min；阶梯地时，$A_2=37$ 人/min。

已知：$N=100$ 人，$t=2$ min，$A_1=43$ 人/min，$A_2=37$ 人/min，$b=0.55$ m。

试求平坡地时和阶梯地时的每人宽度指标。

【解】 $B_1=\frac{N}{A_1 \cdot t}b=\frac{100}{43\times 2}\times 0.55=0.64(\text{m})$ 取 0.65 m

$B_2=\frac{N}{A_2 \cdot t}b=\frac{100}{37\times 2}\times 0.55=0.74(\text{m})$ 取 0.75 m

三级建筑的百人宽度指标，平坡地时为 0.65 m，阶梯地时为 0.75 m。

决定安全出口宽度的因素很多，如建筑物的耐火等级与层数、使用人数、允许疏散时间、疏散路线是平坡地还是阶梯地等。为了使设计既安全又经济，符合实际使用情况，对上述计算结果做适当调整，规定各类建筑安全出口的宽度指标。

1)除《建筑设计防火规范》(GB 50016—2014)另有规定外，公共建筑疏散门和安全出口的净宽度不应小于 0.90 m，疏散走道和疏散楼梯的净宽度不应小于 1.10 m。高层公共建筑内楼梯间的首层疏散门、首层疏散外门、疏散走道和疏散楼梯的最小净宽度应符合表 7-1 的规定。

表 7-1 高层公共建筑内楼梯间的首层疏散门、首层疏散外门、疏散走道和疏散楼梯的最小净宽度

m

建筑类别	楼梯间的首层疏散门、首层疏散外门	走道		疏散楼梯
		单面布房	双面布房	
高层医疗建筑	1.30	1.40	1.50	1.30
其他高层公共建筑	1.20	1.30	1.40	1.20

2)剧场、电影院、礼堂、体育馆等场所的疏散走道、疏散楼梯、疏散门、安全出口的各自总净宽度，应符合下列规定：

①观众厅内疏散走道的净宽度应按每 100 人不小于 0.60 m 计算，且不应小于 1.00 m；边走道的净宽度不宜小于 0.80 m。

布置疏散走道时，横走道之间的座位排数不宜超过 20 排。纵走道之间的座位数：剧场、电影院、礼堂等，每排不宜超过 22 个，如图 7-9 所示；体育馆，每排不宜超过 26 个；前后排座椅的排距不小于 0.90 m 时，可增加 1.0 倍，但不得超过 50 个；仅一侧有纵走道时，座位数应减少一半，如图 7-10 所示。

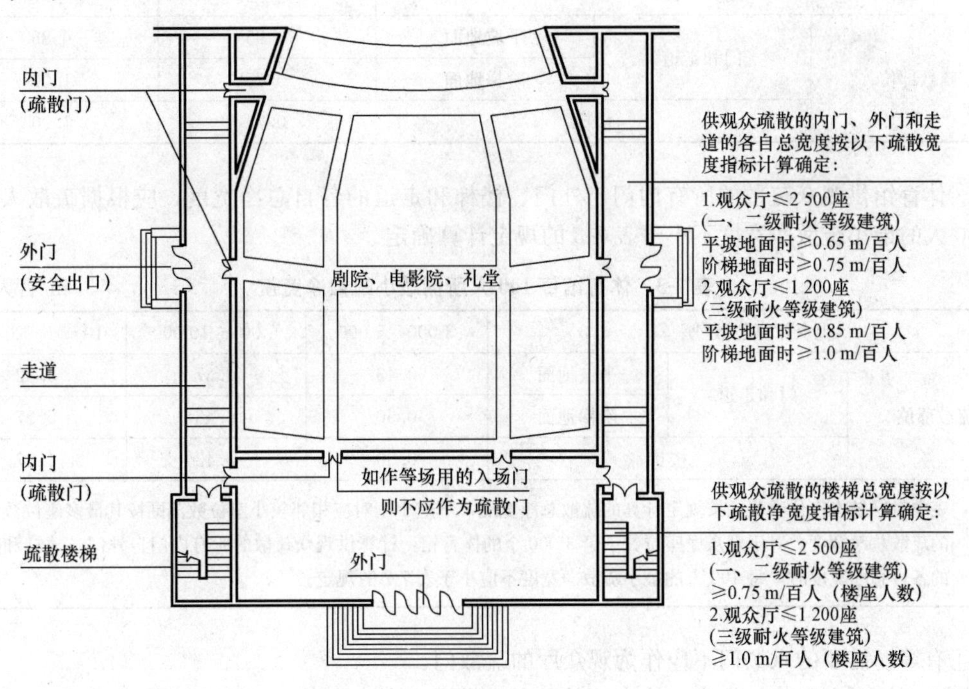

图 7-9　影院、剧院、礼堂座位布置要求

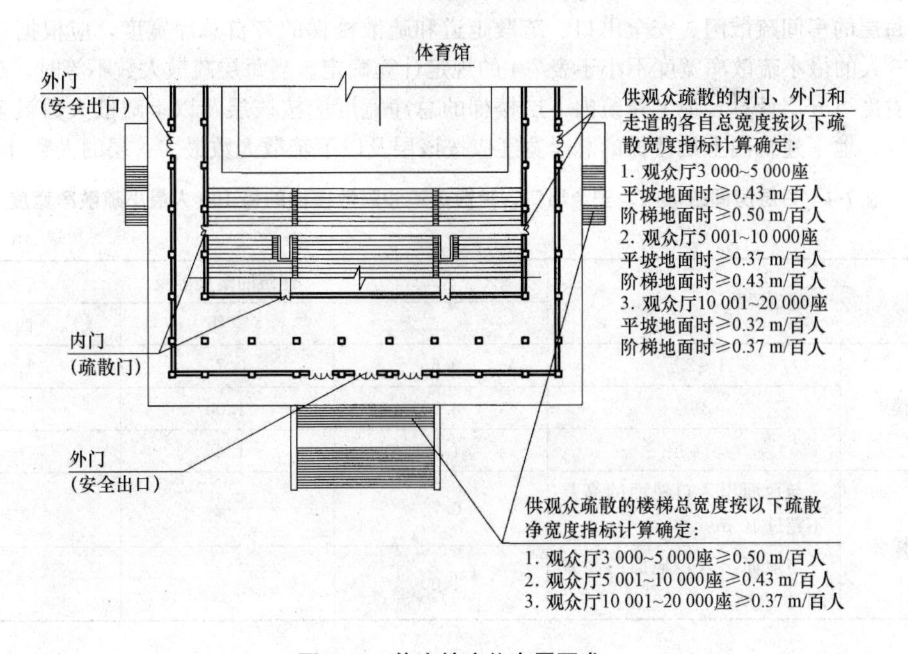

图 7-10　体育馆座位布置要求

②剧院、电影院、礼堂等场所供观众疏散的所有内门、外门、楼梯和走道的各自总净宽度，应根据疏散人数按每 100 人的最小疏散净宽度不小于表 7-2 的规定计算确定。

表 7-2　剧院、电影院、礼堂等场所每 100 人所需最小疏散净宽度　　m/百人

观众厅座位数/座			≤2 500	≤1 200
耐火等级			一、二级	三级
疏散部位	门和走道	平坡地面	0.65	0.85
		阶梯地面	0.75	1.00
	楼梯		0.75	1.00

③体育馆供观众疏散的所有内门、外门、楼梯和走道的各自总净宽度，应根据疏散人数按每 100 人的最小疏散净宽度不小于表 7-3 的规定计算确定。

表 7-3　体育馆每 100 人所需最小疏散净宽度　　m/百人

观众厅座位数/座			3 000～5 000	5 001～10 000	10 001～20 000
疏散部位	门和走道	平坡地面	0.43	0.37	0.32
		阶梯地面	0.50	0.43	0.37
	楼梯		0.50	0.43	0.37
注：表中对应较大座位数范围按规定计算的疏散总净宽度，不应小于对应相邻较小座位数范围按其最多座位数计算的疏散总净宽度。对于观众厅座位数小于 3 000 个的体育馆，计算供观众疏散的所有内门、外门、楼梯和走道的各自总净宽度时，每 100 人的最小疏散净宽度不应小于表 7-2 的规定。					

④有等场需要的入场门不应作为观众厅的疏散门。

3)除剧场、电影院、礼堂、体育馆外的其他公共建筑，其房间疏散门、安全出口、疏散走道和疏散楼梯的各自总净宽度，应符合下列规定：

①每层的房间疏散门、安全出口、疏散走道和疏散楼梯的各自总净宽度，应根据疏散人数按每 100 人的最小疏散净宽度不小于表 7-4 的规定计算确定。当每层疏散人数不等时，疏散楼梯的总净宽度可分层计算，地上建筑内下层楼梯的总净宽度应按该层及以上疏散人数最多一层的人数计算；地下建筑内上层楼梯的总净宽度应按该层及以下疏散人数最多一层的人数计算。

表 7-4　每层房间疏散门、安全出口、疏散走道和疏散楼梯的每 100 人最小疏散净宽度

m/百人

建筑层数		建筑的耐火等级		
		一、二级	三级	四级
地上楼层	1～2 层	0.65	0.75	1.00
	3 层	0.75	1.00	—
	≥4 层	1.00	1.25	—
地下楼层	与地面出入口地面的高差不超过 10 m	0.75	—	—
	与地面出入口地面的高差超过 10 m	1.00	—	—

②地下或半地下人员密集的厅、室和歌舞娱乐放映游艺场所，其房间疏散门、安全出口、疏散走道和疏散楼梯的各自总净宽度，应根据疏散人数按每 100 人不小于 1.00 m 计算确定。

③首层外门的总净宽度应按该建筑疏散人数最多一层的人数计算确定，不供其他楼层人员疏散的外门，可按本层的疏散人数计算确定。

④歌舞娱乐放映游艺场所中的录像厅、放映厅的疏散人数，应根据厅、室的建筑面积按1.0人/m²计算；其他歌舞娱乐放映游艺场所的疏散人数，应根据厅、室的建筑面积按0.5人/m²计算。

⑤有固定座位的场所，其疏散人数可按实际座位数的1.1倍计算。

⑥展览厅的疏散人数应根据展览厅的建筑面积和人员密度计算，展览厅内的人员密度宜按0.75人/m²确定。

⑦商店的疏散人数应按每层营业厅的建筑面积乘以表7-5规定的人员密度计算。对于建材商店、家具和灯饰展示建筑，其人员密度可按表7-5规定值的30%确定。

表7-5　商店营业厅内的人员密度　　人/m²

楼层位置	地下第二层	地下第一层	地上第一、二层	地上第三层	地上第四层及以上各层
人员密度	0.56	0.60	0.43～0.60	0.39～0.54	0.30～0.42

4)人员密集的公共建筑不宜在窗口、阳台等部位设置封闭的金属栅栏，确需要设置时，应能从内部易于开启；窗口、阳台等部位宜根据其高度设置适用的辅助疏散逃生设施。

5)住宅建筑的户门、安全出口、疏散走道和疏散楼梯的各自总净宽度应经计算确定，且户门和安全出口的净宽度不应小于0.90 m，疏散走道、疏散楼梯和首层疏散外门的净宽度不应小于1.10 m。建筑高度不大于18 m的住宅中一边设置栏杆的疏散楼梯，其净宽度不应小于1.0 m。

6)工业厂房内的疏散楼梯、走道、门的各自总净宽度，应根据疏散人数按每100人的最小疏散净宽度不小于表7-6的规定计算确定。但疏散楼梯的最小净宽度不宜小于1.10 m，疏散走道的最小净宽度不宜小于1.40 m，门的最小净宽度不宜小于0.90 m。当每层疏散人数不相等时，疏散楼梯的总净宽度应分层计算，下层楼梯总净宽度应按该层及以上疏散人数最多一层的疏散人数计算。首层外门的总净宽度应按该层及以上疏散人数最多一层的疏散人数计算，且该门的最小净宽度不应小于1.20 m。

表7-6　厂房疏散楼梯、走道和门的每100人最小疏散净宽度

厂房层数/层	1～2	3	≥4
宽度指标/(m·百人$^{-1}$)	0.60	0.80	1.00

(2)疏散安全出口的数量。

1)公共建筑的安全出口数量。

为了保证公共场所的安全，应该有足够数量的安全出口。在正常使用的条件下，疏散是比较有秩序地进行的，而紧急疏散时，则由于人们处于惊慌的心理状态下，必然会出现拥挤等许多意想不到的现象。所以，平时使用的各种内门、外门、楼梯等，在发生事故时，不一定都能满足安全疏散的要求，这就要求在建筑物中应设置较多的安全出口，保证起火时能够安全疏散，如图7-11所示。

在建筑设计中，应根据使用要求，结合防火安全的需要布置门、走道和楼梯。一般要求建筑物都有两个或两个以上的安全出口，避免造成严重的人员伤亡。例如，影剧院、礼堂、多用食堂等公共场所，当人员密度很大时，即使有两个出口，往往也是不够的。根据火灾事故统计，通过一个出口的人员过多，常常会发生意外，影响安全疏散，因此对于人员密集的大型公共建筑，如影剧院、礼堂、体育馆等，为了保证安全疏散，要控制每个安全出口的人数，具体做法是，影剧院、礼堂的观众厅每个安全出口的平均疏散人数不应超过250人。当容纳人数超过2 000人时，其超过2 000人的部分，每个安全出口的平均疏散人数不应超过400人。体育馆每个安全出口

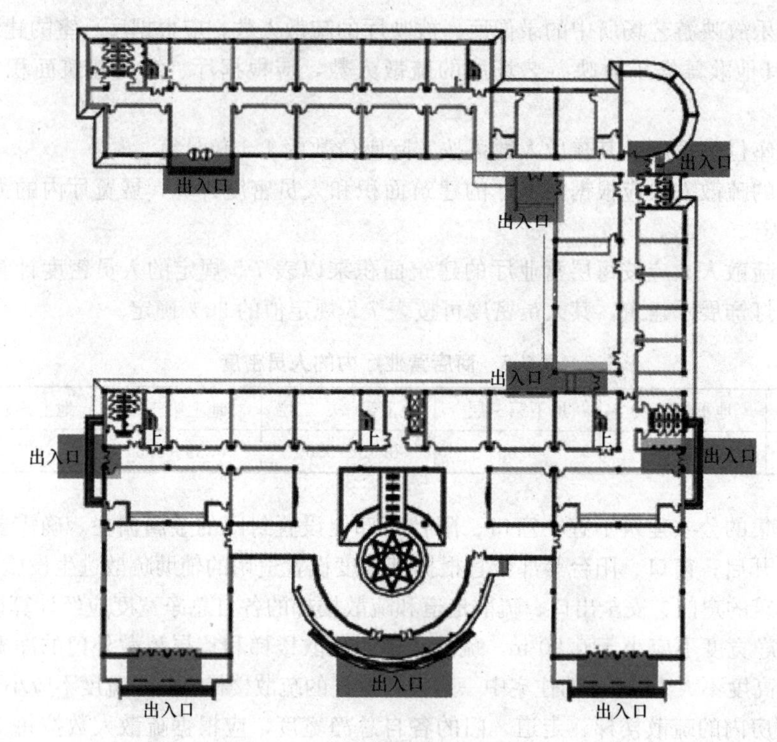

图 7-11　设置足够的安全出口

的平均疏散人数不宜超过 400～700 人，当然，规模较小的体育馆采用下限值较为合适，规模较大的采用上限值较为合适，如图 7-10 所示。

2)公共建筑内每个防火分区或一个防火分区的每个楼层，其安全出口的数量应经计算确定，且不应少于 2 个。符合下列条件之一的公共建筑，可只设置 1 个安全出口或 1 部疏散电梯。

①除托儿所、幼儿园外，建筑面积不大于 200 m^2 且人数不超过 50 人的单层公共建筑或多层公共建筑的首层。

②除医疗建筑、老年人建筑，托儿所、幼儿园的儿童用房，儿童游乐厅等儿童活动场所和歌舞娱乐放映游艺场所外，应符合表 7-7 规定的公共建筑。

表 7-7　可设置一部疏散电梯的公共建筑

耐火等级	最多层数	每层最大建筑面积/m^2	人数
一、二级	3 层	200	第二层和第三层的人数之和不超过 50 人
三级	3 层	200	第二层和第三层的人数之和不超过 25 人
四级	2 层	200	第二层人数不超过 15 人

3)设置不少于两部疏散楼梯的一、二级耐火等级的公共建筑，如顶部局部升高，当高出部分的层数不超过 2 层，人数之和不超过 50 人且每层建筑面积不大于 200 m^2 时，高出部分可设置一部疏散楼梯，但至少应另设置 1 个直通建筑主体上人平屋面的安全出口，且上人屋面应符合人员安全疏散的要求，如图 7-12 所示。

4)一、二级耐火等级公共建筑内的安全出口全部直通室外确有困难的防火分区，可利用通向相邻防火分区的甲级防火门作为安全出口，但应符合下列要求：

①利用通向相邻防火分区的甲级防火门作为安全出口时，应采用防火墙与相邻防火分区进

行隔离。

②建筑面积大于1 000 m² 的防火分区，直通室外的安全出口不应少于2个；建筑面积不大于1 000 m² 的防火分区，直通室外的安全出口不应少于1个。

③该防火分区通向相邻防火分区的疏散净宽度不应大于按规定计算所需疏散总净宽度的30%，建筑各层直通室外的安全出口总净宽度不应小于按规定计算所需疏散总净宽度。

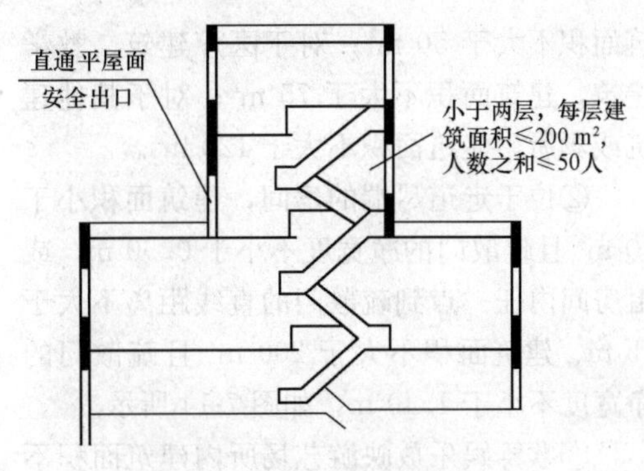

图7-12　公共建筑顶部局部升高的安全出口要求

5)住宅建筑安全出口的设置应符合下列规定：

①建筑高度不大于27 m的建筑，当每个单元任一层的建筑面积不大于650 m²，或任一户门至最近安全出口的距离大于15 m时，每个单元每层的安全出口不应少于2个。

②建筑高度大于27 m、不大于54 m的建筑，当每个单元任一层的建筑面积大于650 m²，或任一户门至最近安全出口的距离大于10 m时，每个单元每层的安全出口不应少于2个。

③建筑高度大于54 m的建筑，每个单元每层的安全出口不应少于2个。

6)建筑高度大于27 m，但不大于54 m的住宅建筑，每个单元设置一座疏散楼梯时，疏散楼梯应通到屋面，且单元之间的疏散楼梯应能通过屋面连通，户门应采用乙级防火门。当不能通到屋面或不能通过屋面连通时，应设置2个安全出口。

7)除人员密集场所外，建筑面积不大于500 m²、使用人数不超过30人且埋深不大于10 m的地下室或半地下建筑(室)，当需要设置2个安全出口时，其中1个安全出口可利用直通室外的金属竖向梯。除歌舞娱乐放映游艺场所外，防火分区建筑面积不大于200 m² 的地下或半地下设备间、防火分区建筑面积不大于50 m² 且经常停留人数不超过15人的其他地下或半地下建筑(室)，可设置1个安全出口或1部疏散楼梯。

(3)疏散门的构造要求。

疏散门应向疏散方向开启，但房间内人数不超过60人，且每樘门的平均通行人数不超过30人时，门的开启方向可以不限。疏散门不应采用转门。

为了便于疏散，人员密集的公共场所、观众厅的疏散门不应设置门槛，其净宽度不应小于1.40 m，且紧靠门口内外各1.40 m范围内不应设置踏步，以防摔倒、伤人，如图7-13所示。人员密集的公共场所的室外疏散通道的净宽度不应小于3.00 m，并应直接通向宽敞地带。

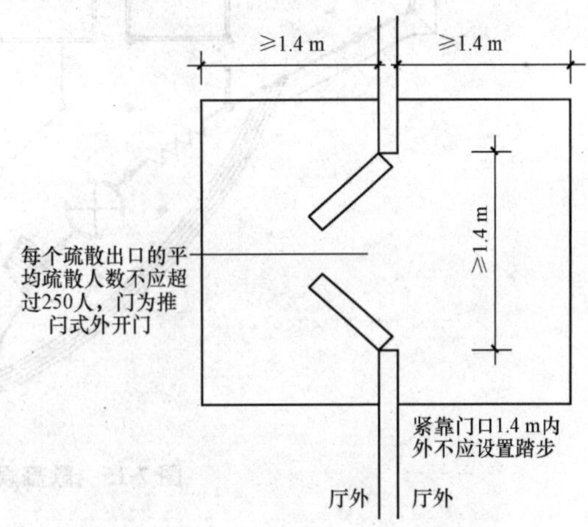

图7-13　疏散出口的构造要求

建筑物直通室外的安全出口上方，应设置宽度不小于1 m的防火挑檐，以防止建筑物上的跌落物伤人，确保火灾时疏散的安全。

1)公共建筑内房间的疏散门数量应经计算确定且不应少于2个。除托儿所、幼儿园、老年人建筑、医疗建筑、教学建筑内位于走道尽端的房间外，符合下列条件之一的房间可设置1个疏散门：

①位于两个安全出口之间或袋形走道两侧的房间，对于托儿所、幼儿园、老年人建筑，建

筑面积不大于 50 m²；对于医疗建筑、教学建筑，建筑面积不大于 75 m²；对于其他建筑或场所，建筑面积不大于 120 m²。

②位于走道尽端的房间，建筑面积小于 50 m² 且疏散门的净宽度不小于 0.90 m，或由房间内任一点到疏散门的直线距离不大于 15 m、建筑面积不大于 200 m² 且疏散门的净宽度不小于 1.40 m，如图 7-14 所示。

③歌舞娱乐放映游艺场所内建筑面积不大于 50 m² 且经常停留人数不超过 15 人的厅、室，如图 7-15 所示。

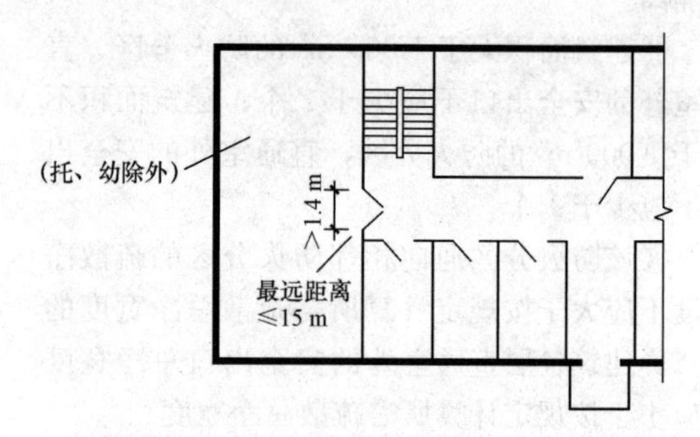

图 7-14　走道尽端的房间安全出口要求

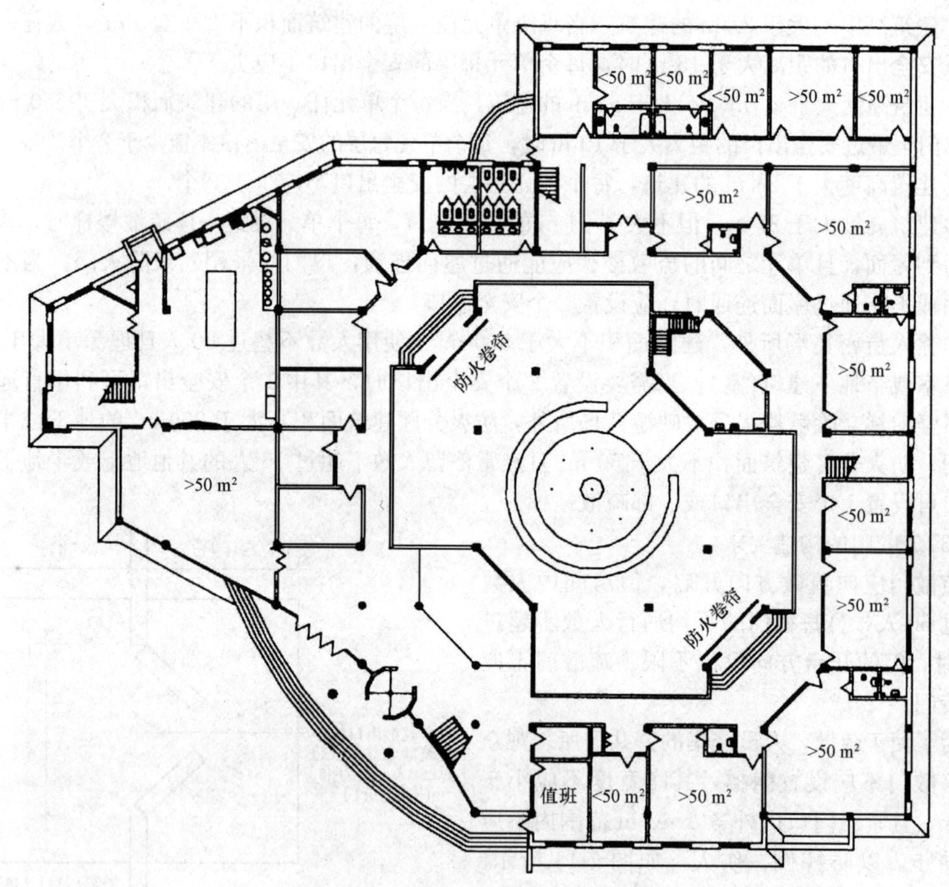

图 7-15　歌舞娱乐放映游艺场所

2)剧院、电影院、礼堂和体育馆的观众厅或多功能厅，其疏散门的数量应经计算确定且不应少于 2 个。

3)建筑面积不大于 200 m² 的地下或半地下设备间、建筑面积不大于 50 m² 且经常停留人数不超过 15 人的其他地下或半地下房间，可设置 1 个疏散门。

2. 疏散楼梯间

楼梯间是建筑物的主要交通空间，既是平时人员竖向疏散的通道，又是火灾时，建筑物内人员的避难与疏散通道，还可能是消防人员灭火进攻路线，足以可见其重要性。根据烟气对楼梯间的影响程度，疏散楼梯间一般分为开敞楼梯间、封闭楼梯间、防烟楼梯间与室外楼梯间等。疏散楼梯间的一般要求如下：

(1)满足疏散通行能力要求。楼梯间的数量、梯段净宽度以及疏散距离应满足规范要求。

(2)楼梯间宜靠外墙设置，有利于楼梯间的直接采光和自然通风，如图 7-16 所示。

(3)楼梯间内不应设置烧水间，可燃材料储藏室、垃圾道，如图 7-17 所示。

(4)楼梯间内不应有影响疏散的突出物或其他障碍物。

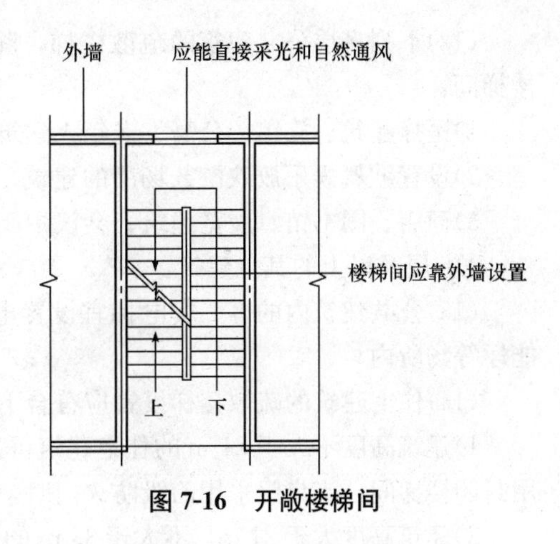

图 7-16　开敞楼梯间

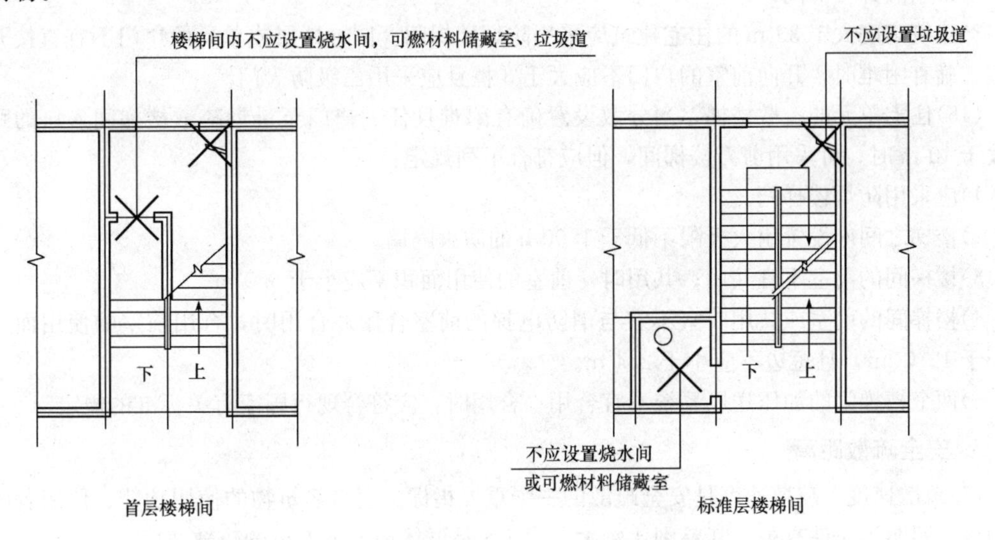

图 7-17　楼梯间内不应设置烧水间，可燃材料储藏室、垃圾道

(5)楼梯间内不应敷设甲、乙、丙类液体的管道。

(6)公共建筑的楼梯间内不应敷设可燃气体管道。

(7)居住建筑的楼梯间内不应敷设可燃气体管道和设置可燃气体计量表。当住宅建筑必须设置时，应采用金属套管和设置切断气源的装置等保护措施。

(8)公共建筑的楼梯井(疏散楼梯两段之间的空间)净宽不宜小于 150 mm。

(9)除通向避难层错位的楼梯外，疏散楼梯间在各层的位置不应改变。

(10)高层公共建筑的疏散楼梯，当分散设置确有困难且从任一疏散门至最近疏散楼梯间入口的距离小于 10 m 时，可采用剪刀楼梯间，但应符合下列规定：

1)楼梯间应为防烟楼梯间。

2)楼梯之间应设置耐火极限不低于 1.00 h 的防火隔墙。

3)楼梯间的前室应分别设置。

4)楼梯间内的加压送风系统不应合用。

(11)一类高层公共建筑和建筑高度大于 32 m 的二类高层公共建筑，其疏散楼梯应采用防烟楼梯间。裙房和建筑高度不大于 32 m 的二类高层公共建筑，其疏散楼梯应采用封闭楼梯间。

(12)下列多层公共建筑的疏散楼梯，除与敞开式外廊直接相连的楼梯间外，均应采用封闭楼梯间：

1)医疗建筑、旅馆、公寓、老年人建筑及类似使用功能的建筑。

2)设置歌舞娱乐放映游艺场所的建筑。

3)商店、图书馆、展览建筑、会议中心及类似使用功能的建筑。

4)6层及以上的其他建筑。

(13)公共建筑内的客、货电梯宜设置电梯候梯厅，不宜直接设置在营业厅、展览厅、多功能厅等场所内。

(14)住宅建筑的疏散楼梯设置应符合下列规定：

1)建筑高度不大于21 m的住宅建筑可采用敞开楼梯间；与电梯井相邻布置的疏散楼梯应采用封闭楼梯间，当户门采用乙级防火门时，仍可采用敞开楼梯间。

2)建筑高度大于21 m、不大于33 m的住宅建筑应采用封闭楼梯间；当户门采用乙级防火门时，可采用敞开楼梯间。

3)建筑高度大于33 m的住宅建筑应采用防烟楼梯间。同一楼层或单元的户门不宜直接开向前室，确有困难时，开向前室的户门不应大于3樘且应采用乙级防火门。

(15)住宅单元的疏散楼梯，当分散设置确有困难且任一户门至最近疏散楼梯间入口的距离不大于10 m时，可采用剪刀楼梯间，但应符合下列规定：

1)应采用防烟楼梯间。

2)楼梯之间应设置耐火极限不低于1.00 h的防火隔墙。

3)楼梯间的前室不宜共用；共用时，前室的使用面积不应小于6.0 m^2。

4)楼梯间的前室或共用前室不宜与消防电梯的前室合用；合用时，合用前室的使用面积不应小于12.0 m^2，且短边不应小于2.4 m。

5)两个楼梯间的加压送风系统不宜合用；合用时，应符合现行国家有关标准的规定。

3. 安全疏散距离

(1)疏散速度。疏散速度是安全疏散的一个重要指标。它与建筑物的使用功能、使用者的人员构成、照明等条件有关，其差别比较大，表7-8是群体情况下人员的疏散速度。

表7-8　不同疏散人员的速度

人员特点	群体行动能力			
	平均步行速度/($m \cdot s^{-1}$)		流动系数/(人·m^{-1})	
	水平 V	楼梯 V	水平 N	楼梯 N'
仅靠自力难以行动的人：重病人、老人、婴幼儿、弱智者、身体残病者等	0.8	0.4	1.3	1.1
不熟悉建筑内的通道、出入口等部位的人员：旅馆的客人、商店顾客、通行人员等	1.0	0.5	1.5	1.3
熟悉建筑物内的通道、出入口等位置的人员：建筑物内的工作人员、职员、保卫人员等	1.2	0.6	1.6	1.4

(2)确定安全疏散距离的因素。民用建筑安全疏散距离的含义，一是要考虑房间内最远点到

房门的疏散距离；二是从房门到疏散楼梯间或外部出口的距离，厂房的安全疏散距离指厂房内最远工作点到外部出口或楼梯间的最大距离。

限制安全疏散距离的目的，在于缩短疏散时间，使人们尽快从火灾现场疏散到安全区域。确定疏散距离，一般考虑以下几个因素：

1)根据火灾时的烟雾对人员的致命影响而定。有关实测资料表明，人在浓烟中的极限时间约为 30 s，走动以 1 m/s 计，距离为 30 m 左右。因此，从房门到最近疏散楼梯间或外部出口的距离以此为依据，一般不宜超过 30 m。

2)根据建筑物的性质而定。办公、厂房类建筑物内活动的人员，多数年龄为 18～60 岁，体力好、素质高，这类建筑的疏散距离可适当大一些。而医院、疗养院、小学、幼托等类建筑物内活动的人员多为老弱病残，行动不便，需要帮扶，火灾时疏散速度慢，故这类建筑的疏散距离应短一些。

3)根据人员密集程度而定。影剧院、礼堂、体育馆、商场等人员密集的场所，发生火灾时，容易造成拥挤、混乱而疏散缓慢，这类建筑的疏散距离应短一些。

4)根据人们对疏散路线熟悉程度而定。对疏散路线熟悉的人员往往不易惊慌，能直奔疏散出口，而不熟悉的人员容易惊慌，对疏散出口在何处有个回忆过程甚至难以找到出口，如旅馆、娱乐场所、车站、码头等，这类建筑的疏散距离应短一些。

5)对居住建筑，火灾多发生在夜间，一般发现比较晚，而且建筑内部的人员身体条件不等，老少兼有，疏散比较困难，所以疏散距离也不宜太大。

不同类型建筑物的使用功能、性质、人员构成、人员密度差别较大，其疏散距离应区别对待。

思考题

1. 火灾的发展过程分为哪几个阶段？
2. 火灾蔓延的方式和途径有哪些？
3. 防火分区的作用是什么？防火分区是如何划分的？
4. 确保安全疏散的意义何在？安全疏散设计应遵循哪些原则？
5. 为什么要规定防火间距？是怎样规定的？在什么条件下建筑物之间允许达到 3 m？
6. 何谓安全出口？哪些条件可只设 1 个安全出口？
7. 何谓安全疏散距离？确定安全疏散距离应考虑哪些因素？
8. 何谓安全区域？常见的安全区域有哪些场所？
9. 建筑防火设计主要应考虑哪些问题？
10. 安全疏散门的设置有何具体要求？
11. 为什么严禁旋转门作为疏散门？
12. 楼梯间形式及设置有哪些要求？
13. 疏散走道的设置有哪些要求？

模块8　建筑环保节能

学习要求

了解建筑环保节能的要求；了解建筑节能的设计原则；熟悉建筑节能的特点；掌握环保节能的基本措施及常见围护结构的节能构造做法。

项目8.1　建筑能耗发展趋势与环保节能的要求

建筑节能是指在建筑材料生产、房屋建筑和构筑物施工及使用过程中，满足同等需要或达到相同目的的条件下，尽可能降低能耗。

8.1.1　建筑能耗发展趋势

目前，我国社会总能耗主要有工业能耗、建筑能耗、交通运输能耗。其中建筑能耗占社会总能耗30%左右，比同等气候条件下的发达国家高出2～3倍。自哥本哈根大会以后，我国日益重视建筑节能问题，建筑节能的政策不断推出，旨在提高建筑行业使用节能建材的比例和促进节能技术的发展，降低建筑能耗，从而降低单位GDP能耗。

在《国务院关于加快培育和发展战略性新兴产业的决定》中，节能环保在七大战略性新兴产业中高居第一。根据规划，“十二五”期间中国环保投资将达3.1万亿元，较“十一五”期间1.54万亿的投资额大增121%。目前，中国的节能产业已经形成了四个主要领域，即工业节能、建筑节能、交通节能、生活节能。

建筑节能被视为热度最高的领域，在我国，建筑能耗占总能耗的30%以上，而且还在以每年1个百分点的速度增加。《2013—2017年中国建筑节能行业发展前景与投资战略规划分析报告》[1]统计数字显示：我国每年新建房屋建筑面积近20亿平方米，其中80%以上为高能耗建筑；既有建筑近500亿平方米，90%以上是高能耗建筑，建筑节能改造和技术更新有很大的空间。对于我国来说，无论是资源、环境的现实压力，还是人们对居住环境舒适度的迫切要求，建筑节能都被寄予了厚望，我国建筑节能市场前景广阔。

8.1.2　建筑环保节能的要求

(1)提倡可持续的生态建筑设计，将建筑环境看作是生态系统的有机组成部分，以实现生态系统的良性循环，为人们创造一个人工环境与自然环境有机结合的绿色建筑使用空间。

(2)大力开发和利用可再生能源，使建筑由传统的能源消耗者变成能源生产者，从而降低能耗，减少污染，以达到人与自然的和谐发展。

(3)使用环保型建筑材料，推广使用不污染环境、不破坏生态平衡的建筑材料，尽可能循环使用，即使废弃后也不会给环境带来污染。

(4)环保节能建筑充分利用太阳能、风能、水能、生物能、地热等可再生能源和新型的环保节能技术。

项目 8.2　环保节能的基本知识

8.2.1　传热学的基本知识

1. 热量传递的基本方式

(1)热从物体温度较高的部分沿着物体传到温度较低的部分，叫作传导。热传导是固体中热传递的主要方式。在气体或液体中，热传导过程往往和对流同时发生。各种物质都能够传导热，但是不同物质的传热本领不同。善于传热的物质叫作热的良导体，不善于传热的物质叫作热的不良导体。各种金属都是热的良导体，其中最善于传热的是银，其次是铜和铝。瓷、纸、木头、玻璃、皮革都是热的不良导体。最不善于传热的是羊毛、羽毛、毛皮、棉花、石棉、软木和其他松软的物质。液体中，除了水银以外，都不善于传热，气体比液体更不善于传热。

(2)靠液体或气体的流动来传热的方式，叫作对流。对流是液体和气体中热传递的主要方式，气体的对流现象比液体更明显。利用对流加热或降温时，必须同时满足两个条件：一是物质可以流动；二是加热方式必须能促使物质流动。

(3)热由物体沿直线向外射出，叫作辐射。用辐射方式传递热，不需要任何介质，因此，辐射可以在真空中进行。地球上得到太阳的热，就是太阳通过辐射的方式传来的。

一般情况下，热传递的三种方式往往是同时进行的。

2. 传热系数、热阻、热桥

(1)传热系数：传热系数是指在稳定传热条件下，1 m厚的材料，两侧表面的温差为1度(K,℃)，在1秒内，通过1平方米面积传递的热量，用λ表示，单位为瓦/(米·度)。

通常把传热系数较低的材料称为保温材料[我国国家标准规定，凡平均温度不高于350 ℃时导热系数不大于0.12 W/(m·K)的材料称为保温材料]，而把传热系数在0.05瓦/米摄氏度以下的材料称为高效保温材料。

(2)热阻：热阻是指热量在热流路径上遇到的阻力，反映介质或介质间传热能力的大小，表明了1 W热量所引起的温升大小，单位为℃/W或K/W。用热功耗乘以热阻，即可获得该传热路径上的温升。

(3)热桥：热桥是建筑物外围护结构中保温性能大大低于其余构件的部位，如外墙板的接缝、外挑阳台板、圈梁、地梁、防震柱、墙角和底层勒脚等。

室内大量热能可通过“热桥”这一薄弱环节向外散逸，并且由于热桥的温度较低，常使该部分构件的内表面产生凝结水，轻则发黄变色，粉刷脱落，重则引起温度应力导致构件产生裂缝。对于各部位上构造节点的保温原则是：在传热的通道上筑起一道高效保温材料制作的热坝，切断热桥。

8.2.2　建筑环境学的基本知识

任何建筑物都不是孤立存在的，它存在于各种自然的、人为的环境之中，人们建造建筑物的目的就在于为人们的社会、经济、政治和文化等活动提供理想的场所。建筑物与周围环境密切相关，周围环境对于建筑物而言既是一种制约条件又是一种促进因数。因此，人们必须认真考虑建筑物周围的环境所能发挥的作用。

研究建筑环境时，既要注重区域性的建筑宏观环境，也要重视小气候环境和微观环境。

1. 建筑宏观环境

建筑物所在的外部环境条件，包括与建筑密切相关的气候条件，如太阳辐射、气温、湿度、降水、风、地形地貌、水源水质、土壤条件、生态条件等。

2. 建筑微观环境

(1)小区风场。人类的安居环境与室外气流运动(主要指大气层底层)密切相关。风温度场以及污染物浓度分布不仅对建筑规划产生影响，而且在建筑节能、环保等方面影响深远，尤其是当今城市建筑群(住宅小区)，常年的主导风向在固定的建筑布局中形成诸多问题：建筑物之间距离不合理引起了强烈的巷道风效应，同时降低外墙温度，会增加建筑的热损失；工厂或锅炉房排烟系统位于主导风上游，扩散的污染物弥漫整个小区；分体式空调机的大量应用等问题使室外热环境急剧恶化，不仅影响室内热舒适性，而且增加了建筑能耗。倘若能使室外气流运动与居民小区规划相协调，不仅能使上述问题迎刃而解，而且会改善住宅小区的内外部环境。

(2)热岛效应。热岛效应是一个自20世纪60年代开始，在世界各地大城市所发现的一个地区性气候现象，是指一个地区的气温高于周围地区的现象。中心的高温区就像突出海面的岛屿，所以就被形象地称为热岛。人类是从红外线的影像发现了照片中的城市地区的温度有着很明显的差异，看起来城市部分就好像在周边地区的一个浮岛。

热岛是由于人们改变城市地表而引起小气候变化的综合现象，是城市气候最明显的特征之一。由于城市化的速度加快，城市建筑群密集、柏油路和水泥路面比郊区的土壤、植被具有更大的热容量和吸热率，使得城市地区储存了较多的热量，并向四周和大气中大量辐射，造成了同一时间城区气温普遍高于周围的郊区气温，高温的城区处于低温的郊区包围之中，如同汪洋大海中的岛屿，人们把这种现象称为城市热岛效应。

大城市散发的热量可以达到所接收的太阳能的2/5。从而使城市的温度升高，这就是常说的热岛效应。

(3)噪光污染。视觉环境中的噪光污染大致可分为三种：一是室外视环境污染，如建筑物外墙；二是室内视环境污染，如室内装修、室内不良的光色环境等；三是局部视环境污染，如书簿纸张、某些工业产品等。

随着城市建设的发展和科学技术的进步，日常生活中的建筑和室内装修采用镜面、瓷砖和白粉墙日益增多，近距离读写使用的书簿纸张越来越光滑，人们几乎把自己置身于一个“强光弱色”的“人造视环境”中。

目前，很少有人认识到噪光污染的危害。据科学测定：一般白粉墙的光反射系数为69%～80%，镜面玻璃的光反射系数为82%～88%，特别光滑的粉墙和洁白的书簿纸张的光反射系数高达90%，比草地、森林或毛面装饰物面高10倍左右，这个数值大大超过了人体所能承受的生理适应范围，构成了现代新的污染源。经研究表明，噪光污染可对人眼的角膜和虹膜造成伤害，抑制视网膜感光细胞功能的发挥，引起视疲劳和视力下降。

8.2.3 建筑热工分区

我国地域辽阔，气候差异大，各地区的建筑设计不尽相同，房屋的内外结构、高度、造型及建筑材料也有所差异。国家标准将全国划分为五个热工气候分区，即严寒地区、寒冷地区、夏热冬冷地区、夏热冬暖地区、温和气候区。

项目 8.3　环保节能措施

8.3.1　建筑节能的设计原则

1. 节能建筑设计应贯彻“因地制宜”的设计原则

这里所说的“地”主要是指建筑物所在地的气候特征。例如，武汉属典型的夏热冬冷地区，其气候特征，主要表现为夏季闷热，冬季湿冷。因此，武汉地区的节能建筑，必须适应武汉地区的气候特征，既不能照搬严寒地区的建筑形式，也不能照搬夏热冬暖及海洋性气候地区的建筑形式，更不能照搬四季如春的温和气候地区的建筑形式。

(1)建筑物尽量采用南北朝向布置。否则，须加强建筑围护结构的保温隔热性能而需增大建筑成本。

(2)建筑群之间和建筑物室内，夏季要有良好的自然通风，建筑群不应采用周边式布局形式。低层建筑应置于夏季主导风向的迎风面(南向)；多屋建筑置于中间；高层建筑布置在最后面(北向)，否则，高层建筑的底层应局部架空并组织好建筑群间的自然通风。

(3)按相关设计标准的规定，尽量加大建筑物之间的间距，尽量减少建筑群间的硬化地面，推广植草砖地面，提高绿地率，加强由落叶乔木、常绿灌木及地面植被组成的空间立体绿化体系，以便由树冠和地面植被阻挡、吸收大部分的太阳直射辐射，减小地面对建筑物的反射辐射，降低区域的夏季环境温度，减轻区域的热岛现象。

(4)应控制建筑物的体形系数不超过节能设计标准的规定。即尽量减少外墙的凹凸面和架空楼板，不应设置外墙洞口处无窗户的凸(飘)窗，坡屋顶宜设置结构平顶棚或降低坡度，应采用封闭式楼梯间等。当体形系数超过标准的规定时，应加强围护结构的热工性能，计算建筑物的采暖空调能耗并不得超过标准的规定。

(5)不应设置大窗户，窗户大小以满足采光要求为限。门窗玻璃应采用普通透明玻璃或淡色低辐射镀膜玻璃的中空玻璃，居住建筑和办公建筑不应采用可见光透光率低的深色镀膜玻璃或着色玻璃。门窗型材应采用塑料型材、断热彩钢及断热铝合金型材，不得采用非断热铝合金及彩钢型材。还要求外门外窗具有良好的气密性、水密性、不小于 30 分贝的隔声性能和不小于 2.5 kPa 的抗风压性能。

(6)屋顶和外墙既要保温又要隔热，其保温隔热性能应符合建筑节能设计标准的规定，还要防止保温层渗水、内部结露和发霉。屋顶和外墙，不能采用单一的轻质材料和空心砌块材料(保温好，隔热很差)，最适合采用厚实材料加轻质材料的复合构造做法。

(7)屋顶和外墙的外表面，宜采用浅色饰面层，不宜采用黑色、深绿、深红等深色饰面层，否则应加大屋顶和外墙保温隔热层的厚度，其夏季的内表面计算温度不应超过 36.9 ℃，宜低于 35 ℃。

(8)加强分户墙和楼地面的保温性能，使其符合建筑节能设计标准的规定。居室及办公室楼地面面层的吸热指数还应符合《民用建筑热工设计规范》(GB 50176—1993)的规定。

(9)设有集中采暖、空调的节能建筑，应选用高效、低能耗的设备与系统，不得采用直接电热式采暖设备和装置，应设置分室温度控制装置，住宅建筑必须设置分户热(冷)量计量设施。

除上述 9 条外，节能建筑还应具备设计规范所要求的隔声性能等适用性能、安全性能、耐久性能和环境性能。

2. 建筑外围护结构的热工设计应贯彻超前性原则

现行建筑节能设计标准对建筑外围护结构热工性能的规定性指标水平较低，仅仅是实现现阶段节能50%目标的需要，距离舒适性建筑的要求甚远，与发达国家的差距很大。随着我国经济的发展，建筑节能设计标准将分阶段予以修改，建筑外围护结构的热工性能会逐步提高。由于建筑的使用年限长，到时按新标准再对既有建筑实施节能改造是很困难的，因此应贯彻超前性原则，特别是夏季酷热地区，建筑外围护结构(屋顶、外墙、外门外窗)的热工性能指标应突破节能设计标准规定的最低要求，予以适当加强，应控制屋顶和外墙的夏季内表面计算温度。

8.3.2 冬季保温设计要求

(1)建筑物宜设在避风和向阳的地段。

(2)建筑物的体形设计宜减少外表面积，其平、立面的凹凸面不宜过多。

(3)居住建筑，在严寒地区不应设开敞式楼梯间和开敞式外廊；在寒冷地区不宜设开敞式楼梯间和开敞式外廊。公共建筑，在严寒地区出入口处应设门斗或热风幕等避风设施；在寒冷地区出入口处宜设门斗或热风幕等避风设施。

(4)建筑物外部窗户面积不宜过大，应减少窗户缝隙长度，并采取密闭措施。

(5)外墙、屋顶、直接接触室外空气的楼板和不采暖楼梯间的隔墙等围护结构，应进行保温验算，其传热阻应大于或等于建筑物所在地区要求的最小传热阻。

(6)当有散热器、管道、壁龛等嵌入外墙时，该处外墙的传热阻应大于或等于建筑物所在地区要求的最小传热阻。

(7)围护结构中的热桥部位应进行保温验算，并采取保温措施。

(8)严寒地区居住建筑的底层地面，在其周边一定范围内应采取保温措施。

(9)围护结构的构造设计应考虑防潮要求。

8.3.3 夏季防热设计要求

(1)建筑物的夏季防热应采取自然通风、窗户遮阳、围护结构隔热和环境绿化等综合性措施。

(2)建筑物的总体布置，单体的平、剖面设计和门窗的设置，应有利于自然通风，并尽量避免主要房间受东、西向的日晒。

(3)建筑物的向阳面，特别是东、西向窗户，应采取有效的遮阳措施。在建筑设计中，宜结合外廊、阳台、挑檐等处理方法达到遮阳目的。

(4)屋顶和东、西向外墙的内表面温度，应满足隔热设计标准的要求。

(5)为防止潮霉季节湿空气在地面冷凝泛潮，居室、托幼园所等场所的地面下部宜采取保温措施或架空做法，地面面层宜采用微孔吸湿材料。

8.3.4 空调建筑热工设计要求

(1)空调建筑或空调房间应尽量避免东、西朝向和东、西向窗户。

(2)空调房间应集中布置、上下对齐。温湿度要求相近的空调房间宜相邻布置。

(3)空调房间应避免布置在有两面相邻外墙的转角处和有伸缩缝处。

(4)空调房间应避免布置在顶层；当必须布置在顶层时，屋顶应有良好的隔热措施。

(5)在满足使用要求的前提下，空调房间的净高宜降低。

(6)空调建筑的外表面积宜减少，外表面宜采用浅色饰面。

(7)建筑物外部窗户当采用单层窗时，窗墙面积比不宜超过0.30；当采用双层窗或单框双层玻璃窗时，窗墙面积比不宜超过0.40。

(8)向阳面，特别是东、西向窗户，应采取热反射玻璃、反射阳光涂膜、各种固定式和活动式遮阳等有效的遮阳措施。

(9)建筑物外部窗户的气密性等级不应低于现行国家标准《建筑外窗门窗气密、水密、抗风压性能分级及检测方法》(GB/T 7106—2008)规定的Ⅲ级水平。

(10)建筑物外部窗户的部分窗扇应能开启。当有频繁开启的外门时，应设置门斗或空气幕等防渗透措施。

(11)围护结构的传热系数应符合现行国家标准《采暖通风与空气调节设计规范》(GB 50019—2003)的规定。

(12)间歇使用的空调建筑，其外围护结构内侧和内围护结构宜采用轻质材料。连续使用的空调建筑，其外围护结构内侧和内围护结构宜采用重质材料。围护结构的构造设计应考虑防潮要求。

8.3.5 围护结构的节能构造措施

能量在建筑内部传递，可视为能量在建筑内部的循环，不会带来能量的损失，而大量的能量都是通过建筑围护结构传递到室外损失掉的。因此，建筑节能构造措施主要针对建筑围护结构。建筑外部与自然界直接接触的主要围护结构有外墙、屋面、地面等。

1. 建筑节能屋面的构造

提高屋面的保温隔热性能，对提高抵抗夏季室外热作用的能力尤其重要，这也是减少空调耗能，改善室内热环境的一个重要措施。在多层建筑围护结构中，屋顶所占面积较小，能耗占总能耗的8%～10%。据测算，每降低1 ℃，空调减少能耗10%，而人体的舒适性会大大提高。因此，加强屋顶保温节能对建筑造价影响不大，节能效益却很明显。

目前，常用的方法是在屋面构造中设置保温层，如轻质高强、吸水率、传热系数低、保温隔热性能好的挤塑聚苯板，以保证建筑冬季采暖保温和夏季隔热制凉的目的。其构造示意图如图8-1所示。

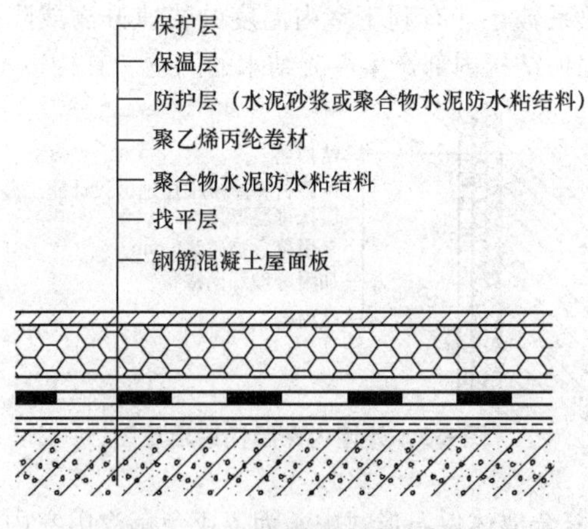

图8-1 保温屋面构造示意图

2. 建筑节能墙体的构造

(1)外墙外保温。其结构做在主体结构的外侧，这等于给整个建筑物加了保护衣。其优点：一是能够保护建筑物主体结构，延长建筑物寿命；二是增加商品房使用面积；三是避免外墙圈梁构造柱梁门窗形成散热通道，有效防止内保温结构很难克服的“热桥”现象。外墙外保温是目前大力推广的一种保温节能技术，国家不仅对外墙外保温的技术施工工艺材料进行完善，同时在法律层面上制定了相关规定。

这是一种将保温隔热材料放在外墙外侧（即低温一侧）的复合墙体，具有较强的耐候性、防水性和防水蒸气渗透性。同时具有绝热性能优越，能消除热桥，减少保温材料内部凝结水的可能性，便于室内装修等优点。但是由于保温材料直接做在室外，需承受的自然因素，如风雨、冻晒、磨损与撞击等影响较多，因而对此种墙体的构造处理要求很高。必须对外墙面另加保护层和防水饰面，在我国寒冷地区外保护层厚度要达到 30～40 mm，其构造示意图如图 8-2 所示。

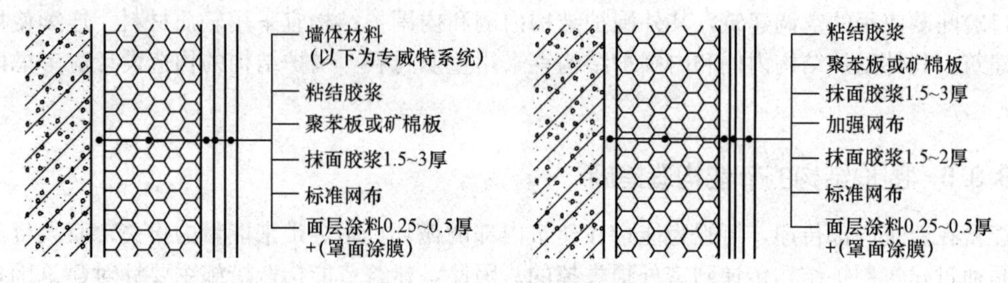

图 8-2 外墙外保温构造示意图

（2）外墙内保温。其结构是在外墙结构的内部加做保温层。其优点：一是施工速度快；二是技术较成熟。但也有缺点，首先是保温层做在墙体内部，减少了商品房的使用面积；其次是影响居民的二次装修，室内墙壁上挂不上装饰画之类的重物，且内墙悬挂和固定物件很容易破坏内保温结构；再次是容易产生内墙体发霉等现象；最后内保温结构会导致内外墙出现两个温度场，形成温差，外墙面的热胀冷缩现象比内墙面变化大，这会给建筑物结构产生不稳定性，保温层易出现裂缝。

外墙内保温复合墙体在我国的应用也较为广泛，其常用的构造方式有粘贴式、挂装式、粉刷式三种。外墙内保温墙体，施工简便、保温隔热效果好、综合造价低、特别适用于夏热冬冷地区。由于保温材料的蓄热系数小，有利于室内温度的快速升高或降低，其性价比不高，故适用范围广。但必须注意外围护结构内部产生冷凝结水的问题。其构造示意图如图 8-3 所示。

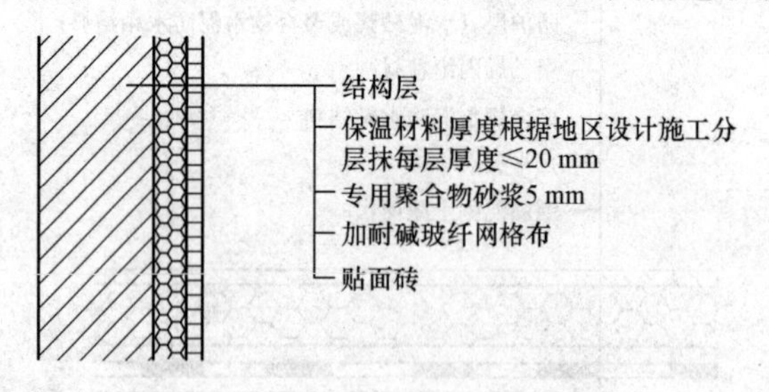

图 8-3 外墙内保温构造示意图

（3）外墙夹心保温。在复合墙体保温形式中，为了避免蒸汽由室内高温一侧向室外低温侧渗透，在墙内形成凝结水，或为了避免受室外各种不利因素的袭击，常采用半砖或其他预制板材加以处理，使外墙形成夹心构件，即双层结构的外墙中间放置保温材料，或留出封闭的空气间层，外墙夹心保温构造如图 8-4 所示。这种构造可使保温材料不易受潮，且对保温材料的要求也较低。外墙空气间层的厚度一般为 40～60 mm，并且要求处于密闭状态，以达到好的保温目的。

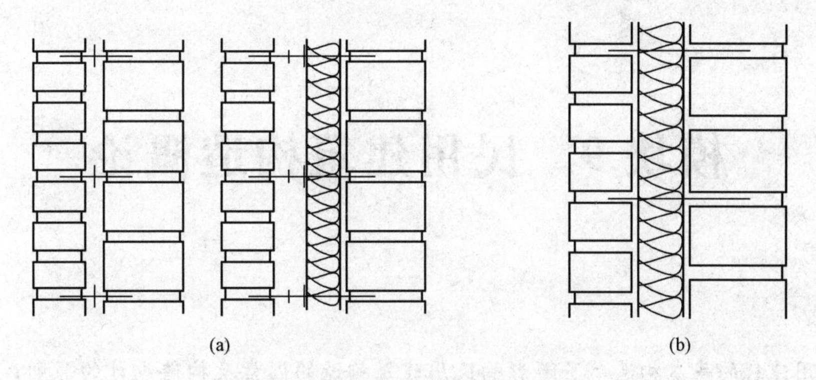

图 8-4　外墙夹心保温构造示意图

(a)外墙夹心保温构造；(b)外墙利用空气间层保温构造

3. 楼地面节能措施

楼地面的节能技术可根据底面是否接触室外空气的层间楼板与底面接触室外空气的架空或外挑楼板和底层地面，采用不同的节能技术。保温系统组成材料的防火及卫生指标应符合现行相关标准的规定。

层间楼板可采取保温层直接设置在楼板上表面或楼板底面，也可采取铺设木榈栅(空铺)或无木榈栅的实铺木地板。楼板上面的保温层，宜采用硬质挤塑聚苯板、泡沫玻璃保温板等板材或强度符合地面要求的保温砂浆等材料，其厚度应满足建筑节能设计标准的要求；在楼板底面的保温层，宜采用强度较高的保温砂浆抹灰，其厚度应满足建筑节能设计标准的要求；铺设木榈栅的空铺木地板，宜在木榈栅间嵌填板状保温材料，使楼板层的保温和隔声性能更好。底面接触室外空气的架空或外挑楼板宜采用外保温系统。

严寒及寒冷地区采暖建筑的底层地面应以保温为主，在持力层以上土壤层的热阻已符合地面热阻规定值的条件下，宜在地面面层下铺设适当厚度的板状保温材料，进一步提高地面的保温性能。

4. 楼梯间内墙与构造缝的节能措施

(1)楼梯间内墙保温节能措施。我国节能标准中规定：采暖居住建筑的楼梯间和外廊应设置门窗；楼梯间不采暖时，隔墙和门应采取保温措施。

(2)构造缝节能措施。建筑中的构造缝，虽然所处部位的墙体不会直接面向室外寒冷空气，但这部分的墙体散热量相对较大，必须在其室内一侧进行保温处理。

思考题

1. 简述我国能源发展的现状和趋势。
2. 建筑环保节能有哪些特点？
3. 热量传递的基本方式有哪些？
4. 建筑外围围护结构常采用的节能方式有哪些？
5. 建筑外墙外保温、外墙内保温和夹心保温的做法有什么区别？

模块9 民用建筑构造概论

学习要求

了解民用建筑的基本构造；了解影响民用建筑构造的因素及构造设计的原则；掌握民用建筑的主要组成及作用。

项目9.1 建筑体系

所谓建筑体系，一是指建筑的装配体系，如砌块建筑、板材建筑、盒子建筑等；二是指建筑的结构体系，如砖混结构、框架结构、排架结构、空间结构等。建筑的装配体系和结构体系密不可分，其中建筑的结构体系更为重要。

结构是建筑的承重骨架，结构体系承传建筑荷载，直至地基。建筑材料和建筑技术的发展决定结构体系的发展，而建筑结构体系的选择对建筑的使用以及建筑形式又有着极大的影响。

民用建筑的结构体系根据建筑的规模、构件所用材料及受力情况的不同而不同。根据建筑物使用性质和规模的不同可分为单层、多层、大跨和高层建筑，单层和多层建筑的主要结构体系为砌体结构或框架结构体系。砌体结构是指由墙体作为建筑物承重构件的结构体系，而框架结构主要是指梁柱作为承重构件的结构体系。

大跨建筑常见的有拱结构、网架结构以及薄壳、折板、悬索等空间结构体系。根据建筑结构构件所用的材料不同，目前有木结构、混合结构、钢筋混凝土结构和钢结构之分。混合结构是指在一座建筑物中，其主要承重构件分别采用多种材料制成，如砖与木、砖与钢筋混凝土、钢筋混凝土与钢等。习惯上称为砖混建筑，是指用砖与钢筋混凝土作为结构材料的建筑。

用钢筋混凝土、钢材作主要结构材料的民用建筑多为框架结构体系。如钢筋混凝土框架、钢框架结构。由于钢筋混凝土构件既可现浇，又可预制，为构件生产的工厂化和安装机械化提供了条件，加之钢筋混凝土防水、防火、耐久性能好，所以钢筋混凝土是运用较广的一种结构材料。

项目9.2 民用建筑的组成

一栋民用建筑，一般由基础、墙或柱、楼地层、地坪、楼梯、屋顶、门窗等构配件组成。民用建筑的构造组成如图9-1所示。

9.2.1 基础

基础是房屋底部与地基接触的承重构件，它承受房屋的上部荷载，并把这些荷载传给地基，因此基础必须坚固稳定，安全可靠。

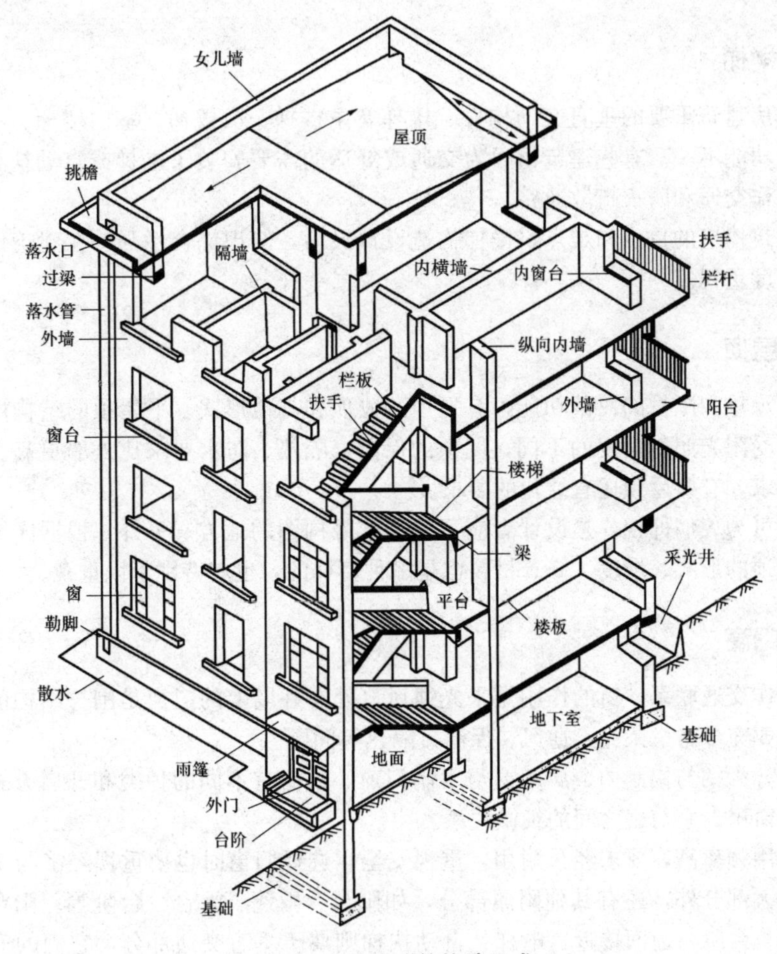

图 9-1　民用建筑构造组成

9.2.2　墙或柱

墙或柱是建筑物的承重构件和围护构件，墙体包括承重墙与非承重墙，主要起围护、分隔空间的作用。墙承重结构建筑的墙体，承重与围护合一，骨架结构体系建筑墙体的作用是围护与分隔空间。墙体要有足够的强度和稳定性，具有保温、隔热、隔声、防火、防水的能力。

墙体的种类较多，有单一材料的墙体，有复合材料的墙体。综合考虑围护、承重、节能、美观等因素，设计合理的墙体方案，是建筑构造的重要任务。

9.2.3　楼地层

建筑的使用面积主要体现在楼地层上。楼地层由结构层和外表面层组成。楼板是重要的结构构件。砖混结构建筑常采用预制或现浇钢筋混凝土楼板，板跨为 3～4 m，用墙或梁支承；钢筋混凝土框架结构体系建筑多为交梁楼盖；钢框架结构的建筑则适合采用钢衬板组合楼板，其跨度可达 4 m。作为楼板，要具有足够的强度和刚度，同时，还要求具有隔声、防潮、防水的能力。

地坪是底层房间与土层相接触的部分，它承受底层房间的荷载，要求具有一定的强度和刚度，并具有防潮、防水、保暖、耐磨的性能。地层和建筑物室外场地有密切的关系，要处理好地坪与平台、台阶及建筑物沿边场地的关系，使建筑物与场地交接明确，整体和谐。

9.2.4 楼梯

楼梯是楼房建筑重要的垂直交通构件。楼梯有主楼梯、次楼梯、室内楼梯、室外楼梯，楼梯形式多样，功能不一。有些建筑物因为交通或舒适的需要安装了电梯或自动扶梯，但同时也必须有楼梯用作交通和防火疏散通路。

楼梯是建筑构造的重点和难点，楼梯构造设计灵活，知识综合性强，在建筑设计及构造设计中应予以高度重视。

9.2.5 屋顶

屋顶具有承重和围护的双重功能，有平顶、坡顶和其他形式。平屋顶的结构层与楼板层做法相似。由于受阳光照射角度的不同，屋顶的保温、隔热、防水要求比外墙更高。屋顶有不同程度的上人需求，有些屋顶还有绿化的要求。

屋顶檐口可为人们仰视，是设计者应下功夫推敲构图的地方。另外，根据区域与地方的风俗与传统，屋顶的形式、坡度、修葺材料也是多种多样的，也应特别予以重视。

9.2.6 门窗

门主要用作交通联系，窗的作用是采光通风，处在外墙上的门窗是围护结构的一部分，有着多重功能，要充分考虑采光、通风、保温、隔热等问题。

门窗大致分为钢与铝制的金属门窗与木制门窗。门窗有不同的种类和开启方式，要重视框与墙、框与门窗扇、扇与扇之间的细微关系。

门窗的使用频率高，要求经久耐用，重视安全，选择门窗时也要重视经济与美观。建筑构件除了以上六大部分外，还有其他附属部分，如阳台、雨篷、平台、台阶等。阳台、雨篷与楼板接近，平台、台阶与地面接近，电梯、自动扶梯则属于垂直交通部分，它们的安装有各自对土建技术的要求。在露空部分如阳台、回廊、楼梯段临空处、上人屋顶周围等处视具体情况要对栏杆设计、扶手高度提出具体的要求。

项目 9.3 影响建筑构造设计的因素及原则

9.3.1 影响建筑构造设计的因素

1. 外力的影响

外力又称荷载。作用在建筑物上的荷载有恒载(如自重等)和活载(如使用荷载等)；竖直荷载(如自重引起的荷载)和水平荷载(如风荷载、地震荷载等)。

荷载的大小对结构的选材和构件的断面尺寸、形状关系很大。不同的结构类型又带来构造方法的变化。

2. 自然气候的影响

自然气候的影响是指风吹、日晒、雨淋、积雪、冰冻、地下水、地震等因素给建筑物带来的影响。为防止自然因素对建筑物带来的破坏和保证其正常使用，在进行房屋设计时，应采取相应的防潮、防水、隔热、保温、隔蒸汽、防温度变形、防震等构造措施。

3. 人为因素的影响

人为因素指的是火灾、机械振动、噪声、化学腐蚀、虫害等影响。在进行构造设计时，应采取相应的防护措施。

4. 建筑技术条件的影响

建筑技术条件是指建筑材料、建筑结构、建筑施工等方面。随着这些技术的发展与变化，建筑构造也在改变。例如，砖混结构建筑构造的做法与过去的砖木结构有明显的不同。同样，钢筋混凝土建筑构造体系又与砖混结构建筑构造有很大的区别。所以，建筑构造做法不能脱离一定的建筑技术条件而存在。

5. 建筑标准的影响

建筑标准一般指装修标准、设备标准、造价标准等方面。标准高的建筑，装修质量好，设备齐全而档次高，造价也较高，反之则较低；标准高的建筑，构造做法考究，反之则做法一般。不难看出，建筑构造的选材、选型和细部做法均与建筑标准有密切的关系。一般情况下，大量性建筑多属于一般标准的建筑，构造做法也多为常规做法，而大型性建筑，标准要求较高，构造做法复杂，尤其是美观因素考虑较多。

9.3.2 建筑构造设计的原则

建筑构造设计的原则，一般包括以下几个方面。

1. 坚固实用

构造做法应不影响结构安全，构件连接应坚固耐久，保证有足够的强度和刚度，并有足够的整体性，安全可靠，经久耐用。

2. 技术先进

在确定构造做法时，应从材料、结构、施工等多方面引入先进技术，同时，也需要注意因地制宜、就地取材、结合实际。

3. 经济合理

在确定构造做法时，应该注意节约建筑材料，尤其是要注意节约钢材、水泥、木材三大材料，在保证质量的前提下尽可能降低造价。

4. 美观大方

建筑构造设计是建筑设计的一个重要环节，建筑要做到美观大方，必须通过一定的技术手段来实现，也就是说必须依赖构造设计来实现。

构造设计是建筑设计的重要组成部分，构造设计应与建筑设计一样，遵循适用、经济、美观的原则。

项目 9.4 建筑构造的关键和建筑构造图的表达

9.4.1 建筑构造的关键

建筑构造的关键是节点构造。节点的细部构造及接缝的处理非常重要，接缝的处理有嵌缝、堵缝、勾缝、盖缝。

当建筑物的体量大而体形复杂时还会设置变形缝。刚性防水屋面设分仓缝、外墙抹灰设分格缝、整体地面设分块缝等。构造缝不但能产生特殊的视觉效果，而且更重要的是建筑物对环境的适应，如伸缩缝可以调节建筑适应热胀冷缩变化；沉降缝调整建筑部分间的不均匀沉降；刚性防水屋面设分仓缝可防止由热胀冷缩及混凝土徐变引起不规则裂缝而致使的屋面漏水。构造缝是建筑构件的保险设施，在构造设计时通过运用材料的刚柔、虚实关系使不同材料之间分工合作，达到建筑的围护、连接、美观的构造设计目标。

构件之间的联系，如门窗的安装、板材建筑中构件的连接、预制楼板的铺陈等，由于施工、构造及适应相对变形的需要，必须有缝隙存在，设计构件尺寸时，必须予以考虑。构件尺寸有标志尺寸、构造尺寸、实际尺寸之分。

(1)标志尺寸。用以标注建筑物定位轴线或定位面之间的距离，如开间、柱距、进深、跨度等，以及建筑构配件、建筑组合件、建筑制品、建筑设备的定位尺寸。一般情况下，标志尺寸是构件的称谓尺寸。

(2)构造尺寸。建筑构配件、建筑组合件、建筑制品等的设计尺寸，一般情况下构造尺寸等于标志尺寸减去缝隙或加上支承长度。

(3)实际尺寸。建筑构配件、建筑组合件、建筑制品等生产成的实际尺寸，实际尺寸与标志尺寸之间的差数(即误差)必须符合建筑公差的规定。

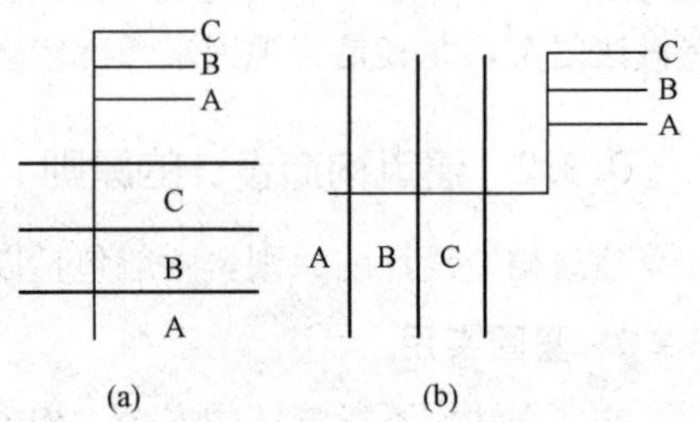

图 9-2　构造详图中构造层次与文字标注的对应关系

(a)水平构造层次的标注；(b)竖向构造层次的标注

9.4.2　建筑构造图的表达

建筑构造设计用建筑构造详图表达。详图又称大样图或节点大样图，根据具体情况可选用1∶20、1∶10、1∶5，甚至1∶1的比例。详图是建筑剖面图、平面图或立面图的一部分，所以建筑详图要从其剖切部位引出。详图有明确的索引方法，详图主要表明建筑材料、作用、厚度、做法等，如图9-2～图9-4所示。

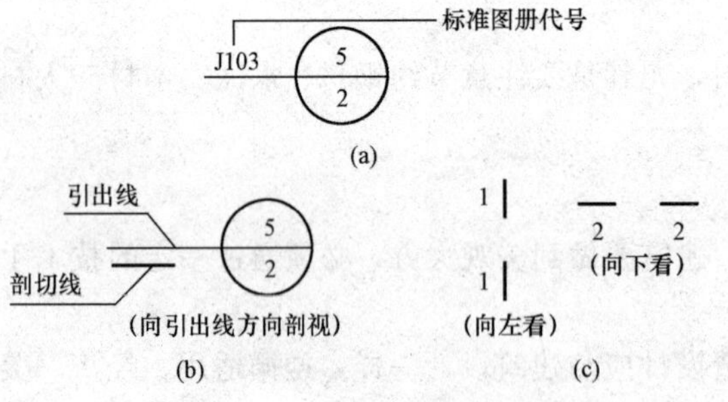

图 9-3　详图的索引符号

(a)索引标准图；(b)索引剖面详图；(c)剖面详图

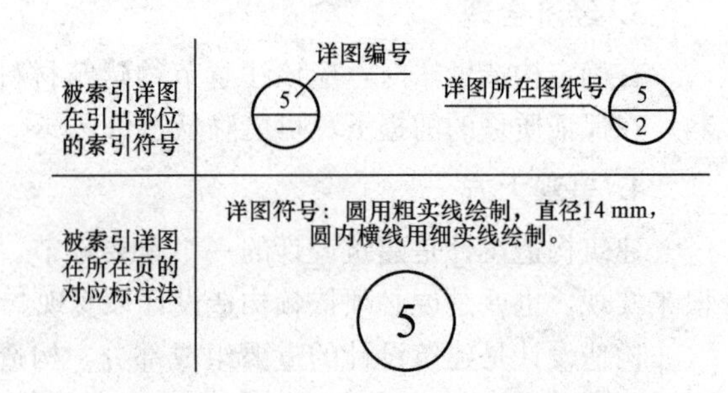

图 9-4　详图索引符号含义及标注方法

思考题

1. 建筑物主要由哪几部分组成？
2. 影响建筑构造的因素有哪些？
3. 建筑构造应遵循哪些设计原则？

模块 10　基础与地下室

学习要求

了解地基、基础的概念、类型及影响因素；掌握基础的设计要求、构造特点；了解地下室的防潮、防水构造措施。

项目 10.1　地基与基础

10.1.1　基础的作用及其与地基的关系

在建筑工程中，建筑物与土层直接接触的部分称为基础；支承建筑物重量的土层叫作地基，而直接承受基础作用的土层叫作持力层，其下部的土层称为下卧层。基础是建筑物的组成部分，它承受着建筑物的全部荷载，并将它们传给地基，而地基则不是建筑物的组成部分。

10.1.2　地基的分类

地基有天然地基和人工地基之分。因天然土层具有足够的承载能力，无需经人工改善或加固便可作为建筑物地基者称为天然地基。如岩石、碎石、砂石、黏土等，一般均可作为天然地基。当天然地基土层的承载力不能满足荷载要求，则不能在这样的土层上直接建造基础，必须对其进行人工加固以提高它的承载力。人工加固的方法主要有压实法、换土法和打桩法。经过人工加固的地基叫作人工地基。人工地基较天然地基费工费料，造价自然就高一些，只有在天然土层承载力较差、建筑总荷载较大的情况下方可采用。

10.1.3　基础的埋深

1. 基础埋深的定义

基础的埋深是从室外地坪算起。室外地坪分自然地坪和设计地坪。自然地坪是指施工地段的现有地坪；而设计地坪是指按设计要求工程竣工后室外场地经垫起或开挖后的地坪。基础埋置深度是指设计室外地坪到基础底面的垂直距离(图 10-1)。

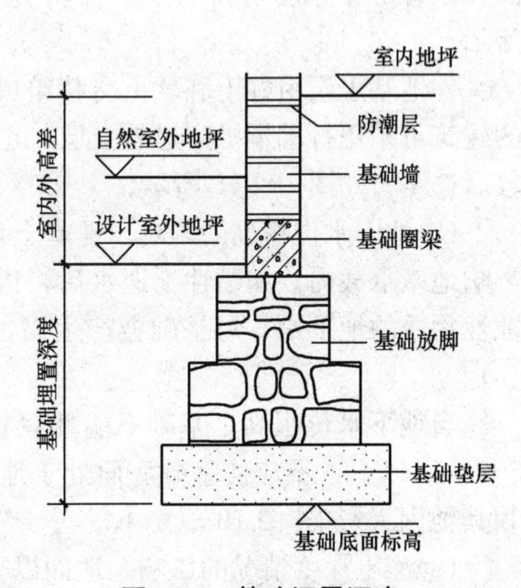

图 10-1　基础埋置深度

2. 基础埋深的选择

决定基础埋置深度的因素很多，主要应根据三个方面综合考虑确定，即地基土层构造情况、地下水位情况和冻土深度情况。

(1)地基土层构造情况的影响。建筑物必须建造在坚实可靠的地基土层上。根据地基土层分布不同，基础埋深一般有六种典型情况(图 10-2)。

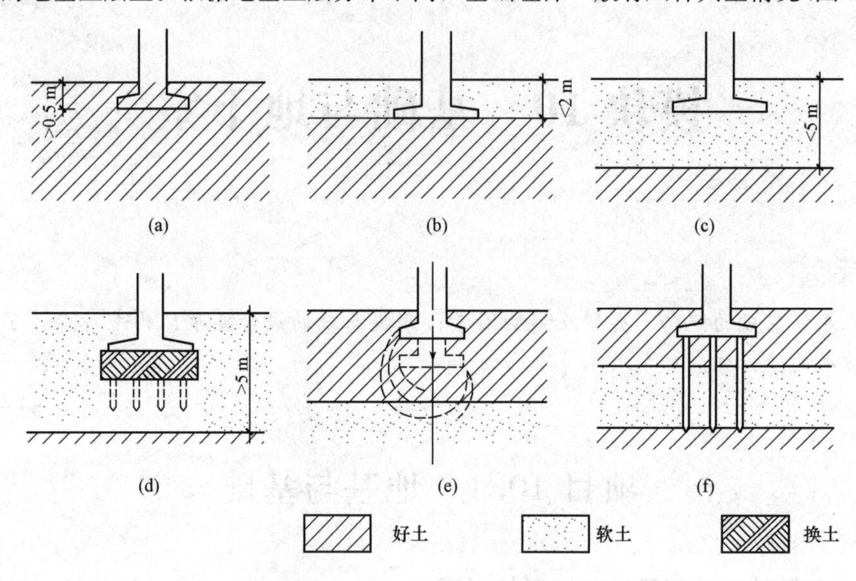

图 10-2　基础埋深与土质关系

①地基土质分布均匀时，基础应尽量浅埋，但也不能低于 500 mm，如图 10-2(a)所示。

②地基土层的上层为软土，厚度在 2 m 以内，下层为好土时，基础应埋在好土层内，此时土方开挖量不大，既可靠又经济，如图 10-2(b)所示。

③地基土层的上层为软土，且高度在 2～5 m 时，荷载小的建筑(低层、轻型)仍可将基础埋在软土内，但应加强上部结构的整体性，并增大基础底面积。若建筑总荷载较大(高层、重型)，则应将基础埋在好土上，如图 10-2(c)所示。

④地基土层的上层软土厚度大于 5 m 时，对于建筑总荷载较小的建筑，应尽量利用表层的软弱土层为地基，将基础埋在软土内。必要时，应加强上部结构，增大基础底面积或进行人工加固。否则，是采用人工地基还是把基础埋置好土层内，应进行经济比较后确定，如图 10-2(d)所示。

⑤地基土层的上层为好土，下层为软土，此时应力争把基础埋在好土里，适当提高基础底面，以有足够厚度的持力层，并验算下卧层的应力和应变，确保建筑的安全，如图 10-2(e)所示。

⑥地基土层由好土和软土交替组成，低层轻型建筑应尽可能将基础埋在好土内；总荷载大的建筑可采用打端承桩穿过软土层，也可将基础深埋到下层好土中，两种方案可经技术经济比较后选定，如图 10-2(f)所示。

(2)地下水位情况的影响。地基土含水量的大小对承载力影响很大，所以地下水位高低直接影响地基承载力。如黏性土遇水后，因含水量增加，体积膨胀，使土的承载力下降。而含有侵蚀性物质的地下水，对基础会产生腐蚀。故建筑物的基础应争取埋置在地下水位以上[图 10-3(a)]。

当地下水位很高，基础不能埋置在地下水位以上时，应将基础底面埋置在最低地下水位 200 mm 以下，不应使基础底面处于地下水位变化的范围之内，从而减少和避免地下水的浮力和其他因素影响[图 10-3(b)]。

(3)冻土深度情况的影响。地面以下冻结土与非冻结土的分界线称为冰冻线。土的冻结深度取决于当地的气候条件。气温越低，低温持续时间越长，冻结深度就越大。冬季，土的冻胀会把基础抬起；春天气温回升，土层解冻，基础就会下沉，使建筑物周期性处于不稳定状态。由于土中各处冻结和融化并不均匀，故建筑物很容易产生变形、开裂等情况。因此，如地基土有冻胀现象，基础应埋置在冰冻线以下大约 200 mm 的地方(图 10-4)。

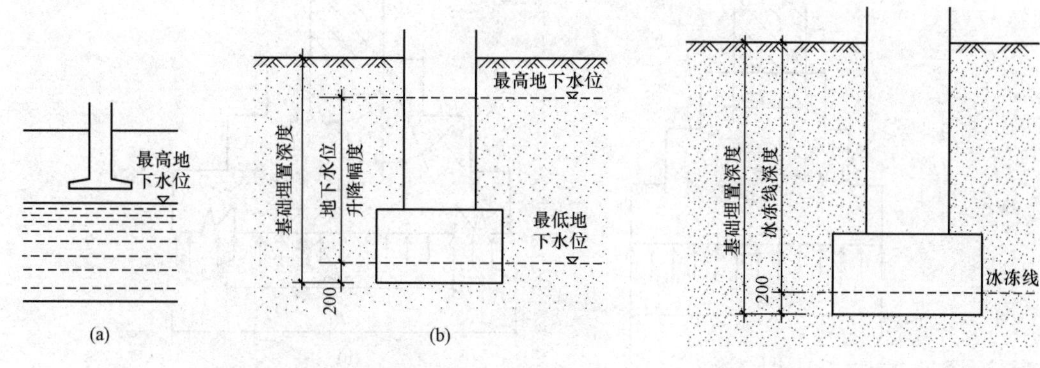

图 10-3　地下水位对基础埋深的影响

(a)地下水位较低时的基础埋置位置；

(b)地下水位较高时的埋置位置

图 10-4　冰冻线与基础埋深

基础的埋深除与上述三种因素有关外，还需考虑周围环境与工程的具体特点，如荷载情况、相邻基础的深度、拟建建筑物是否有地下室、设备基础、地下管沟等。

10. 1. 4　基础的类型

基础的类型较多，按所用材料及受力特点分，有刚性基础和非刚性基础；按构造形式分，有条形基础、独立基础、筏形基础和箱形基础等。

1. 按基础所用材料及受力特点分类

(1)刚性基础。由刚性材料制作的基础称为刚性基础。刚性材料一般是指抗压强度高，抗拉、抗剪强度较低的材料，例如，砖、石、混凝土等均属刚性材料。所以，砖基础、石基础、混凝土基础称为刚性基础。

由于地基承载力的限制，当基础承受墙或柱传来的荷载后，为使其单位面积所传递的力与地基的允许承载力相适应，便以台阶的形式逐渐扩大其传力面积，然后将荷载传给地基，这种逐渐扩展的台阶称为大放脚。这时，基础底面便承受了地基的反作用力。根据刚性材料受力的特点，基础在传力时只能在材料的允许范围内控制，这个控制范围的夹角称为刚性角，用 α 表示[图 10-5(a)]。在这种情况下，基础底面不产生拉应力，基础也不致被破坏。如果基础底面宽度超过了刚性角的控制范围，即由 B_0 增大到 B_1，这时，由于地基反作用力的原因，使基础底面产生拉应力而破坏[图 10-5(b)]，所以，刚性基础底面宽度的增大要受到刚性角的限制。不同材料基础的刚性角是不同的，通常，砖、石基础的刚性角控制为 26°～33°，即基础每级台阶的高宽比为 2：1～1.5：1；混凝土基础则应控制为 45°，高宽比为 1：1 以内。因此，受刚性角限制的基础称为刚性基础，主要用于建筑物荷载较小、地基承载力较好、压缩性较小的地基上。

(2)非刚性基础。当建筑物的荷载较大而地基承载力较小时，基础底面 B_0 必须加宽，如果仍采用混凝土材料做基础，势必加大基础的深度，这样，既增加了挖土的工作量，又使材料的用量增加，对工期和造价都十分不利[图 10-6(a)]，如果在混凝土底部配以钢筋，利用钢筋来承受拉应力[图 10-6(b)]，使基础底部能够承受较大的弯矩，这时，基础宽度的加大不受刚性角的限制。故称钢筋混凝土基础为非刚性基础或柔性基础。

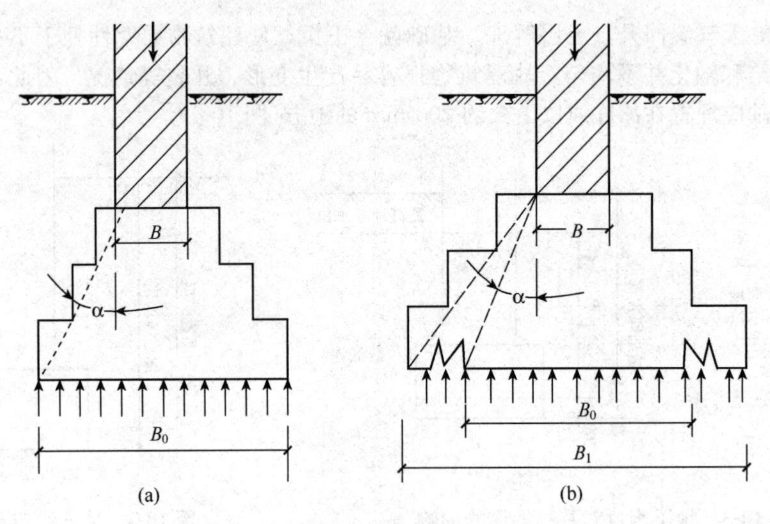

图 10-5　刚性基础的受力、传力特点

(a)基础受力在刚性角范围以内；(b)基础宽度超过刚性角范围而破坏

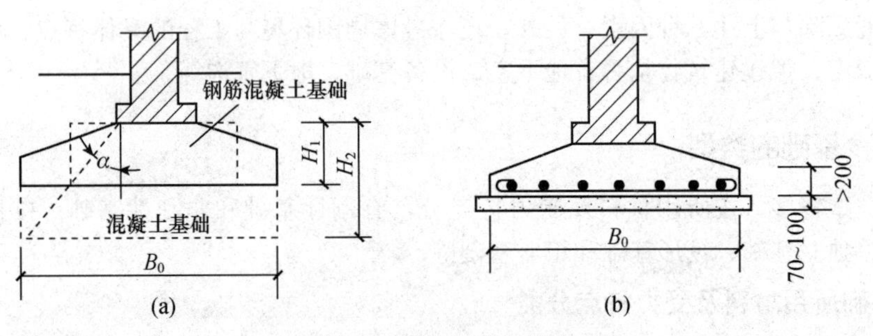

图 10-6　钢筋混凝土基础

(a)混凝土与钢筋混凝土基础比较；(b)基础配筋情况

2. 按基础的构造形式分类

基础构造的形式随着建筑物上部结构形式、荷载大小及地基土壤性质的变化而不同。在一般情况下，上部结构形式直接影响基础的形式，但当上部荷载增大，且地基承载力有变时，基础形式也随之变化。

(1)条形基础。当建筑物上部结构采用墙承重时，基础沿墙身设置，多做成长条形，这种基础称为条形基础或带形基础(图 10-7)。条形基础是墙基础的基本形式。

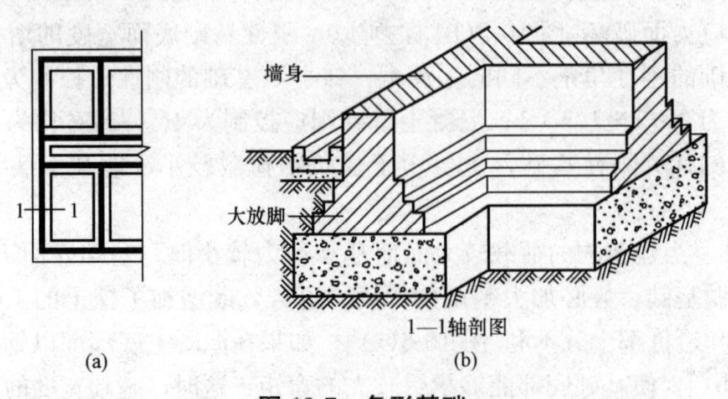

图 10-7　条形基础

(a)平面图；(b)1—1 剖面图

(2)独立基础。当建筑物上部结构采用框架结构或单层排架结构承重时，基础常采用方形或矩形的单独基础，这种基础称为独立基础或柱式基础(图 10-8)。独立基础是柱下基础的基本形式。

(3)柱下条形基础和井格式基础。当地基条件较差，为了提高建筑物的整体性，防止柱子之间产生不均匀沉降，常将柱下基础沿纵横两个方向(或单方向)扩展连接起来，做成十字交叉的井格式基础或柱下条形基础(图 10-9)。

(4)筏形基础。由于建筑物上部荷载大，而地基又较弱，这时采用简单的条形基础或井格基础已不能适应地基变形的需要，通常将墙或柱下基础连成一片，使建筑物的荷载承受在一块整板上，称为筏形基础。筏形基础有平板式和梁板式之分(图 10-10)。

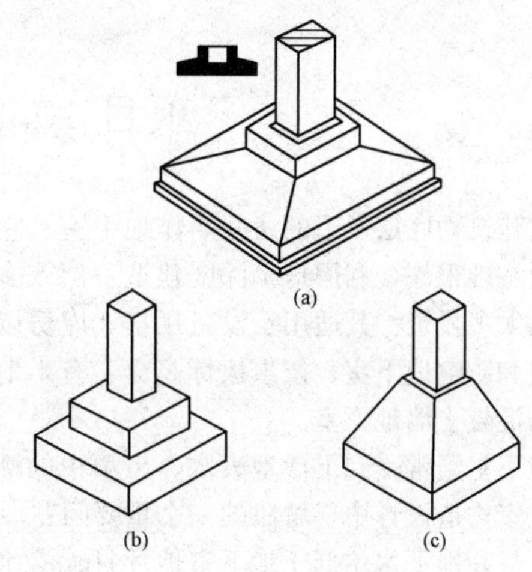

图 10-8　独立基础

(a)独立式杯形基础；
(b)独立式阶梯形基础；(c)独立式锥形基础

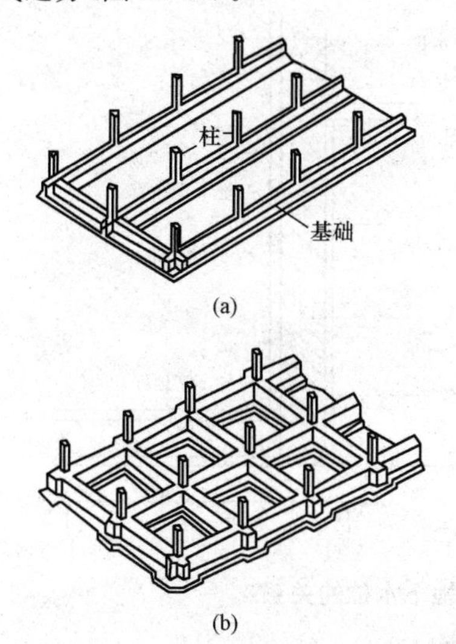

图 10-9　柱下条形基础和井格式基础

(a)柱下钢筋混凝土条形基础；
(b)柱下钢筋混凝土井格式基础

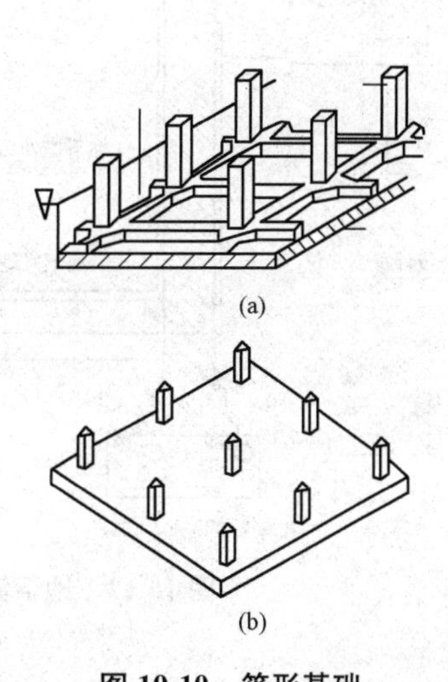

图 10-10　筏形基础

(a)梁板式筏形基础；(b)平板式筏形基础

(5)箱形基础。当板式基础做到很深时，常将基础改做成箱形基础(图 10-11)。箱形基础是由钢筋混凝土底板、顶板和若干纵、横隔墙组成的整体结构，基础的中空部分可作地下室。它的主要特点是刚度大，能调整其底部的压力，常用于高层建筑中。

以上是常见基础的几种基本形式，另外，还有一些特殊的基础形式，如壳体基础、不埋基础等。

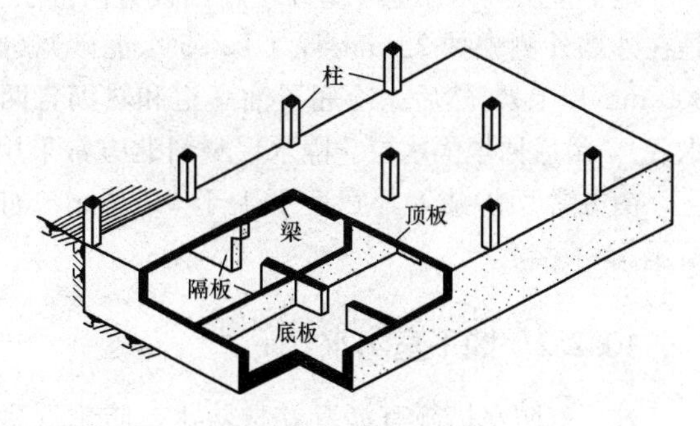

图 10-11　箱形基础

项目 10.2　地 下 室

在建筑物底层以下的房间叫作地下室。它是在限定的占地面积中争取到的使用空间。高层建筑的基础很深，利用这个深度建造一层或多层地下室，既可提高建设用地的利用率，又不需要增加太多投资。其适用于设备用房、库房以及战备防空等多种用途。按使用功能分，有普通地下室和防空地下室；按顶板标高分，有半地下室和全地下室；按结构材料分，有砖墙地下室和钢筋混凝土墙地下室。

地下室经常受到下渗地表水、土壤中的潮气或地下水的侵蚀，因此，防潮、防水问题便成了地下室构造设计中要解决的一个重要问题。

当最高地下水位低于地下室地坪且无滞水可能时，地下水不会直接侵入地下室，地下室的外墙和底板只受到土层中潮气的影响时一般只做防潮处理。

当最高地下水位高于地下室地坪时，地下水不仅可以侵入地下室，而且地下室外墙和底板还分别受到地下水的侧压力和浮力作用，这时，对地下室必须采取防水处理。地下室防潮、防水与地下水位的关系如图 10-12 所示。

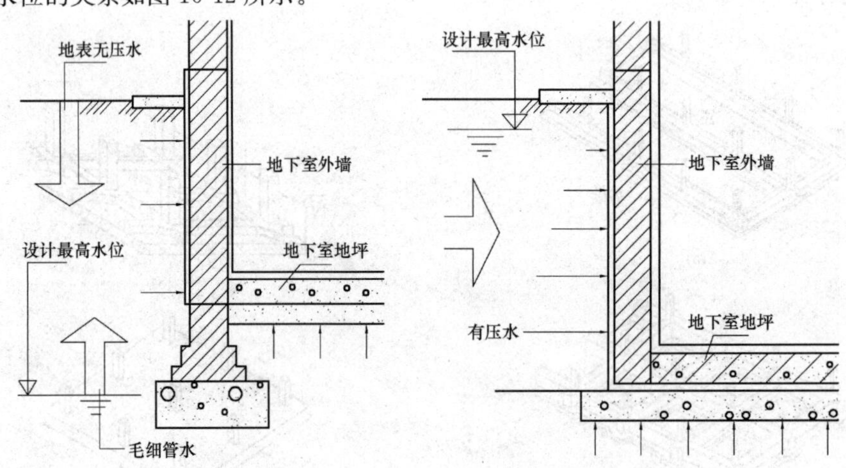

图 10-12　地下室防潮、防水与地下水位的关系

10.2.1　地下室防潮

地下室防潮是在地下室外墙外面设置防潮层。其做法是在外墙外侧先抹 20 mm 厚 1∶2.5 水泥砂浆(高出散水 300 mm 以上)，然后涂冷底子油一道和热沥青两道(至散水底)，最后回填隔水层。隔水层材料北方常采用 2∶8 灰土，南方常用炉渣，其宽度不少于 500 mm，如图 10-13 所示。

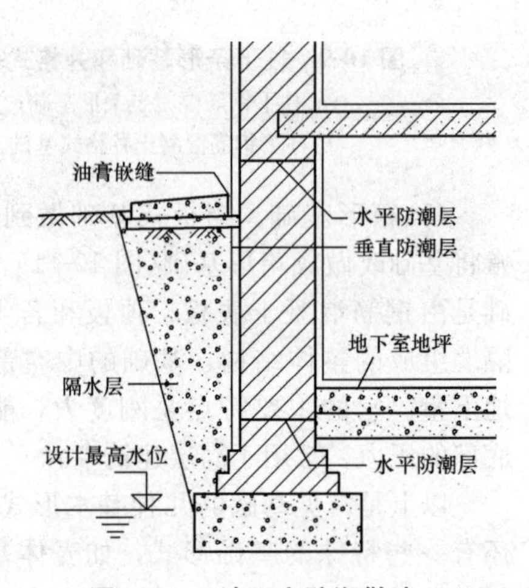

图 10-13　地下室防潮做法

10.2.2　地下室防水

地下室防水措施有沥青卷材防水、防水混凝土防水、弹性材料防水等。

1. 沥青卷材防水

沥青卷材防水是以沥青胶为胶结材料粘贴一层或多层卷材做防水层的防水做法。根据卷材与墙体的关系可分为内防水和外防水。地下室卷材外防水做法如图 10-14 所示。

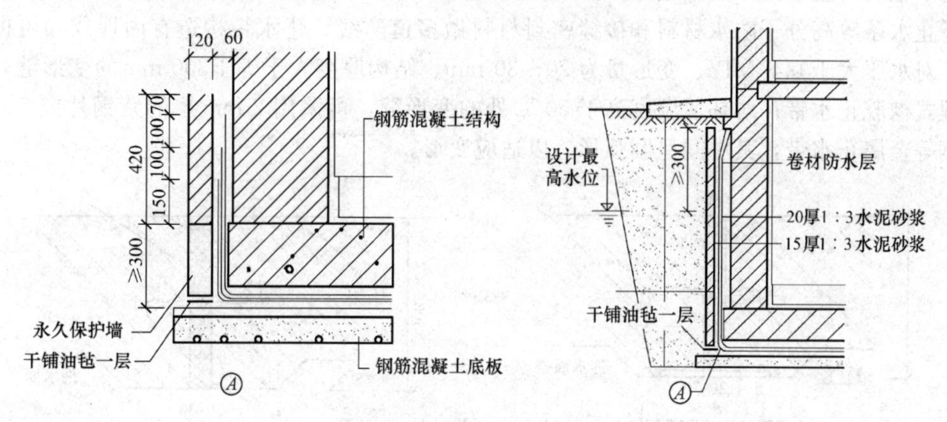

图 10-14　地下室卷材外防水做法

卷材铺贴在地下室墙体外表面的做法称为外防水或外包防水，具体做法是：先在外墙外侧抹 20 mm 厚 1∶3 水泥砂浆找平层，其上刷冷底子油一道，然后铺贴卷材防水层，并与从地下室地坪底板下留出的卷材防水层逐层搭接。防水层的层数应根据地下室最高水位到地下室地坪的距离来确定。当两者的高差小于或等于 3 m 时用三层，3～6 m 时用四层，6～12 m时用五层，大于 12 m 时用六层。防水层应高出最高水位 300 mm，其上应一层油毡贴至散水底。防水层外面砌半砖保护墙一道，在保护墙与防水层之间用水泥砂浆填实。砌筑保护墙时，先在底部干铺油毡一层，并沿保护墙长度每隔 5～8 m 设一通高断缝，以便使保护墙在土的侧压力作用下能紧紧压住卷材防水层。最后在保护墙外 0.5 m 的范围内回填 2∶8 灰土或炉渣。

另外，还有将防水卷材铺贴在地下室外墙内表面的内防水做法(又称内包防水)。这种防水方案对防水不太有利，但施工方便，易于维修，多用于修缮工程。

地下室水平防水层的做法，先在垫层做水泥砂浆找平层，找平层上涂冷底子油，再铺贴防水层，最后做基坑回填隔水层(黏土或灰土)和滤水层(砂)，并分层夯实。

2. 防水混凝土防水

地下室的地坪与墙体一般都采用钢筋混凝土材料。其防水以采用防水混凝土为佳。防水混凝土的配制与普通混凝土相同，所不同的是用不同的集料级配，以提高混凝土的密实性；或在混凝土内掺入一定量的外加剂，以提高混凝土自身的防水性能。集料级配主要是采用不同粒径的集料进行级配，同时提高混凝土中水泥砂浆的含量，使砂浆充满于集料之间，从而堵塞因集料直接接触出现的渗水通道，达到防水目的。

掺外加剂是在混凝土中掺入加气剂或密实剂以提高其抗渗性能。目前，常采用的外加防水剂的主要成分是氯化铝、氯化钙和氯化铁，是淡黄色的液体。它掺入混凝土中能与水泥水化过程中的氢氧化钙反应，生成氢氧化铝、氢氧化铁等不溶于水的胶体，并与水泥中的硅酸二钙、铝酸三钙化合成复盐晶体，这些胶体与晶体填充于混凝土的孔隙内，从而提高其密实性，使混凝土具有良好的防水性能。集料级配防水混凝土的抗渗强度等级可达 35 个大气压；外加剂防水混凝土的抗渗强度等级可达 32 个大气压。防水混凝土的外墙、底板均不宜太薄，外墙厚度一般应在 200 mm 以上，底板厚度应在 150 mm 以上。为防止地下水对混凝土侵蚀，在墙外侧应抹水泥砂浆，然后涂抹冷底子油。

3. 地下室变形缝

如图 10-15 所示为地下室变形缝处的构造做法。变形缝处是地下室最容易发生渗漏的部位，因而地下室应尽量不要做变形缝，如必须做变形缝(一般为沉降缝)应采用止水带、遇水膨胀橡胶腻子止水条等高分子防水材料和接缝密封材料做多道防线。止水带构造有内埋式和可拆卸式两种，对水压大于 0.3 MPa、变形量为 20～30 mm、结构厚度大于等于300 mm的变形缝，应采用中埋式橡胶止水带；对环境温度高于 50 ℃处的变形缝，可采用 2 mm 厚的紫铜片或 3 mm 厚不锈钢等金属止水带，其中间呈圆弧形，以适应变形。

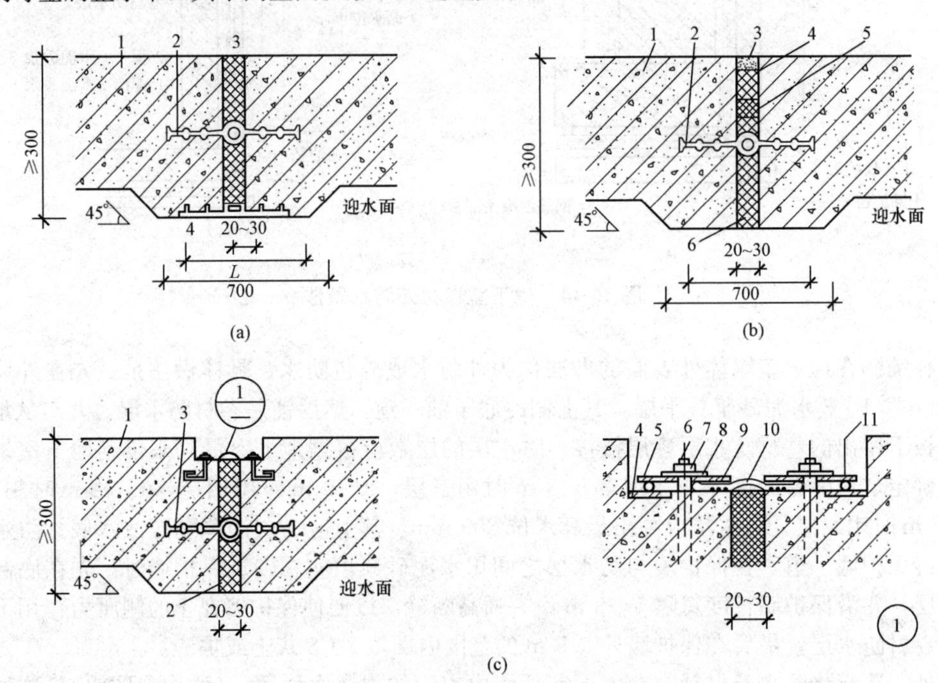

图 10-15　地下室变形缝构造

(a)中埋式止水带与外贴防水层复合使用(外贴式止水带 $L \geqslant 300$；外贴防水卷材 $L \geqslant 400$；外涂防水涂层≥400)；

(b)中埋式止水带与遇水膨胀橡胶条、嵌缝材料复合使用；(c)中埋式止水带与可拆卸式止水带复合使用

1—混凝土结构；2—填缝材料；3—中埋式止水带；4—预埋钢板；5—紧固件压板；6—预埋螺栓；

7—螺母；8—垫圈；9—紧固件压块；10—凸形止水带；11—紧固件圆钢

4. 后浇带

当建筑物采用后浇带解决变形问题时，其要求如下：

(1)后浇带应设在受力和变形较小的部位，间距宜为 30～60 m，宽度宜为 700～1 000 mm。

(2)后浇带可做成平直缝结构，主筋不宜在缝中断开，如必须断开，则主筋搭接长度应大于 45 倍主筋直径，并应按设计要求加设附加钢筋。后浇带的防水构造如图 10-16～图 10-18 所示。

后浇带的施工应符合下列规定：

(1)后浇带应在其两混凝土龄期达到 42 d 后再施工，但高层建筑的后浇带应在结构顶板浇筑混凝土 14 d 后进行。

(2)后浇带的接缝处理应符合有关规范的规定。

(3)后浇带混凝土施工前，后浇带部位和外贴式止水带应予以保护，严防落入杂物和损伤外贴式止水带。

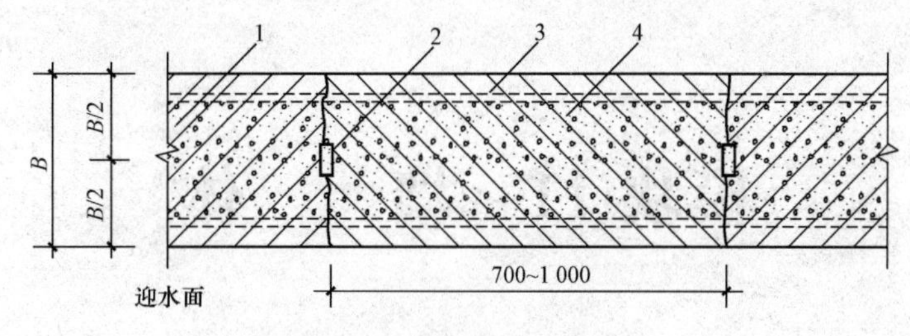

图 10-16　后浇带防水构造(一)

1—现浇混凝土；2—遇水膨胀止水条；3—结构主筋；4—后浇补偿收缩混凝土

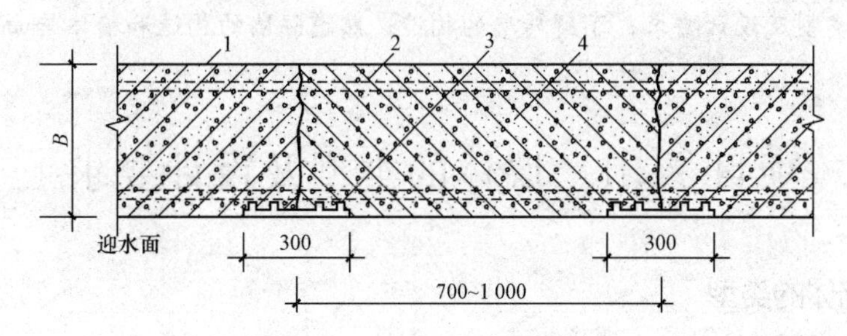

图 10-17　后浇带防水构造(二)

1—现浇混凝土；2—结构主筋；3—外贴式止水带；4—后浇补偿收缩混凝土

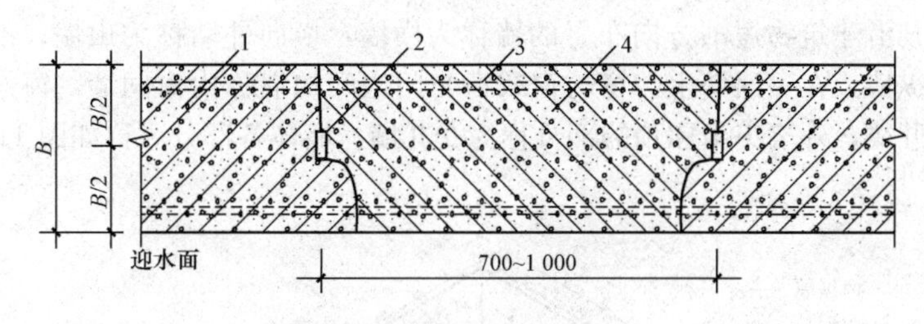

图 10-18　后浇带防水构造(三)

1—现浇混凝土；2—遇水膨胀止水条；3—结构主筋；4—后浇补偿收缩混凝土

(4)后浇带应采用补偿收缩混凝土浇筑，其强度等级不应低于两侧混凝土；后浇带混凝土的养护时间不得少于 28 d。

思考题

1. 什么是地基？什么是基础？地基和基础有什么区别？
2. 怎样区分刚性基础与非刚性基础？
3. 基础按构造形式分为哪几类？一般适用于什么情况？
4. 如何确定地下室应该采用防潮做法还是防水做法？其构造各有哪些特点？

模块 11　墙　　体

学习要求

了解墙体的类型及设计要求；了解砖墙的构造；熟悉隔墙的构造和墙体饰面的类型。

项目 11.1　墙体的类型及设计要求

11.1.1　墙体的类型

1. 按墙体所处位置不同分类

根据墙体在平面上所处位置的不同，有内墙和外墙之分。外墙又称外围护墙；内墙主要是分隔房间之用。凡沿建筑物短轴方向布置的墙称为横墙，横向外墙称为山墙；沿建筑物长轴方向布置的墙称为纵墙。在一面墙上，窗与窗或窗与门之间的墙称为窗间墙，窗洞下部的墙称为窗下墙，又称窗肚墙，外墙突出屋顶的部分称为女儿墙。墙体各部分名称如图 11-1 所示。

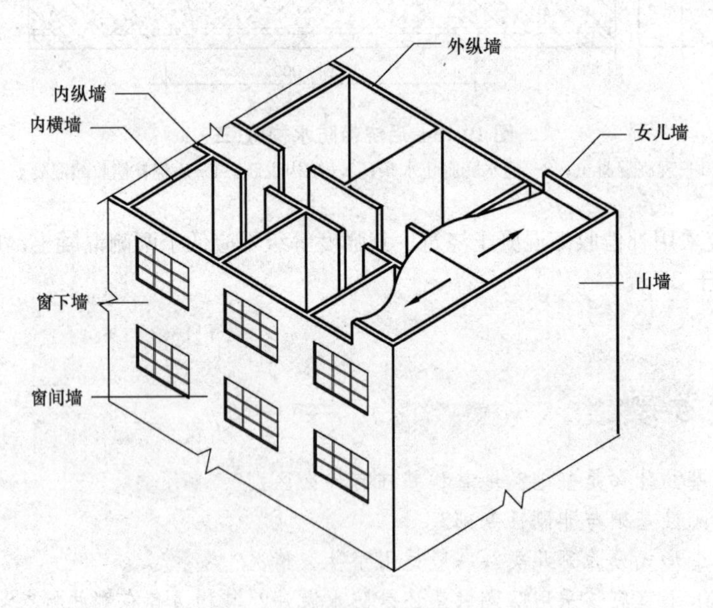

图 11-1　墙的位置和名称

2. 按墙体受力性质不同分类

墙体结构按受力性质不同，可分为承重墙和非承重墙。凡直接承受上部屋顶、楼板所传来荷载的墙称为承重墙；凡不承受外来荷载的墙称为非承重墙，其中作为分隔空间不承受外力的墙称为隔墙；框架结构中柱子之间的墙称为填充墙，悬挂于结构外部的轻质墙称为幕墙，例如金属或玻璃幕墙等。

3. 按墙体材料不同分类

墙体按所用材料的不同，可分为砖墙、石墙、土墙、混凝土墙以及利用多种工业废料制作的砌块墙等。砖墙是我国传统的墙体材料，应用最广，在产石地区利用石块砌墙具有很好的经济价值。土墙是就地取材、造价低廉的地方性墙体。利用工业废料发展各种墙体材料是墙体改革的重要课题，应予以重视。

4. 按墙体构造和施工方法分类

墙体按构造与施工方法不同，有叠砌式墙、版筑墙和装配式板材墙等。叠砌式墙包括实砌砖墙、空斗砖墙和各种砌块墙；版筑墙则是直接在墙体部位竖立模板，然后在模板内夯注或浇筑材料捣实而成的墙体，如夯土墙、大模板混凝土墙体；装配式板材墙是以工业化方式生产的大型板材构件，在现场进行机械化安装的墙体，其速度快、工期短、质量有保证。

11.1.2　墙体的设计要求

因墙体的作用不同，在选择墙体材料和确定构造方案时，应根据墙体的性质和位置，分别满足结构、热功、隔声、防火、工业化等需求。

(1)足够的强度和稳定性。墙体承受荷载的能力即强度与其采用的材料、尺寸、构造方式有关。稳定性与墙体的高度、长度和厚度有关。在墙体设计中，必须根据建筑物的层数、层高、房间大小、荷载大小等，经过计算确定墙体的材料、厚度以及合理的结构布置方案。

(2)满足保温、隔热等热功方面的要求。作为围护结构的外墙，在寒冷地区要具有良好的保温能力，以减少室内热量的损失，同时，还应避免出现凝聚水；在炎热地区还应有一定的隔热能力，以防止室内过热。

(3)满足隔声要求。为保证室内有一个良好安静的环境，墙体应有一定的隔声能力。设计中要满足有关规范中对不同类型的建筑、不同位置墙体的隔声要求。

(4)满足防火要求。墙体材料的燃烧性能和耐火极限必须符合防火规范的规定。有些建筑还应按防火规范要求设置防火墙，防止火灾蔓延。

(5)适应工业化生产的需要。逐步改革以黏土砖为土的墙体材料，是建筑工业化的一项内容，它可为生产工业化、施工机械化创造条件，以及大大降低劳动强度和提高施工的工效。

另外，还应根据实际情况，考虑墙体的防潮、防水、防射线、防腐蚀及经济等各方面的要求。

项目 11.2　砖墙的构造

11.2.1　砖墙的基本概念

1. 砖与砂浆

砖墙属于砌筑墙体，具有保温、隔热、隔声等优点。但也存在着施工速度慢、自重大、劳动强度大等很多不利的因素。砖墙由砖和砂浆两种材料组成，砂浆将砖胶结在一起筑成墙体或砌块。

砖的种类很多，从所采用的原材料上看有黏土砖、灰砂砖、页岩砖、煤矸石砖、水泥砖、矿渣砖等。从形状上看有实心砖及多孔砖。当前砖的规格与尺寸也有多种形式，普通黏土砖是全国统一规格的标准尺寸，即 240 mm×115 mm×53 mm，砖的长宽厚之比为 4∶2∶1，但与现行的模数制不协调。有的空心砖尺寸为 190 mm×190 mm×90 mm 或 240 mm×115 mm×180 mm 等。砖的强度等级以抗压强度划分为六级：MU30、MU25、MU20、MU15、MU10、MU7.5，单位为 N/mm^2。

砂浆由胶结材料(水泥、石灰、黏土)和填充材料(砂、石屑、矿渣、粉煤灰)用水搅拌而成，目前常用的有水泥砂浆、混合砂浆和石灰砂浆。水泥砂浆的强度和防潮性能最好，混合砂浆次之，石灰砂浆最差，但它的和易性好，在墙体要求不高时采用。砂浆的强度等级也是以抗压强度来进行划分的，从高到低依次为 M15、M10、M7.5、M5、M2.5，单位为 N/mm^2。

2. 砖墙的砌筑方式

砖墙的砌筑方式是指砖块在砌体中的排列方式，为了保证墙体的坚固，砖块的排列应遵循内外搭接、上下错缝的原则。错缝长度不应小于 60 mm，且应便于砌筑及少砍砖，否则会影响墙体的强度和稳定性。在墙的组砌中，砖块的长边平行于墙面的砖称为顺砖，砖块的长边垂直于墙面的砖称为丁砖。上下皮砖之间的水平缝称为横缝，左右两砖之间的垂直缝称为竖缝，砖砌筑时切忌出现竖直通缝，否则会影响墙的强度和稳定性，如图 11-2 所示。

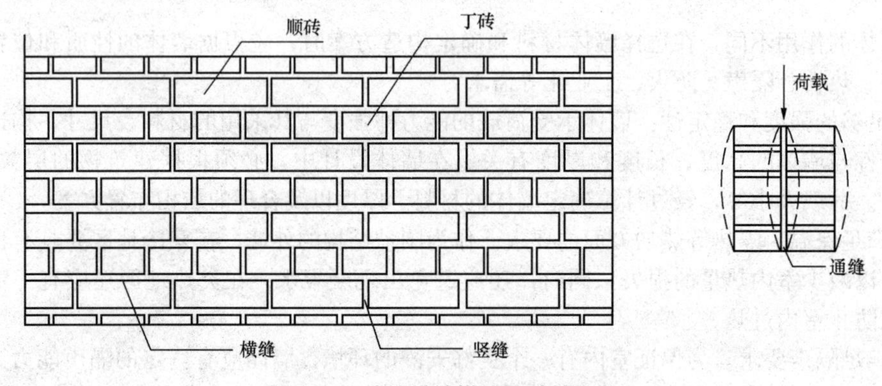

图 11-2 砖的错缝搭接及砖缝名称

砖墙的砌筑方式可分为全顺式、一顺一丁式、多顺一丁式、十字式，如图 11-3 所示。

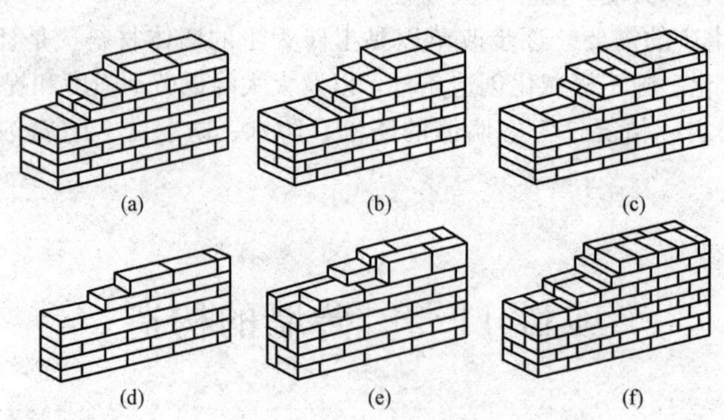

图 11-3 砖的砌筑方式

(a)240 砖墙 一顺一丁式；(b)240 砖墙 多顺一丁式；

(c)240 砖墙 十字式；(d)240 砖墙；(e)180 砖墙；(f)370 砖墙

3. 砖墙的基本尺寸

砖墙的基本尺寸包括墙厚和墙段两个方向的尺寸，在满足结构和功能要求的同时，必须满足砖的规格。以标准砖为例，根据砖块的尺寸、数量、灰缝可形成不同的墙厚和墙段的长度。

(1)墙厚。标准砖的长、宽、高规格为 240 mm×115 mm×53 mm，砖块间灰缝宽度为 10 mm。砖厚加灰缝、砖宽加灰缝后与砖长形成 1∶2∶4 的比例特征，组砌灵活。墙厚与砖规格的关系如图 11-4 所示。

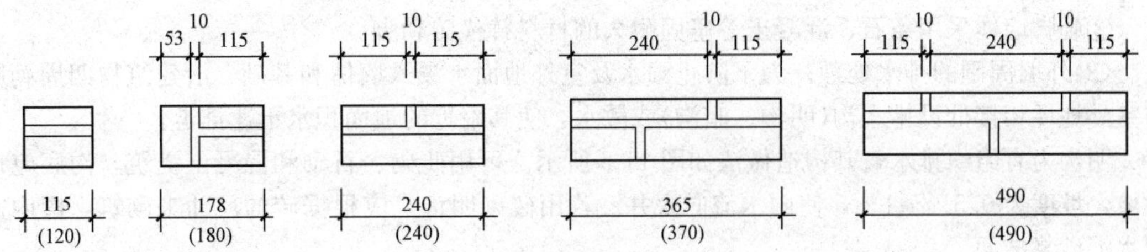

图 11-4　墙厚与砖规格的关系

(2)墙身长度。当墙身过长时，其稳定性就差，故每隔一定距离应有垂直于它的横墙或其他构件来增强其稳定性。横墙间距超过 16 m 时，墙身做法则应根据我国砖石结构设计规范的要求进行加强。

(3)墙身高度。墙身高度主要是指房屋的层高。要依据实际要求，即设计要求而定，但墙高与墙厚有一定的比例制约，同时要考虑到水平侧推力的影响，保证墙体的稳定性。

(4)砖墙洞口与墙段的尺寸。砖墙洞口主要是指门窗洞口，其尺寸应符合模数要求，尽量减少与此不符的门窗规格，以有利于工业化生产。国家及地区的通用标准图集是以扩大模数 3M 为倍数的，故门窗洞口尺寸多为 300 mm 的倍数，1 000 mm 以内的小洞口可采用基本模数 100 mm 的倍数。

墙段多指转角墙和窗间墙，其长度取值以砖模 125 mm 为基础。墙段由砖块和灰缝组成，即砖宽加缝宽：115 mm+10 mm=125 mm，而建筑的进深、开间、门窗都是按扩大模数 300 mm 进行设计的，这样，一幢建筑中采用两种模数必然给建筑、施工带来很多困难。只有靠调整竖向灰缝大小的方法来解决。竖缝宽度的取值范围为 8～12 mm，墙段长调整余地大，墙段短，调整余地小。

11.2.2　砖墙的细部构造

墙体作为建筑物主要的承重或围护构件，不同部位必须进行不同的处理，才可能保证其耐久，适用。砖墙主要的细部构造包括：勒脚、墙角构造、门窗洞口构造、墙身的加固构造以及变形缝构造。

1. 勒脚的构造及防水、防潮处理

勒脚是外墙的墙脚，即外墙与室外地面接近的部位。由于它常易遭到雨水的浸溅及受到土壤中水分的侵蚀，影响房屋的坚固、耐久、美观和使用，因此在此部位要采取一定的防水、防潮措施，如图 11-5 所示。

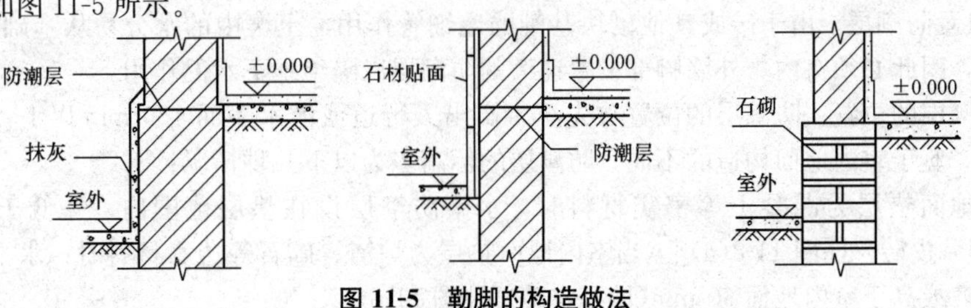

图 11-5　勒脚的构造做法

(1)勒脚的表面处理。

①勒脚表面抹灰：对勒脚的外表面做水泥砂浆或其他有效的抹面处理。

②勒脚贴面：标准较高的建筑可外贴天然石材或人工石材贴面，如花岗石、水磨石板等，以达到耐久性强、美观的效果。

③勒脚墙体采用条石、混凝土等坚固耐久的材料替代砖勒脚。

(2)外墙周围的排水处理。为了防止雨水及室外地面水浸入墙体和基础，沿建筑物四周勒脚与室外地坪相接处设排水沟(明沟、暗沟)或散水，使其附近的地面积水迅速排走。

明沟为有组织排水，其构造做法如图 11-6 所示。可用砖砌、石砌和混凝土浇筑。沟底应设微坡，坡度为 0.5%～1%，使雨水流向窨井。若用砖砌明沟，应根据砖的尺寸来砌筑，槽内需用水泥砂浆抹面。

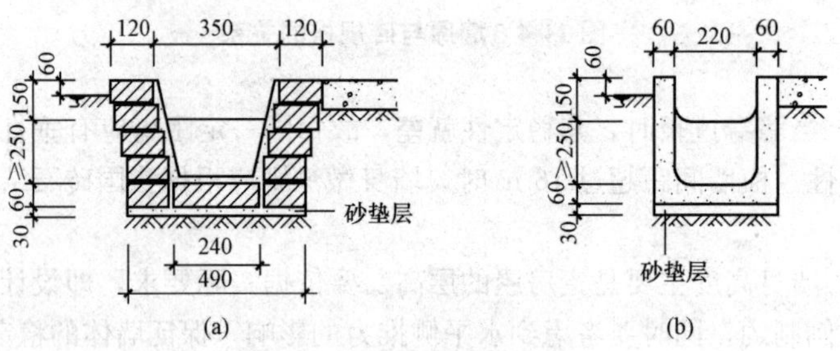

图 11-6 明沟构造做法

(a)砖砌明沟；(b)混凝土明沟

(3)散水。散水为无组织排水，散水的宽度应比屋檐挑出的宽度大 150 mm 以上，一般为 700～1 500 mm，并设向外不小于 3%的排水坡度。散水的外延应设滴水砖(石)带，散水与外墙交接处应设分隔缝，并以弹性材料嵌缝，以防墙体下沉时散水与墙体裂开，起不到防水、防潮的作用。散水构造做法如图 11-7 所示。

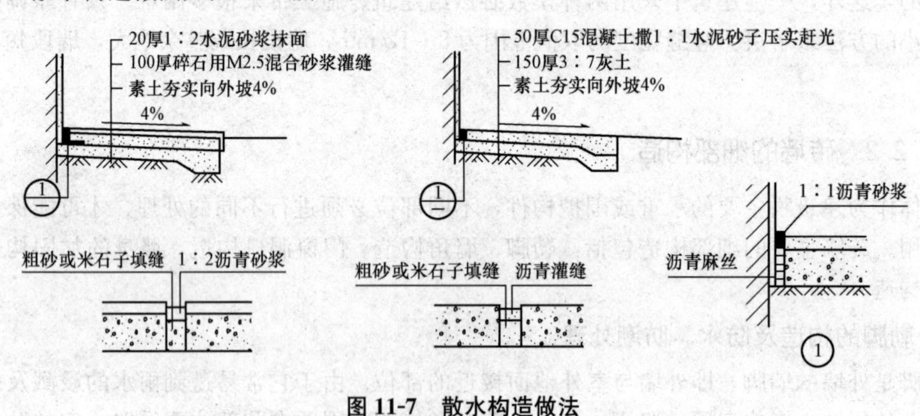

图 11-7 散水构造做法

(4)设置防潮层。由于砖或其他砌块基础的毛细管作用，土壤中的水分易从基础墙处上升，腐蚀墙身，因此必须在内、外墙脚部设置连续的防潮层以隔绝地下水的作用。

1)防潮层的位置。防潮层的位置首先至少高出人行道或散水表面 150 mm 以上，防止雨水溅湿墙面。鉴于室内地面构造的不同，防潮层的标高多为以下几种情况：

①当地面垫层为混凝土等密实材料时，水平防潮层设在垫层范围内，并低于室内地坪 60 mm(即一皮砖)处[图 11-8(a)]。当室内地面垫层为炉渣、碎石等透水材料时，水平防潮层的位置应平齐或高于室内地面 60 mm(即一皮砖)处[图 11-8(b)]。

②当内墙两侧室内地面有标高差时，防潮层设在两不同标高的室内地坪以下 60 mm(即一皮砖)的地方，并在两防潮层之间墙的内侧设垂直防潮层[图 11-8(c)]。

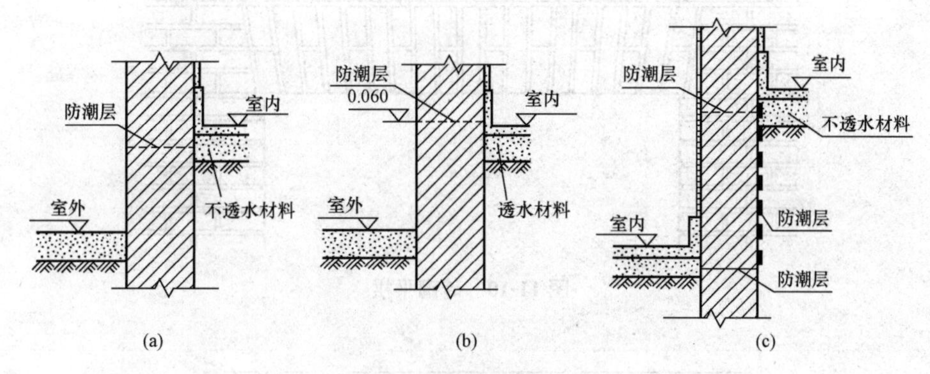

图 11-8　墙身防潮层的位置

2)防潮层的材料。墙身水平防潮层主要有以下几种。

①油毡防潮层：在防潮层部位先抹 20 mm 厚砂浆找平，然后用热沥青贴一毡二油。油毡的搭接长度应≥100 mm，油毡的宽度比找平层每侧宽 10 mm[图 11-9(a)]。

②防水砂浆防潮层：1∶2 水泥砂浆加 3%～5%的防水剂，厚度为 20～25 mm，或用防水砂浆砌三皮砖做防潮层，如图 11-9(b)所示。

③细石混凝土防潮层：60 mm 厚细石混凝土带，内配 3 根 Φ6 或 Φ8 钢筋做防潮层，如图 11-9(c)所示。

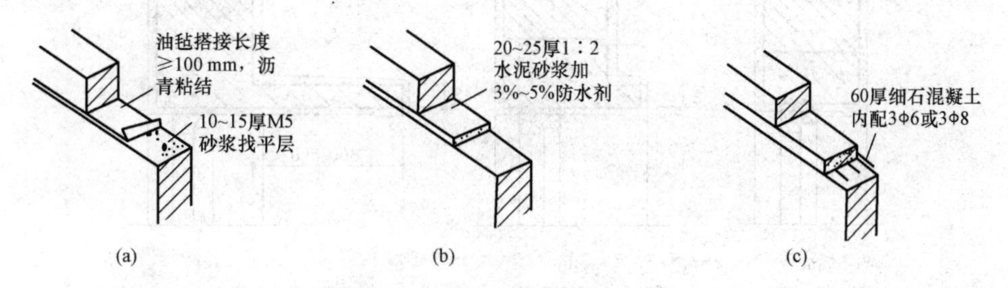

图 11-9　防潮层做法

(a)油毡防潮层；(b)防水砂浆防潮层；(c)细石混凝土防潮层

2. 门窗洞口构造

(1)门窗上部承重构件。其作用是为了承担门窗洞口上部荷载，并将它传到两侧构件上。砖拱又称砖砌平发券，采用砖侧砌而成。灰缝上宽下窄，宽不得大于 20 mm，窄不得小于 5 mm。砖的行数为单，立砖居中，为拱心砖，砌时应将中心提高大约为跨度的1/50，以待凝固前的受力沉降，砖砌平拱如图 11-10 所示。

(2)钢筋砖过梁。即在洞口顶部配置钢筋，其上用砖平砌，形成能承受弯矩的加筋砖砌体。钢筋为 Φ6，间距小于 120 mm，伸入墙内 1～1.5 倍砖长。过梁跨度不超过 2 m，高度不应少于 5 皮砖，且不小于1/5 洞口跨度。该种过梁的砌法是，先在门窗顶支模板，铺 M5 水泥砂浆 20～30 mm 厚，按要求在其中配置钢筋，然后砌砖，钢筋砖过梁如图 11-11 所示。

(3)钢筋混凝土过梁。钢筋混凝土过梁承载能力强，跨度大，适应性好。其种类有现浇和预制两种，现浇钢筋混凝土过梁在现场支模，轧钢筋，浇筑混凝土。预制装配式过梁事先预制好后直接进入现场安装，施工速度快，属最常用的一种方式，钢筋混凝土过梁如图 11-12 所示。

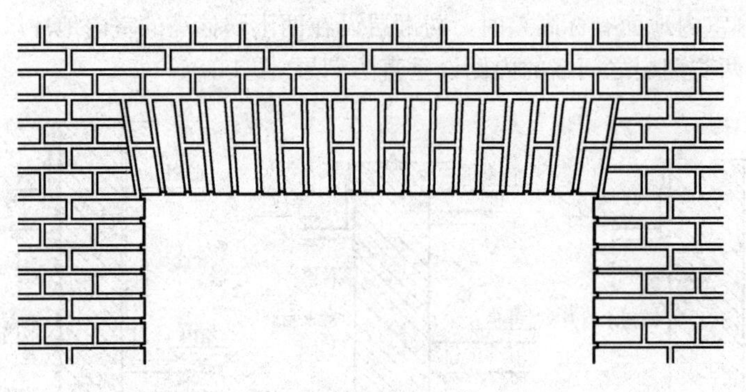

图 11-10　砖砌平拱

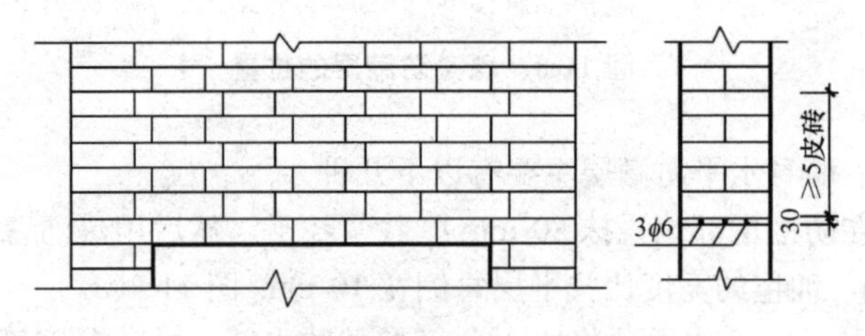

图 11-11　钢筋砖过梁

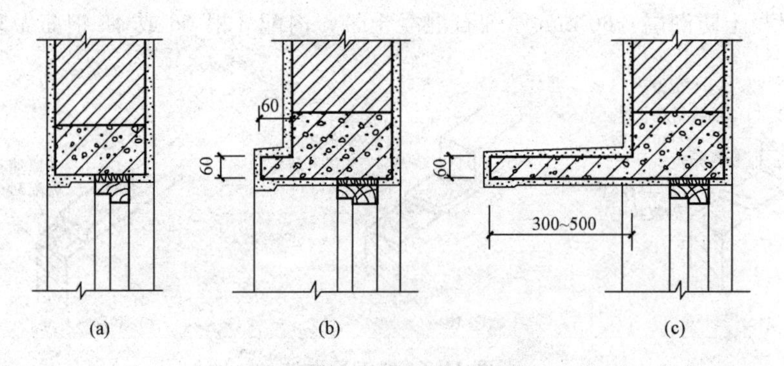

图 11-12　钢筋混凝土过梁

(a)平墙过梁；(b)带窗套过梁；(c)带窗楣过梁

常用的钢筋混凝土过梁有矩形和L形两种断面形式。钢筋混凝土过梁断面尺寸主要根据荷载的多少、跨度的大小计算确定。过梁的宽度一般同墙宽，如115 mm、240 mm等(即宽度等于半砖的倍数)。过梁的高度可做成60 mm、120 mm、180 mm、240 mm等(即高度等于砖厚的倍数)。过梁两端搁入墙内的支撑长度不小于240 mm。矩形断面的过梁用于没有特殊要求的外立面墙或内墙中。L形断面多用于有窗套的窗、带窗楣板的窗。出挑部分尺寸一般厚度60 mm、长度300～500 mm，也可按设计给定。由于钢筋混凝土的导热性优于其他砌块，寒冷地区为了避免过梁内产生凝结水，也多采用L形过梁，如图11-13所示。

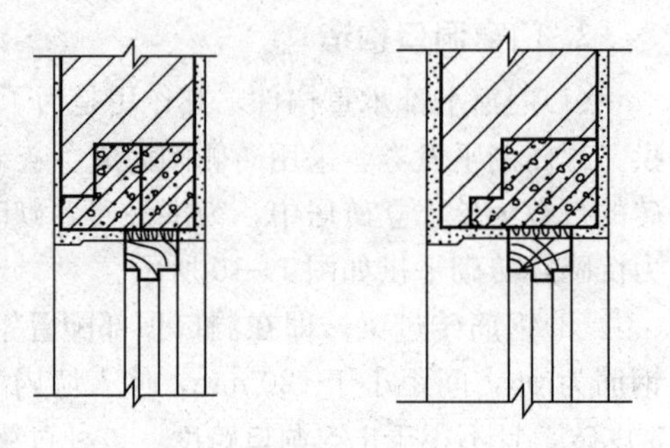

图 11-13　寒冷地区钢筋混凝土过梁

3. 窗台构造

外窗的窗洞下部设窗台，目的是排除窗面流下的雨水，防止其渗入墙身和沿窗缝渗入室内。外墙面材料为面砖时，可不必设窗台。窗台可用砖砌挑出，也可采用钢筋混凝土窗台的形式。砖砌窗台的做法是将砖侧立斜砌或平砌，并挑出外墙面 60 mm。然后表面抹水泥砂浆，或做贴面处理，也可做成水泥砂浆勾缝的清水窗台，稍有坡度。注意抹灰与窗槛下的交接处理必须密实，防止雨水渗入室内。窗台下必须抹滴水槽避免雨水污染墙面。预制钢筋混凝土窗台构造特点与砖砌窗台相同，如图 11-14 所示。

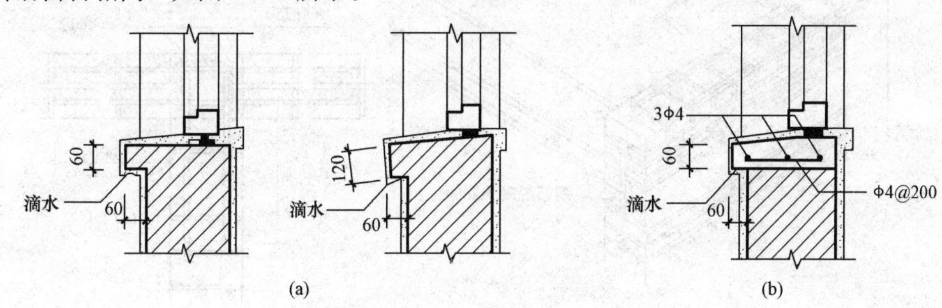

图 11-14　窗台构造做法

(a)砖砌窗台；(b)预制钢筋混凝土窗台

4. 墙身的加固

墙身的尺寸，是指墙的高度、长度和厚度。这些尺寸的大小要根据设计要求而定，但必须符合一定的比例制约，保证墙体的稳定性。若其尺寸比例超出制约，墙体稳定性不好，需要加固时，可采用壁柱(墙墩、扶壁)、门垛、构造柱、圈梁等做法。

(1)墙墩。墙中柱状的突出部分，通常直通到顶，以承受上部梁及屋架的荷载，并增加墙身强度及稳定性。墙墩所用砂浆的强度等级较墙体的高。

(2)扶壁。形似墙墩，主要的不同之处在于，扶壁主要是增加墙的稳定作用，其上不考虑荷载。

(3)门垛。墙体上开设门洞一般应设门垛，特别在墙体端部开启与之垂直的门洞时必须设置门垛，以保证墙身稳定和门框的安装。门垛长度一般为 120 mm 或 240 mm。

(4)构造柱。为了增强建筑物的整体性和稳定性，多层砖混结构建筑的墙体中还应设置钢筋混凝土构造柱，并与各层圈梁相连接，形成能够抗弯抗剪的空间框架，它是防止房屋倒塌的一种有效措施。构造柱的设置部位在外墙四角、错层部位横墙与外纵墙交接处、较大洞口两侧，大房间内外墙交接处等。此外，房屋的层数不同、地震烈度不同，构造柱的设置要求也不一致。构造柱的最小截面尺寸为 240 mm×180 mm，竖向钢筋多用 4Φ12，箍筋间距不大于 250 mm，随烈度和层数的增加建筑四角的构造柱可适当加大截面和钢筋等级。构造柱的施工方式是先砌墙，后浇混凝土，并沿墙每隔 500 mm 设置深入墙体不小于 1 m 的 2Φ26 拉结钢筋，构造柱做法如图 11-15 所示。构造柱可不单独设置基础，但应深入室外地面以下 500 mm，或锚入浅于 500 mm 的基础圈梁内。

(5)圈梁。圈梁是沿墙体布置的钢筋混凝土卧梁，目的是增加房屋的整体刚度和稳定性，减轻地基不均匀沉降及地震力的影响。

①圈梁设置的方式：三层或 8 m 以下设一道，四层以上根据横墙数量及地基情况，每隔一层或二层设一道，但屋盖处必须设置。当地基不好时，基础顶面也应设置。

②圈梁设置的位置：主要沿纵墙设置，内横墙 10～15 m 设一道，屋顶处横墙间距不大于

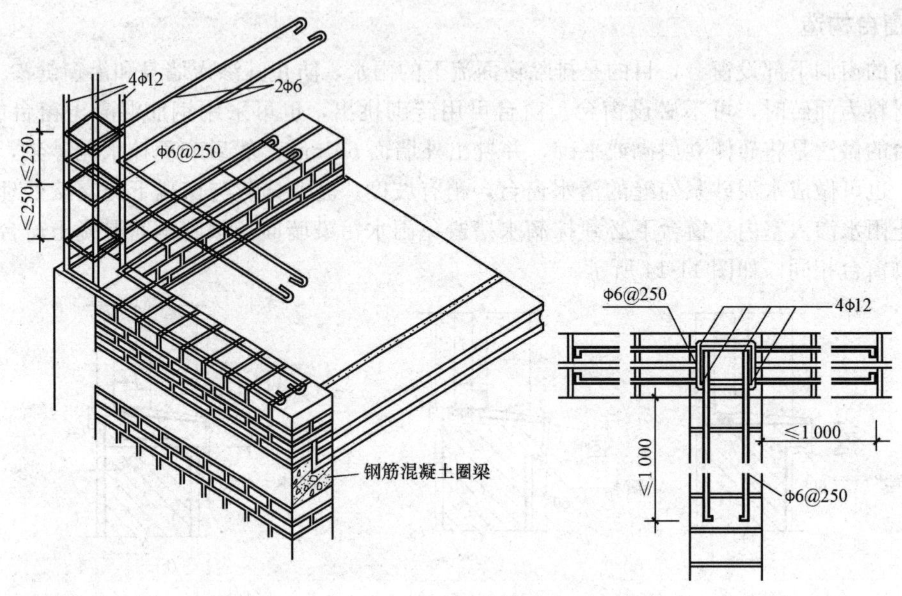

图 11-15　构造柱做法

7 m，圈梁的设置还与抗震设防有关。圈梁应闭合，如遇洞口必须断开时，应在洞口上端设附加圈梁，并应上下搭接，附加圈梁如图 11-16 所示。

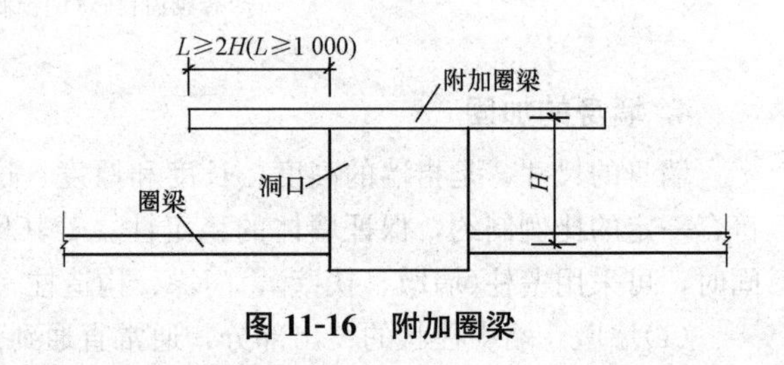

图 11-16　附加圈梁

③圈梁的种类、尺寸和构造方式：圈梁有钢筋混凝土和钢筋砖两种，钢筋混凝土圈梁按施工方式又分为整体式和装配式两种。圈梁宽度同墙厚，高度一般为 240 mm、180 mm，钢筋砖圈梁用 M5 砂浆砌筑，高度不小于 5 皮砖，4Φ6 通长钢筋，分上下两层布置，做法同钢筋砖过梁。

项目 11.3　隔墙的构造

隔墙的作用在于分隔，不承受外来荷载，本身重量由楼板和墙下小梁来承担，因此隔墙应满足自重轻、厚度薄、隔声、防潮、耐火性能好、便于安装和拆卸的特点。隔墙的类型很多，按其构造方式可分为轻骨架隔墙、块材隔墙、板材隔墙三大类。本节主要介绍块材隔墙。

常用的块材隔墙有普通砖隔墙、空心砖隔墙、加气混凝土块隔墙等多种形式，常用的有普通砖隔墙和砌块隔墙。

11.3.1　普通砖隔墙

普通砖隔墙一般采用顺砌半砖(120 mm)隔墙、侧砌 1/4 砖隔墙(60 mm)；半砖隔墙的砌筑砂浆宜大于 2.5 m，1/4 砖隔墙的砌筑砂浆宜小于 5 m。墙体高度超过 3 m，长度超过 5 m 时要考虑墙身的稳定而加固，一般沿高度每隔 0.5 m 砌入 2Φ4 钢筋，或每隔 1.2～1.5 m 设一道 30～50 mm 厚的水泥砂浆层，内放 2Φ6 钢筋。隔墙上部与楼板相接处，用立砖斜砌，使墙和楼板挤紧。隔墙上有门时，要预埋铁件或将带有木楔的混凝土预制块砌入隔墙中以固定门框。1/4 砖隔墙，高度、长度不宜过大，且一般用于不设门洞的次要房间，若隔墙必须开设门洞时，则须将门洞两侧墙垛放宽到半砖墙，或在墙内每隔 1 200 mm 设钢筋混凝土小立柱加固，并每隔 7 皮砖砌入 1φ6 钢筋，且与两端垂直墙相接，如图 11-17 所示为半砖隔墙。

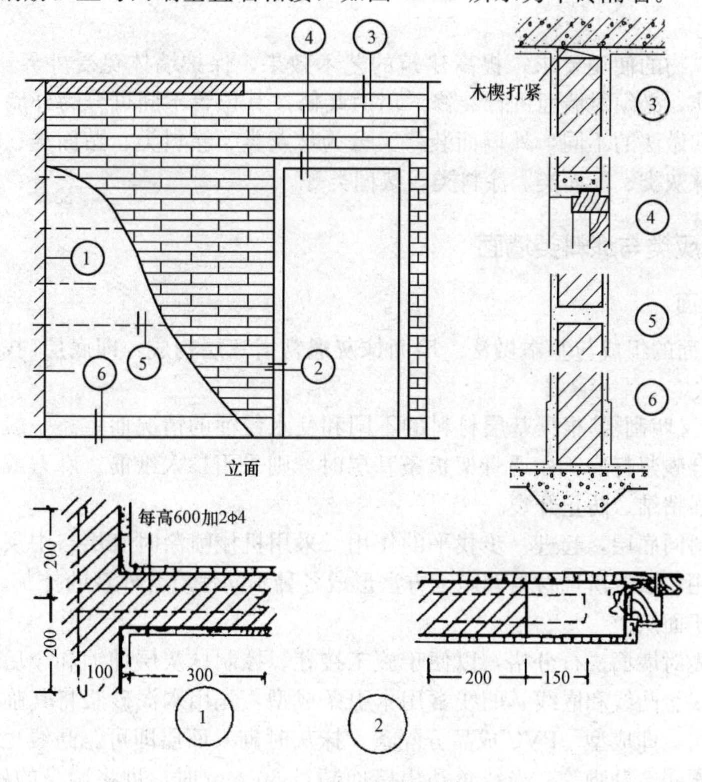

图 11-17　半砖隔墙

11.3.2　砌块隔墙

砌块隔墙质量轻、块体大。目前，常用加气混凝土砌块、粉煤灰硅酸盐砌块、水泥炉渣空心砖等砌块隔墙。砌块大多质轻、空隙率大、隔热性能好，但吸水性较强，因此应在砌块下方先砌 3～5 皮黏土砖。砌块隔墙采取的加固措施同砖墙，如图 11-18 所示。

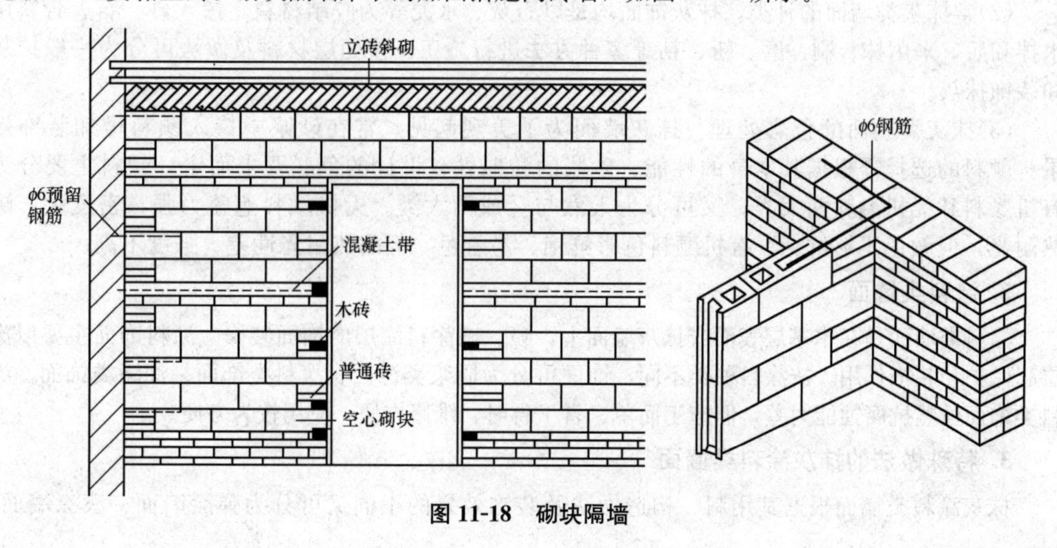

图 11-18　砌块隔墙

项目 11.4　墙体饰面

为了满足建筑物的使用要求，提高建筑的艺术效果，保护墙体免受外界影响，保护结构、改善墙体热功性能，必须对墙面进行装修。墙面装修按其位置不同可分为外墙面和内墙面装修两大类。因材料和做法的不同，外墙面装修又分为抹灰类、涂料类、贴面类、板材类等；内墙面装修则可分为抹灰类、贴面类、涂料类、裱糊类等。

11.4.1　抹灰类与涂料类墙面

1. 抹灰类墙面

(1)抹灰类墙面的组成与基本做法。墙面抹灰通常由三层构成，即底层(找平层)、中层(垫层)、面层。

底层的底灰(又叫刮糙)根据基层材料的不同和受水侵蚀的情况而定。一般的砖石基层可采用水泥砂浆或混合砂浆打底。如遇骨架板条基层时，则采用掺入纸筋、麻刀或其他纤维的石灰砂浆做底灰，加强粘结、防止开裂。

中层抹灰材料同底层，起进一步找平的作用。采用机械喷涂时底层与中层可同时进行。面层主要起装饰作用，根据所选材料和施工方法形成各种不同性质与外观的抹灰。面层上的刷浆、喷浆或涂料不属于面灰。

外墙抹灰要先对墙面进行分格，以便于施工接茬、控制抹灰层伸缩和今后的维修。分隔线有三种形式：凹线、凸线和嵌线。凹线常用木引条成型，先用水泥砂浆将其临时固定，待做好面层后再将其抽出，即成型。PVC 成品分隔条，抹灰时砌入面层即可。凸线也称线角，外墙面的线角有檐口、腰线、勒脚等，当线角凸出墙面超过 30 mm 时，可将墙身的砖、混凝土出挑，或用其他材料成型后再抹灰。嵌线用于要进行打磨的抹灰墙面，如水磨石等。嵌线材料有玻璃、金属或其他材料。

内墙面抹灰要求大面平整、均匀、无裂痕。施工时，首先要清理基层，有时还需用水冲洗，以保证灰浆与基层黏结紧密，然后拉线找平，做灰饼、冲筋以保证抹灰面层平整。由于阳角处易受损，抹灰前在内墙阳角、门洞转角、柱子四角处用强度较高的水泥砂浆或预埋角钢做护角，然后再做底层或面层抹灰。

(2)常抹灰类墙面的种类。抹灰饰面均是以石灰、水泥等为胶结材料，掺入砂、石、骨料用水拌和后，采用抹、刷、磨、斩、粘等多种方法进行施工。按面层材料及做法可分为一般抹灰和装饰抹灰。

(3)抹灰类墙面的色彩处理。抹灰墙面为了美观起见，常在砂浆中掺入颜料增加装饰效果。颜料的选择需根据其本身的性能、砂浆的酸碱性、设计的色彩要求而定。颜料主要分为有机颜料和无机颜料两大类；又可分为天然与合成两大类。无机颜料遮盖力强、密度大、耐热耐光，但颜色不够鲜艳；有机颜料色彩鲜艳、易着色，但耐热耐光性差、强度不高。

2. 涂料类墙面

涂料类墙面是在木基层表面或抹灰墙面上，喷、刷涂料涂层的饰面装修。涂料饰面主要以涂层起保护和装饰作用。按涂料种类不同，饰面可分为刷浆类饰面、涂料类饰面、油漆类饰面。涂料类饰面虽然抗腐蚀能力差，但施工简单、省工省时、维修方便，应用较为方便。

3. 特殊做法的抹灰涂料类墙面

抹灰涂料类墙面根据其用料、构造做法及装饰效果的不同又可分为弹涂墙面、滚涂墙面、拉毛墙面、扫毛抹灰墙面等。

(1)弹涂墙面。弹涂是采用一种专用的弹涂工具，将水泥彩色浆弹到饰面基层上的一种做法。弹涂墙面分为基层、面层和罩面层，根据墙体材料不同选择基层材料，如水泥砂浆、聚合物水泥砂浆、金属板材、石棉板材、纸质板材等。面层为聚合物水泥砂浆。为了保护墙面、防止污染，一般在弹涂墙面的面层上喷涂罩面层。

(2)滚涂墙面。滚涂墙面是采用橡皮辊，在事先抹好的聚合砂浆上滚出花纹而形成的一种墙面装修做法。滚涂墙面的基层做法应根据墙体的材料而选择。墙体的面层为3～4 mm厚的聚合物水泥砂浆，并用特制的橡皮辊滚出花纹，然后喷涂罩面层。滚涂操作有干滚法与湿滚法两种，干滚不蘸水，湿滚反复蘸水。

(3)拉毛墙面。拉毛墙面按材料不同，可分为水泥拉毛、油漆拉毛、石膏拉毛三类。按施工所用工具和操作方式的不同，可形成各式各样的表面。拉毛墙面可以应用于砖墙、混凝土墙、加砌混凝土墙等的内外装修，施工简便、价格低廉。

(4)扫毛抹灰墙面。扫毛抹灰墙面是一种饰面效果仿天然石的装饰性抹灰的做法。这种墙面的面层为混合砂浆，抹在墙面上以后用竹丝扫帚扫出装饰花纹。施工时应注意用木条分块，各块横竖交叉扫毛，富于变化，使之更具天然石材剁斧的纹理。这种墙面易于施工，造价低廉，效果美观大方。

11.4.2 铺贴类墙面

铺贴类墙面多用于外墙，或潮湿度较大、有特殊要求的内墙。铺贴类墙面包括陶瓷贴面类墙面、天然石材墙面、人造石材墙面、装饰水泥墙面等。

1. 陶瓷贴面类墙面

(1)面砖饰面。面砖多由瓷土或陶土焙烧而成，常见的面砖有：釉面砖、无釉面砖、仿花岗石瓷砖、劈离砖等。无釉面砖多用于外墙，其质地坚硬、强度高、吸水率低，是高级建筑外墙装修的常用材料。釉面砖表面光滑、色彩丰富美观、易于清洗、吸水率低，可用于建筑外墙装饰，大多用于厨房、卫生间的墙裙贴面。面砖种类繁多，安装时先将其放入水中浸泡，取出沥干水分，用水泥石灰砂浆或掺有107胶的水泥砂浆满刮于背面，贴于水泥砂浆打底的墙上轻巧黏牢。外墙面砖之间常留出一定缝隙，以便排除湿气；内墙安装紧密，不留缝隙。

(2)陶瓷(玻璃)锦砖饰面。陶瓷(玻璃)锦砖俗称马赛克(玻璃马赛克)，是高温烧制而成的小块型材。为了便于粘贴，首先将其正面粘贴于一定尺寸的牛皮纸上，施工时，纸面向上，待砂浆半凝，将纸洗去，校正缝隙，修正饰面。此类饰面质地坚硬、耐磨、耐酸碱、不易变形，价格便宜，但较易脱落。

2. 石材墙面

(1)天然石材的种类。

①花岗石(岩浆岩)。除花岗石外，还包括安山岩、辉绿岩、辉长岩、片麻岩等。花岗石构造密实，抗压强度高，空隙率、吸水率小，耐磨，抗腐蚀能力强。花岗石的色彩较多，色泽可以保持很长时间，是较为理想的高级外墙饰面。

②大理石。这是一种变质岩，属于中质石材，质地坚密，但表面硬度不大，易加工打磨成表面光滑的板材。大理石的化学稳定性不太好，一般用于室内。大理石的颜色很多，在表面磨光后，纹理雅致、色泽艳丽，为了使其表面美感保持较长的时间，往往在其表面上光打蜡或涂刷有机硅等涂料，防止其腐蚀。

③青石板。属于水成岩，质软、易风化，易于裁割加工，造价不高，色泽质朴、富有野趣。

(2)人造石材的种类。常用人造石材有水磨石、大理石、水刷石、斩假石等，属于复合装饰材料，其色泽纹理不及天然石材，但可人为控制，造价低。人造石材墙面板一般经过分块、制模、浇制、表面加工等步骤制成，待板达到预定强度后进行安装。水磨石板分为普通板与美术板。人造大理石板有水泥型、树脂型、复合型、烧结型。饰面板材施工时容易破碎，为了防止这类情况发生，预制时应配以 8 号铅丝，或配以 φ4、φ6 钢筋网。面积超过 0.25 m^2 的板面，一般在板的上边预埋铁件或 U 型钢件。

(3)石材墙面的基本构造。石材的自重较大，在安装前必须做好准备工作，如颜色、规格的统一编号，天然石材的安装孔、砂浆巢的打凿，石材接缝处的处理等。

(4)石材的安装。

①拴挂法：先将基层剁毛，打孔，插入或预埋外露 50 mm 以上弯钩的 φ6 钢筋，插入主筋和水平钢筋，并绑扎固定。将背后打好孔的板材用双股铜丝或进行过防锈处理的铁件固定在钢筋网上。在板材和墙柱间灌注水泥砂浆，灌浆高度不宜太高，一般少于此块板高的 1/3。待其凝固后，再灌注上一层，依次下去。灌浆完毕后，将板面渗出物擦拭干净，并以砂浆勾缝，最后清洗表面。细部构造如图 11-19 所示。

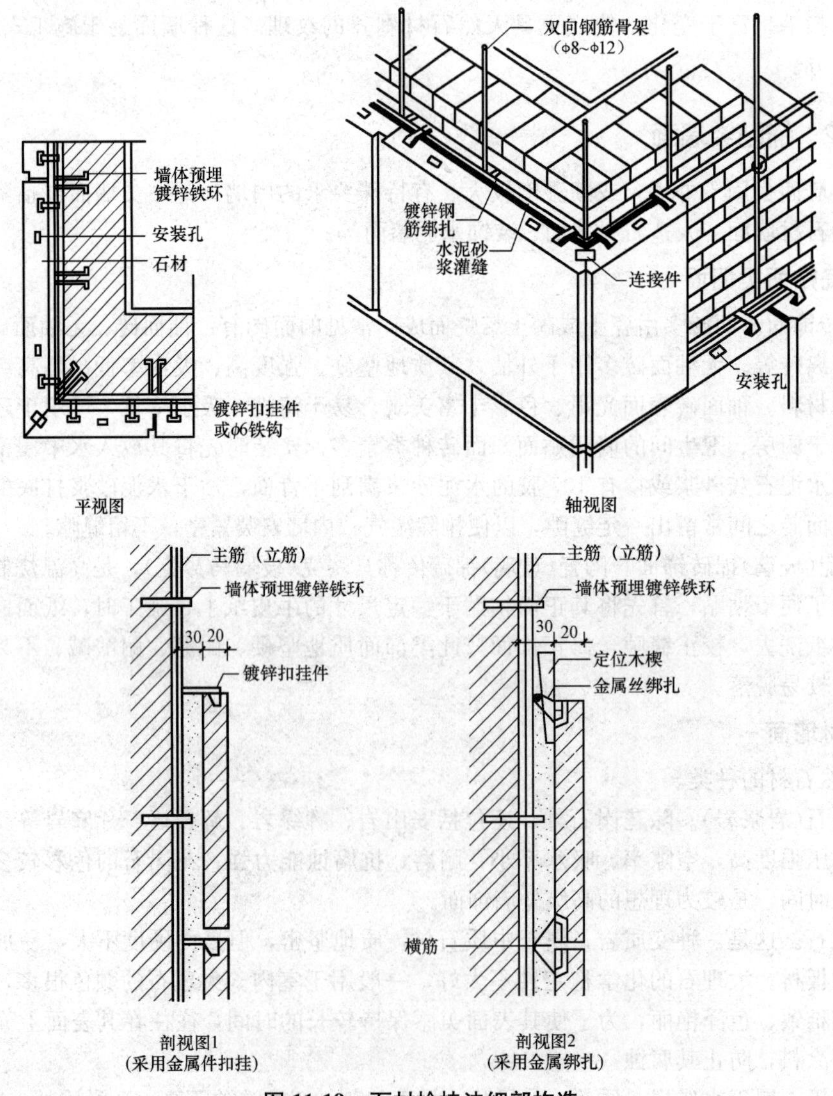

图 11-19 石材拴挂法细部构造

②连接件挂接法：用连接件、扒钉将石材墙板与墙体基层连接的方法。将连接件预埋、锚固或卡在预留的墙体基层导槽内，另一端插入板材表面的预留孔内，并在板材与墙体之间填满水泥砂浆的方式，如图 11-20 所示。

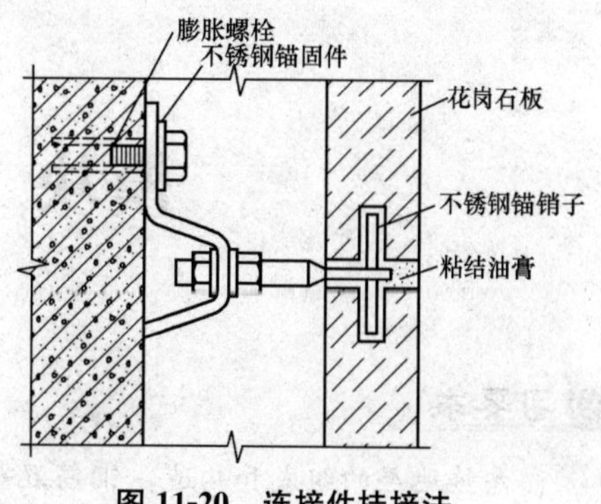

图 11-20 连接件挂接法

③粘贴法：适用于薄型、尺寸不大的板材，此种方法首先要处理好基层，如水泥砂浆打底或涂胶等，然后进行涂抹粘贴。施工时应注意板的就位、挤紧、找平、找正、找直以及顶、卡固定，防止砂浆未达到固化强度时板面移位或脱落伤人。

思考题

1. 确定砖墙厚度的因素有哪些？
2. 常见的勒脚做法有哪几种？
3. 墙体中为什么要设水平防潮层？它应设在什么位置？一般有哪些做法？
4. 墙体在什么情况下要设垂直防潮层？
5. 常见的散水和明沟的做法有哪几种？
6. 常见的过梁有哪几种？它们的适用范围和构造特点是什么？
7. 窗台构造中应考虑哪些问题？
8. 墙身加固措施有哪些？有哪些设计要求？
9. 常见隔墙有哪些？简述各种隔墙的构造做法。
10. 砌块墙的组砌有哪些要求？
11. 简述墙面装修的作用和基本类型。

模块 12　楼 地 面

学习要求

熟悉楼地层的组成和构造，钢筋混凝土楼板的类型与构造特征；了解阳台、雨篷的结构和构造做法；掌握楼地面的构造做法和细部做法。

项目 12.1　楼地层的组成与构造

12.1.1　楼地层的组成

楼地层包括楼板层和地坪层，主要由以下两部分构件组成。

(1)承重构件。承重构件一般包括梁、板等支撑构件。承受楼板上的全部荷载，并将这些重量传递给墙、柱、墩，同时对墙身起水平支撑作用，增强房屋的刚度和整体性。

(2)非承重构件。楼地面的面层、顶棚。它们仅将荷载传递到承重构件上，并具有热工、防潮、防水、保温、清洁及装饰作用。

根据承重构件主要用料，楼地层可分为四大类型：①木楼地层；②钢筋混凝土楼层或混凝土地层；③钢楼板层；④砖楼地层。此处主要介绍钢筋混凝土楼板的主要类型和构造形式。

12.1.2　楼地层的构造

楼板层通常由面层、楼板(结构层)、顶棚三部分组成。地坪层是将地面荷载均匀传给地基的构件，它由面层、结构层、垫层和素土夯实层构成。依据具体情况可设找平层、结合层、防潮层、保温层、管道铺设层等，如图 12-1 所示。

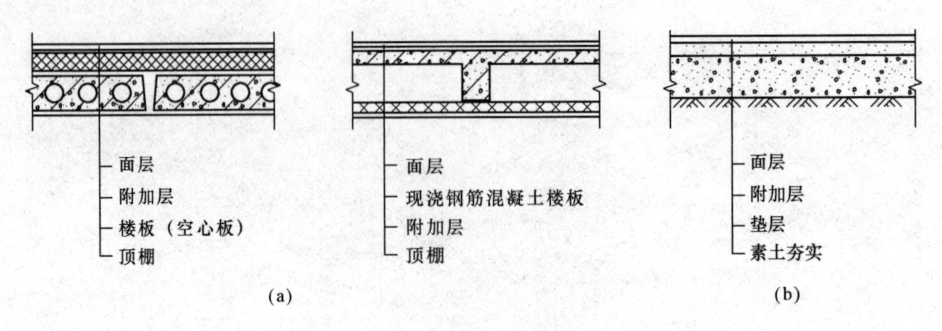

图 12-1　楼地层的构造

(a)楼板层；(b)地坪层

(1)素土夯实层：素土夯实层是地坪的基层，材料为不含杂质的砂石黏土，通常是填 300 mm 的素土夯实成 200 mm 厚，使之均匀传力。

(2)垫层：垫层是将力传递给结构层的构件，有时垫层也与结构层合二为一。垫层又分为刚性垫层和非刚性垫层。刚性垫层采用强度等级为 C10 混凝土、厚度为 80～100 mm，多用于地面要求较高、薄而脆的面层；非刚性垫层有 50 mm 厚砂垫层、80～100 mm 厚碎石灌浆、50～70 mm 厚石灰炉渣、70～120 mm 厚三合土等，常用于不易断裂的面层。

(3)结构层：结构层是将力传给垫层的构件，常与垫层结合使用，通常采用 70～80 mm 厚，强度等级为 C10 混凝土。

(4)面层：面层是人们直接接触的部位，应坚固、耐磨、平整、光洁、不易起尘，且应有较好的蓄热性和弹性。特殊功能的房间要符合特殊的要求。

项目 12.2　钢筋混凝土楼板的构造

钢筋混凝土楼板根据其施工方式的不同，可分为现浇式、预制装配式和装配整体式三种。根据其传力方式的不同，可分为单向板(单向支撑)和双向板(双向支撑)。钢筋混凝土楼板层的构造组成也包括面层、结构层和顶棚三个主要部分。必要时依功能要求，增设其他有关构造部分。

12.2.1　现浇式钢筋混凝土楼板

1. 板式楼板

板式楼板是指跨度一般在 2～3 m 之间的钢筋混凝土板，单向支撑在四周墙上，板厚约为 70 mm，板内配置主力钢筋(设于板底)与分布钢筋(垂直架于主力钢筋上以防裂)，主力钢筋按短跨搁置。平面形式近方形或方形的钢筋混凝土板则多用双向支撑和配筋。厕所、厨房多采用这种形式的楼板。

2. 无梁楼板

楼板不设梁，而将楼板直接支撑在柱上时为无梁楼板。无梁楼板大多在柱顶设置柱帽，尤其是楼板承受的荷载很大时，设置柱帽可避免楼板过厚。柱帽形式多样，有圆形、方形和多边形等。无梁楼板的柱网通常为正方形或近似正方形，常用的柱网尺寸为 6 m 左右，较为经济，如图 12-2 所示。

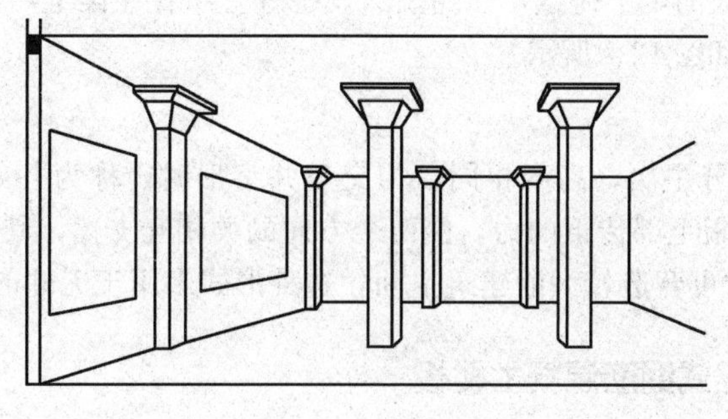

图 12-2　无梁楼板

3. 密肋(搁栅、小梁)楼板

密肋楼板有现浇、预制带骨架芯板填充块楼板等(图 12-3)。这类楼板由密肋板和填充块构成，密肋板的肋(搁栅)为 200～300 mm，宽度 60～150 mm，间距 700～1 000 mm；密肋板的厚度不小于 50 mm，楼板的适用跨度为 3～10 mm。榈栅间距小的多填以陶土空心砖，或空心矿渣混凝土块，以适应楼层隔声、保温、隔热的效果。同时，空心砖还可以起到模板的作用，也可铺设管道，造价低廉。如预做吊顶，可在榈栅内预留钢丝；如需铺木楼板，则可于钢筋混凝土榈栅面上嵌燕尾形木条，然后铺钉木楼板榈栅。

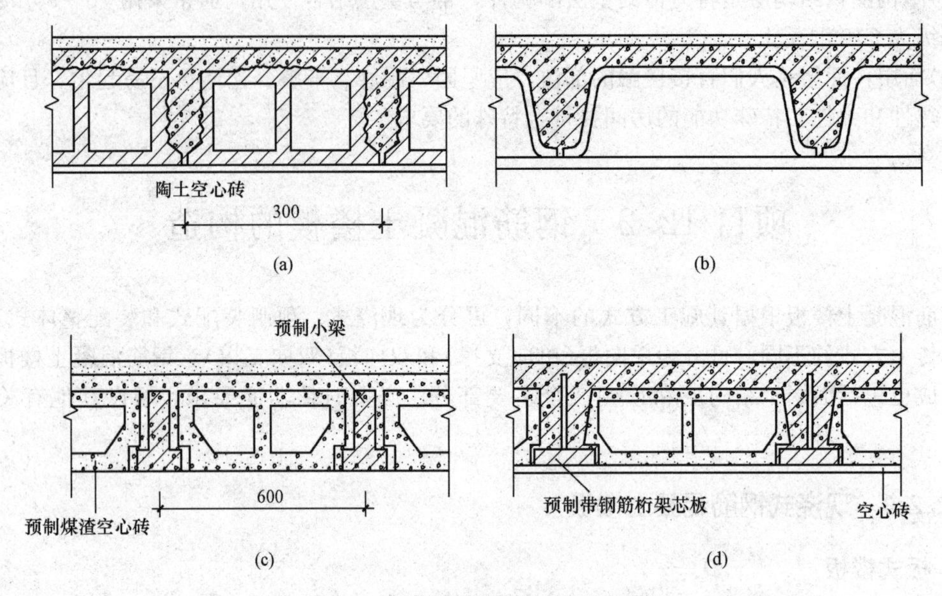

图 12-3　现浇钢筋混凝土密肋楼板

(a)空心砖现浇；(b)预制小梁填充块；(c)玻璃钢壳现浇；(d)带骨架芯板填充块

4. 梁板式(肋梁)楼板

钢筋混凝土梁板式楼板由板、次梁、主梁现浇而成；钢筋混凝土结构也有反梁，即板在梁下相连。依据受力情况的不同，板又分为单向板肋梁楼板和双向板肋梁楼板。单向板肋梁楼板主梁支撑在柱上，主梁的经济跨度为 5～9 m，梁的断面同钢筋量百分比有关，梁的构造高度为跨度的 1/8～1/12，其间距为次梁跨度。次梁跨度一般为 4～7 m，梁高为跨度的 1/12～1/16，其间距为板跨。在进行肋梁楼板的布置时，承重构件，如梁、柱、墙等要做到上下对齐，便于合理地传力、受力。较大的集中荷载，如隔墙、设备等宜布置在梁上，不要布置在板上，现浇钢筋混凝土梁板式楼板如图 12-4 所示。

5. 井式楼板

当肋梁楼板的梁不分主次，高度相同，相交呈井字形时，称为井式楼板，井式楼板是双向板肋梁楼板。井式楼板上部传下的力，由两个方向的梁相互支撑，其梁间距一般为 3 m，板跨度可达 30～40 m，故可营造较大的建筑空间，这种形式多用于无柱的大厅(图 12-5)。

12.2.2　预制装配式钢筋混凝土楼板

预制装配式钢筋混凝土楼板是将楼板分成若干构件，在工厂预先制作好后，到施工现场进行安装的楼板形式。预制板的长度与房间开间或进深一致，并为 300 mm 的倍数，板的宽度一般为 100 mm 的倍数，板的截面尺寸需经过结构计算并考虑与砖的尺寸相协调而定，以便于砌筑。

预制装配式钢筋混凝土楼板构造可分为三类，即平板式、槽形板、空心板。

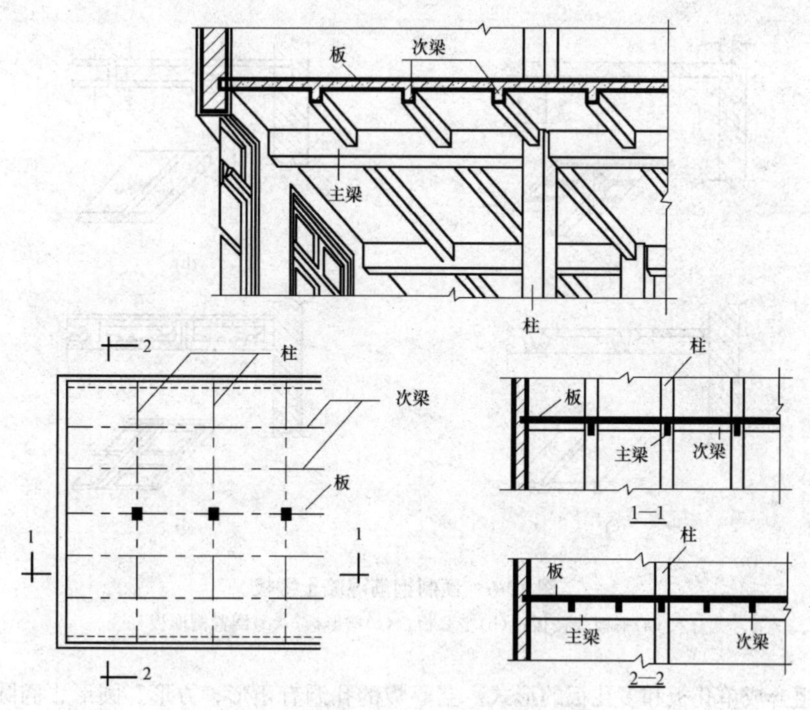

图 12-4　现浇钢筋混凝土梁板式楼板

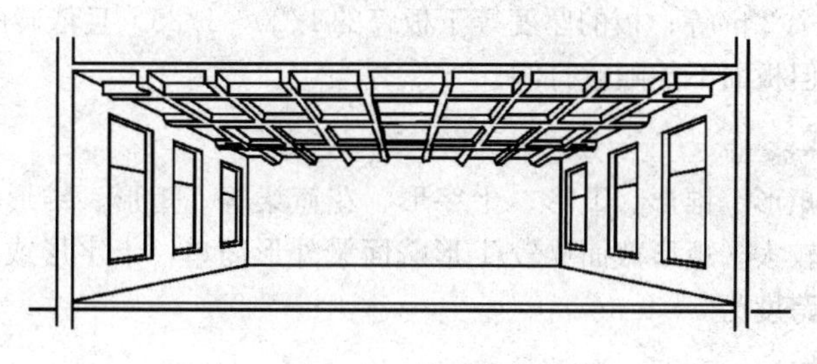

图 12-5　井式楼板

1. 平板式楼板

预制板宽度有 400 mm、500 mm、600 mm、800 mm 等形式；板的长度即跨度，较小，为 1 500～2 000 mm；板的厚度通常不小于 60 mm。简单的平板式楼板将板直接搁置在梁上，梁断面可制成矩形、T 形、工字梁等形式，制作简单，但隔音效果差。较复杂的平板式楼板的梁采用倒 T 形，板搁置在梁之间，板上可置填充物然后加铺面层，这样就可以提高隔声和保温隔热效果，如图 12-6 所示。

2. 槽形板

槽形板是梁板合一的槽形构件，板宽≥400 mm，板高为 120～300 mm，并依砖厚而定。槽形板分槽口向下和槽口向上两种。槽形向下的槽形板受力较为合理，但板底不平整、隔声效果差；槽形向上的倒置槽形板，受力不甚合理，铺地时需另加构件，但槽内可填轻质构件，顶棚处理、保温、隔热及隔声的施工较容易。

3. 空心板

空心板的制作原理：钢筋混凝土板、梁构件，其上部主要由混凝土承受压力，下部由钢筋承担拉力，在中轴附近混凝土内力作用较少。如将其挖去，截面就成为工字型或 T 字型，若干个这

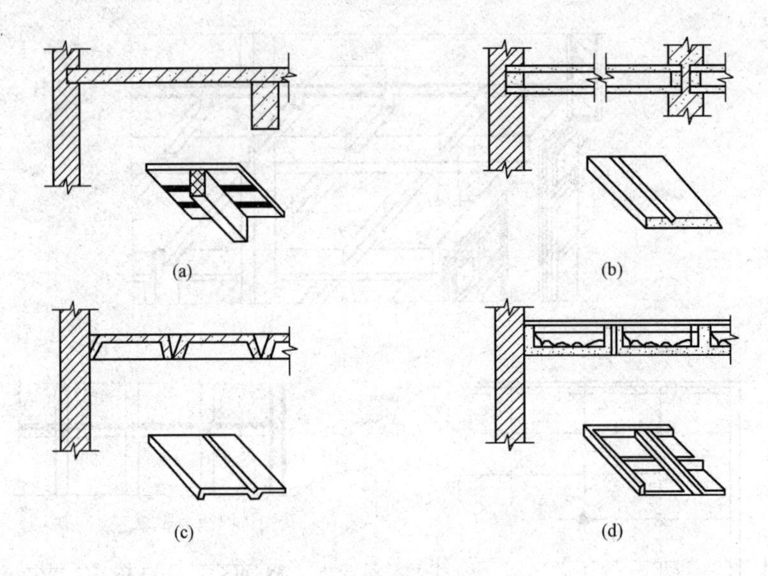

图 12-6　预制钢筋混凝土楼板

(a)平板式楼板；(b)空心板；(c)槽形板；(d)倒置槽形板

样的截面就组合成单孔板和多孔板的形式。空心板的孔洞有矩形、方形、圆形、椭圆形等；孔数有单孔、双孔、三孔、多孔。板宽分别有 400 mm、500 mm、600 mm、800 mm 等尺寸；跨度可达到 6.0 m、6.6 m、7.2 m 等；板的厚度等于板跨的 1/20～1/25，且依砖厚。空心板节省材料，隔声、隔热性能好，但板面不能随意打洞。

4. 梁的断面形式

梁的断面形式有矩形、锥形、T 形、十字形、花篮梁等。矩形、锥形截面梁外形简单，制作方便，但空间高度较大，矩形截面梁较 T 形截面梁外形简单，十字形或花篮梁可减少楼板所占的高度。梁的经济跨度为 5～9 m。

5. 板的布置方式

板的布置方式要受到空间大小、布板范围、板的规格、经济合理等因素的制约。板的支撑方式有板式和梁板式两种，如图 12-7 所示。预制板直接搁置在墙上的布板方式称为板式布置；楼板支撑在梁上，梁再搁置在墙上的布板方式称梁板式布置。板的布置大多以房间短边为跨进行，狭长空间最好沿横向铺板。

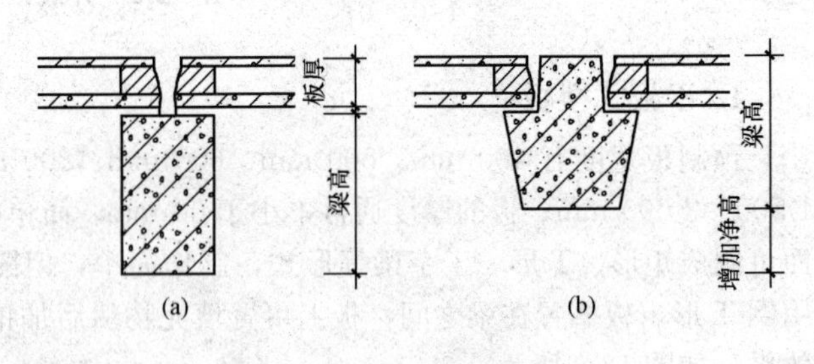

图 12-7　板的支撑方式

(a)板式；(b)梁板式

楼板的细部构造：

(1)梁、板的搁置及锚固：梁、板的搁置一定要注意保证它的搁置长度。构件在墙上的搁置长度不少于 100 mm；搁置在钢筋混凝土梁上时，不得小于 80 mm，搁置在钢梁上也应大于 50 mm。至于梁支撑在墙上时，必须设梁垫；板搁置在墙或梁上时，板下应铺 M5、10 mm厚的砂浆。所有梁板边缘(纵向)均不宜搁入墙内，避免板产生破裂。多孔板孔端内必须填实。为了增加楼层的整体性刚度，板间、板与纵墙、板与横墙等处，均加设钢筋锚固，或利用吊环拉固钢筋。锚固的具体做法如图 12-8 所示。

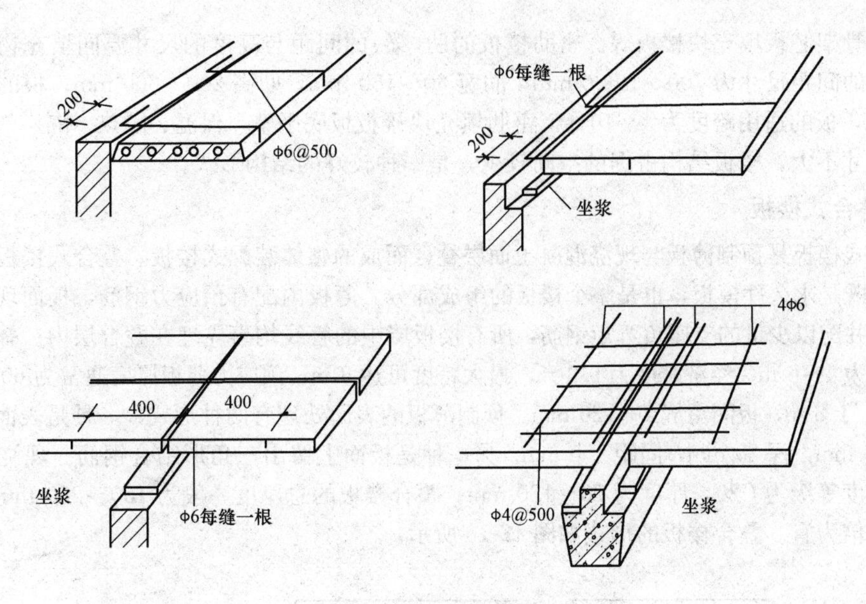

图 12-8　板的锚固

(2)板缝的处理：板与板相拼，纵缝允许宽为 10～20 mm 的缝隙，缝内灌入细石混凝土。板间侧缝的形式有 V 形、U 形和槽形。由于板宽规格的限制，在排列过程中常会出现较大的缝隙，根据排列板数和缝隙的大小，可采取调整板缝的方式将板缝控制在 30 mm 内，用细石混凝土灌实来解决；当板缝大于 50 mm 时，在缝中加钢筋网片，再灌实细石混凝土；当缝宽为 120 mm 时，可将缝留在靠墙处沿墙挑砖填缝；当板缝宽大于 120 mm 时，必须另行现浇混凝土，并配置钢筋，形成现浇板带，如楼板为空心板，可将穿越的管道设在现浇板带处，如图 12-9 所示为板缝的处理。

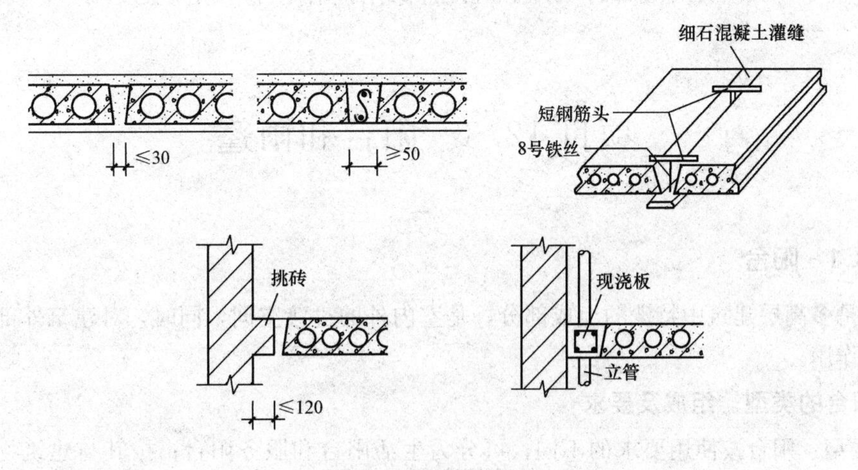

图 12-9　板缝的处理

12.2.3　整体装配式楼板

整体装配式楼板包括密肋填充块楼板和叠合式楼板两类。

1. 密肋填充块楼板

密肋填充块楼板由密肋楼板和填充块叠合而成。密肋楼板有现浇密肋楼板、预制小梁现浇楼板、带骨架芯板填充块楼板等。密肋楼板的肋(梁)的间距与高度的尺寸要同填充物尺寸相配合，通常的间距尺寸为700～1 000 mm，肋宽60～150 mm，肋高200～300 mm；板的厚度不小于50 mm，板的适用跨度为4～10 m。密肋填充块楼板板底平整，保温、隔热、隔声效果好，肋的截面尺寸不大，楼板结构占据的空间较少，是一种较好的结构形式。

2. 叠合式楼板

叠合式楼板是预制薄板与现浇混凝土面层叠合而成的整体装配式楼板。叠合式楼板的钢筋混凝土薄板既是永久性模板，也是整个楼板的组成部分。薄板内配有预应力钢筋，板面现浇混凝土叠合层，并配以少量的支座负弯矩钢筋，所有楼板层中的管线均事先埋在叠合层内。叠合式楼板一般跨度为4～6 m，经济跨度为5.4 m，最大跨度可达9 m；预应力薄板厚度通常为60～70 mm，板宽1.1～1.8 m，板间留缝10～20 mm。预制薄板的表面处理有两种形式，一种是表面刻槽，槽直径是50 mm，深20 mm，间距150 mm；另一种是板面上留出三角形结合钢筋。现浇叠合层的混凝土强度等级为C20，厚度为70～120 mm。叠合楼板的总厚度一般为150～250 mm，以薄板厚度的两倍为宜。叠合楼板的形式如图12-10所示。

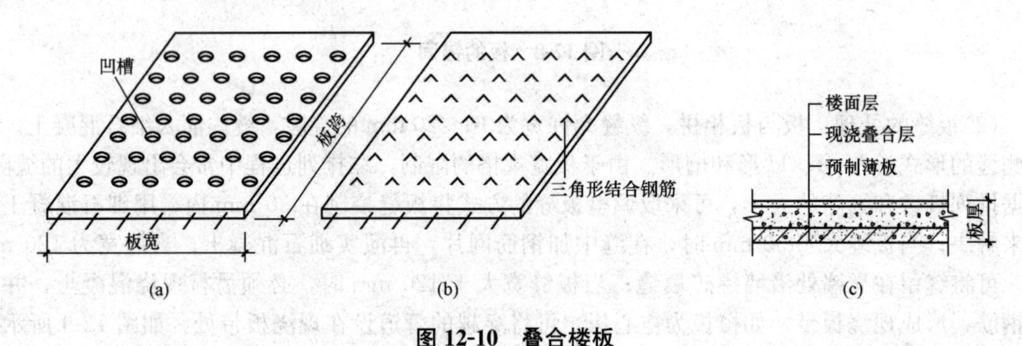

图12-10　叠合楼板

(a)板面刻槽；(b)板面露出三角形结合钢筋；(c)叠合组合楼板

项目12.3　阳台和雨篷

12.3.1　阳台

阳台是多高层建筑中特殊的组成部分，是室内外的过渡空间，同时，对建筑外部造型也具有一定的作用。

1. 阳台的类型、组成及要求

(1)类型：阳台按使用要求的不同，可分为生活阳台和服务阳台；按其与建筑物外墙的关系，可分为挑阳台(凸阳台)、半挑半凹阳台和凹阳台(图12-11)；按阳台在外立面的位置，可分为转角阳台和中间阳台；按阳台栏板上部的形式，可分为封闭式阳台和开敞式阳台等；按施工形式，可分为现浇式和预制装配式；按悬臂结构的形式，可分为板悬臂式与梁悬臂式等。当阳台宽度占有两个或两个以上开间时，被称为外廊。

(2)组成：阳台由承重结构(梁、板)和围护结构(栏杆或栏板)组成。

(3)阳台作为建筑特殊的组成部分，应满足以下要求：

①安全、坚固。阳台出挑部分的承重结构均为悬臂结构，所以阳台挑出长度应满足结构抗

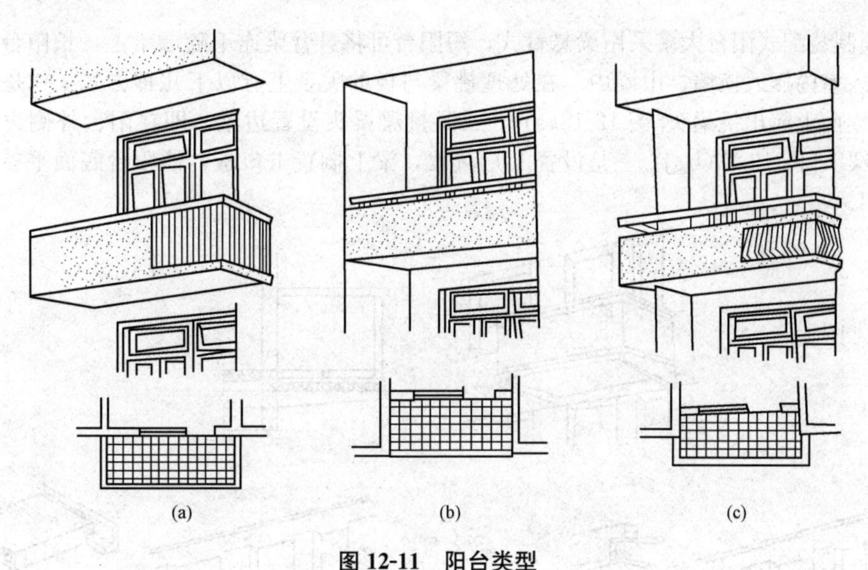

图 12-11　阳台类型

(a)挑阳台；(b)凹阳台；(c)半挑半凹阳台

倾覆的要求，以保证结构安全。阳台栏杆、扶手构造应坚固、耐久，高度不得低于 1.0 m。

②适用、美观。阳台出挑根据使用要求确定，不能大于结构允许出挑长度，阳台地面要低于室内地面一砖厚即 60 mm，以免雨水倒流入室内，并做排水设施。封闭式阳台可不作此考虑。阳台造型应满足立面要求。

2. 阳台支撑构件的布置形式

钢筋混凝土阳台不论现浇或预制均可分为板悬臂或梁悬臂(梁上搭板)两种形式。

板悬臂式有两种形式：一种是由楼板挑出的阳台板构成，出挑不宜过多，但阳台长度可任意调整，施工较麻烦。这种方式阳台板底平整，造型简洁。另一种是墙梁悬挑阳台板，阳台板与墙梁浇在一起，靠墙梁和梁上外墙的自重平衡(外墙不承重时)，或靠墙梁和梁上支撑楼板荷载平衡。可以将阳台板和墙梁做成整块预制构件，吊装就位后用铁件与预制板焊接。悬挑阳台板如图 12-12 所示。

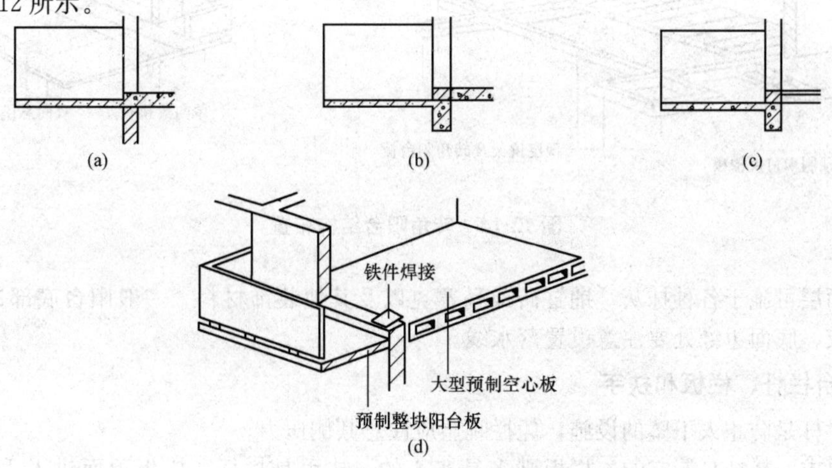

图 12-12　悬挑阳台板

(a)楼板悬挑阳台；(b)墙梁悬挑阳台板(墙不承重)；

(c)墙梁悬挑阳台板(墙承重)；(d)预制整块阳台板

(1)预制装配式阳台大多采用梁悬臂式，短阳台可将悬臂梁连于随墙梁上，长阳台则将悬臂梁后端伸入室内压入横墙、山墙内。在处理挑梁与板的关系上有以下几种方式：一是挑梁外露即阳台正立面上露出挑梁头[图 12-13(a)]；二是挑梁梁头设置边梁，即在阳台外侧边上加边梁封住挑梁梁头[图 12-13(b)]。三是设置 L 形挑梁，梁上搁置卡口板，使阳台底面平整、外形简洁[图 12-13(c)]。

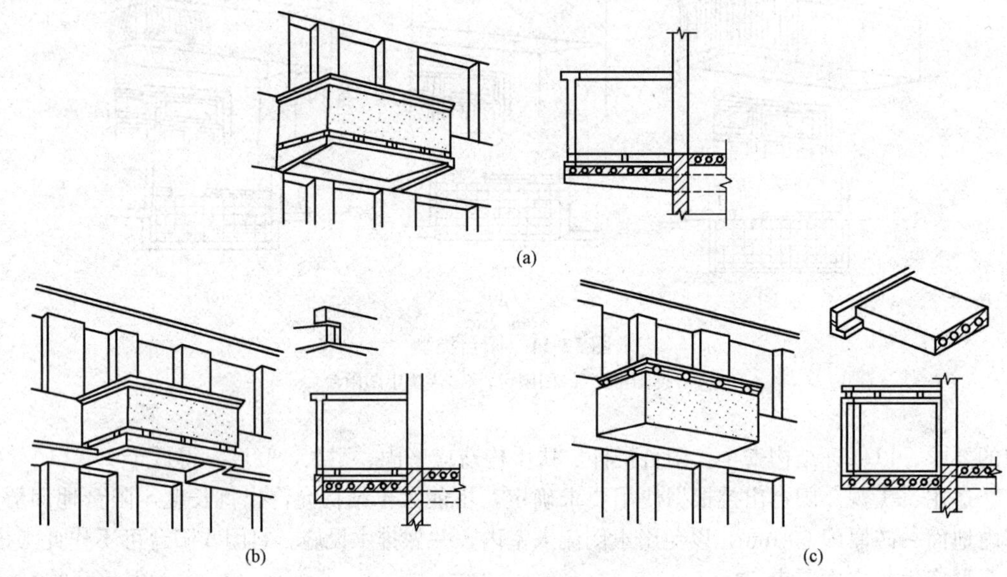

图 12-13　挑梁搭板

(a)挑梁外露；(b)设置边梁；(c)L 形挑梁卡口板

(2)转角阳台结构布置较为复杂，通常采用现浇阳台挑梁和转角阳台板的方式(图 12-14)，也可以采用楼板双向挑出的方式。

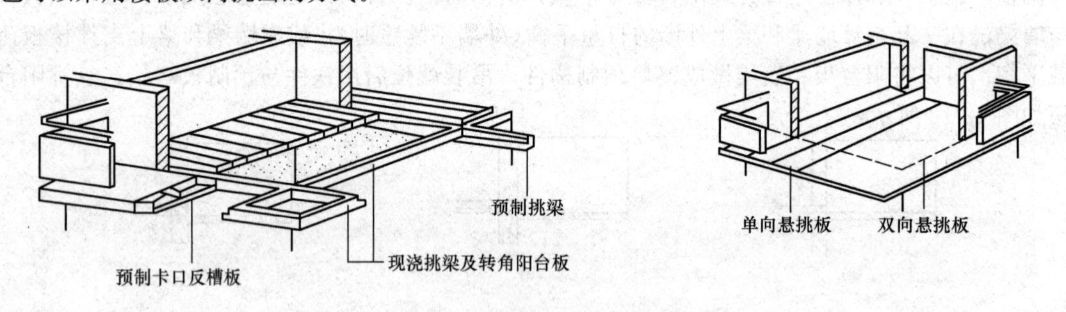

图 12-14　转角阳台结构布置

阳台面层可施于各种抹灰，铺缸砖或马赛克以及其他装饰材料。一般阳台底部边缘以内改做石灰抹灰，底面边缘处要注意设置落水线。

3. 阳台栏杆、栏板和扶手

阳台栏杆是防止人下坠的设施，凭栏眺望应注意其侧压力。

使用要求：栏杆是漏空的，栏板则多是实心的。扶手是栏杆、栏板顶面供人手扶的设施。该部位的制作要符合地区气候特征、人的心理要求及材料特点，做到安全、坚固、美观、舒适的同时，也要经济合理、施工方便。

材料：制作该部位的材料有砖、木、钢筋混凝土、金属、有机玻璃和各种塑料板等。它们价格不一，形式多样。

构造：

(1)栏杆压顶或扶手：钢筋混凝土栏杆通常设置钢筋混凝土压顶，压顶可采用现浇的方式，也可采用预制好的压顶。预制压顶与下部的连接可采用预埋铁件焊接和榫接坐浆的方式，即在压顶底面留槽，将栏杆插入槽内，并用 M10 水泥砂浆坐浆填实。金属扶手可采用焊接、铆接的方式。木扶手及塑料制品往往采用铆接的方式。

(2)栏杆与阳台板的连接：为了提防儿童穿越攀登镂空栏杆，要注意栏杆空格大小，最好不用横条。为了阳台排水和防止物品坠落的需要，栏杆与阳台板的连接处需采用强度等级为 C20 混凝土设置挡水带。栏杆与挡水带采用预埋铁件焊接、榫接坐浆或插筋连接。

(3)栏板的拼接：钢筋混凝土的拼接有直接拼接法和立柱拼接法。直接拼接法即分别在栏板和阳台板上预埋铁件焊接；立柱拼接法，即先将钢筋混凝土立柱与阳台预埋件焊接，再将栏板的预埋件与立柱焊接，形成整体刚度强的栏板形式，这种方式多用于较长的外廊。砖砌栏板有 1/2 砖和 1/4 砖两种，应有水平配筋和外侧配筋，但自重较大，抗侧推力较差，使用较少。

(4)栏杆与墙的连接：一般在砌墙时预留 240 mm×180 mm×120 mm 深的孔洞，将压顶伸入锚固。当使用栏板时，将栏板的上下肋伸入洞内，或在栏杆上预留钢筋伸入洞内，用强度等级 C20 细石混凝土填实。阳台栏杆、栏板构造如图 12-15～图 12-18 所示。

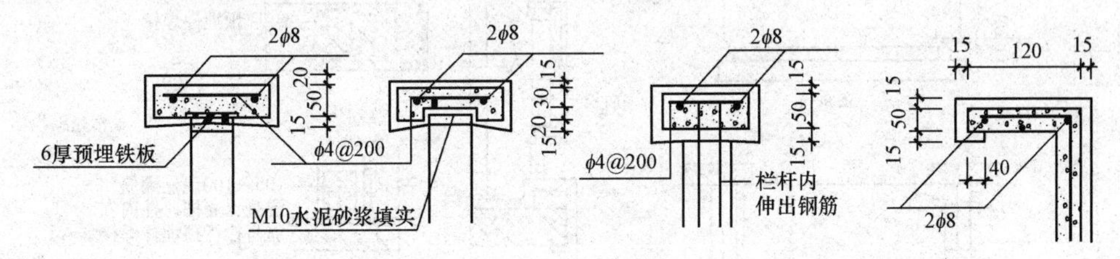

图 12-15 栏杆压顶的做法

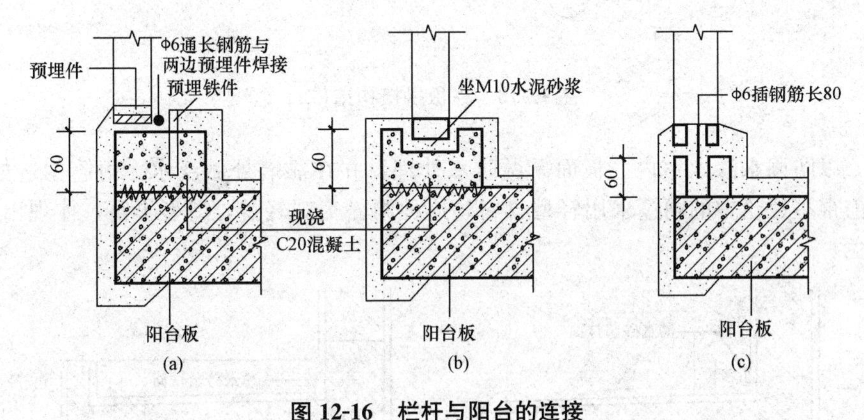

图 12-16 栏杆与阳台的连接

(a)预埋铁件焊接；(b)榫接坐浆；(c)插筋连接

12.3.2 雨篷

雨篷多设在房屋出入口的上部，起遮挡风雨和太阳照射、保护大门、使入口更显眼、丰富建筑立面等作用。雨篷的形式多种多样，根据建筑的风格、当地气候状况选择而定。雨篷的受力作用与阳台相似，为悬臂结构或悬吊结构，只承受雪荷载与自重。钢筋混凝土雨篷有过梁悬挑板式，也有采用墙柱支撑的。悬挑板式雨篷过梁与板面不在同一标高上，梁面必须高出板面

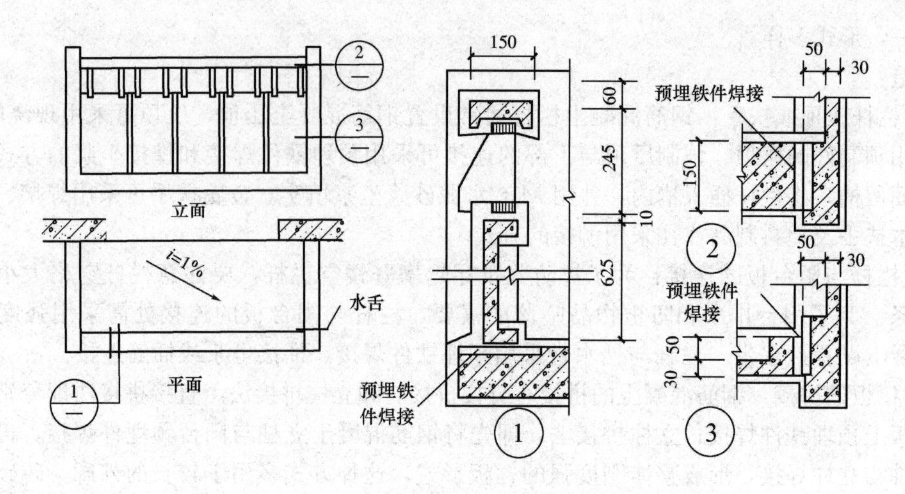

图 12-17　栏板拼接构造(一)

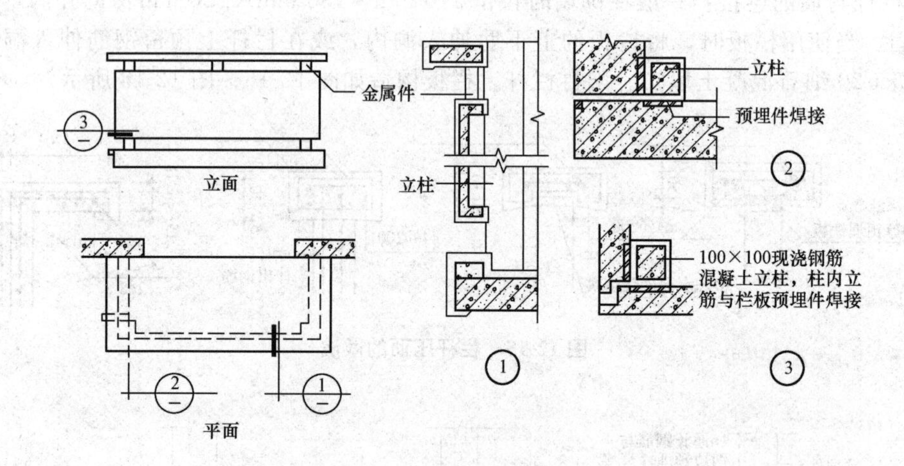

图 12-18　栏板拼接构造(二)

至少一砖，以防雨水渗入室内。板面需做防水处理，并在靠墙处做泛水。雨篷构造如图 12-19 所示。目前很多建筑中的雨篷采用轻型材料，这种雨篷美观轻盈，造型丰富，体现出现代建筑技术的特色。

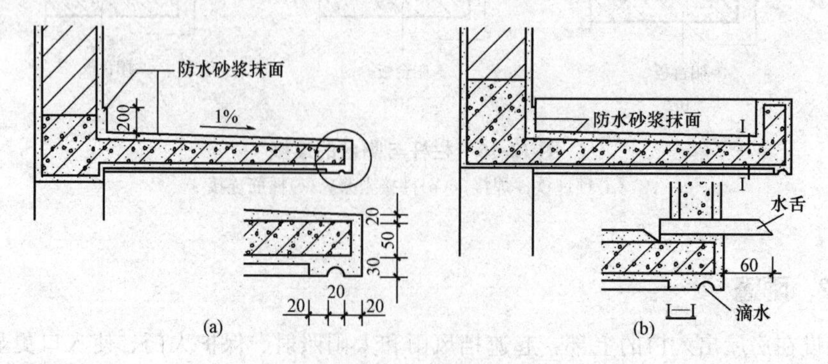

图 12-19　雨篷构造

(a)板式雨篷；(b)梁板式雨篷

项目 12.4　楼 地 面

楼地面主要是指楼板层和地坪层的面层。面层由饰面材料和其下面的找平层两部分组成。楼地面按其材料和做法可分为四大类，即整体地面、块料地面、人造软质地面和木地面。根据不同的要求设置不同的地面。

12.4.1　整体地面

整体地面包括水泥砂浆地面、水磨石地面、水泥石屑地面等现浇地面。

(1)水泥砂浆地面。水泥砂浆地面构造简单、坚固耐用、防潮防水、价格低廉；但蓄热系数大，气温低时人体感觉不适，易产生凝结水，表面易起尘。

(2)水磨石地面。水磨石地面是在水泥砂浆找平层上面铺水泥白石子，面层达到一定强度后加水用磨石机磨光、打蜡而成。为了适应地面变形，防止开裂，在做法上要注意的是在做好找平层后，用玻璃、铜条、铝条将地面分隔成若干小块(1 000 mm×1 000 mm)或各种图案，然后用水泥砂浆将嵌条固定，固定用水泥砂浆不宜过高，以免嵌条两侧仅有水泥而无石子，影响美观。也可以用白水泥替代普通水泥，并掺入颜料，形成美术水磨石地面，但造价较高。水磨石地面具有耐磨、耐久、防水、防火、表面光洁，不起尘、易清洁等优点。

(3)水泥石屑地面。水泥石屑地面是以石屑替代砂的一种水泥地面，这种地面近似于水磨石，表面光洁、不易起尘、易清洁，造价低于水磨石地面。做法分为一层做法和两层做法。一层做法直接在垫层或结构层上提浆抹光；两层做法是增加一层找平层。

12.4.2　块料地面

块料地面是指用胶结材料将块状的地面材料铺贴在结构层或找平层上。有些胶结材料既起找平作用又起胶结作用，也有先做找平层再做胶结层的。下面举例说明。

(1)砖、石地面。采用普通石材或黏土砖砌筑的地面。砌筑方式有平砌和侧砌两种，常用干砌法，这种地面施工简单，造价低，适用于庭院小道和要求不高的地面。

(2)水泥制品块地面。如水磨石块地面、水泥砂浆砖地面、预制混凝土块地面。水泥制品块地面有两种铺砌方式，当预制块尺寸较大且较厚时，用干铺法，即在板下先干铺一层细砂或细炉渣，待校正找平后，用砂浆嵌缝；当预制块小且薄时，用水泥砂浆做结合层，铺好后再用水泥砂浆嵌缝。

(3)陶瓷地砖、陶瓷锦砖。陶瓷地砖又称墙地砖，分为釉面和无釉面、防滑及抛光等多种。色彩丰富，抗腐耐磨，施工方便，装饰效果好。陶瓷锦砖又称马赛克，是优质瓷土烧制的小尺寸瓷砖，人们按各种图案将正面贴在牛皮纸上，反面有小凹槽，便于施工。

12.4.3　人造软质地面

人造软质地面按材料不同可分为塑料制品、油毡地毡、橡胶地毯和涂布无缝地面。软质地面施工灵活、维修保养方便、脚感舒适、有弹性、可缓解固体传声、厚度小、自重轻、柔韧、耐磨、外表美观。下面介绍几种人造软质地面。

(1)塑料地面。塑料地面是选用人造合成树脂(如聚氯乙烯等塑化剂)加入适量填充料、掺入颜料、经热压而成，底面衬布。聚氯乙烯地面品种多样：有卷材和块材，有软质和半硬质，有单层和多层，有单色和复色。常用的聚氯乙烯地面有聚氯乙烯石棉地砖、软质和半硬质氯乙烯地面。前一种可由不同色彩和形状拼成各种图案，施工时在清理基层后根据房间大小设计图案排料编号，在基层上弹线定位后，由中间向四周铺贴。后一种则是按设计弹线在塑料板底满涂胶粘剂 1～2 遍后进行铺贴。地面的铺贴方法是，先将板缝切成 V 形，然后用三角形塑料焊条、电热焊枪焊接，并均匀加压 24 h。塑料地面施工如图 12-20 所示。

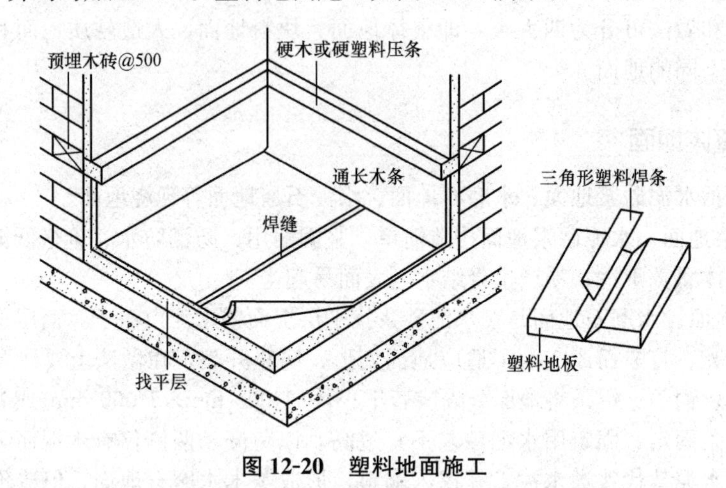

图 12-20　塑料地面施工

(2)橡胶地面。橡胶地面是在橡胶中掺入一些填充料制成。橡胶地面表面可做成光滑的或带肋的，可制成单层的或双层的。双层橡胶地面的底层如改用海绵橡胶弹性会更好。橡胶地面有良好的弹性，耐磨、保温、消声性能也很好，行走舒适。适用于很多公共建筑中，如阅览室、展馆和实验室。

(3)涂料地面和涂布地面。涂料地面和涂布地面的区别在于前者以涂刷方法施工，涂层较薄；后者以刮涂方式施工，涂层较厚。用于地面的涂料有过氯乙烯地面涂料、苯乙烯地面涂料等，这些涂料施工方便，造价低，能提高地面的耐磨性和不透水性，故多适用于民用建筑中，但涂料地面涂层较薄，不适用于人流较多的公共场所。

12.4.4　木地面

木地面有较好的弹性、蓄热性和接触感，目前常用在住宅、宾馆、体育馆、舞台等建筑中。木地面可采用单层地板或双层地板。按板材排列形式，可分为长条地板和拼花地板。长条地板应顺房间采光方向铺设，走道沿行走方向铺设。为了防止木板的开裂，木板底面应开槽；为了加强板与板之间的连接，板的侧面开有企口或截口。木地板按其构造方法有实铺和架空两种。

(1)实铺木地板。实铺木地板是在钢筋混凝土楼板上做好找平层，然后用粘结材料，将木板直接贴上的木地板形式。它具有结构高度小，经济性好的优点。实铺木地板弹性差，使用中维修困难。实铺木地板构造形式如图 12-21 所示。实铺木地板直接粘贴在找平层上，应注意粘贴质量和基层平整。粘贴材料常用沥青胶、环氧树脂、乳胶等。

(2)架空木地板。架空木地板有单层架空木地板和双层架空木地板两种。单层架空木地板是在找平层上固定梯形截面的小搁栅，然后在搁栅上钉长条木地板的形式。双层架空木地板是在搁栅上铺设毛板再铺地板的形式，毛板与面板最好成 45°或 90°交叉铺钉，毛板与面板之间可衬一层油纸，作为缓冲层。为了防潮，要在结构层上刷冷底子油和热沥青一道，并组织好板下架空层的通风。通常在木地板与墙面之间，留有 10～20 mm 的空隙，踢脚板或地板上可设通风篦

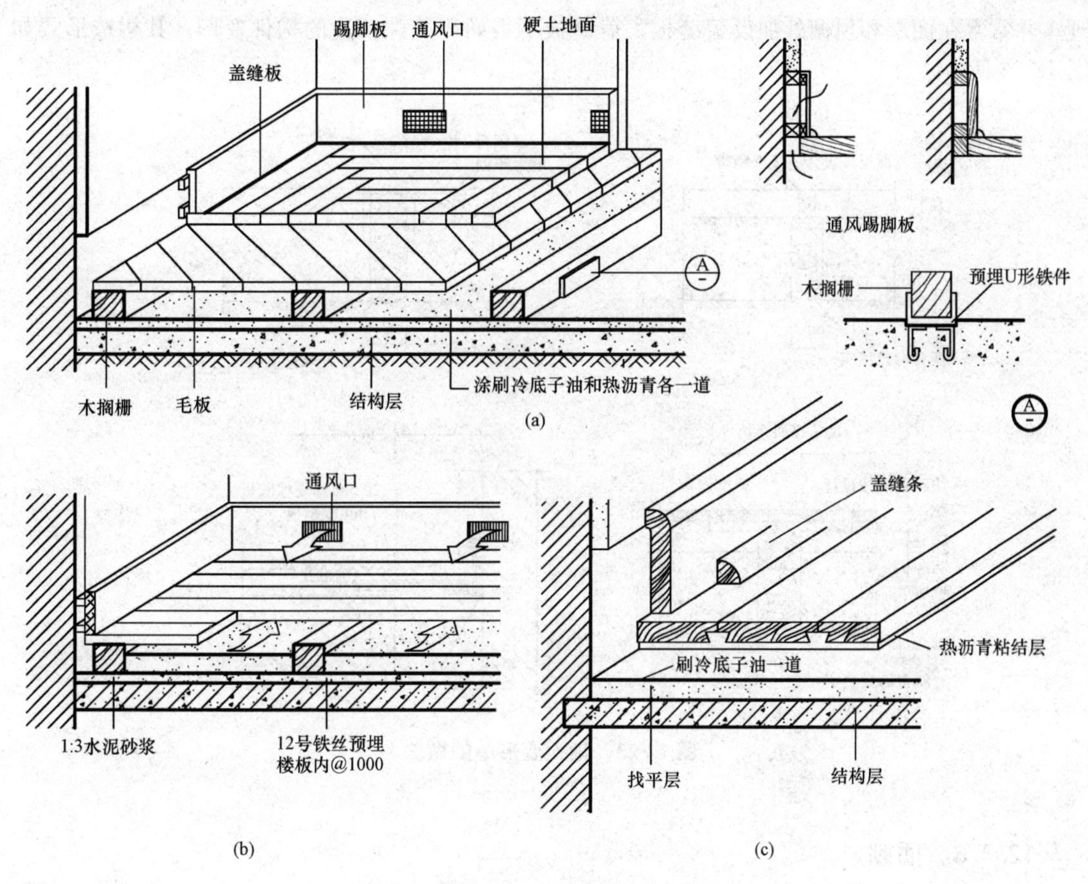

图 12-21　实铺木地板

(a)双层木地板；(b)单层木地板；(c)粘贴式木地板

子，以保持地板干燥。搁栅间可填以松散材料，如经过防腐处理的木屑，经过干燥处理的木渣、矿渣等，能起到隔声的作用，架空木地板做法如图 12-22 所示。

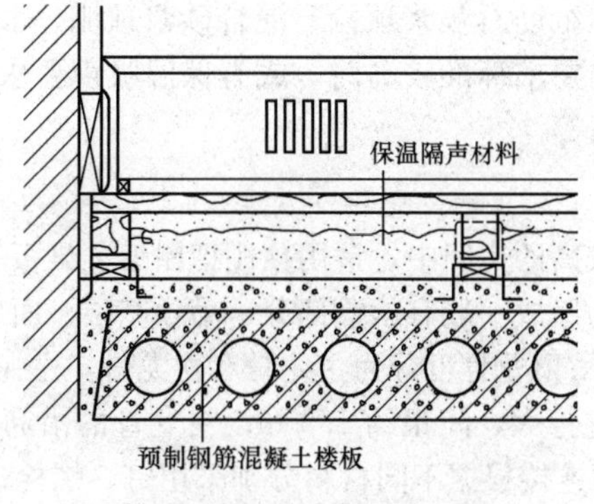

图 12-22　架空木地板做法

12.4.5　地面变形缝

地面变形缝包括温度伸缩缝、沉降缝和防震缝。变形缝的尺寸大小与墙面屋面一致，大面积的地面还应适当增加伸缩缝。缝内用玛琋脂、经过防腐处理的金属调节片、沥青麻丝进行处理。并常常在面层和顶棚处加设盖缝板，盖缝板不得妨碍缝隙两边的构件变形。其构造形式如图 12-23 所示。

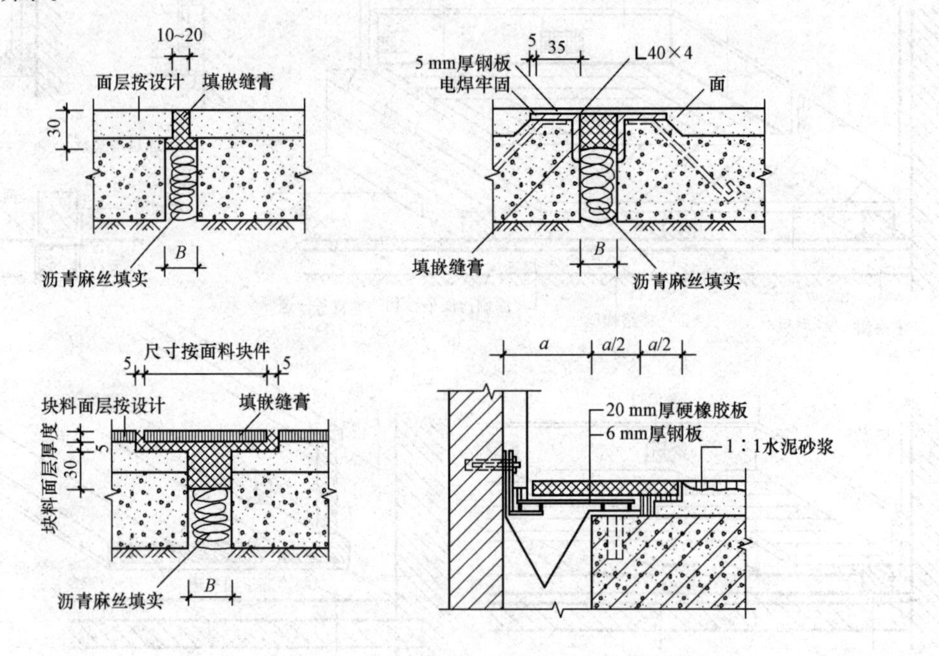

图 12-23　地面变形缝的做法

12.4.6　顶棚

顶棚是楼层的组成部分之一，可分为直接顶棚和吊顶。

1. 直接顶棚

直接顶棚包括楼板(屋面板)板底直接喷刷形式、板底抹灰形式和贴面形式。当室内要求不高或楼板底面平整时，可在板底嵌缝后喷(刷)石灰浆或涂料两道；板底不够平整或室内要求较高的房间，则在板底抹灰，如纸筋石灰浆顶棚、混合砂浆顶棚、水泥砂浆顶棚、麻刀石灰浆顶棚、石膏灰浆顶棚等；当室内要求标准较高时，或有保温吸声要求的房间，可在板底直接粘贴装饰吸声板、石膏板、塑胶板等。

2. 吊顶

在较大空间和装饰要求较高的房间中，常用顶棚把屋架、梁板等结构构件及设备遮盖起来，形成一个完整的表面。吊顶的组成一般有承重部分、吊顶基层、面层。

(1)承重部分是指龙骨。吊顶龙骨可分为主龙骨和次龙骨，主龙骨通过吊筋或吊件固定在屋顶或楼板结构上，断面较次龙骨大，间距约 1.5 m；主龙骨的吊筋为 Φ8～Φ10 的钢筋，间距不超过 1.5 m。吊筋与主龙骨的连接根据不同材料分别采用钉、螺栓、勾挂、焊接等方法。

(2)吊顶基层是用来固定面层的，由次龙骨和间距龙骨组成吊顶骨架，其断面形式、布局形式、间距尺寸视其材料本身和面层材料而定。次龙骨固定在主龙骨上，间距不超过 0.6 m，连接方式同上。

(3)面层即吊顶的表面层，一般分为抹灰面层(板条抹灰、钢板网抹灰)和板材面层(木制板材、矿物板材、金属板材)两大类。

思考题

1. 楼板有哪些类型？其基本组成是什么？
2. 楼地层的基本组成及设计要求有哪些？
3. 现浇钢筋混凝土楼板主要有哪几种类型？
4. 底层地面与楼地面在构造上有什么不同？
5. 阳台有哪些类型？阳台板的结构布置形式有哪些？
6. 阳台栏杆有哪些形式？各有何特点？
7. 顶棚的作用是什么？有哪些设计要求？

模块13　屋　　顶

学习要求

了解屋顶的类型及平屋顶与坡屋顶的组成；熟悉屋顶防水要求及坡屋顶与平屋顶的构造做法。

项目13.1　屋　　顶

屋顶是建筑最顶部的承重围护构件，又称屋盖，主要有以下作用：一是承重作用，主要承受作用于屋顶上的风荷载、雪荷载和屋顶自重等；二是围护作用，防御自然界的风、雨、雪、太阳辐射热和冬季低温等的影响；三是装饰、美观的作用。

13.1.1　屋顶的组成

屋顶主要由顶棚、结构层、找坡层、隔气层、保温层、找平层、结合层、防水层、保护层组成。

13.1.2　屋顶的类型

按外观形式划分，屋顶主要有平屋顶、坡屋顶和曲面屋顶三种类型。

(1)平屋顶。平屋顶通常是指排水坡度小于5%的屋顶，常用坡度为2%～3%，上人屋面坡度常用1%～2%。常见的平屋顶形式如图13-1所示。

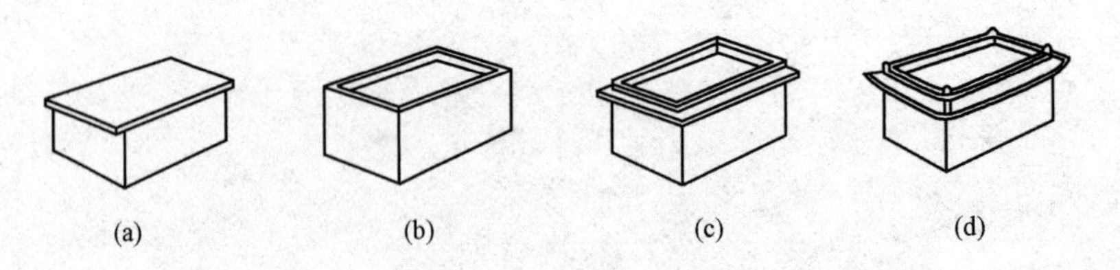

图13-1　平屋顶的形式

(a)挑檐；(b)女儿墙；(c)挑檐女儿墙；(d)盝(盒)顶

(2)坡屋顶。坡屋顶通常是指屋面坡度大于10%的屋顶。常见的坡屋顶形式如图13-2所示。坡屋顶坡度的表示方法有斜率法、百分比法和角度法，如图13-3所示。

(3)曲面屋顶。曲面屋顶是由各种薄壁壳体或悬索结构、网架结构等作为屋顶承重结构的屋顶。常见的曲面屋顶形式如图13-4所示。

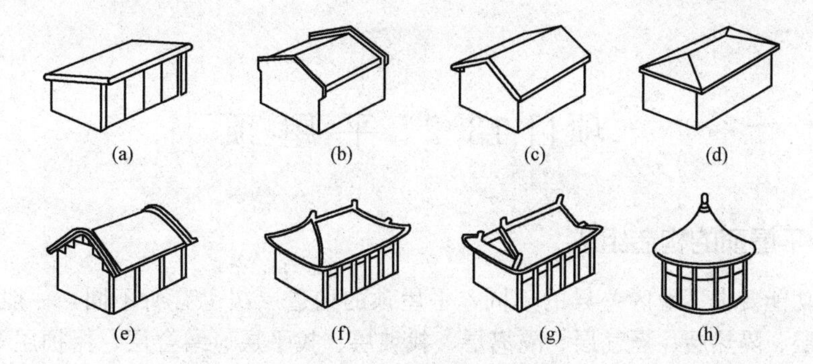

图 13-2　坡屋顶的形式

(a)单坡顶；(b)；硬山两坡顶(c)悬山两坡顶；(d)四坡顶；
(e)卷棚顶；(f)庑殿顶；(g)歇山顶；(h)圆攒尖顶

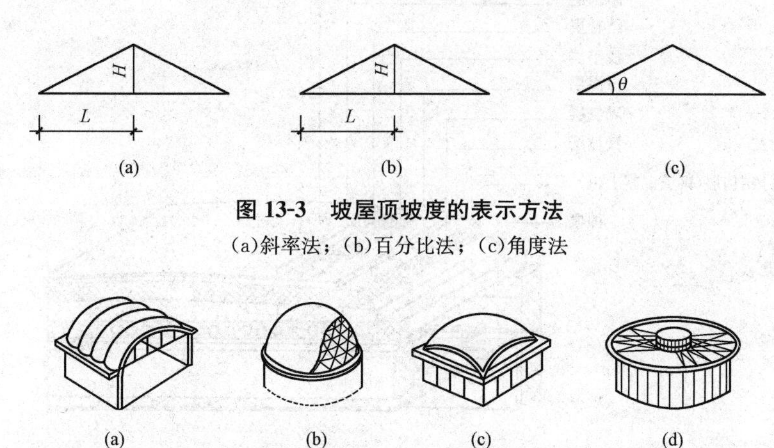

图 13-3　坡屋顶坡度的表示方法

(a)斜率法；(b)百分比法；(c)角度法

图 13-4　曲面屋顶的形式

(a)双曲拱屋顶；(b)球形网壳屋顶；(c)扁壳屋顶；(d)车轮形悬索屋顶

13.1.3　屋顶的设计要求

1. 满足使用功能要求

屋顶主要应满足防水排水和保温隔热等功能要求。

(1)防水、排水要求。屋面最基本的功能要求是防止渗漏，因此屋顶的防水、排水设计成为屋顶构造设计的核心。普遍的做法是设计时即采用抗渗性好的防水材料及合理的构造措施来防渗，同时，选用适当的排水坡度和排水方式，将屋面上的雨水迅速排除，以避免渗漏。

(2)保温隔热要求。在屋顶的构造层次中采用保温材料做保温层，不仅可以保证建筑物的室内气温稳定，而且可以避免能源浪费和室内表面结露、受潮等。

2. 满足结构安全要求

屋顶承重结构应具有足够的强度和刚度，以承受结构自重、风荷载、雪荷载、积灰荷载、屋面检修荷载等，同时屋顶受力后不应有较大的变形，否则会使防水层开裂，造成屋面渗漏。

3. 满足建筑艺术效果

屋顶是建筑物外部形体的重要组成部分，其形式在很大程度上影响建筑艺术造型和建筑物的风格特征。因此，屋顶应具有良好的色彩和造型，满足建筑艺术、地域特色、宗教信仰等方面的要求。

项目 13.2 平屋顶

13.2.1 平屋顶的构造组成

由于建筑功能要求、地区差异的不同，平屋顶的构造层次也有所不同，一般包括结构层、防水层、保温层、隔热层、隔气层、隔离层、找坡层、找平层、结合层、保护层等辅助构造层次，如图 13-5 所示。

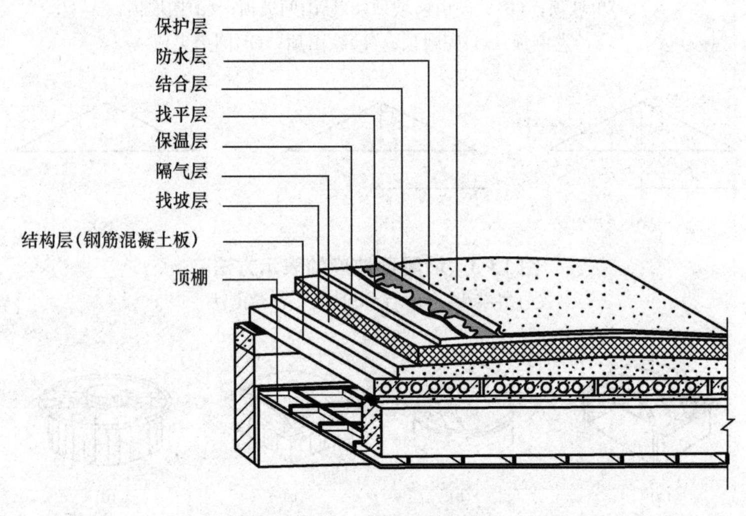

图 13-5 平屋面的组成

13.2.2 平屋顶的防水

1. 卷材防水屋面

卷材防水屋面是将柔性防水卷材或片材用胶结材料贴在屋面基层上，形成一个大面积封闭的防水覆盖层，又称为柔性防水。

目前使用的柔性防水卷材有：沥青类卷材，如石油沥青油毡、焦油沥青油毡；高聚物改性沥青防水卷材，如 SBS 改性沥青防水卷材、APP 改性沥青防水卷材；合成高分子防水卷材，如三元乙丙橡胶防水卷材、再生胶防水卷材等。卷材铺设前，基层必须干净、干燥，并涂刷与卷材配套使用的基层处理剂。

(1)卷材防水屋面的基本构造。卷材防水屋面自下而上的构造一般为：天棚层、结构层、找平层、隔气层、保温隔热层、找平层、结合层、卷材防水层、保护层。

(2)卷材防水层的铺贴方法。从施工方法上，可划分为冷粘法、热熔法、热风焊接法、自粘法等；从粘结方式上可划分为满铺法、空铺法、条粘法、点粘法；按卷材铺贴方向可分为垂直屋脊和平行屋脊铺贴两种方法，如图 13-6 所示。

当屋面坡度小于 3%时，卷材宜采用平行屋脊铺贴；当坡度在 3%～15%时，卷材可平行或垂直屋脊铺贴。常用平行屋脊铺贴较多，即自屋檐开始平行于屋脊从下至上一层一层搭接铺贴，这样的搭接方向有利于排水，不易渗漏。当坡度大于 15%时，应采用垂直屋脊铺贴，垂直屋脊

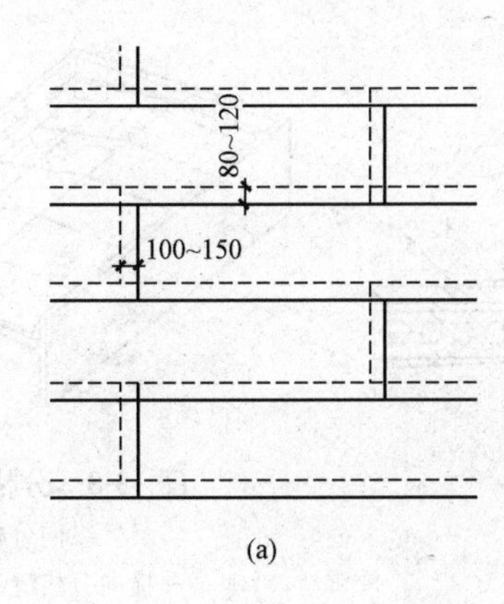

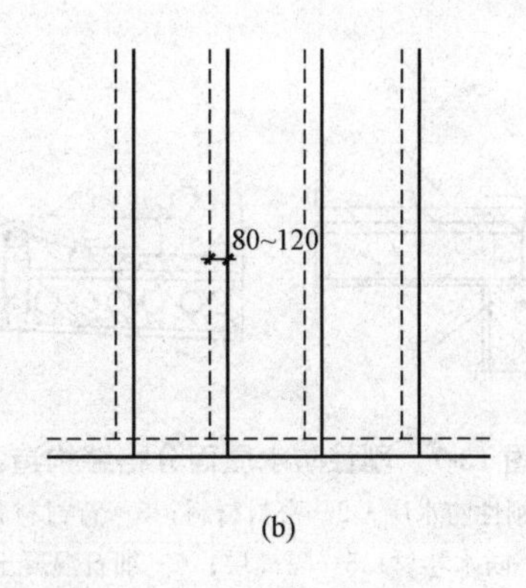

图 13-6　卷材铺设

(a)平行屋脊铺贴；(b)垂直屋脊铺贴

的搭接缝应顺年最大频率风向搭接。采用平行屋脊或垂直屋脊铺贴时，上下层及相邻两幅卷材的搭接应错开。

2. 刚性防水屋面

刚性防水屋面主要指以密实性混凝土或防水砂浆等刚性材料作为屋面防水层的屋面防水构造方法，由于防水砂浆和防水混凝土的抗拉强度低，属于脆性材料，故称为刚性防水屋面。

刚性防水屋面的优点是施工简单、经济，但其施工技术要求高，对结构变形敏感，易裂缝而导致渗漏水，多用于气候变化小的南方地区，防水等级为Ⅲ级的屋面防水，也可用作防水等级为Ⅰ级、Ⅱ级的屋面多道防水设防中的一道防水层。其不适用于松散材料做保温层的屋面、振动较大的屋面和温差变化较大的北方地区。

(1)刚性防水屋面的基本构造。刚性防水屋面自下而上的构造一般为：天棚层、结构层、保温隔热层、找平层、隔离层、刚性防水层、保护层。

(2)刚性防水屋面的构造做法。

1)结构层。一般采用现浇或预制装配钢筋混凝土屋面板。

2)找平层。结构层为预制的钢筋混凝土板时，应做找平层，常规做法为 15～20 mm 厚的 1∶3水泥砂浆。当采用现浇钢筋混凝土整体结构式，可不做找平层。

3)防水层。采用强度等级不低于 C20 的细石混凝土整体现浇，其厚度不宜小于 40 mm，并在其中部偏上位置配置 Φ4 或 Φ6@100～200 的双向钢筋网片，以防止混凝土收缩时产生裂缝，钢筋保护层厚度不小于 10 mm。但如果用普通水泥砂浆或细石混凝土时，必须经过处理才能作为屋面刚性防水层，可通过增加防水剂提高密实性、添加微涨剂提高其抗裂性或控制水灰比及加强浇筑时振捣提高砂浆和混凝土的密实性等措施进行处理。

(3)刚性防水屋面应对开裂的措施。刚性防水屋面最大的问题是容易开裂。因为屋面在昼夜温差的作用下周而复始地热胀冷缩，需要防水材料能够随这些变化而伸缩、回缩。

建筑物因沉降不均匀也会造成屋面结构的轻微变形，尤其是当屋面结构采用预制装配式屋面板时，屋面板的搁置端及侧缝间都是变形敏感部位。

针对以上情况，可采取以下措施提高其防水性能。

1)设置分格缝。分格缝也称为分仓缝，是防止屋面防水层出现不规则裂缝而适应热胀冷缩及屋面变形设置的人工缝，这是提高刚性防水层防水性能的重要措施，如图 13-7 所示。分格缝一般设置在屋面板易变形处，如梁、墙等处，纵横对齐，不要错缝，如图 13-8 所示。

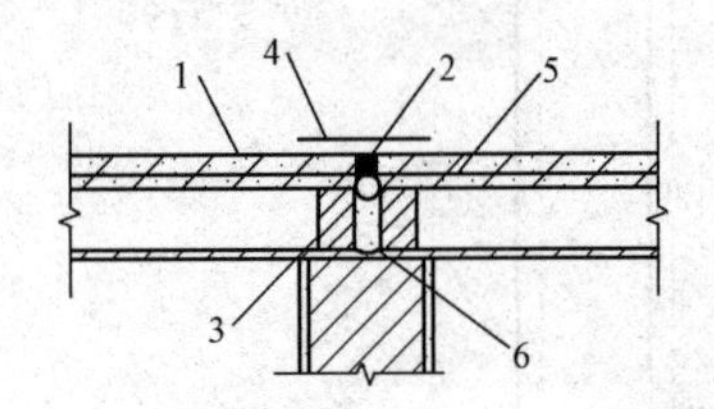

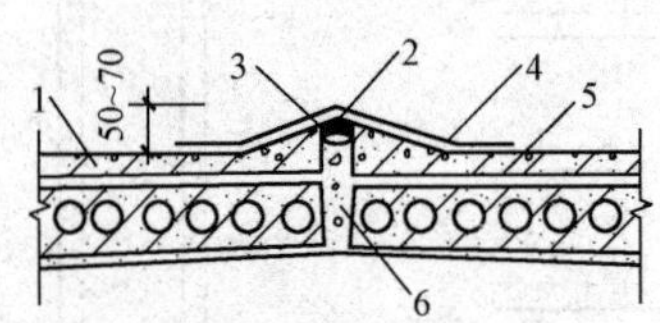

图 13-7 刚性防水屋面分格缝构造

1—刚性防水层；2—密封材料；3—背衬材料；
4—防水卷材；5—隔离层；6—细石混凝土

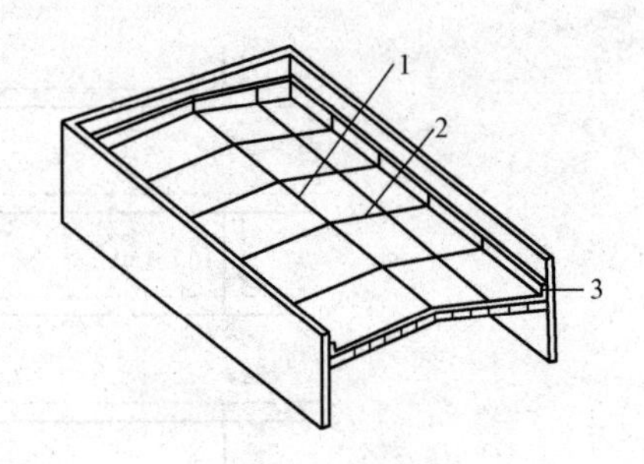

图 13-8 分格缝位置

1—纵向分格缝；
2—横向分格缝；3—泛水

分格缝宽度一般为 20～40 mm，分格缝有平缝和凸缝两种。分格缝纵横间距不宜大于6 m，每格面积宜控制在 20～30 mm^2 之间。防水层内的钢筋网在分格缝处全部断开。为了有利于伸缩，缝内不能用砂浆填实或有其他杂物，一般采用防水油膏嵌缝，也可用油毡等盖缝。当缝口表面用防水卷材铺贴盖缝时，防水卷材的宽度一般为 200～300 mm。

2)设置隔离层。隔离层也称为浮筑层。由于结构层在荷载作用下产生挠曲变形，在温度变化时产生胀缩变形，结构层较防水层厚，刚度也大，当结构产生变形时，就会将防水层拉裂。故将防水层和结构层两者分离，以适应各自的变形，即在结构层与防水层之间设置隔离层。隔离层可采用纸筋灰、低强度等级砂浆或薄砂层上干铺油毡等做法。

项目 13.3 坡屋顶

13.3.1 坡屋顶的形式、组成及排水方式

1. 坡屋顶的形式与分类

坡屋顶是一种沿用较久的屋面形式，形式多样，相互组合可形成丰富多彩建筑造型。坡屋面坡度较大，根据材料的不同，坡度可取 10%～50%，坡度大于 50%时需加强固定。坡屋顶的组成如图 13-9 所示。

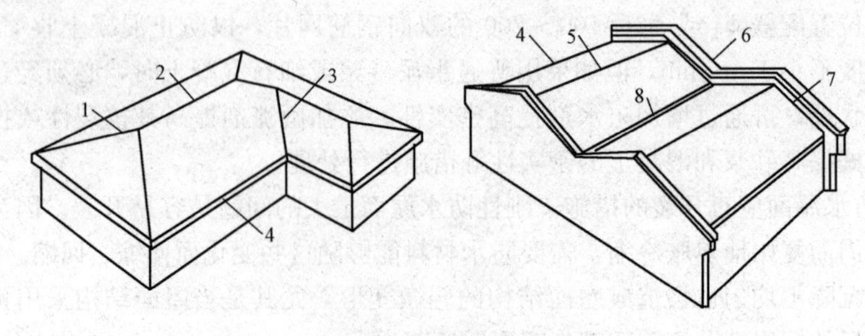

图 13-9 坡屋顶的组成

1—斜脊；2—主脊；3—斜沟；4—檐口；5—屋脊；6—出山；7—泛水；8—天沟

根据檐口和山墙处理方式的不同，双坡屋顶又可分为悬山屋顶、硬山屋顶和出山屋顶。

(1)悬山屋顶。山墙挑檐的双坡屋顶。挑檐可保护强身，有利于排水，并有一定的遮阳作

用，常用于南方多雨地区。

(2)硬山屋顶。山墙不出檐的双坡屋顶，常用于北方少雨地区。

(3)出山屋顶。山墙超出屋顶，可作为防火墙或装饰之用。根据防火规范，山墙超出屋顶500 mm，易燃体不砌入墙内可作为防火墙。

四坡屋顶又称四落水屋顶，古代宫殿庙宇中的四坡顶称为庑殿顶，四面挑檐利于保护墙身。四坡屋顶两面形成两个小山尖，古代时称为歇山，山尖处可设百叶窗，有利于屋顶通风。

2. 坡屋顶的组成及各部分的作用

坡屋顶主要由屋面、支承结构、顶棚等部分组成，必要时还可增加保温层、隔热层等。

屋面的主要作用是防水和围护。支承结构的主要作用是为屋面提供基层、承受屋面荷载并把它传到垂直构件上。顶棚形式可结合室内装修进行，可增加室内空间的艺术效果。

3. 坡屋顶的排水方式

坡屋顶的排水方式一般可分为无组织外排水、檐沟外排水和女儿墙外排水，如图 13-10 所示。

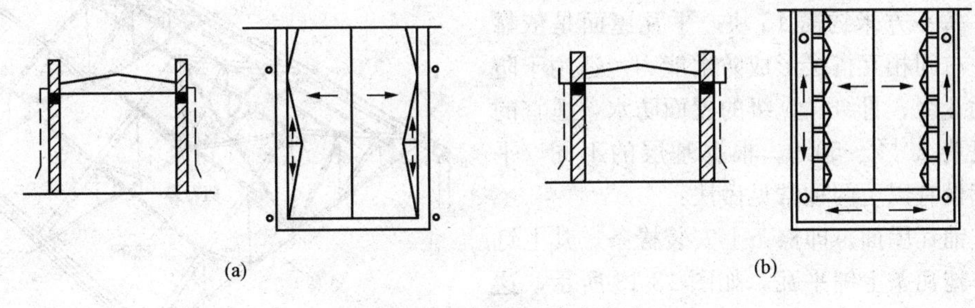

图 13-10　坡屋顶排水方式

(a)女儿墙外排水；(b)女儿墙檐沟外排水

13.3.2　坡屋顶的承重结构

坡屋顶的承重结构用来承受屋面传来的荷载，并把荷载传递给墙或柱。常见的结构形式有檩式和板式两种。

1. 檩式结构

檩式结构的坡屋顶是利用各种瓦材做防水层，凭借瓦与瓦之间的搭接来达到防水的目的。屋面主要由椽条、屋面板、油毡、顺水条、挂瓦条及瓦片等组成。

(1)檩式结构的承重方式。檩式结构是在屋架或山墙上支承檩条，檩条上铺设屋面板或檩条的结构体系。承重方式主要有屋架承重和山墙承重两种。

1)屋架承重。屋架是由多个杆件组合而成的承重桁架，可用木材、钢材、钢筋混凝土制作，形状有三角形、梯形、拱形、折线形等，如图 13-11 所示。屋架支承在纵向外墙或柱上，上面搁置檩条或钢筋混凝土屋面板承受屋面传来的荷载，如图 13-12 所示。

2)山墙承重。山墙承重即在形成尖顶形式的横墙上搁檩条，檩条上设椽条后再铺屋面。常用的檩条有木檩条、混凝土檩条、钢檩条等。由于檩条及挂瓦板等跨度一般在 4 m 左右，故山墙承重结构体系适用于小空间建筑，如宿舍、住宅等。山墙承重结构简单，构造和施工方便，在小空间建筑中是一种合理和经济的承重方案。

(2)檩式结构屋面瓦铺设。我国传统的平瓦为黏土平瓦，近几年来由于保护耕地，大多数地区已禁用，目前有水泥平瓦、陶瓦等替代产品。平瓦的一般尺寸为(380～420)mm×(230～

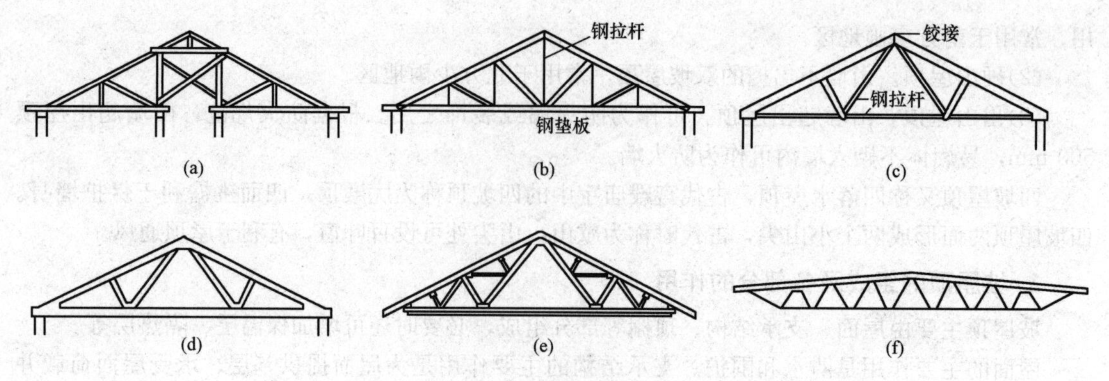

图 13-11　屋架的形式

(a)四支点木屋架；(b)钢筋混凝土三铰式屋架；(c)钢木组合豪式屋架；
(d)钢筋混凝土屋架；(e)芬式钢屋架；(f)梭形轻钢屋架

250)mm，相互搭接后的有效尺寸约为 330 mm×200 mm，每平方米约需 15 块。平瓦屋面是依靠上下及左右间相互搭接形成防水能力。适用于防水等级为Ⅱ级、Ⅲ级、Ⅳ级的屋面防水，适宜的排水坡度为 20%～50%。根据基层的不同，平瓦屋面铺设有以下两种常见做法：

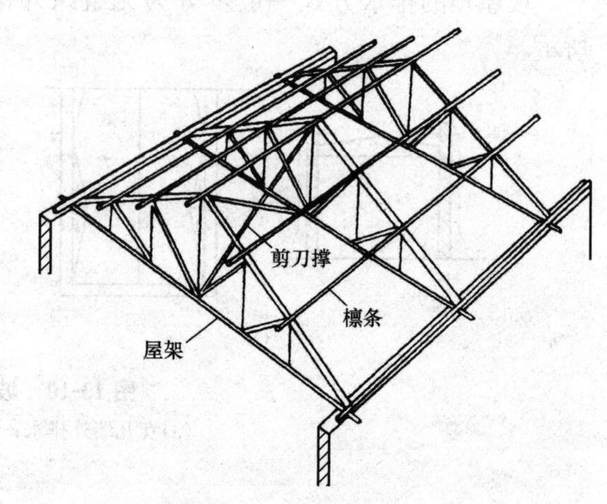

图 13-12　屋架承重

1)空铺瓦屋面。即檩条上安装椽条，其上钉挂瓦条，挂瓦条上铺平瓦，如图 13-13 所示，这种屋面构造简单、经济，但易渗水，保温隔热性能差，多用于南方地区非保温及简易建筑。

2)实铺瓦屋面。在檩条或椽条上钉屋面板，屋面板上铺油毡，钉顺水条和挂瓦条，上铺平瓦，如图 13-14 所示。这种屋面的防水、防渗、耐久性能好，且能提高屋面的保温隔热性能，但木材用量多，工程造价高，多用于标准及防水要求较高的建筑。

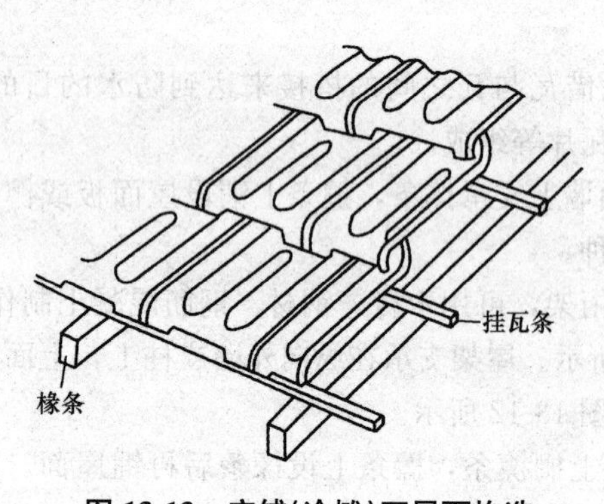

图 13-13　空铺(冷摊)瓦屋面构造

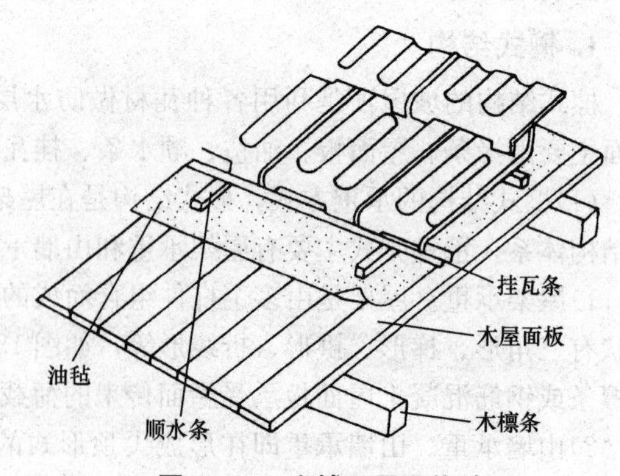

图 13-14　实铺瓦屋面构造

2. 板式结构

板式结构是将钢筋混凝土屋面板、预制空心板或挂瓦板，直接搁置在上部为三角形的横墙、屋架或斜梁上的支承方式。在板上用砂浆贴瓦或用挂瓦条挂瓦。常见的板式结构有钢筋混凝土平瓦屋面和挂瓦板平瓦屋面两种。

(1)钢筋混凝土平瓦屋面。钢筋混凝土屋面板承重即在墙或柱上倾斜搁置现浇或预制钢筋混凝土屋面板来作为坡屋顶的承重结构，钢筋混凝土板即作为结构层又作为屋面基层，上面盖瓦。可分为预制装配式和现浇整体式。预制装配式即在山墙、屋面梁或屋架上放置屋面板作为结构层，一般用于坡度较小的坡顶；现浇整体式采用现浇的板式或梁板式结构，能形成较大坡度。这种承重方式节省木材，构造简单，提高了建筑物的防火性能。

瓦片的铺设方式可以根据屋面坡度选用窝瓦或挂瓦。窝瓦即在屋面板上抹水泥砂浆或石灰砂浆将瓦片粘结；坡度较大屋顶用挂瓦条挂瓦，构造做法是钢筋混凝土屋面板上用水泥钉钉挂瓦条，平瓦钻孔用双股铜丝绑于挂瓦条上，瓦下坐混凝土砂浆。

(2)钢筋混凝土挂瓦板平瓦屋面。钢筋混凝土挂瓦板平瓦屋面是把檩条、木望板、挂瓦条几个构件结合为一体的预制钢筋混凝土构件。钢筋混凝土挂瓦板基本形式有双 T、单 T 和 F 形三种，如图 13-15 所示。这种屋顶构造简单，省工省料，造价经济，但易渗水。

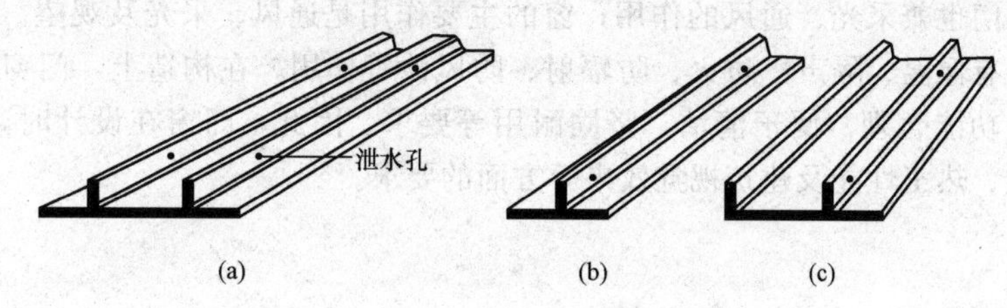

图 13-15　钢筋混凝土挂瓦板

(a)双肋板；(b)单肋板；(c)F 板

思考题

1. 屋顶由哪几部分组成？它们的主要功能是什么？
2. 屋顶设计应满足哪些要求？
3. 屋顶坡度的形成方法有哪些？比较各种方法的优缺点。
4. 什么是无组织排水和有组织排水？它们的优缺点和适用范围是什么？
5. 常见的有组织排水方案有哪几种？各适用于哪些条件？
6. 如何进行屋顶排水组织设计？
7. 卷材屋面出现开裂、起鼓、流淌的原因是什么？如何采取构造措施加以防止？
8. 保温屋面为什么要设隔气层？为什么要考虑排气措施？如何设置保温屋面？
9. 卷材屋面的泛水、天沟、檐口、女儿墙等细部构造的要点是什么？
10. 何谓刚性防水屋面？刚性防水屋面的构造层有哪些？
11. 刚性防水屋面容易开裂的原因是什么？可以采取哪些措施预防开裂？
12. 为什么要在刚性防水屋面中设分格缝？分格缝应设在哪些部位？
13. 分格缝的构造要点是什么？
14. 常见屋面保温材料有几类？保温屋面构造做法有哪几类？
15. 平屋顶隔热有哪些构造做法？各种做法适用于何种情况？

模块14 门　窗

学习要求

了解门窗的类型和组成；了解窗户遮阳的方式；熟悉门窗的尺寸；掌握门窗的安装方法。

门窗是房屋的围护、分隔构件，不承重。其中门的主要作用是交通出入、分隔、联系空间，带玻璃或亮子的门也兼采光、通风的作用；窗的主要作用是通风、采光及观望。在不同使用条件下，门和窗还有保温、隔声、防火、防辐射、防风沙等作用。在构造上，门窗应满足开启方便、关闭紧密、功能合理、便于清洁、坚固耐用等要求。因此，门窗在设计时，应满足采光、通风、密闭性能、热工性能及建筑视觉效果等方面的要求。

项目14.1　门窗的分类

14.1.1　按材料分类

门窗按制造材料不同，可分为木门窗、钢门窗、铝合金门窗、塑料门窗及塑钢门窗等类型。

14.1.2　按开启方式分类

(1)门的开启方式。门按开启方式不同，可分为平开门、弹簧门、推拉门、折叠门、转门、升降门和卷帘门等，如图14-1所示。

(2)窗的开启方式。窗按开启方式不同，可分为平开窗、悬窗、立转窗、推拉窗、固定窗等，如图14-2所示。

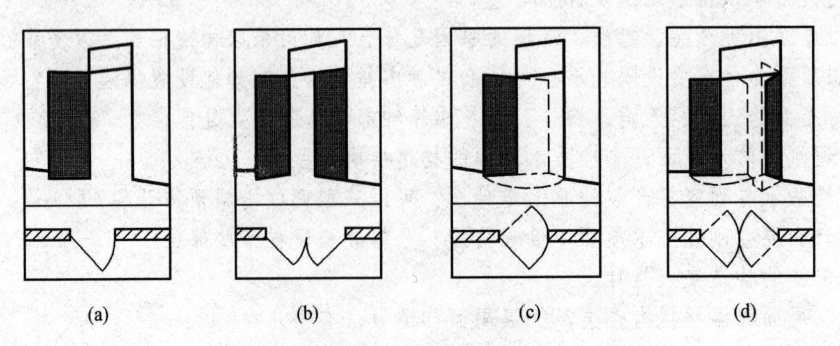

图14-1　门的开启方式(一)

(a)单扇平开门；(b)双扇平开门；(c)单扇弹簧门；(d)双扇弹簧门

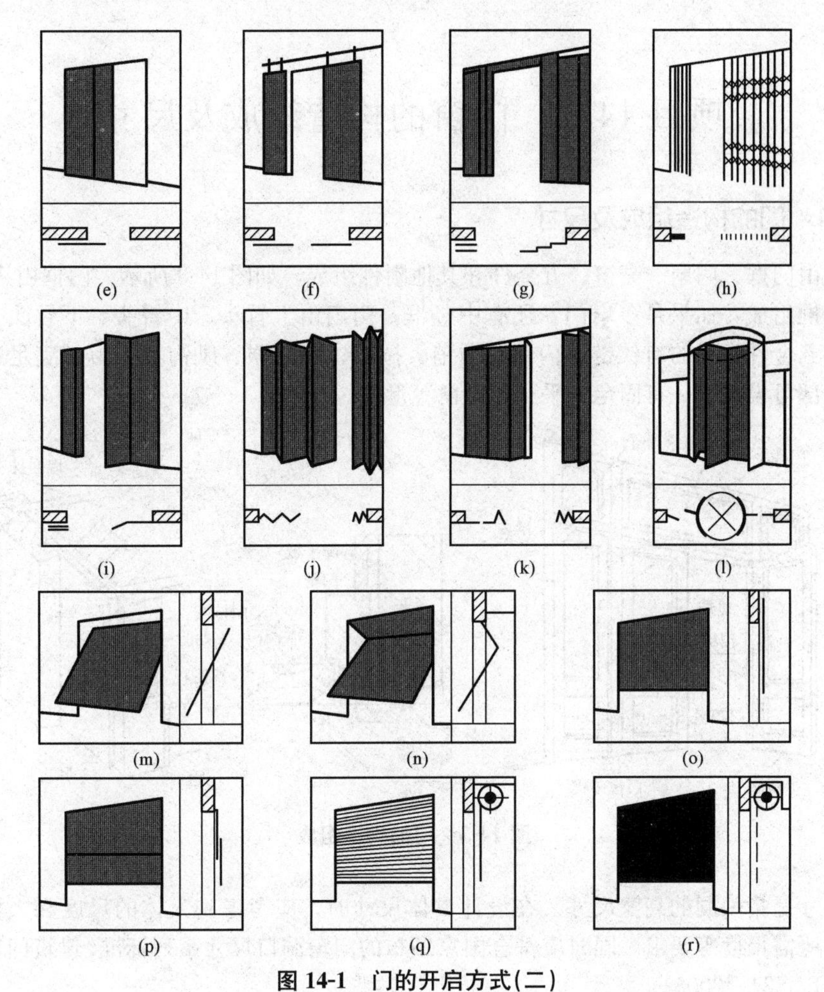

图 14-1　门的开启方式(二)

(e)单扇推拉门；(f)双扇推拉门；(g)双扇推拉门；(h)铁栅推拉门；(i)侧挂折叠门；(j)中悬折叠门；(k)侧悬折叠门；(l)转门；(m)上翻门；(n)折叠上翻门；(o)单扇升降门；(p)双扇升降门；(q)帘板卷帘门；(r)空格卷帘门

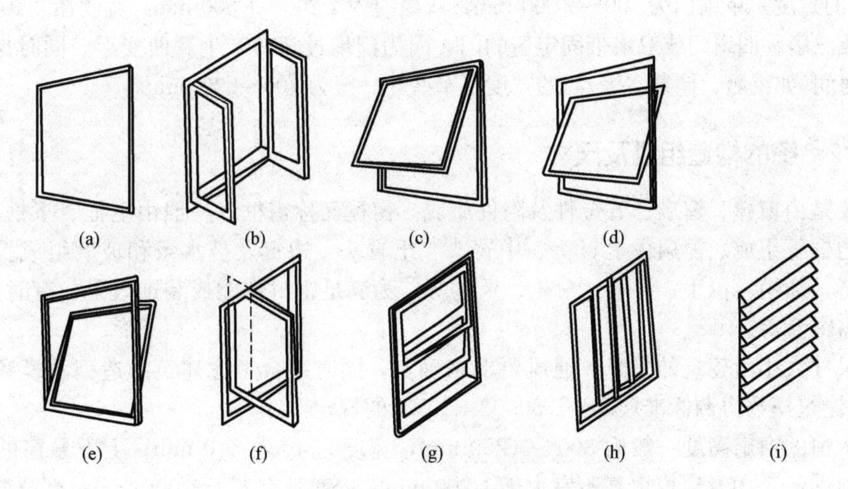

图 14-2　窗的开启方式

(a)固定窗；(b)平开窗；(c)上悬窗；(d)中悬窗；(e)下悬窗；(f)立转窗；(g)垂直推拉窗；(h)水平推拉窗；(i)百叶窗

项目 14.2　门窗的构造组成及尺寸

14.2.1　门的构造组成及尺寸

门主要由门框、门扇、亮窗、五金件和其他附件组成，如图 14-3 所示。门框由边框、上框、下框和中横框组成，如果是多扇门，还有中竖框；门扇由上冒头、中冒头、下冒头、边挺及门芯板组成；五金件常见的有铰链、门锁、插销、拉手、停门器、风钩等。为了满足通风采光要求，门的上部可设亮窗，有固定、平开、悬窗等形式。

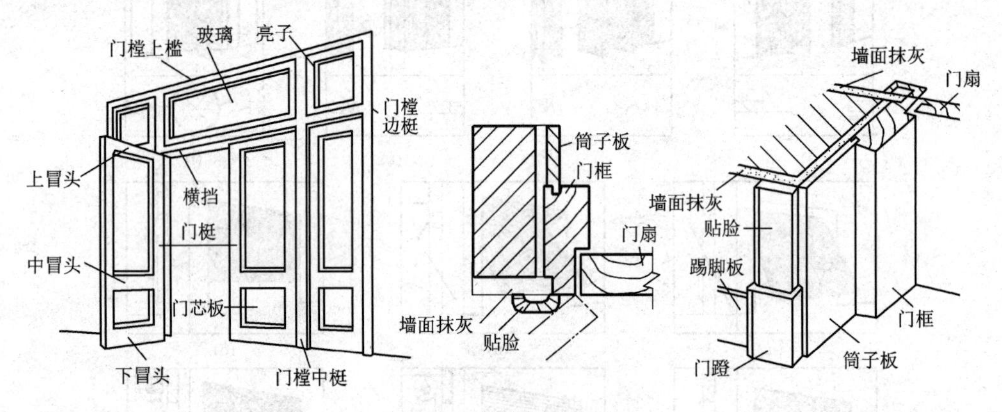

图 14-3　门的构造组成

门的尺寸是指门洞的高宽尺寸。在设计具体尺寸时，应考虑到人体的尺度和人流量，搬运家具、设备所需尺度等要求，同时应符合国家颁布的门窗洞口尺寸系列标准《建筑门窗洞口尺寸系列》(GB/T 5824—2008)。

(1)门的高度。门的高度不宜小于 2 100 mm。如门设有亮子时，亮子高度一般为 300～600 mm，则门洞高度为 2 400～3 000 mm。公共建筑大门高度可视需要适当提高。

(2)门的宽度。单扇门为 700～1 000 mm，双扇门为 1 200～1 800 mm。宽度在 2 100 mm 以上时，则做成三扇、四扇门或双扇带固定扇的门，因为门扇过宽易产生翘曲变形，同时也不利于开启。辅助房间(如浴厕、储藏室等)门的宽度可窄些，一般为 700～800 mm。

14.2.2　窗的构造组成及尺寸

窗主要是由窗樘、窗扇、五金件及附件组成。窗樘又称窗框，一般由上框、下框、中横框、中竖框及边框等组成。窗扇由上冒头、中冒头、下冒头、边挺及披水条和玻璃组成。五金件常见的有铰链、插销、拉手、导轨、滑轮、风钩等。为满足密封性能或装饰效果，有时加有贴脸、窗台板、窗帘盒等。

窗的尺寸大小由建筑的采光、通风要求来确定，同时综合考虑建筑的造型及模数等，并应符合现行《建筑模数协调标准》(GB/T 50002—2013)的规定。

平开木窗的窗扇高度一般为 800～1 200 mm，宽度为 400～500 mm；上下悬窗的窗扇高度为 300～600 mm；中悬窗窗扇高不宜大于 1 200 mm，宽度不宜大于 1 000 mm；推拉窗高宽均不宜大于 1 500 mm。

项目 14.3　门窗的安装

14.3.1　门窗框的安装方法

门窗框的安装方式分为塞口和立口两种，如图 14-4 所示。立口法又称立樘子，是在砌墙前用支撑先立门框然后砌墙的连接构造，框与墙结合紧密，但施工不便；塞口法又称塞堂子，是在墙砌好后再安装门窗。采用塞口法时，洞口的宽度应比门框大 20～30 mm，高度比门框大 10～20 mm。门洞两侧砖墙上每隔 500～600 mm，预埋木砖或预留缺口，以便用圆钉或水泥砂浆将门框固定。

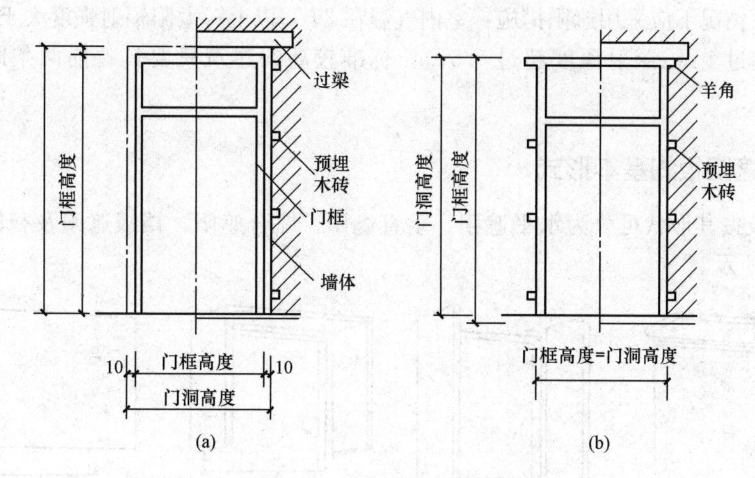

图 14-4　门窗框的安装方法

(a)塞口法；(b)立口法

由于门窗材料不同，在安装门窗框时固定的方式也不同。木门窗安装时，塞口法和立口法均可使用。金属门窗和塑钢门窗的安装均采用塞口法安装。

14.3.2　门窗框与墙的接缝处理

门窗框与墙洞口间的缝隙应填塞密实，以满足防风、挡雨、保温、隔声等要求。

一般情况下，木门窗洞口边缘可采用砂浆或油膏嵌缝，为防止木门窗框靠墙一面受潮变形，可在门窗框外侧开槽，并做防腐处理；彩钢板门用密封胶将洞口与副框及副框与窗樘之间的缝隙进行密封；铝合金门窗框及塑钢门窗框与洞口四周的缝隙，一般采用软质保温材料填塞，如泡沫塑料条、泡沫聚氨酯条、矿棉毡条及玻璃丝毡条等。

14.3.3　门窗扇的安装

可开启的门窗一般按照开启方式通过各种铰链或插件、滑槽和滑杆与门窗框连接，并应适当调整其四周缝隙的宽度及里面的垂直平整度。固定不开启的门窗扇将玻璃直接安装到门窗框上。无框的门窗将转轴五金件或滑槽连接到门窗洞口的上下两边的预埋件上，或者用膨胀螺栓直接打入，然后安装门窗扇。

项目 14.4 遮阳设施

遮阳设施不仅能遮阳、隔热、挡雨，同时可以丰富建筑的立面效果，美化建筑，改变建筑形象。但对房间的采光、通风会有一定影响。

14.4.1 遮阳的方法

用于遮阳的方法很多，在窗口悬挂窗帘，利用门窗构件自身遮光以及窗扇开启方式调节变化，利用窗前绿化、雨篷、挑檐、阳台、外廊及墙面花格也都可以达到一定的遮阳效果。

一般在以下情况下应采用遮阳措施：室内气温在 29 ℃以上；太阳辐射强度大于 1 005 kJ/m^2；阳光照射室内超过 1 h；照射深度超过 0.5 m。标准较高的建筑只要具备前两条即应考虑设置遮阳。

14.4.2 遮阳板的基本形式

窗户遮阳板按其形状可分为水平遮阳、垂直遮阳、综合遮阳、挡板遮阳及智能遮阳五种形式，如图 14-5 所示。

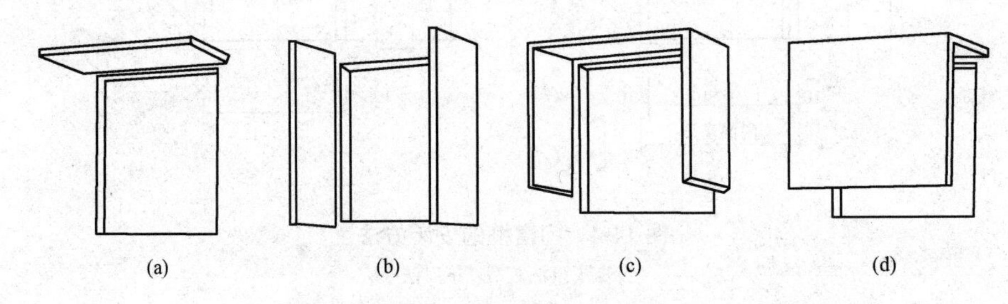

图 14-5 遮阳板的基本形式

(a)水平遮阳；(b)垂直遮阳；(c)综合遮阳；(d)挡板遮阳

(1)水平遮阳。水平遮阳一般设置在窗户上方，能够遮挡太阳高度角较大的从窗户上方照射的阳光，适用于南向及南稍偏东或西朝向的窗户。水平遮阳板可采用实心板、栅形板、百叶板等；按形式分为单层、双层，离墙或靠墙。

(2)垂直遮阳。垂直遮阳一般设置在窗口两侧，能够遮挡太阳高度角较小的从窗口两侧斜射过来的阳光，适用于偏东偏西的南向或北向窗口。根据光线的来向和具体处理方式不同，垂直遮阳板可以垂直于墙面，也可以与墙面形成一定夹角。

(3)综合遮阳。综合遮阳包含水平遮阳和垂直遮阳，对太阳高度角较小、从窗侧斜射下来的阳光有效，适用于南向、东南向及西南向的窗口。

(4)挡板遮阳。在窗口前方离开窗口一定距离设置或与窗户平行方向设置的垂直挡板，可以有效遮挡太阳高度较小的正射窗口的阳光，适用于东、西及其附近朝向的窗口。为避免影响通风、采光效果，可采用格栅式、板式或百叶式挡板。

(5)智能挡板。传统的遮阳方式，只能起到部分遮阳，不能达到完全随时遮阳的效果，随着建筑与设备系统、智能控制的紧密结合，新型的自动感光遮阳百叶，实现了真正的人工智能的飞跃，而且可以节约能源 35%。

根据前面五种基本形式，可以组合演变出各种各样的形式。这些遮阳板可以做成固定的，也可以做成活动的。后者可以灵活调节，遮阳、通风、采光效果好，但构造较复杂，需经常维护；固定式则坚固、耐用、经济。设计时可根据不同的使用要求，不同的纬度和建筑造型要求予以选用。

思考题

1. 门窗的开启方式有哪几种？各有什么特点？
2. 门窗框的安装方式有哪几种？各有哪些特点？
3. 简述门窗的构造组成。
4. 门窗框在墙洞中的相对位置有哪几种？
5. 铝合金门窗的特点有哪些？
6. 塑钢门窗有哪些优点？
7. 遮阳设施有哪几种形式？

模块15　变 形 缝

学习要求

熟悉变形缝的设计要求；掌握变形缝的分类；掌握变形缝的设置原则及构造做法。

项目15.1　变形缝的分类及设计要求

15.1.1　变形缝的分类

变形缝指为了防止因气温变化、不均匀沉降以及地震等因素造成对建筑物的使用和安全影响，设计时预先在变形敏感部位将建筑物断开，分成若干个相对独立的单元，且预留的缝隙能保证建筑物有足够的变形空间而设置的一种构造缝。

变形缝包括伸缩缝(温度缝)、沉降缝和防震缝。

(1)伸缩缝(温度缝)。建筑构件因温度和湿度等因素的变化会产生胀缩变形。为此，通常在建筑物适当的部位设置伸缩缝，自基础以上将房屋的墙体、楼板层、屋顶等构件断开，将建筑物分离成几个独立的部分。

(2)沉降缝。上部结构各部分之间，因层数差异较大，或使用荷重相差较大，或因地基压缩性差异较大，总之，可能使地基发生不均匀沉降时，需要设缝将结构分为几部分，使其每一部分的沉降比较均匀，避免在结构中产生额外的应力，该缝即称之为“沉降缝”。

(3)防震缝。它的设置目的是将大型建筑物分隔为较小的部分，形成相对独立的防震单元，避免因地震造成建筑物整体震动不协调，而产生破坏。

15.1.2　变形缝的设计要求

在建筑设计时，预先在变形敏感部位设置变形缝可避免建筑发生损坏，但变形缝必须加以处理，以满足建筑功能和美观要求。变形缝的设置无疑增加了建筑施工的复杂性，增加了建筑成本的投入。因此，在条件许可的情况下，应尽量不设置变形缝，或者进行多缝合一的设计，也可创造条件尽量少设置变形缝。常见的方式有以下几种：

(1)对基础进行处理。适当调整基底面积，增加基础刚度。

(2)对地基进行处理。

(3)加强结构可能出现破坏处的强度和刚度。

(4)做后浇带。在高层建筑中常用混凝土后浇带施工代替变形缝，做法是：每隔30～40 m留置一道缝宽0.8～1 m的缝隙暂时不浇筑混凝土，缝隙中的钢筋可采用搭接接头，在结构封顶两个月后，再浇筑混凝土，有利于提高建筑物的整体性和刚度。

只有当上述措施仍不能防止结构开裂或破坏，或者在经济上明显不合理时才考虑设置变形缝。

项目 15.2　变形缝的设置原则

15.2.1　伸缩缝(温度缝)的设置

为防止因温度、混凝土收缩等原因引起的过大结构附加应力而设置伸缩缝。伸缩缝在基础部位一般不断开。伸缩缝的宽度一般为 20～30 mm。

砌体结构和钢筋混凝土结构伸缩缝的最大间距见表 15-1 和表 15-2。

表 15-1　砌体结构房屋伸缩缝的最大间距

屋盖或者楼盖类别		间距/m
整体式或装配整体式钢筋混凝土结构	有保温层或隔热层的屋盖、楼盖	50
	无保温层或隔热层的屋盖	40
装配式无檩体系钢筋混凝土结构	有保温层或隔热层的屋盖、楼盖	60
	无保温层或隔热层的屋盖	50
装配式有檩体系钢筋混凝土结构	有保温层或隔热层的屋盖、楼盖	75
	无保温层或隔热层的屋盖	60
瓦材屋盖，木屋盖或楼盖，轻钢屋盖		100

注：1. 层高大于 5 m 的砌体结构单层建筑，其伸缩缝间距可按表中数据乘以 1.3。
2. 温差较大且变化频繁的地区和严寒地区不采暖建筑物的墙体伸缩缝的最大间距应按表中数值适当减少。

表 15-2　钢筋混凝土结构房屋伸缩缝的最大间距

结构类别		室内或土中/m	露天/m
排架结构	装配式	100	70
框架结构	装配式	75	50
	现浇式	55	35
剪力墙结构	装配式	65	40
	现浇式	45	30
挡土墙、地下室墙类等	装配式	40	30
	现浇式	30	20

15.2.2　沉降缝的设置

为防止因沉降差异原因引起的过大结构附加应力而设置沉降缝。下列情况宜设置沉降缝：

(1)建筑高度或荷载差异较大处。

(2)地基的压缩性有显著差异部位。

(3)建筑物的长高比过大时。

(4)建筑结构或基础类型不同处。

(5)建筑物平面的转折部位。

(6)分期建造的房屋的交界处。

沉降缝的宽度与地基的情况和建筑物的高度有关，其宽度见表 15-3，在软弱地基上的缝宽应适当增加。

表 15-3　沉降缝的宽度

房屋层数	沉降缝的宽度/mm
2～3	50～80
4～5	80～120
5 层以上	不小于 120

15.2.3　防震缝的设置

为防止因地震原因引起的过大结构附加应力而设置防震缝。下列情况宜设置抗震缝：

(1)建筑物平面长度和外伸长度超出规范的限值，又没有采取措施时。

(2)建筑物各部分刚度相差悬殊，采用不同材料和不同结构体系时。

(3)建筑物各部分质量相差很大时。

(4)建筑物有较大错层时。

防震缝的宽度与结构形式、设防烈度、建筑物高度有关。在砖混结构中，缝宽一般取 50～70 mm，多(高)层钢筋混凝土结构防震缝最小宽度见表 15-4。

表 15-4　多(高)层钢筋混凝土结构防震缝最小宽度　mm

结构体系	建筑高度 $H\leqslant 15$ m	建筑高度 $H>15$ m，每增高 5 m 加宽		
		7 度	8 度	9 度
框架结构、框剪结构	70	20	33	50
剪力墙结构	50	14	23	30

项目 15.3　变形缝的构造

15.3.1　伸缩缝的构造

装配整体式钢筋混凝土结构，因屋顶和楼板本身没有自由伸缩的余地，当温度变化时，在结构内部产生温度应力大，因而伸缩缝间距比其他结构形式小。伸缩缝从基础顶面开始，将墙体、楼板、屋顶全部构件断开，由于基础埋于地下，受温度变化小，因此不必断开。

伸缩缝的宽度一般为 20～30 mm。外墙伸缩缝有平缝、错口缝、企口缝。为了防止透风和透蒸汽，在外墙两侧缝口采用有弹性而又不渗水的材料，如沥青麻丝填塞，当伸缩缝较宽时，缝口可采用镀锌铁皮或铝皮进行盖封调节，外墙伸缩缝构造如图 15-1 所示。

内墙伸缩缝可采用木压条或金属盖缝条，一边固定在一面墙上，另一边允许左右移动，如图 15-2 所示。

伸缩缝在屋顶部分，其构造处理原则既不能影响屋面的变形，又要防止雨水从变形缝渗入室内。等高屋面变形缝，在缝两边的屋面板上砌筑矮墙，以挡住屋面雨水。矮墙高度≥250 mm，矮墙与屋面交界处做泛水构造，缝内嵌填沥青麻丝，顶部用镀锌铁皮盖缝，或用混凝

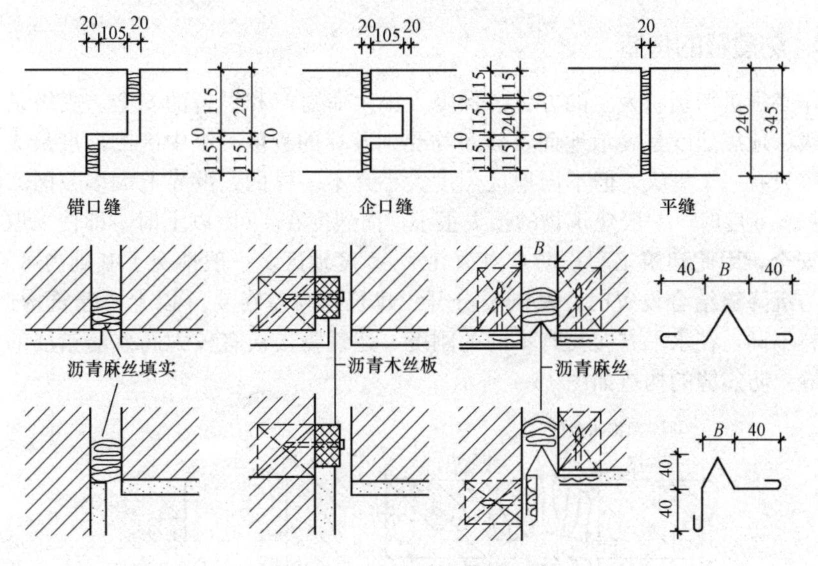

图 15-1　外墙伸缩缝构造

土盖板压顶。高低屋面变形缝，矮墙高度≥250 mm，在低侧屋面板上砌筑矮墙，做泛水，并用镀锌薄钢板或高侧墙上悬挑钢筋混凝土板盖缝。

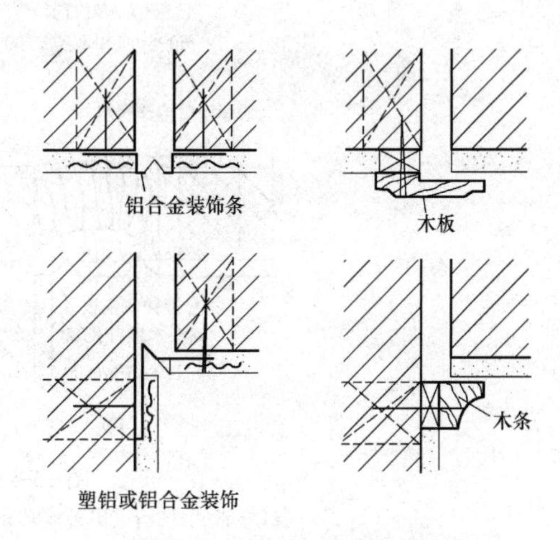

图 15-2　内墙伸缩缝构造

15.3.2　沉降缝的构造

沉降缝处的屋顶、楼板、墙体以及基础必须全部分离，两侧的建筑成为独立单元，两单元在垂直方向上可以自由沉降，最大限度地减少对相邻部分的影响。沉降缝宽度与地基情况及建筑高度有关，地基弱的，缝宽宜大。沉降缝一般宽度为 30～70 mm。内、外墙体沉降缝构造做法如图 15-3 所示。沉降缝同时起伸缩缝的作用，但伸缩缝不能代替沉降缝。

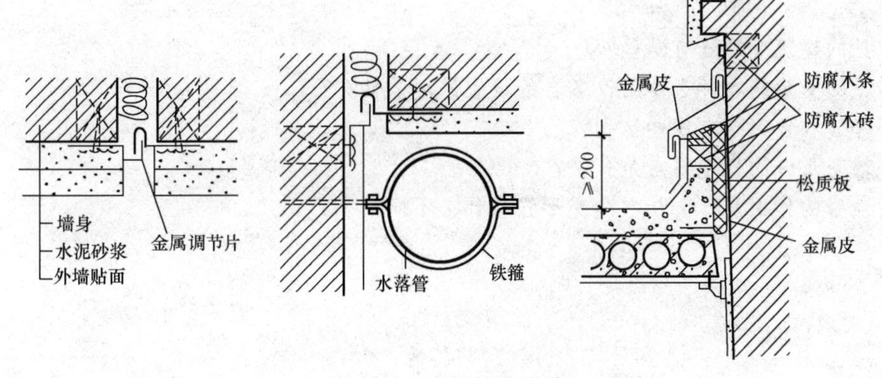

图 15-3　沉降缝的构造

15.3.3 防震缝的构造

抗震工作必须贯彻预防为主的方针，保障人民生命财产和设备的安全。震级是表示地震强度大小的等级。地震烈度是表示地面及建筑物受到破坏的程度。震中区的烈度最大，叫震中烈度。一次地震只有一个震级，但不同地区烈度大小是不一样的。世界上大多数国家把烈度划分为12度，在1～6度时，一般建筑物的损失很小，而烈度在10度以上时，即使采取重大抗震措施也难确保安全，因此建筑工程设防重点放在7～9度地区。一般情况下基础内可不设抗震缝，但当防震缝与沉降缝结合设置时，基础要分开。建筑物高差在6 m以上，建筑构造形式不同，承重结构材料不同，在水平方向具有不同的刚度，建筑物楼板有较大高差的错层的情况下应预先设置防震缝。防震缝的构造如图15-4所示。

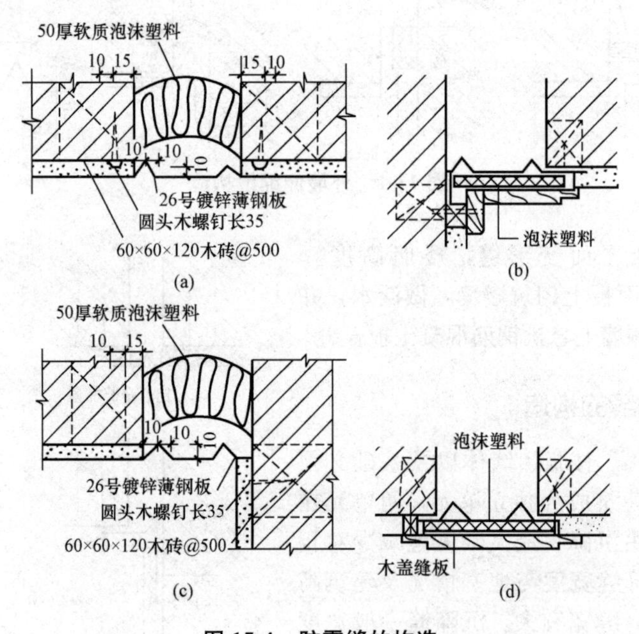

图15-4 防震缝的构造

(a)外墙平缝处；(b)外墙转角处；(c)外墙转角处；(d)内墙平缝处

思考题

1. 常见的建筑变形缝有哪些？
2. 常见的变形缝有什么作用？各自的设置原则是什么？
3. 沉降缝和伸缩缝有哪些区别？
4. 外墙变形缝的构造要点是什么？
5. 后浇带的作用是什么？它和变形缝有什么不同？

模块 16　工业建筑

学习要求

熟悉工业建筑；了解单层厂房的设计要求；熟悉单层厂房的构造。

项目 16.1　工业建筑概述

工业建筑是指从事各类工业生产及直接为生产服务的房屋，是工业建设必不可少的物质基础。从事工业生产的房屋主要包括生产厂房、辅助生产用房以及为生产提供动力的房屋，这些房屋称为“厂房”或“车间”。直接为生产服务的房屋是指为工业生产存储原料、半成品和成品的仓库，以及存储与修理车辆的用房，这些房屋均属工业建筑的范畴。

工业建筑物既为生产服务，也要满足广大工人的生活要求。随着科学技术及生产力的发展，工业建筑的类型越来越多，工业生产工艺对工业建筑提出的一些技术要求更加复杂，为此，工业建筑要符合安全适用、技术先进、经济合理的原则。

16.1.1　工业建筑的分类

1. 按厂房层数分类

(1)单层厂房。单层厂房是指层数为一层的厂房，它主要用于重型机械制造工业、冶金工业等重工业。这类厂房的特点是生产设备体积大、质量大、厂房内以水平运输为主，如图 16-1 所示。

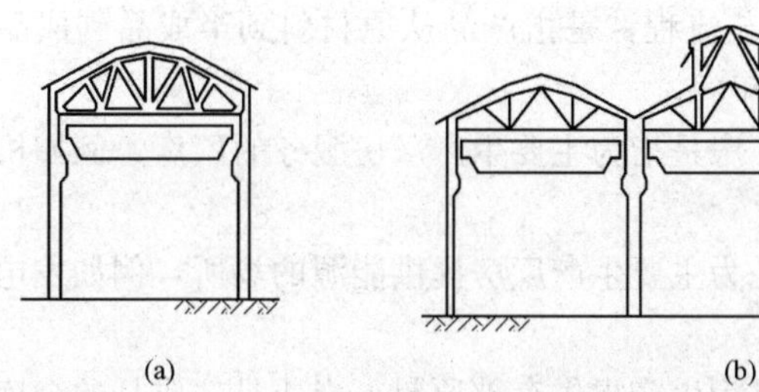

图 16-1　单层厂房剖面图

(a)单跨厂房；(b)多跨厂房

(2)多层厂房。多层厂房常见的层数为 2～6 层。其中，两层厂房广泛应用于化纤工业、机械制造工业等；多层厂房多应用于电子工业、食品工业、化学工业、精密仪器工业等轻工业。这类厂房的特点是生产设备较轻、体积较小、工厂的大型机床一般放在底层，小型设备放在楼层上，厂房内部的垂直运输以电梯为主，水平运输以电瓶车为主。

建筑在城市中的多层厂房，能满足城市规划布局的要求，可丰富城市景观，节约用地面积，在厂房面积相同的情况下，4 层厂房的造价最经济，如图 16-2 所示。

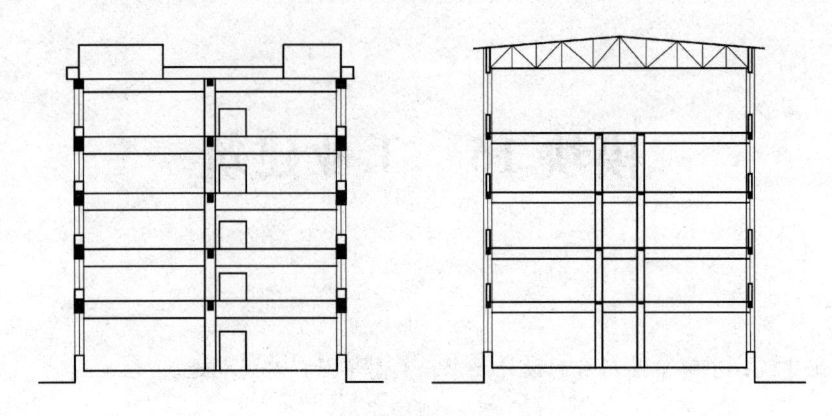

图 16-2　多层厂房剖面图

(3)混合层数厂房。厂房由单层跨和多层跨组合而成，适用于竖向布置工艺流程的生产项目，多用于热电厂、化工厂等。高大的生产设备位于中间的单跨内，边跨为多层，如图 16-3 所示。

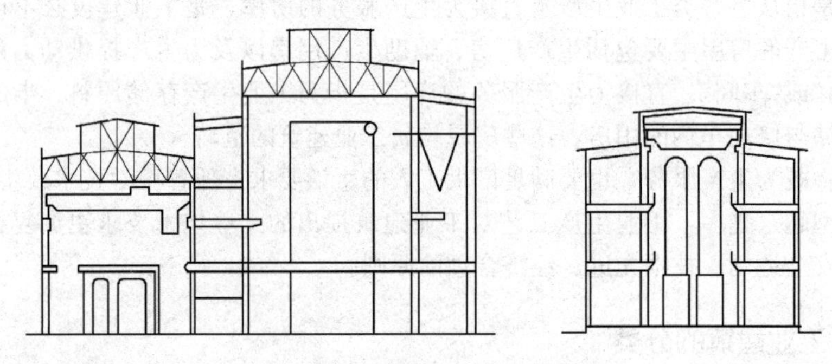

图 16-3　混合层数厂房剖面图

2. 按厂房用途分类

(1)主要生产厂房。在这类厂房中进行生产工艺流程的全部生产活动，一般包括从备料、加工到装配的全部过程。所谓生产工艺流程，是指产品从原材料到半成品到成品的全过程，例如钢铁厂的烧结、焦化、炼铁、炼钢车间。

(2)辅助生产厂房。辅助生产厂房是指为主要生产厂房服务的厂房，例如机械修理、工具等车间。

(3)动力用厂房。动力用厂房是为主要生产厂房提供能源的场所，例如发电站、锅炉房、煤气站等。

(4)储存用房屋。储存用房屋是为生产提供存储原料、半成品、成品的仓库，例如炉料、油料、半成品、成品库房等。

(5)运输用房屋。运输用房屋是为生产或管理用车辆提供存放与检修的房屋，例如汽车库、消防车库、电瓶车库等。

(6)其他。包括解决厂房给水、排水问题的水泵房、污水处理站等。

3. 按生产状况分类

(1)冷加工车间。用于在常温状态下进行生产，例如机械加工车间、金工车间等。

(2)热加工车间。用于在高温和熔化状态下进行生产，可能散发大量余热、烟雾、灰尘、有害气体，例如铸工、锻工、热处理车间。

(3)恒温、恒湿车间。用于在恒温(20 ℃左右)、恒湿(相对湿度为50%～60%)条件下进行生产的车间，例如精密机械车间、纺织车间等。

(4)洁净车间。洁净车间要求在保持高度洁净的条件下进行生产，防止大气中灰尘及细菌对产品的污染，例如集成电路车间、精密仪器加工及装配车间等。

(5)其他特种状况的车间。其他特种状况指生产过程中有爆炸可能性、有大量腐蚀物、有放射性散发物、防微振、防电磁波干扰等情况。

16.1.2 工业建筑的特点

从世界各国的工业建筑现状来看，单层厂房的应用比较广泛，在建筑结构等方面与民用建筑相比较，具有以下特点。

(1)厂房设计符合生产工艺的特点。厂房的建筑设计在符合生产工艺特点的基础上进行，厂房设计必须满足工业生产的要求，为工人创造良好的劳动环境。单层厂房具有一定的灵活性，能适应由于生产设备更新或改变生产工艺流程而带来的变化。

(2)厂房内部空间较大。由于厂房内生产设备多而且尺寸较大，并有多种起重运输设备，有的要加工巨型产品，有各类交通运输工具进出车间，因而厂房内部大多具有较大的开敞空间。如有桥式吊车的厂房，室内净高应在8 m以上；万吨水压机车间，室内净高应在20 m以上，有些厂房高度可达40 m以上。

(3)厂房的建筑构造比较复杂。大多数单层厂房采用多跨的平面组合形式，内部有不同类型的起吊运输设备，由于采光、通风等缘故，采用组合式侧窗、天窗，使屋面排水、防水、保温、隔热等建筑构造的处理复杂化，技术要求比较高。

(4)厂房骨架的承载力比较大。单层厂房常采用体系化的排架承重结构，多层厂房常采用钢筋混凝土或钢框架结构。

16.1.3 工业建筑的设计要求

建筑设计人员根据设计任务书和工艺设计人员提出的生产工艺资料，设计厂房的平面形状、柱网尺寸、剖面形式、建筑体形；合理选择结构方案和围护结构的类型，进行细部构造设计；协调建筑、结构、水、暖、电、气、通风等各工种；正确贯彻“坚固适用、经济合理、技术先进”的原则。工业建筑设计应满足如下要求。

1. 满足生产工艺的要求

生产工艺是工业建筑设计的主要依据，生产工艺对建筑提出的要求就是该建筑使用功能上的要求。因此，建筑设计在建筑面积、平面形状、柱距、跨度、剖面形式、厂房高度以及结构方案和构造措施等方面，必须满足生产工艺的要求。同时，建筑设计还要满足厂房所需的机械设备的安装、操作、运转、检修等方面的要求。

2. 满足建筑技术的要求

(1)工业建筑的坚固性及耐久性应符合建筑的使用年限。由于厂房的永久荷载和可变荷载比较大，建筑设计应为结构设计的经济合理性创造条件，使结构设计更有利于满足安全性、适用性和耐久性的要求。

(2)由于科技发展日新月异，生产工艺不断更新，生产规模逐渐扩大，因此，建筑设计应使厂房具有较大的通用性和改建、扩建的可能性。

(3)应严格遵守《厂房建筑模数协调标准》(GB/T 50006—2010)及《建筑模数协调标准》(GB/T 50002—2013)的规定，合理选择厂房建筑参数(柱距、跨度、柱顶标高、多层厂房的层高等)，以便采用标准的、通用的结构构件，使设计标准化、生产工厂化、施工机械化，从而提高厂房工业化水平。

3. 满足建筑经济的要求

(1)在不影响卫生、防火及室内环境要求的条件下，将若干个车间(不一定是单跨车间)合并成联合厂房，对现代化连续生产极为有利。因为联合厂房占地较少，外墙面积相应减小，缩短了管网线路，使用灵活，能满足工艺更新的要求。

(2)建筑的层数是影响建筑经济性的重要因素。因此，应根据工艺要求、技术条件等，确定采用单层或多层厂房。

(3)在满足生产要求的前提下，设法缩小建筑体积，充分利用建筑空间，合理减少结构面积，提高使用面积。

(4)在不影响厂房的坚固、耐久、生产操作、使用要求和施工速度的前提下，应尽量降低材料的消耗，从而减轻构件的自重和降低建筑造价。

(5)设计方案应便于采用先进的、配套的结构体系及工业化施工方法。但是，必须结合当地的材料供应情况，施工机具的规格和类型，以及施工人员的技能来选择施工方案。

4. 满足卫生及安全的要求

(1)应有与厂房所需采光等级相适应的采光条件，以保证厂房内部工作面上的照度；应有与室内生产状况及气候条件相适应的通风措施。

(2)能排除生产余热、废气，提供正常的卫生、工作环境。

(3)对散发出的有害气体、有害辐射、严重噪声等，应采取净化、隔离、消声、隔声等措施。

(4)美化室内外环境，注意厂房内部的水平绿化、垂直绿化及色彩处理。

(5)总平面设计时将有污染的厂房放在下风位，如图 16-4 所示。

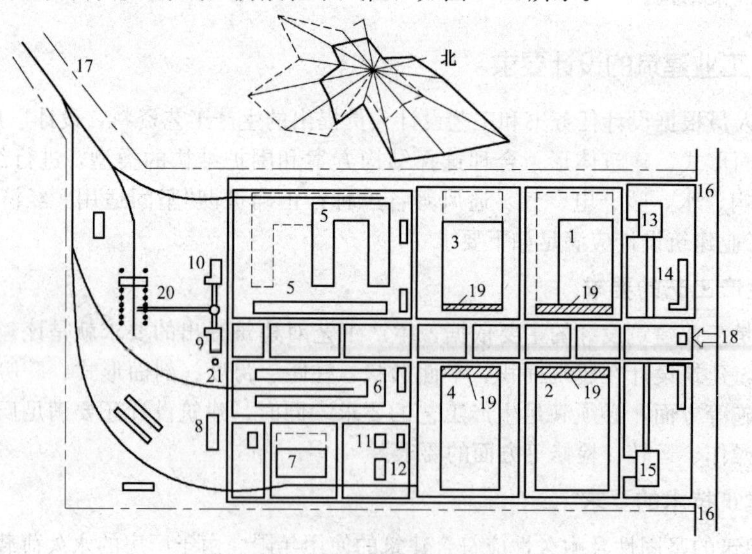

图 16-4 某厂房平面布置图

1—辅助车间；2—装配车间；3—机械加工车间；4—冲压车间；5—铸工车间；
6—锻工车间；7—总仓库；8—木工车间；9—锅炉房；10—煤气发生站；
11—氧气站；12—压缩空气站；13—食堂；14—厂部办公室；15—车库；
16—汽车货运出入口；17—火车货运出入口；18—厂区大门人流出入口；
19—车间生活间；20—露天堆场；21—烟囱

项目 16.2　厂房的设计

单层厂房构造包括外墙、侧窗、大门、屋顶、天窗、地面等，如图 16-5 所示。在我国单层厂房的承重结构、围护结构及构造做法均有全国或地方通用的标准图，可供设计者直接选用或参考。

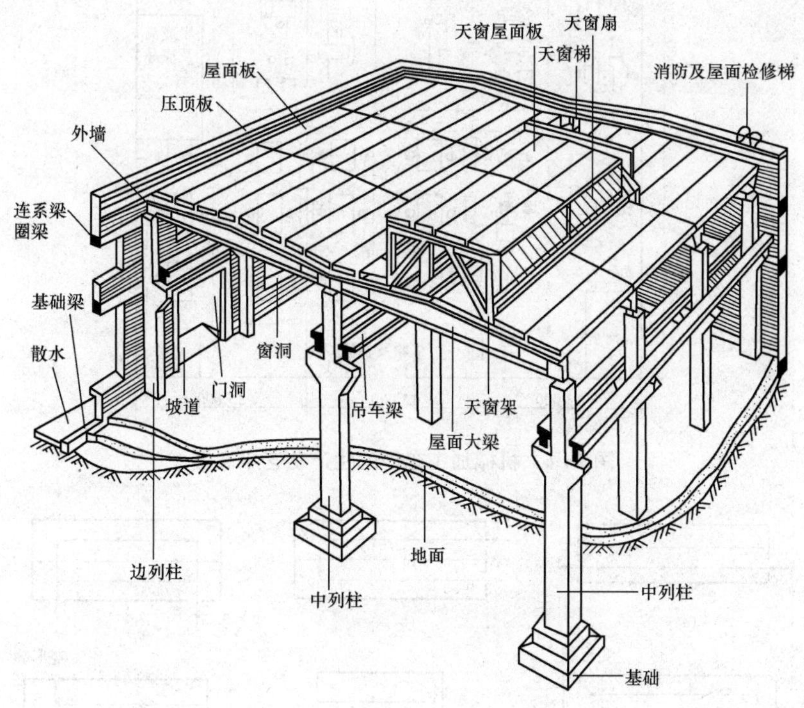

图 16-5　单层厂房构造示意图

16.2.1　生产工艺与厂房平面设计

民用建筑设计主要根据建筑的使用功能，而工业建筑设计，则是在工艺设计的基础上进行的。因此，生产工艺是工业建筑设计的重要依据。一个完整的工艺平面图，主要包括以下几项内容：

(1)根据生产的规模、性质、产品规格等确定的生产工艺流程。

(2)选择和布置生产设备和起重运输设备。

(3)划分车间内部各生产工段及其所占面积。

(4)初步拟订厂房的跨间数、跨度和长度。

(5)提出生产对建筑设计的要求，如采光、通风、防振、防尘、防辐射。如图 16-6 所示为机械加工车间的生产工艺平面图。

16.2.2　单层厂房的平面形式

1. 生产工艺流程与平面形式

生产工艺流程有直线式、直线往复式和垂直式三种，与此相适应的单层厂房的平面形式如图 16-7 所示。

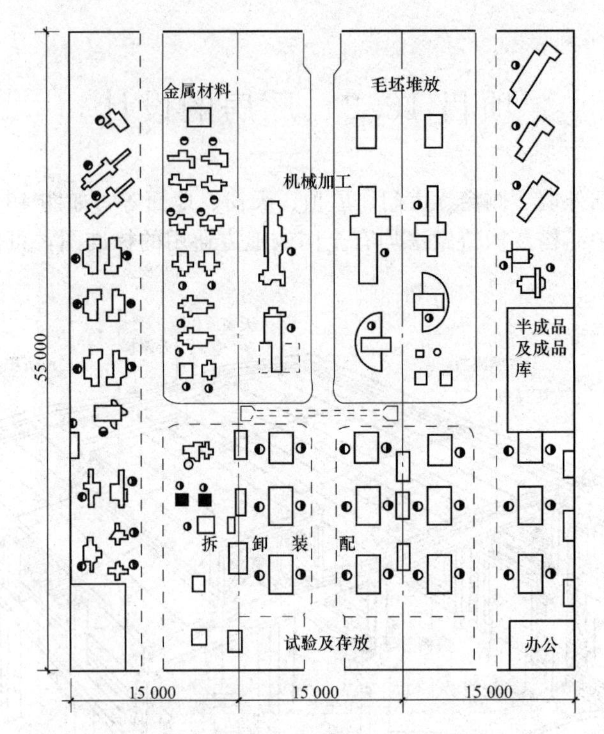

图 16-6　机械加工车间的生产工艺平面图

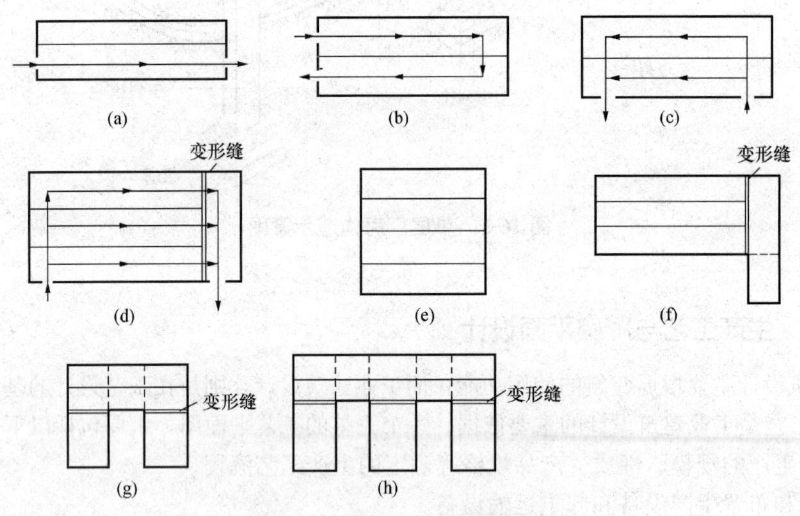

图 16-7　单层厂房的平面形式

(1)直线式。即原料由厂房一端进入，成品或半成品由另一端运出，如图 16-7(a)所示。其特点是厂房内部各工段间联系紧密，唯运输线路和工程管线较长。厂房多为矩形平面，可以是单跨，也可以是多跨平行布置。这种平面简单、规整，适合对保温要求不高或工艺流程不能改变的厂房，如线材轧钢车间。

(2)直线往复式。原料从厂房的一端进入，产品则由同一端运出，如图 16-7(b)、(c)、(d)所示。其特点是工段联系紧密，运输线路和工程管线短捷，形状规整，节约用地，外墙面积较小，对节约材料和保温隔热有利。相适应的平面形式是多跨并列的矩形平面，甚至方形平面。适合于多种生产性质的厂房。

(3)垂直式。垂直式[图 16-7(f)]的特点是工艺流程紧凑，运输线路及工程管较短，相适应的平面形式是 L 形平面，即出现垂直跨。在纵横跨相接处，结构、构造复杂，经济性较差。

2. 生产状况与平面形式

生产状况也影响着厂房的平面形式，如热加工车间对工业建筑平面形式的限制最大。

热加工车间如机械厂的铸造、锻造车间，钢铁厂的轧钢车间等，在生产过程中散发出大量的余热和烟尘，因此要在设计中创造良好的自然通风条件。厂房不宜太宽。

为了满足生产工艺的要求，有时将厂房平面设计成 L 形、U 形或 E 形，如图 16-7(f)、(g)、(h)所示。这些平面的建筑有良好的通风、采光、排气散热和除尘的功能，适宜于中型以上的热加工厂房如轧钢、铸工、锻造等车间，以便于排除产生的热量、烟尘和有害气体。

在平面布置时，要将纵横跨之间的开口迎向夏季主导风向或与夏季主导风向呈 0°～45°夹角。

16.2.3 柱网选择

柱子在建筑平面上排列所形成的网格称为柱网。柱网布置示意图如图 16-8 所示，柱子纵向定位轴线之间的距离称为跨度，横向定位轴线之间的距离称为柱距。柱网的选择实际上就是选择厂房的跨度和柱距。

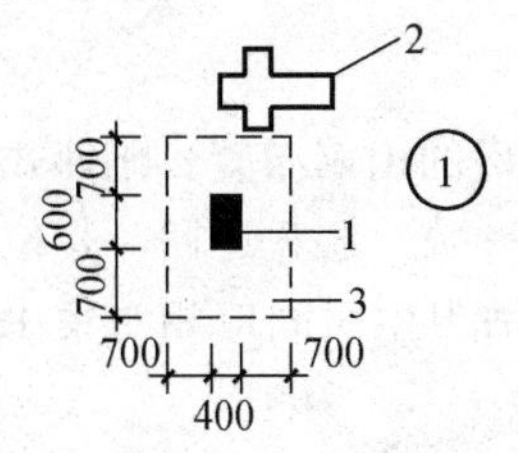

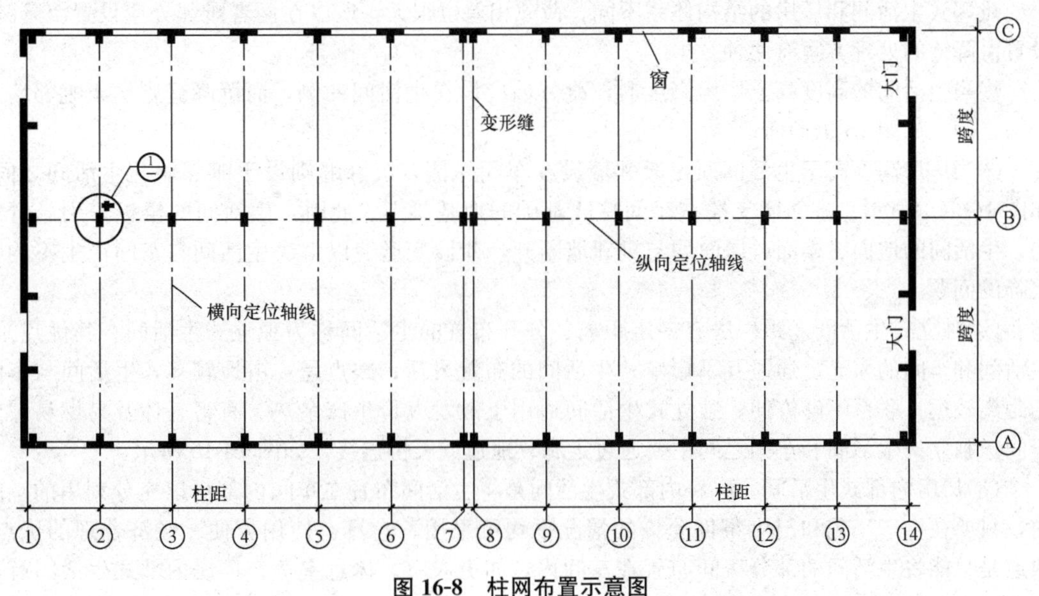

图 16-8 柱网布置示意图

1—柱子；2—基床；3—柱基础轮

根据国家标准《厂房建筑模数协调标准》(GB/T 50006—2010)的要求，当工业建筑跨度小于 18 m时，应采用扩大模数 30M 的尺寸系列，即跨度可取 9 m、12 m、15 m；当跨度大于等于 18 m时，按 60M 模数递增，即跨度可取 18 m、24 m、30 m 和 36 m。柱距采用 60M 模数，即 6 m、

12 m、18 m等。与民用建筑相同的是，适当扩大柱网可以有效提高工业建筑面积的利用率；有利于大型设备的布置及产品的运输；能提高工业建筑的通用性，适应生产工艺的变更及设备的更新；有利于提高吊车的服务范围；减少建筑结构构件的数量，加快建设的进度，提高效率。

16.2.4 厂房生活间设计

为了满足工人的生产、卫生及生活的需要，保证产品质量，提高劳动生产率，为工人创造良好的劳动卫生条件，除在全厂设有行政管理及生活福利设施外，每个车间还应设有生活用房，称之为生活间。

1. 生活间的组成

(1)生产卫生用房。如浴室、存衣室等。

(2)生活卫生用房。包括休息室、孕妇休息室、卫生间、饮水室、小吃部、保健站等。卫生间的卫生器具与其他用房合并设置。浴室、盥洗室、厕所的设计与计算人数按最大班工人人数的93%计算。

(3)行政办公室。包括党、政、工、团等办公室以及会议室、学习室、值班室、调度室等。

(4)生产辅助用房。如工具库、材料库、计量室等。

2. 生活间的布置

生活间的布置有毗邻式、独立式和厂房内部式。

(1)毗邻式生活间。毗邻式生活间紧靠厂房外墙，大多数紧靠厂房的山墙布置。毗邻式生活间平面组合的基本要求是：职工上下班的路线应与服务设施的路线一致，避免迂回，其位置应结合厂房的总平面设计；厕所、休息室、吸烟室、女工卫生室等生活卫生房间应相对集中，位置恰当。

毗邻式生活间和厂房的结构体系不同、荷载相差也很大，所以在两者毗邻处应设置沉降缝。设置沉降缝的处理方案有两种。

①当生活间的高度高于厂房高度时，毗邻墙应设在生活间一侧，而沉降缝则位于毗邻墙与厂房之间，如图16-9(a)所示。

②当厂房高度高于生活间时，毗邻墙设在车间一侧，沉降缝则设于毗邻墙与生活间之间，如图16-9(b)所示。毗邻墙支撑在车间柱式基础的地基梁上。此时，生活间的楼板采用悬臂结构，生活间的地面、楼面、屋面均与毗邻墙断开，并设变形缝以解决生活间与车间产生不均匀沉降的问题。

(2)独立式生活间。距厂房有一定距离、分开布置的生活间称为独立式生活间。其优点是：生活间和车间的采光、通风互不影响；生活间的布置灵活；缺点是：占地较多，生活间与车间的距离较远，联系不够方便。独立式生活间适用于散发大量生产余热、有害气体及易燃易爆的车间。独立式生活间和车间之间主要通过走廊、地道或天桥连接，如图16-10所示。

(3)厂房内部式生活间。厂房内部式生活间是将生活间布置在车间内部可以充分利用的空间内，只要在生产工艺和卫生条件允许的情况下均可采用。它具有使用方便、经济合理的优点；缺点是只能将生活间的部分房间布置在车间内，如更衣室、休息室等。厂房内部式生活间有下列几种布置方式：

①在边角、空余地方布置生活间，如在柱与柱之间的空间。

②在车间上部设夹层，生活间布置在夹层内，夹层可支承在柱子上，也可以悬挂在屋架下。

③利用车间一角布置生活间。

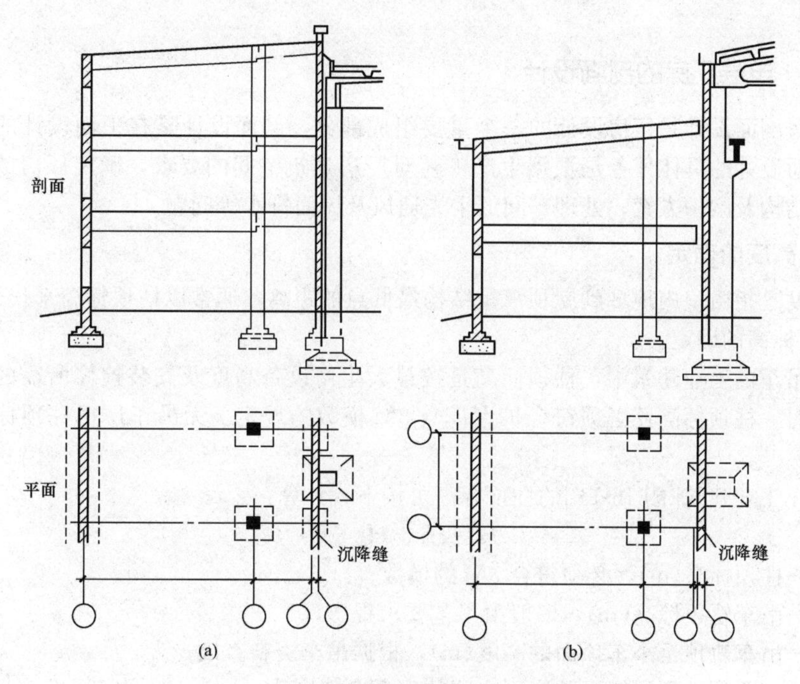

图 16-9　毗邻式生活间沉降缝处理示意图

(a)生活间高于车间；(b)生活间低于车间

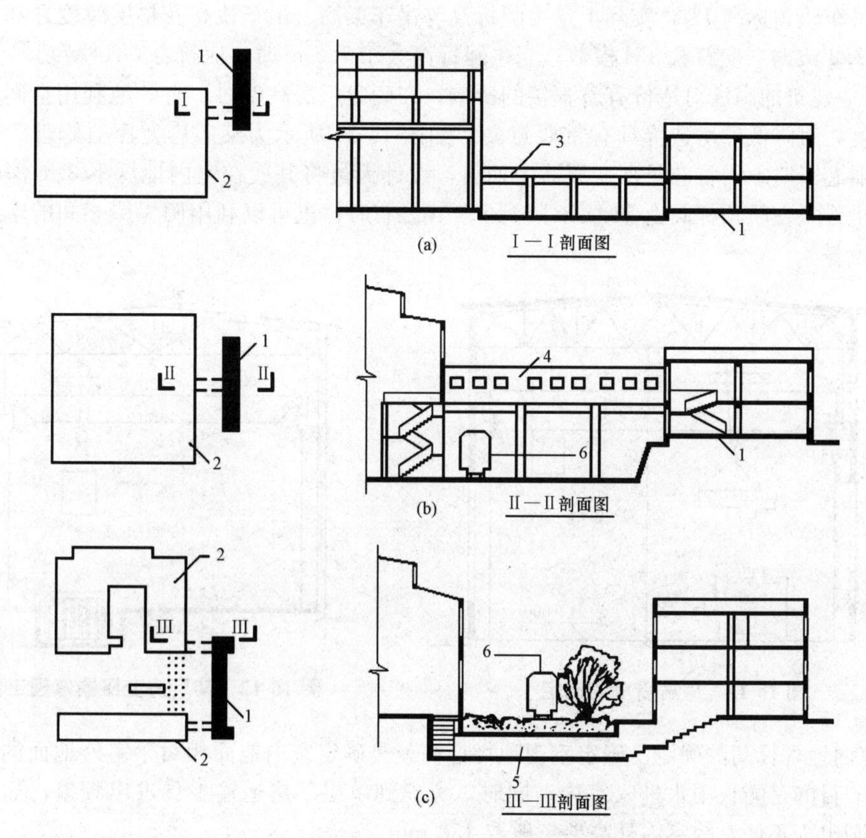

图 16-10　独立式生活间与车间的连接示意图

(a)走廊连接；(b)天桥连接；(c)地道连接

1—生活间；2—车间；3—走廊；4—天桥；5—地道；6—火车

16.2.5 单层厂房的剖面设计

单层厂房剖面设计是厂房设计的一个重要组成部分，剖面设计是在平面设计的基础上进行的。厂房剖面设计的具体任务是根据生产工艺对厂房建筑空间的要求，确定厂房的高房度；选择厂房承重结构及围护方案；处理车间的采光通风及屋面排水等问题。

1. 厂房高度的确定

厂房高度是指由室内地坪到屋顶承重结构最低点的距离，通常以柱顶标高来代表。

(1)柱顶标高的确定。

①在无吊车的工业建筑中，柱顶标高是按最大生产设备高度及安装检修所需的净空高度来确定的。同时，柱顶标高还必须符合扩大模数3M模数的规定。无吊车厂房柱顶标高一般不得低于3.9 m。

②有吊车工业建筑[图16-11]的柱顶标高可按下式计算：

$$H=H_1+H_6+H_7 \tag{16-1}$$

式中 H——柱顶标高(m)，必须符合3M的模数；

H_1——吊车轨顶标高(m)，一般由工艺要求提出；

H_6——吊车轨顶至小车顶面的高度(m)，根据吊车资料查出；

H_7——小车顶面到屋架下弦底面之间的安全净空尺寸(mm)。按国家标准及根据吊车起重量可取300、400或500。

关于吊车轨顶标高 H_1，实际上是牛腿标高与吊车梁高、吊车轨高及垫层厚度之和。当牛腿标高小于7.2 m时，应符合3M模数；当牛腿标高大于7.2 m时，应符合6M模数。

(2)工业建筑的高度对造价有着直接的影响。在确定厂房高度时，有效地利用空间，合理降低厂房高度，对降低厂房造价具有重要意义。如图16-12所示为某厂房变压器修理工段，修理大型变压器芯子时，需将芯子从变压器中抽出，设计人员将其放在室内地坪下3 m深的地坑内进行抽芯操作，使轨顶标高由11.4 m降到8.4 m。有时，也可以利用两榀屋架间的空间布置特别高大的设备。

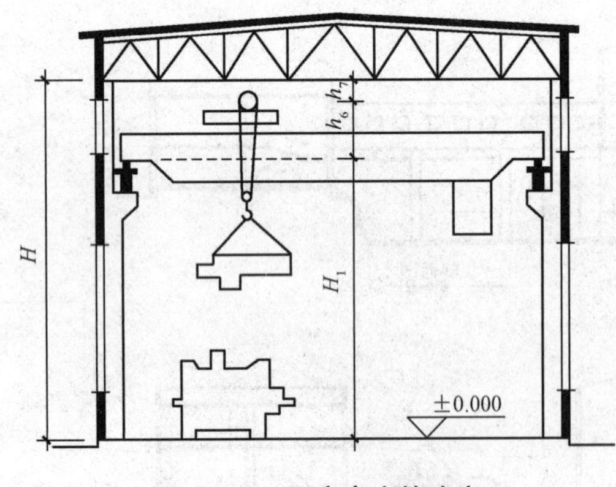

图16-11 厂房高度的确定

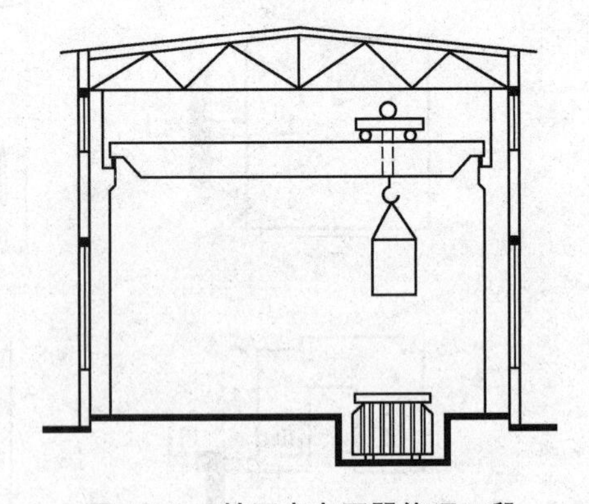

图16-12 某厂房变压器修理工段

(3)室内地坪标高的确定。确定室内地坪标高就是确定室内地面相对于室外地面的高差。设计此高差的目的是防止雨水进入室内。同时，考虑到单层厂房运输工具进出频繁，如果室内外高差过大则出入不便，故室内外高差一般取150 mm。

2. 厂房的通风

厂房通风有机械通风和自然通风两种。机械通风是依靠通风机来实现通风换气的，它要耗费大量的电能，设备投资及维修费高，但其通风稳定、可靠；自然通风是利用自然风力作为空气流动的动力来实现厂房的通风换气，这是一种既简单又经济的办法，但易受外界气象条件的限制，通风效果不够稳定。除个别的生产工艺有特殊要求的厂房和工段采用机械通风外，一般厂房主要采用自然通风或以自然通风为主，辅之以简单的机械通风。为有效地组织好自然通风，在剖面设计中要正确选择厂房的剖面形式，合理布置进、排风口的位置，使外部气流不断地进入室内，迅速排除厂房内部的热量、烟尘及有害气体，创造良好的生产环境。

(1)自然通风的基本原理。自然通风是利用空气的热压和风压作用进行的。

①热压作用。厂房内部各种热源排放出大量热量，使厂房内部的气温比室外高。当空气温度升高时，体积膨胀，密度变小。由于室内外空气的温度、密度不同，于是室内外的空气形成了重力差。因而在建筑物的下部，室外空气所形成的压力要比室内空气所形成的压力大。这时，如果在厂房外墙下部开门窗洞，则室外的冷空气就会经由下部门窗洞进入室内，室内的热空气由厂房上部开的窗口(天窗或高侧窗)排至室外。进入室内的冷空气又被热源加热变轻，上升由厂房上部窗口排至室外，如此循环，就在厂房内部形成了空气流动，达到了通风换气的目的，如图 16-13 所示为热压通风原理。

②风压作用。根据流体力学的原理，当风吹向房屋时，迎风墙面空气流动受阻，风速降低，使风的动能变为静压，作用在建筑物的迎风面上，使迎风面上所受到的压力大于大气压，从而在迎风面形成正压区。风在受到迎风面的阻挡后，从建筑物的屋顶及两侧快速绕流过去。绕流作用增加的风速使建筑物的屋顶、两侧及背风面受到的压力小于大气压，形成负压区，如图 16-14 所示。

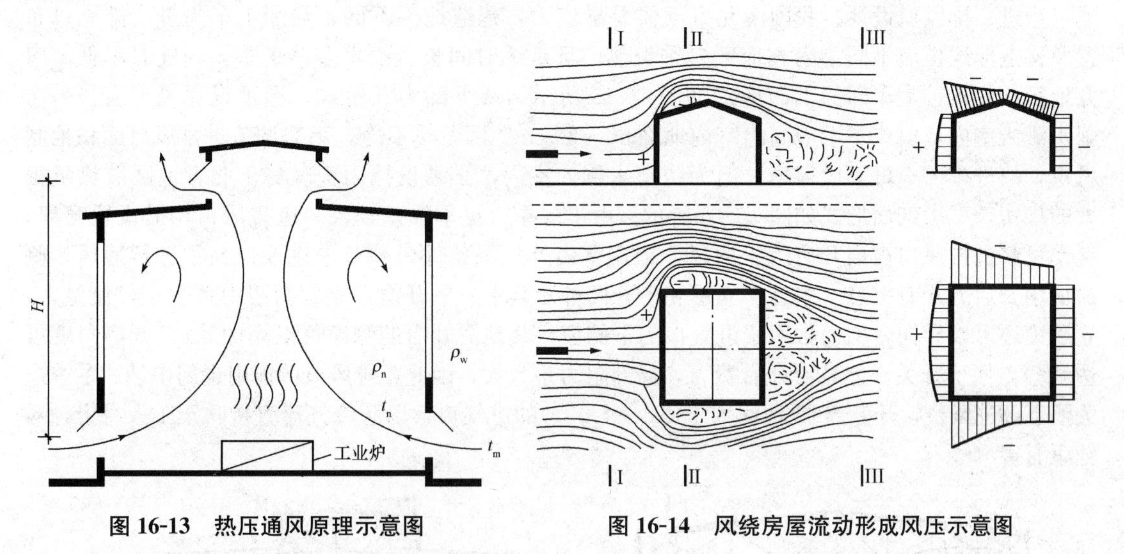

图 16-13　热压通风原理示意图　　**图 16-14　风绕房屋流动形成风压示意图**

一般情况下，室内自然通风的形成是热压作用和风压作用的综合结果。从组织自然通风设计的角度看，风压通风对改善室内环境的效果比较显著。但是，由于室外风速和风向经常变化，在实际通风计算时仅考虑热压的作用。但同时必须考虑如何组织风压通风来改善厂房内部空气的质量。

(2)自然通风设计的原则。

①合理选择建筑朝向。为了充分利用自然通风，应限制厂房宽度并使其长轴垂直于当地夏季主导风向。从减少建筑物的太阳辐射和组织自然通风的综合角度来说，厂房南北朝向是最合理的。

②合理布置建筑群。选择了合理的建筑朝向，还必须布置好建筑群体，才能组织好室内通风。建筑群的平面布置有行列式、错列式、斜列式、周边式、自由式等，从自然通风的角度考虑，行列式和自由式均能争取到较好的朝向，自然通风效果良好。

③厂房开口与自然通风。一般来说，进风口直对着出风口，会使气流直通，风速较大，但风场影响范围小。人们把进风口直对着出风口的风称为穿堂风。如果进出风口错开，风场影响的区域会大些。如果进出风口都开在正压区或负压区一侧或者整个房间只有一个开口，则通风效果较差。为了获得舒适的通风，开口的高度应低些，使气流能够作用到人身上。高窗和天窗可以使顶部热空气更快散出。室内的平均气流速度只取决于较小的开口尺寸。通常，取进出风口面积相等为宜。

④导风设计。中轴旋转窗扇、水平挑檐、挡风板、百叶板、外遮阳板及绿化均可以起到挡风、导风的作用，可以用来组织室内通风。

(3)冷加工厂房的自然通风。冷加工车间内无大的热源，室内余热量较小，一般按采光要求设置的窗，其上有适当数量的开启扇和门就能满足车间的通风换气要求，故在剖面设计中，以天然采光为主。在自然通风设计方面，应使厂房纵向垂直于夏季主导风向，或不小于45°倾角，并限制厂房宽度。在侧墙上设窗，在纵横贯通的端部或在横向贯通的侧墙上设置大门，室内少设或不设隔墙，使其有利于穿堂风的组织。为避免气流分散，影响穿堂风的流速，冷加工车间不宜设置通风天窗，但为了排除积聚在屋盖下部的热空气，可以设置通风屋脊。

(4)热加工车间的自然通风。热加工车间除有大量热量外，还可能有灰尘，甚至存在有害气体。因此热加工车间更要充分利用热压原理，合理设置进排风口，有效地组织自然通风。

1)进、排风口设计。我国南北方气候差异较大，建造地区不同，热加工车间进、排风口布置及构造形式也应不同。南方地区夏季炎热，且延续时间长、雨水多，冬季短、气温不低。南方地区散热量较大车间的剖面形式如图16-15所示。墙下部为开敞式，屋顶设通风天窗。为防雨水溅入室内，窗口下沿应高出室内地面60～80 cm。因冬季不冷，不需调节进排风口面积控制风量，故进排风口可不设窗扇，但为防雨水飘入室内，必须设挡雨板。对于北方地区散热量很大的厂房，厂房剖面形式如图16-16所示。由于冬季、夏季温差较大，进排风口均需设置窗扇。夏季可将进排风口窗扇开启组织通风，根据室内外气温条件，调节进排风口面积进行通风。侧窗窗扇开启方式有上悬、中悬、立悬和平开四种。其中，平开窗、立旋窗阻力系数小，流量大，立悬窗还可以导向，因而常用于进气口的下侧窗。其他需开启的侧窗可以用中悬窗(开启角度可达80°)，便于开关。上悬窗开启费力，局部阻力系数大，因此，排风口的窗扇也用中悬。冬季应关闭下部进风口，开上部(距地面大于2.4～4.0 m)的进气口，以防冷气流直接吹至工人身上，对健康有害。

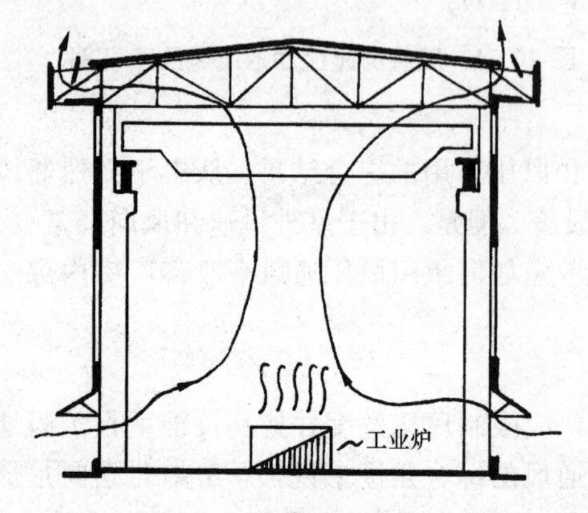

图16-15　南方地区热车间剖面示意图

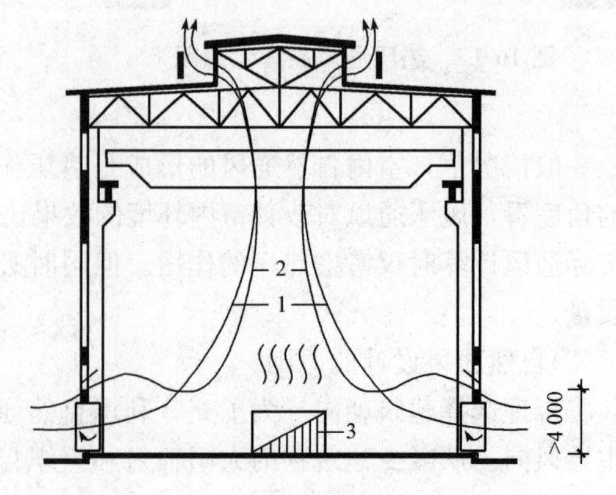

图16-16　北方地区热车间剖面示意图

2)通风天窗的选择。无论是多跨或单跨热车间仅靠侧窗通风往往不能满足要求，一般在屋顶上设置通风天窗。通风天窗的类型主要有矩形和下沉式两种。

①矩形通风天窗。当热压和风压共同作用时，厂房迎风面下部开口的热压和风压的作用方向是一致的，因此，从下部开口的进风量比热压单独作用时大，如图 16-17 所示。而此时厂房迎风面外墙上部开敞口，热压和风压方向相反，因此从上部开口排风量，要比单独热压作用要小。如风压大于热压时，上部开口不能排风，从而形成所谓的“倒灌风”现象。为了避免这种情况，在天窗侧面设置挡风板，当风吹到挡风板时产生气流飞跃，在天窗口与挡风板之间形成负压区，保证天窗在任何风向的情况下都能稳定排风。这种带挡风板的矩形天窗称为矩形通风天窗或避风天窗。

挡风板与窗口的距离影响天窗的通风效果，根据实验，挡风板与天窗的距离 L 和天窗口高 h 的比值应在 0.6～2.5 的范围内。当天窗挑檐较短时，可用 1.1～1.5 的比值范围；当天窗的挑檐较长时，比值范围可用 0.9～1.25。大风多雨地区比值还可偏小。

当平行等高跨两矩形天窗排风口的水平距离 L 小于或等于天窗高度 h 的 5 倍时，可不设挡风板，因为该区域的风压始终为负压，如图 16-18 所示。

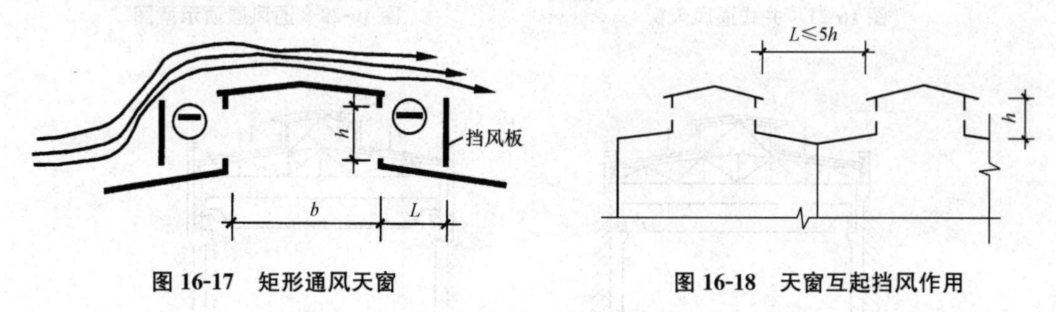

图 16-17　矩形通风天窗　　　　图 16-18　天窗互起挡风作用

②下沉式天窗。下沉式天窗的优点是：可降低厂房高度 4～5 m，减少了风荷载及屋架上的集中荷载，可相应减少柱、基础等结构构件的尺寸，节约建筑材料，降低造价；由于重心下降，抗震性能好；下沉式通风天窗的通风口处于负压区，通风稳定；布置灵活，热量排除路线短，采光均匀等。其缺点是：屋架上下弦受扭，屋面排水复杂，因屋面板下沉有时室内会产生压抑感。

下沉式通风天窗有纵向下沉、横向下沉以及井式下沉三种布置方式。纵向下沉式天窗是沿厂房的纵向将一定宽度的屋面板下沉(图 16-19)，根据需要可布置在屋脊处或屋脊两侧。横向下沉式天窗每隔一个柱距或几个柱距将整个跨度的屋面板下沉(图 16-20)。井式通风天窗是每隔一个柱距或几个柱距将一定范围的屋面板下沉，形成天井，可设在跨中(图 16-21)，也可设在跨边，形成中井式或边井式天窗。除矩形通风天窗、下沉式通风天窗外，还有通风屋脊、通

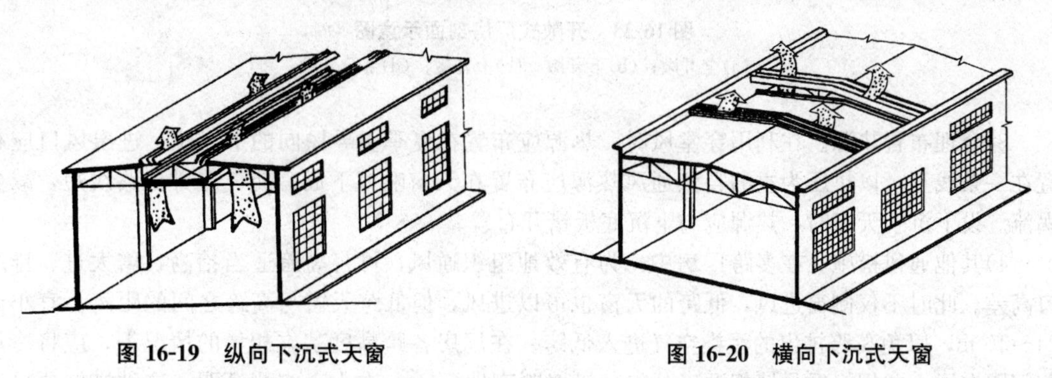

图 16-19　纵向下沉式天窗　　　　图 16-20　横向下沉式天窗

风屋顶(图 16-22)。我国南方地区及长江流域一代，夏季气候较为炎热，这些地区的热加工车间，除采用通风天窗外，也可能采用开敞式外墙，即厂房的外墙不设窗扇而用挡雨板代替，如图 16-23 所示。

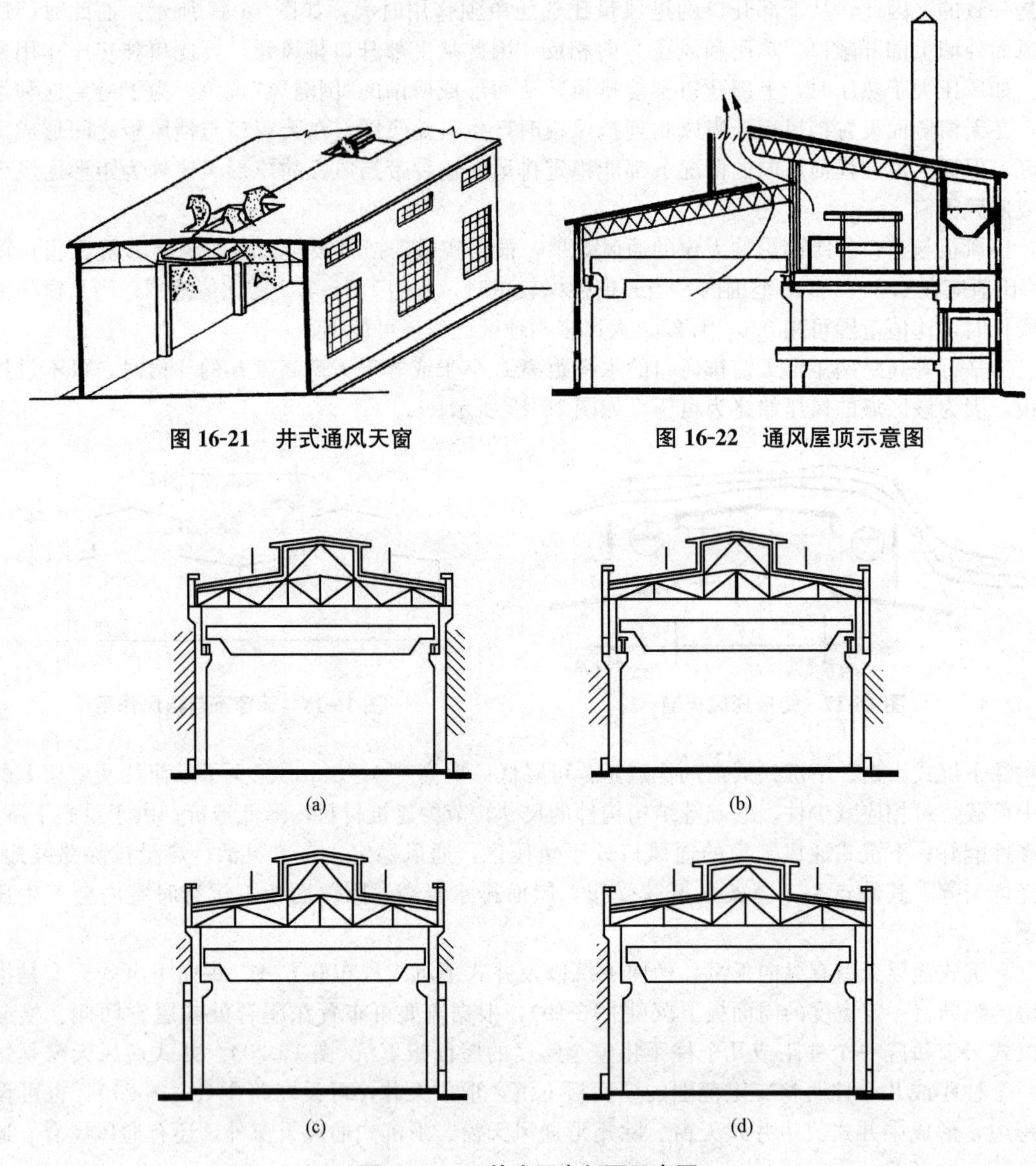

图 16-21 井式通风天窗

图 16-22 通风屋顶示意图

(a) (b) (c) (d)

图 16-23 开敞式厂房剖面示意图

(a)全开敞；(b)下开敞；(c)上开敞；(d)部分开敞

3)合理布置热源。在利用穿堂风时，热源应布置在夏季主导风向的下风位，进出风口应布置在一条线上。以热压为主的自然通风热源应布置在天窗喉口下面，使气流排出路线短，减少涡流。设下沉式天窗时，热源应与下沉底板错开布置。

4)其他通风措施。在多跨厂房中，为有效地组织通风，可将高跨适当抬高，增大进、排风口高差。此时不仅侧窗进风，低跨的天窗也可以进风，但低跨天窗与高跨之间的距离不宜小于24～40 m，以免高跨排出的污染空气进入低跨。在厂房各跨高度基本相等的情况下，应将冷热跨间隔布置，并用轻质吊墙把两者分隔，吊墙距离地面 3 m 左右。实测证明，这种措施通风有效，气流可源源不断地由冷跨流向热跨，热气流由热跨通风天窗排出，气流速度可达 1 m/s 左右。

3. 厂房的天然采光

(1)天然采光标准。厂房室内在白天通过窗口取得的光线称为天然采光。太阳是天然光的光源。天然光在通过地球大气层时被空气中的尘埃和气体分子扩散，结果白天的天空呈现出一定的亮度，这就是天空光。在采光设计中，天然光往往是指天空光。天然光强度高，变化快，不好控制。因此，《建筑采光设计标准》(GB 50033—2013)规定，在采光设计中，以采光系数和室内天然光照度作为采光设计的评价指标。采光系数是指在室内给定平面上的一点，由直接或间接地接收来自假定和已知天空亮度分布的天空漫射光而产生的照度与同一时刻该天空半球在室外无遮挡水平面上产生的天空漫射光照度之比。室内天然光照度是指对应于规定的室外天然光设计照度值和相应的采光系数标准值的参考平面上的照度值。采光系数用符号 C 表示，它是无量纲量。照度是水平面上接受到的光线强弱的指标，照度的单位是 lx，称作勒克斯。

《建筑采光设计标准》(GB 50033—2013)规定各采光等级参考平面上的采光标准值应符合表 16-1 的规定。

表 16-1 各采光等级参考平面上的采光标准值

采光等级	侧面采光		顶部采光	
	采光系数标准值/%	室内天然光照度标准值/lx	采光系数标准值/%	室内天然光照度标准值/lx
Ⅰ	5	750	5	750
Ⅱ	4	600	3	450
Ⅲ	3	450	2	300
Ⅳ	2	300	1	150
Ⅴ	1	150	0.5	75

注：1. 工业建筑参考平面取距地面 1 m，民用建筑取距地面 0.75 m，公用场所取地面。
2. 表中所列采光系数标准值适用于我国Ⅲ类光气候区，采光系数标准值是按室外设计照度值 15 000 lx 制定的。
3. 采光标准的上限值不宜高于上一采光等级的级差，采光系数值不宜高于 7%。

工业建筑采光举例：

采光等级Ⅰ级，特别精密机电产品加工、装配、检验，工艺品雕刻、刺绣、绘画。

采光等级Ⅱ级，很精密机电产品加工、装配、检验，通信、网络、视听设备的装配与调试，服装裁剪、缝纫及检验，精密理化实验室、计量室、主控室，印刷品的排版、印刷，药品制剂等。

采光等级Ⅲ级：机电产品加工、装配、检修，一般控制室，木工、电镀、油漆、铸工，理化实验室，造纸、石化产品后处理，冶金产品冷轧、热轧、拉丝、粗炼等。

采光等级Ⅳ级：焊接、冲压剪切、锻工、热处理，食品、烟酒加工和包装，日用化工产品，金属冶炼，水泥加工与包装，配、变电所等。

采光等级Ⅴ级：发电机厂主厂房，压缩机房、风机房、锅炉房、电石库、乙炔库、氧气瓶库、汽车库、大中件储存库，煤的加工等。

我国各地光气候差别较大，因此《建筑采光设计标准》(GB 50033—2013)中将我国划分为5个光气候区，采光设计时，各光气候区取不同的光气候系数K。表16-1中采光系数标准值都是以Ⅲ类光气候区为标准给出的。在其他光气候区，各类建筑的工作面上的采光系数标准值应为标准中给出的数值乘以相应的光气候系数所得到的数值。

(2)天然采光要求。厂房采光设计应注意光的方向性，应避免对生产产生遮挡和不利阴影，天然光应均匀照亮整个车间。如要避免在工作面产生眩光，应做到：

①作业区应减少或避免直射阳光。

②工作人员的视觉背景不宜为窗口。

③为降低窗户亮度或减少天空视域，可采用室内外遮阳设施。

④窗户框料的内表面及窗户周围内墙面，宜采用浅色粉刷。

(3)采光口面积的确定。采光口面积的确定，通常根据厂房的采光、通风、立面处理等综合要求，首先大致确定开窗的形式和窗口面积，然后根据厂房的采光要求进行校验证其是否符合采光标准值。采光计算的方法很多，最简单的方法是利用《建筑采光设计标准》(GB 50033—2013)给出的窗地面积比的方法。窗地面积比是指窗洞口面积和室内地面面积之比，利用窗地面积比可以简单地估算出采光窗口面积，见表16-2。

表16-2　窗地面积比和采光有效进深

采光等级	侧面采光		顶部采光
	窗地面积比 (A_c/A_d)	采光有效进深 (b/h_s)	窗地面积比 (A_c/A_d)
Ⅰ	1/3	1.8	1/6
Ⅱ	1/4	2.0	1/8
Ⅲ	1/5	2.5	1/10
Ⅳ	1/6	3.0	1/13
Ⅴ	1/10	4.0	1/23

注：1. 窗地面积比计算条件：窗的总透射比取0.6；室内各表面材料反射比的加权平均值：Ⅰ～Ⅲ级取0.5；Ⅳ级取0.4；Ⅴ级取0.3。

2. 顶部采光指平天窗采光，锯齿形天窗和矩形天窗可分别按平天窗的1.5倍和2倍窗地面积比进行估算。

(4)天然采光方式。天然采光方式主要有侧面采光、混合采光(侧窗＋天窗)、顶部采光(天窗)。工业建筑大多采用侧面采光或混合采光，很少单独采用顶部采光方式。

①侧面采光。侧面采光分为单侧采光和双侧采光。单侧采光的有效进深为侧窗口上沿至地面高度的1.5～2.0倍，即单侧采光房间的进深一般不超过窗高的1.5～2.0倍为宜，单侧窗光线衰减情况如图16-24所示。如果厂房的宽高比很大，超过单侧采光所能解决的范围时，就要采用双侧采光或辅以人工照明。

在有吊车的厂房中，常将侧窗分上、下两层布置，上层称为高侧窗，下层称为低侧窗，如图16-25所示。

为不使吊车梁遮挡光线，高侧窗下沿距吊车梁顶面应有适当距离，一般取600 mm左右为宜(图16-25)。低侧窗下沿即窗台高一般应略高于工作面的高度，工作面高度一般取800 mm左右。沿侧墙纵向工作面上的光线分布情况和窗及窗间墙分布有关，窗间墙以等于或小于窗宽为宜。如沿墙工作面上要求光线均匀，可减少窗间墙的宽度或取消窗间墙做成带形窗。

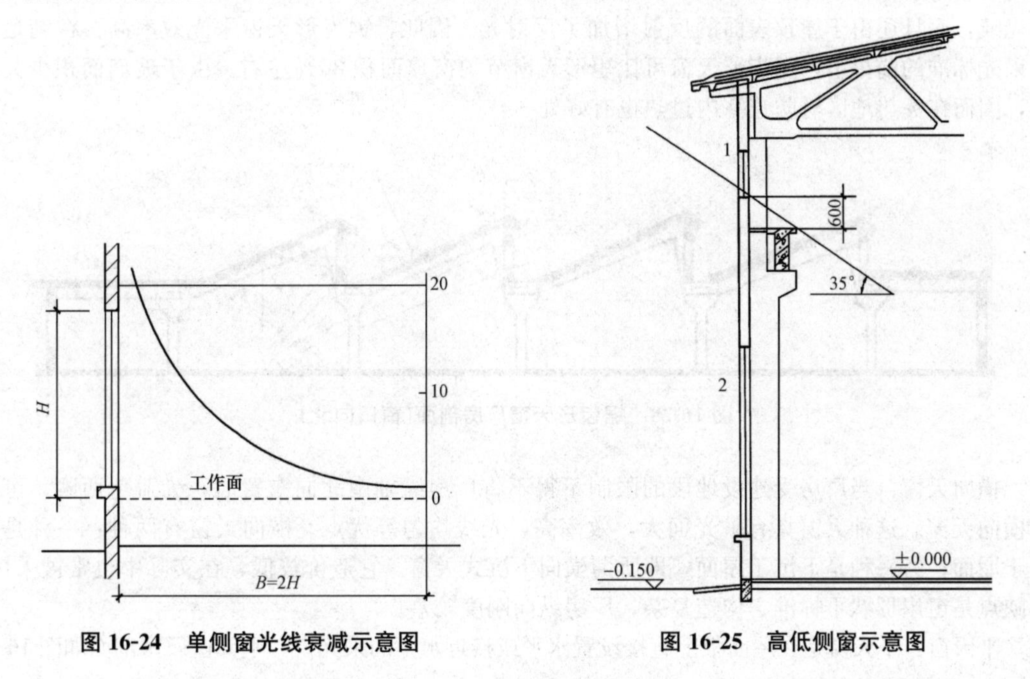

图 16-24　单侧窗光线衰减示意图　　图 16-25　高低侧窗示意图

②顶部采光。顶部采光形式包括矩形天窗、锯齿形天窗、平天窗等。

矩形天窗：矩形天窗一般朝向南北方向，室内光线均匀，直射光较少。由于玻璃面是垂直的，可以减少污染，易于防水，有一定的通风作用，矩形天窗厂房剖面如图 16-26 所示。为了获得良好的采光效果，合适的天窗宽度为厂房跨度的 1/2～1/3。两天窗的边缘距离 L 应大于相邻天窗高度和的 1.5 倍，矩形天窗宽度与跨度的关系如图 16-27 所示。

图 16-26　矩形天窗厂房剖面

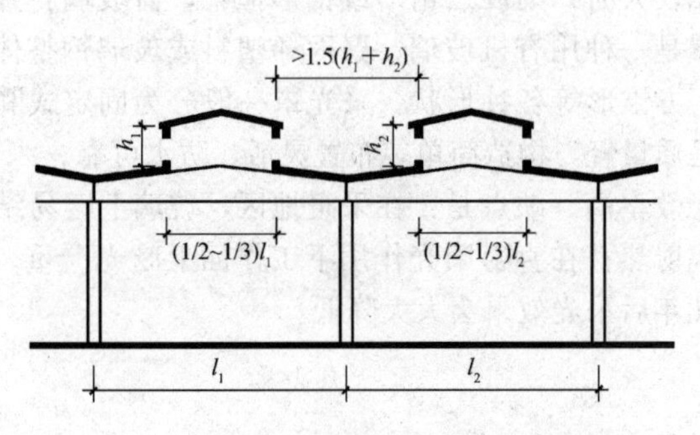

图 16-27　矩形天窗宽度与跨度的关系

锯齿形天窗：由于生产工艺的特殊要求，在某些厂房如纺织厂等，为了使纱线不易断头，厂房内要保持一定的温湿度，厂房要有空调设备。同时，要求室内光线稳定、均匀，无直射光进入室内，避免产生眩光，不增加空调设备的负荷。因此，这种厂房常采用窗口向北的锯齿形天窗，锯齿形天窗的厂房剖面如图 16-28 所示。锯齿形天窗厂房工作面不仅能得到从天窗透入的光线，而且还由于屋顶表面的反射增加了反射光。因此，锯齿形天窗采光效率高，在满足同样采光标准的前提下，锯齿形天窗可比矩形天窗节约窗户面积 30％左右。由于玻璃面积少又朝北，因而在炎热地区对防止室内过热也有好处。

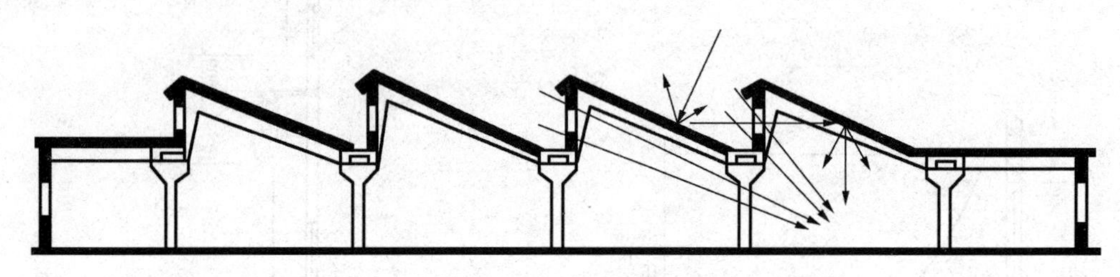

图 16-28　锯齿形天窗厂房剖面(窗口向北)

横向天窗：当厂房受建设地段的限制不得不将厂房纵轴南北向布置时，为避免西晒，可采用横向天窗。这种天窗具有采光面大，效率高，光线均匀等优点。横向天窗有两种：一种是突出于屋面；另一种是下沉于屋面，即所谓横向下沉式天窗。它造价较低，在实际中也常被采用。其缺点是窗扇形状不标准、构造复杂、厂房纵向刚度较差。

平天窗：平天窗是在屋面板上直接设置水平或接近水平的采光口，平天窗厂房剖面如图 16-29 所示。

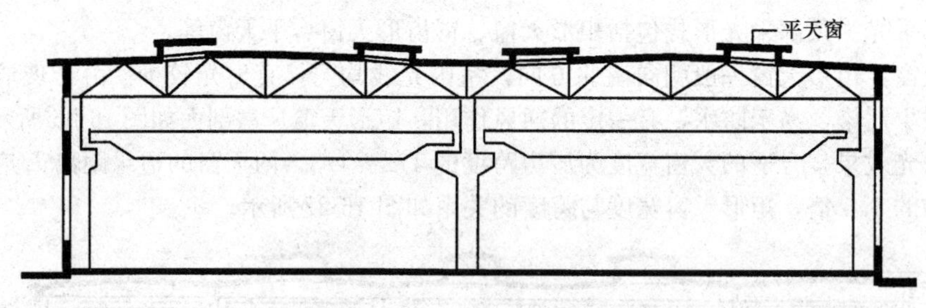

图 16-29　平天窗厂房剖面示意图

平天窗可分为采光板、光罩和采光带。带形或板式天窗多数是在屋面板上开洞，覆以透光材料构成的。采光口面积较大时，则设三角形或锥形框架，窗玻璃斜置在框架上；采光带可以横向或纵向布置；采光罩是一种用有机玻璃、聚丙烯塑料或玻璃钢整体压铸的采光构件，其形状有圆穹形、扁平穹形、方锥形等各种形状。采光罩一般分为固定式和开启式。开启式可以自然通风。采光罩的特点是质量轻，构造简单，布置灵活，防水可靠。

平天窗的优点是采光效率高。缺点是：在采暖地区，玻璃上容易结露；在炎热地区，通过平天窗透进大量的太阳辐射热；在直射阳光作用下工作面上眩光严重。另外，平天窗在尘多雨少地区容易积尘，使用几年后采光效果会大大降低。

项目 16.3　单层厂房的定位轴线

单层厂房的定位轴线是确定厂房主要承重构件的平面位置及其标志尺寸的基准线，同时也是工业建筑施工放线和设备安装的定位依据。确定厂房定位轴线必须执行《厂房建筑模数协调标准》(GB/T 50006—2010)的有关规定。

厂房长轴方向的定位轴线称为纵向定位轴线，相邻两条纵向定位轴线间的距离为该跨的跨度。将短轴方向的定位轴线称为横向定位轴线，相邻两条横向定位轴线之间的距离为厂房的柱距，纵向定位轴线自下而上用 A、B、C…顺序进行编号(I、O、Z 三个字母不用)；横向定位轴线自左至右按 1、2、3、4…的顺序进行编号，如图 16-30 所示。

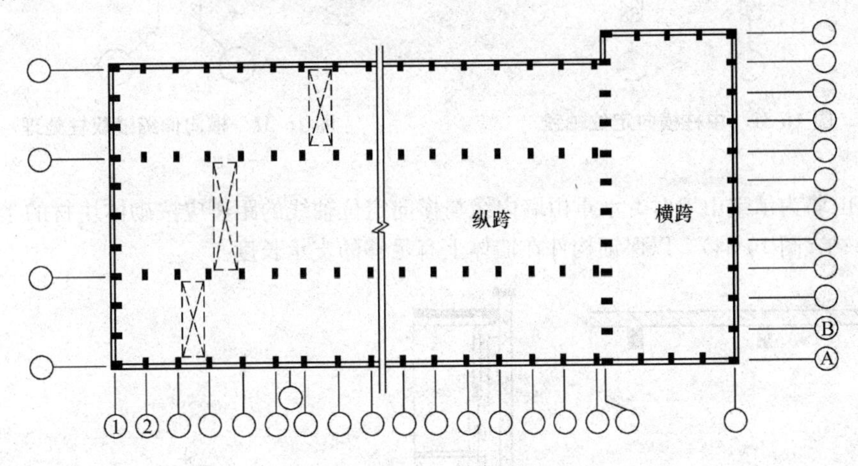

图 16-30　单层厂房定位轴线示意图

16.3.1　横向定位轴线

横向定位轴线标定了纵向构件的标志端部，如吊车梁、连系梁、基础梁、屋面板、墙板、纵向支撑等。

1. 柱与横向定位轴线

除两端的边柱外，中间柱的截面中心线与横向定位轴线重合，而且屋架中心线也与横向定位轴线重合，中柱横向定位轴线如图 16-31 所示。纵向的结构构件如屋面板、吊车梁、连系梁的标志长度皆以横向定位轴线为界。在横向伸缩缝处一般采用双柱处理，为保证缝宽的要求，应设两条定位轴线，缝两侧柱截面中心均应自定位轴线向两侧内移 600 mm，横向伸缩缝的双柱处理如图 16-32 所示。两条定位轴线之间的距离称为插入距，用 a_i 表示，在这里插入距 a_i 等于变形缝的宽度 a_e。

2. 山墙与横向定位轴线

(1)当山墙为非承重墙时，山墙内缘与横向定位轴线重合(图 16-33)，端部柱截面中心线应自横向定位轴线内移 600 mm，这是由于山墙内侧设有抗风柱，抗风柱上柱应符合屋架上弦连接的构造需要(有些刚架结构厂房的山墙抗风柱直接与刚架下面连接，端柱不内移)。

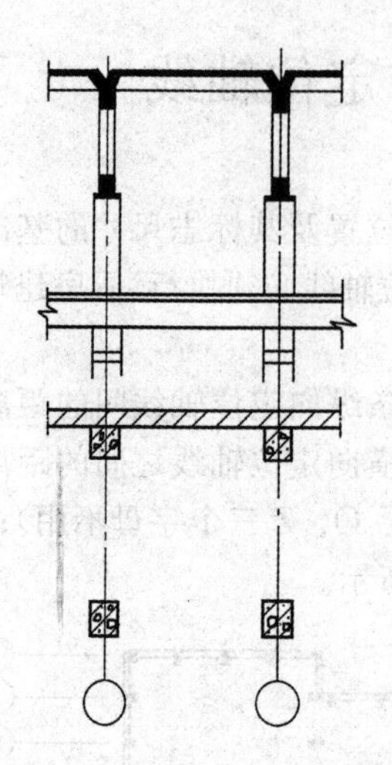
图 16-31　中柱横向定位轴线

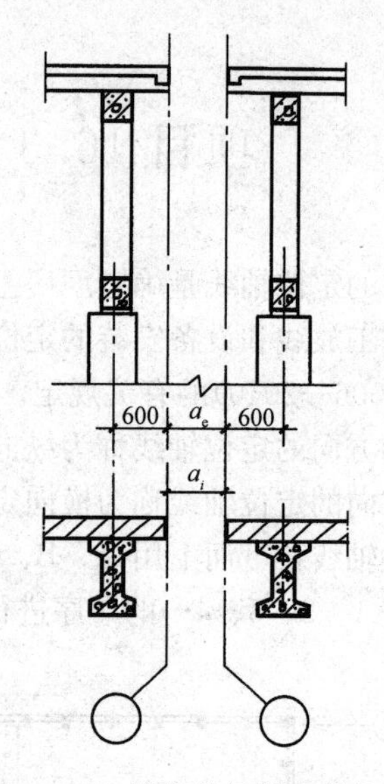

图 16-32　横向伸缩缝双柱处理

(2)当山墙为承重山墙时，承重山墙内缘与横向定位轴线的距离应按砌体块材的半块或者取墙体厚度一半(图 16-34)，以保证构件在墙体上有足够的支承长度。

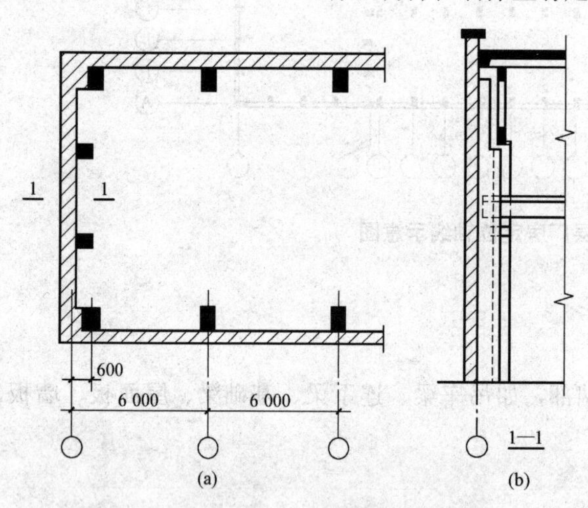

图 16-33　非承重山墙与横向定位轴线
(a)平面图；(b)1－1 剖面图

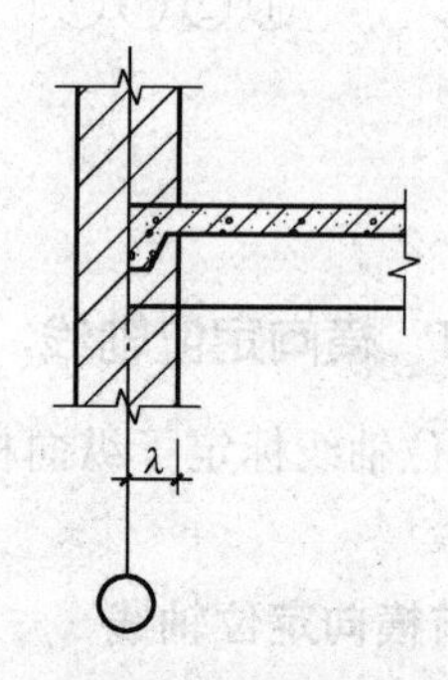

图 16-34　承重山墙与横向定位轴线

16.3.2　纵向定位轴线

单层厂房的纵向定位轴线主要用来标注厂房横向构件，如屋架或屋面梁长度的标志尺寸。纵向定位轴线应使厂房结构和吊车的规格协调，保证吊车与柱之间留有足够的安全距离。

1. 外墙、边柱的定位轴线

在支承式梁式或桥式吊车厂房设计中，由于屋架和吊车的设计制作都是标准化的，建筑设计应满足：

$$L=L_K+2e \tag{16-2}$$

式中　L——屋架跨度，即纵向定位轴线之间的距离；

L_K——吊车跨度，也就是吊车的轮距，可查吊车规格资料；

e——纵向定位轴线至吊车轨道中心线的距离，一般为 750 mm，当吊车为重级工作制需要设安全走道板或吊车起重量大于 50 t 时，可采用 1 000 mm。

如图 16-35(a)所示可知：

$$e=h+K+B \tag{16-3}$$

式中 h——上柱截面高度；

K——吊车端部外缘至上柱内缘的安全距离；

B——轨道中心线至吊车端部外缘的距离，自吊车规格资料查出。

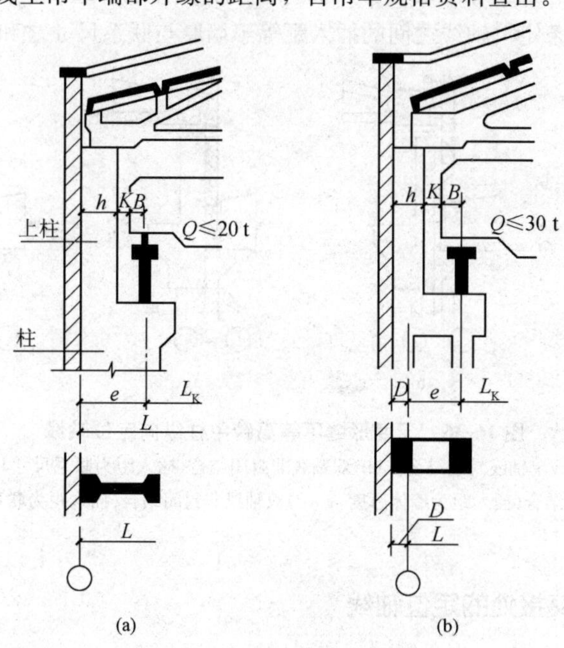

图 16-35 外墙边柱与纵向定位轴线

(a)封闭式结合；(b)非封闭式结合

由于吊车起重量、柱距、跨度、有无安全走道板等因素的不同，边柱与纵向定位轴线的联系有两种情况。

(1)封闭式结合。在无吊车或只有悬挂式吊车，桥式吊车起重量小于等于 20 t，柱距为 6 m 条件下的厂房，其定位轴线一般采用封闭式结合，如图 16-35 所示。此时相应的参数为 $B\leqslant$ 260 mm，h 一般为 400 mm，$e=750$ mm，$K=e-(h+B)\geqslant 90$ mm，满足大于等于 80 mm 的要求，封闭式结合的屋面板可全部采用标准板，不需设补充构件，具有构造简单、施工方便等优点。

(2)非封闭式结合。在柱距为 6 m、吊车起重量大于等于 30 t/5 t，此时 $B=300$ mm，如继续采用封闭式结合，已不能满足吊车运行所需安全间隙的要求。为解决问题，将边柱外缘自定位轴线向外移动一定距离，这个距离称为联系尺寸，用 D 表示。为了减少构件类型，D 值一般取 300 mm 或 300 mm 的倍数。采用非封闭结合时，如按常规布置屋面板只能铺至定位轴线处，与外墙内缘出现了非封闭的构造间隙，需要非标准的补充构件板，非封闭式结合构造复杂，施工也较为麻烦。

2. 中柱与纵向定位轴线的关系

多跨厂房的中柱有等高跨和不等高跨两种情况。等高跨厂房中柱通常为单柱，其截面中心与纵向定位轴线重合。此时上柱截面一般取 600 mm，以满足屋架和屋面大梁的支承长度。

高低跨中柱与定位轴线的关系也有两种情况。

(1)设一条定位轴线。当高低跨处采用单柱时，如果高跨吊车起重量 $Q \leqslant 20$ t/5 t，则高跨上柱外缘和封墙内缘与定位轴线相重合，单轴线封闭结合如图 16-36(a)所示。

(2)设两条定位轴线。当高跨吊车起重量较大，$Q \geqslant 30$ t/5 t时，应采用两条定位轴线。高跨轴线与上柱外缘之间设联系尺寸 D，为简化屋面构造，低跨定位轴线应自上柱外缘、封墙内缘通过。此时同一柱子的两条定位轴线分属高低跨，当高跨和低跨均为封闭结合，而两条定位轴线之间设有封墙时，则插入距等于墙厚，当高跨为非封闭结合，且高跨上柱外与低跨屋架端部之间设有封墙时，则两条定位轴线之间的插入距等于墙厚与联系尺寸之和，如图 16-36 所示。

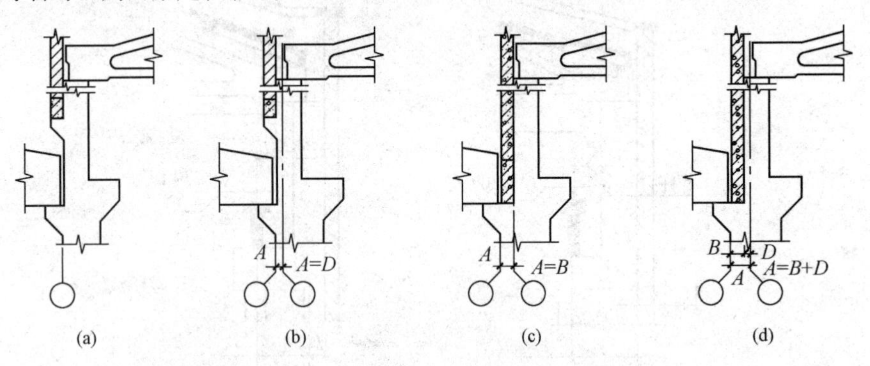

图 16-36　无变形缝不等高跨中柱纵向定位轴线

(a)单轴线封闭结合；(b)双轴线非封闭结合(插入距为联系尺寸)；
(c)双轴线封闭结合(插入距为墙体厚度)；(d)双轴线非封闭结合(插入距为联系尺寸加墙厚)

16.3.3　纵横跨交接处的定位轴线

厂房纵横跨相交，常在相交处设变形缝，使纵横跨各自独立。纵横跨应有各自的柱列和定位轴线。设计时，常将纵跨和横跨的结构分开，并在两者之间设变形缝。纵横跨连接处设双柱、双定位轴线。两条定位轴线之间设插入距 A，纵横跨连接处的定位轴线如图 16-37 所示。

当纵跨的山墙比横跨的侧墙低，长度小于或等于侧墙，横跨又为封闭式结合时，则可采用双柱单墙处理[图 16-37(a)]，插入距 A 为墙体厚度与变形缝宽之和。当横跨为非封闭结合时，仍采用单墙处理[图 16-37(b)]，这时，插入距 A 为墙体厚度、变形缝宽度与联系尺寸 D 之和。

有纵横相交跨的单层厂房，其定位轴线编号常以跨数较多部分为准编排。本节所述定位轴线，主要适用于装配式钢筋混凝土结构或混合结构的单层厂房，对于钢结构厂房，可参照国家标准《厂房建筑模数协调标准》(GB/T 50006—2010)执行。

项目 16.4　单层厂房立面设计及内部空间处理

单层厂房的形体与生产工艺、工厂环境、厂房规模，厂房的平面形式、剖面形式及结构类型等有密切的关系，而立面设计及内部空间处理是在建筑整体设计的基础上进行的。

16.4.1　厂房的立面设计

厂房的立面设计应与厂房的体型组合综合考虑。而厂房的工艺特点对厂房的形体有很大的

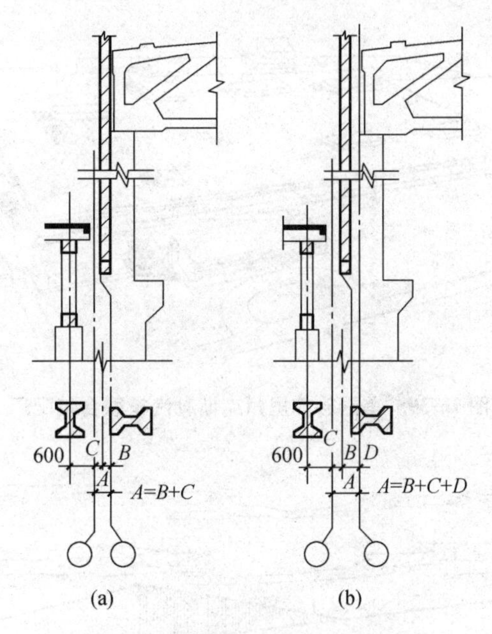

图 16-37　纵横跨连接处的定位轴线

影响。例如，轧钢、造纸等工业由于其生产工艺流程是直线式的，厂房多采用单跨或单跨并列的形式，厂房的形体呈线形水平构图的特征。立面往往采用竖向划分以求变化，如图 16-38 所示为某钢厂轧钢车间。

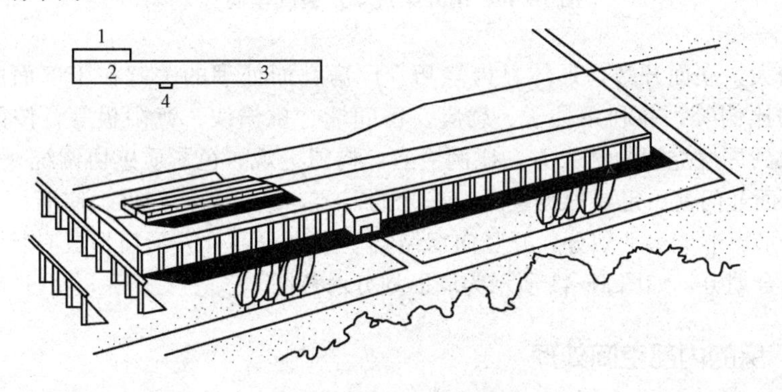

图 16-38　某钢厂轧钢车间

1—加热炉；2—热轧；3—冷轧；4—操作

一般，中小型机械工业多采用垂直式生产流程，厂房体型多为长方形或长方形多跨组合，造型平稳，内部空间宽敞，立面设计灵活。由于生产的机械化、自动化程度的提高，为节约用地和投资，常采用方形或长方形大型联合厂房，其宏大的规模要求立面设计在统一完整中又有变化，如图 16-39 所示。

结构形式及建筑材料对厂房体型有直接的影响。同样的生产工艺，可以采用不同的结构方案。其结构传力和屋顶形式在很大程度上决定着厂房的体型，如排架、刚架、拱形、壳体、折板、悬索等结构的厂房有着形态各异的建筑造型。同时，结合外围护材料的质感和色彩，设计出使人愉悦的工业建筑，如图 16-40 所示为国外某汽车厂装配车间。

环境和气候条件对厂房的形体组合和立面设计有一定的影响。例如寒冷地区，由于防寒的要求，开窗面积较小，厂房的体型一般比较厚重，而炎热地区，由于通风散热的要求，厂

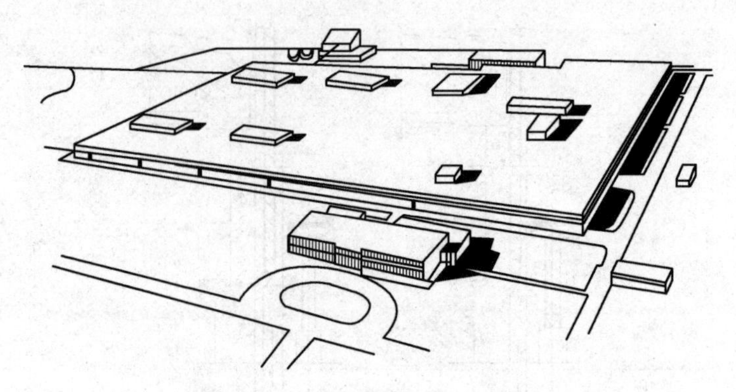

图 16-39　美国密苏里州克斯勒汽车联合装配厂

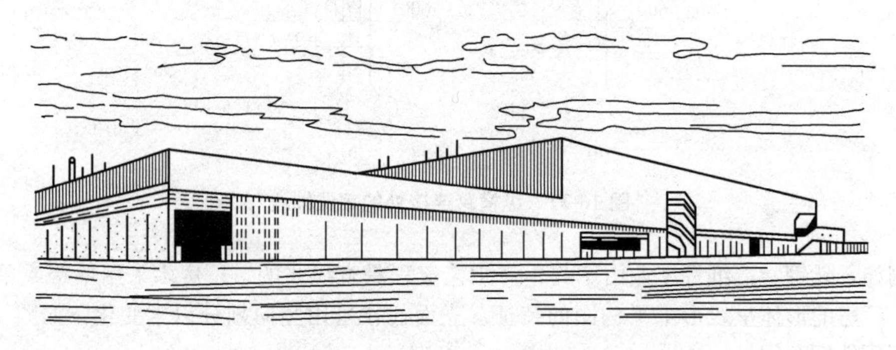

图 16-40　国外某汽车厂装配车间

房的开窗面积较大，立面开敞，形体显得轻巧。厂房立面处理的关键在于墙面的划分及开窗的方式、窗墙的比例等，并利用柱子、勒脚、窗间墙、挑檐线、遮阳板等，按照建筑构图原理进行设计，做到厂房立面简洁大方，比例恰当，构图美观，色彩质感协调统一。

在厂房外墙面开门窗一定要根据交通、采光的需要，结合结构构件，使墙面划分形成一定的规律：如开带形窗形成水平划分，开竖向窗结合垂直划分，开方形窗形成有特色的几何构图或较为自由的混合划分，如图 16-41 所示为墙面划分示意图。

16.4.2　厂房的内部空间处理

生产环境直接影响着生产者的身心健康，优良的室内环境除有良好的采光、通风外，还要室内布置井然有序，使人愉悦。良好的室内环境对职工的生理和心理健康有良好的作用，对提高劳动生产效率十分重要。

1. 厂房内部空间的特点

不同生产要求、不同规模的厂房有不同的内部空间特点，但单层厂房与民用建筑或者多层工业建筑相比，其内部空间特点是非常明显的。单层厂房的内部空间规模大，结构清晰可见，有的厂房内有精美的机器、设备等，生产工序决定设备布置，也形成空间使用线索。

2. 厂房内部空间处理

厂房内部空间处理应注意以下几个方面：

(1)突出生产特点。厂房内部空间处理应突出生产特点、满足生产要求，根据生产顺序组织空间形成规律，机器、设备的布置合理，室内色彩淡雅，机器、设备的色彩既统一协调又有一定的变化，厂房内部设计应有新意，避免单调的环境使人产生疲劳感。

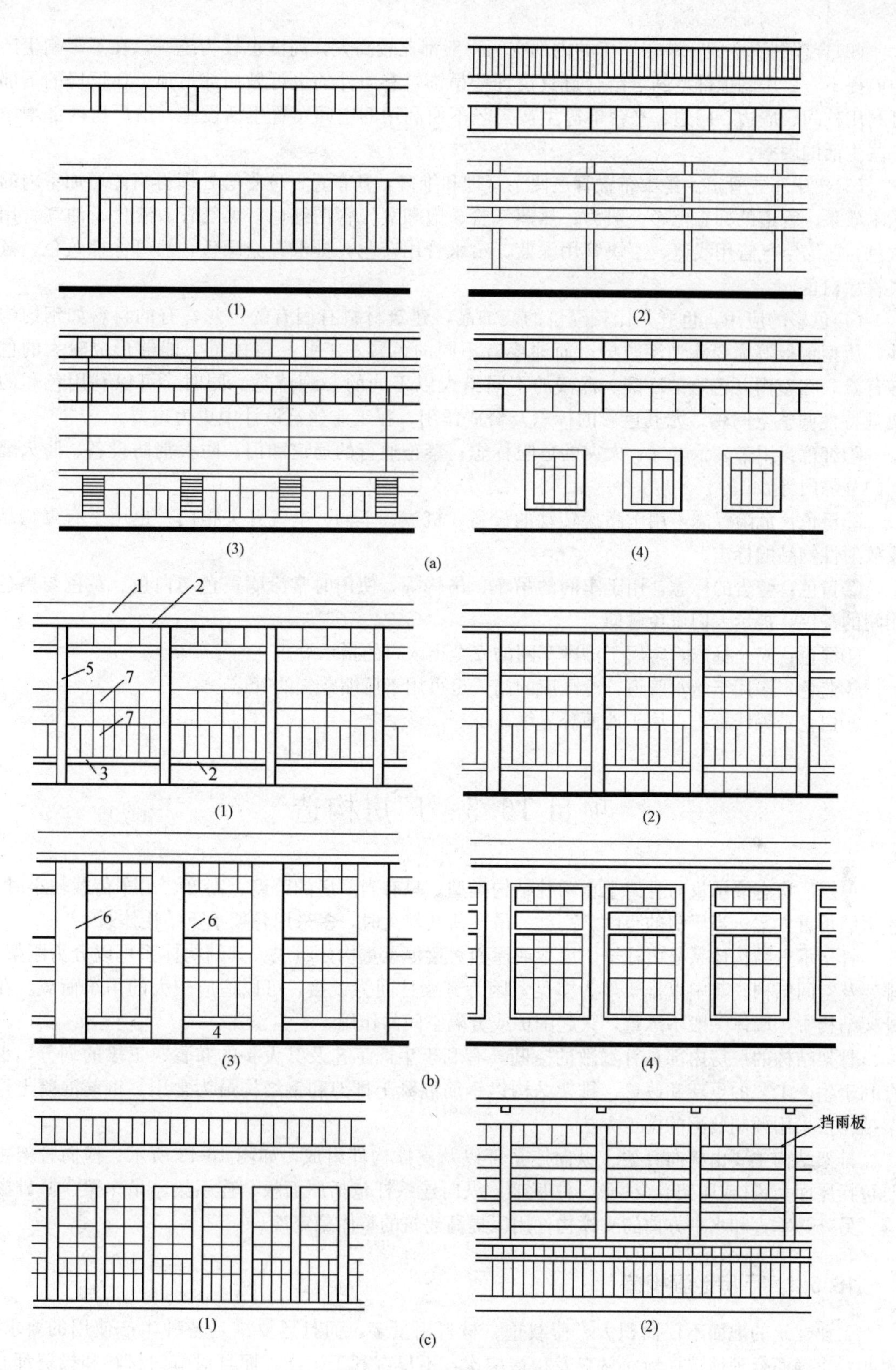

图 16-41　墙面划分示意图

(a)水平划分示意图；(b)墙面垂直划分示意图；(c)混合划分示意图

1—女儿墙；2—窗眉线或遮阳板；3—窗台线；4—勒脚；5—柱；6—窗间墙；7—窗

(2)合理利用空间。单层厂房的内部空间一般都比较高大，高度也较为统一，在不影响生产的前提下，厂房的上部空间可结合灯具设计些吊饰，有条件的也可做局部吊顶；在厂房的下部可利用柱间、墙边、门边、平台下等生产工艺不便利用的空间布置生活设施，给厂房内部增添一些生活的因素。

(3)集中布置管道。集中布置管道便于管理和维修，其布置、色彩等处理得当能增加室内的艺术效果。管道的标志色彩一般为：热蒸气管、饱和蒸气管用红色，煤气管、液化石油气管用黄色，压缩空气管用浅蓝、乙炔管用深蓝、给水管用蓝色，排水管涂绿色，油管涂棕黄色，氢气管涂白色。

(4)色彩的应用。色彩是比较经济的装饰品，建筑材料有固有的色彩，有的材料如钢构构件，压型钢板等需要涂油漆防护，而油漆有不同的色彩。工业厂房体量大能够形成较大的色彩背景，在室内，色彩的冷暖、深浅的不同给人以不同的心理感觉。同时，可以利用色彩的视觉特性调整空间感，尤其色彩的标志及警戒作用，在工业建筑设计中更为重要。

①红色：用来表示电气、火灾的危险标志；禁止通行的通道和门；防火消防设备、防火墙上的分隔门等。

②橙色：危险标志，用于高速转动的设备、机械、车辆、电气开关柜门；也用于有毒物品及放射性物品的标志。

③黄色：警告的标志，用于车间的吊车、吊钩等，使用时常涂刷黄色与白色、黄色与黑色相间的条纹，提示人们避免碰撞。

④绿色：安全标志，常用于洁净车间的安全出入口的指示灯。

⑤蓝色：多用于给水管道，冷藏库的门，也可用于压缩空气的管道。

⑥白色：界线标志，用于地面分界线。

项目 16.5　厂房构造

单层厂房有墙承重与骨架承重两种结构类型。只有当厂房的跨度、高度、吊车荷载较小时，才用墙承重方案；当厂房的跨度、高度、吊车荷载较大时，多采用骨架承重结构体系。

骨架承重结构体系是由柱子、屋架或屋面大梁等承重构件组成。其结构体系可以分为刚架、排架及空间结构。其中以排架最为多见，因为其梁柱间为铰接，可以适应较大的吊车荷载。在骨架结构中，墙体一般不承重，只起围护或分隔空间的作用。

骨架结构的厂房内部具有宽敞的空间，有利于生产工艺及其设备的布置、工段的划分，也有利于生产工艺的更新和改善。排架结构以钢筋混凝土排架和钢结构最为常用。钢筋混凝土排架结构多采用预制装配的施工方法。

排架结构主要由横向骨架、纵向连系杆以及支撑构件组成，如图 16-42 所示。横向骨架主要包括屋面大梁(或屋架)、柱子、柱基础。纵向连系杆包括屋面板、连系梁、吊车梁、基础梁等。另外，垂直和水平方向的支撑构件用以提高建筑的整体稳定性。

16.5.1　厂房地面构造

工业建筑的地面不仅面积大、荷载重、材料用量多，而且还要满足各种生产使用的要求。因此，正确而合理地选择地面材料及构造层次，不仅有利于生产，而且对节约材料和投资都有较大的影响。

工业建筑地面与民用建筑地面构造基本相同。一般由面层、结构层、垫层、基层组成。为

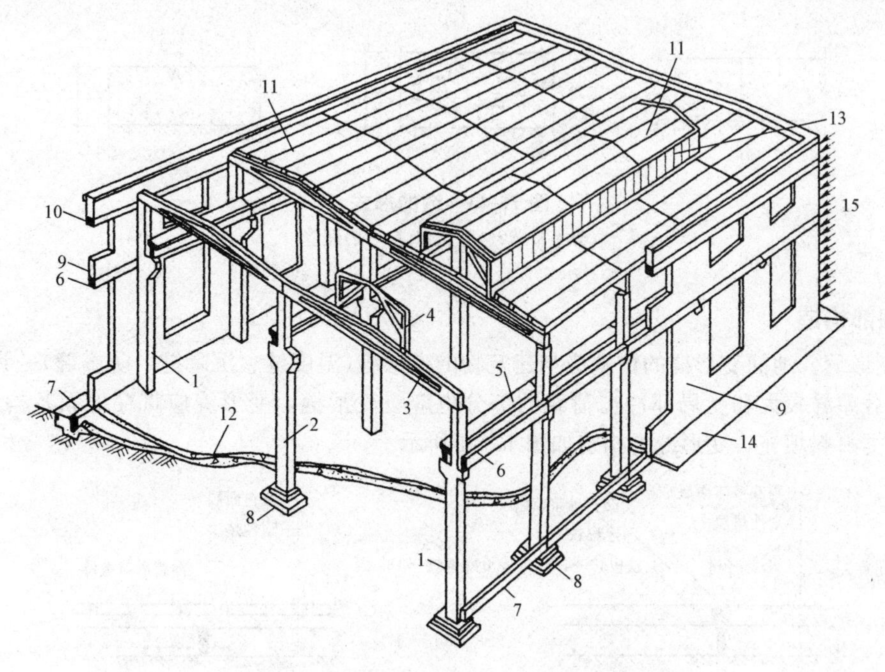

图 16-42　装配式钢筋混凝土排架及主要构件

1—边列柱；2—中柱；3—屋面大梁；4—天窗架；5—吊车梁；6—连系梁；7—基础梁；8—基础；9—外墙；10—圈梁；11—屋面板；12—地面；13—天窗扇；14—散水；15—风荷载

了满足一些特殊要求还要增设结合层、找平层、防水层、保温层、隔声层等功能层次。现将主要层次分述如下。

1. 面层

面层是直接承受各种物理和化学作用的表面层，应根据生产特征、使用要求和影响地面的各种因素来选择地面，例如：生产精密仪器和仪表的车间，地面要求防尘；在生产中有爆炸危险的车间，地面应不致因摩擦撞击而产生火花；有化学侵蚀的车间，地面应有足够的抗腐蚀性；生产中要求防水、防潮的车间，地面应有足够的防水性等。

2. 结构层

结构层是承受并传递地面荷载至地基的构造层次，可分为刚性和柔性两类。刚性结构层(混凝土、沥青混凝土、钢筋混凝土)整体性好、不透水、强度大，适用于荷载较大且要求变形小的场所；柔性结构层(砂、碎石、矿渣、三合土等)在荷载作用下产生一定的塑性变形，造价较低，适用于有较大冲击和有剧烈震动作用的地面。

结构层的厚度主要由地面上的荷载确定，地基的承载能力对它也有一定的影响，较大荷载则需经计算确定。但一般不应小于下列数值：混凝土 80 mm，灰土、三合土 100 mm，碎石、沥青碎石、矿渣 80 mm，砂、煤渣 60 mm。混凝土结构层(或结构层兼面层)伸缩缝的设置一般以 6～12 m 距离为宜，缝的形式有平头缝、企口缝、假缝，如图 16-43 所示，一般多为平头缝。企口缝适于结构层厚度大于 150 mm 时，假缝只能用于横向缝。

3. 垫层

地面应铺设在均匀、密实的基土上。结构层下的基层土不够密实时，应对原土进行处理，如夯实、换土等，在此基础上设置灰土、碎石等垫层起过渡作用。若单纯从增加结构层厚度和提高其强度等级来加大地面的刚度，往往是不经济的，而且还会增加地面的内应力。

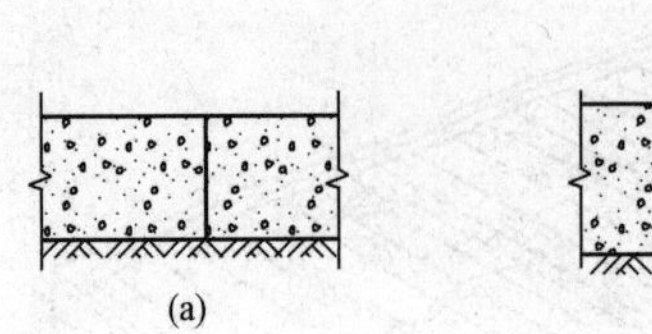

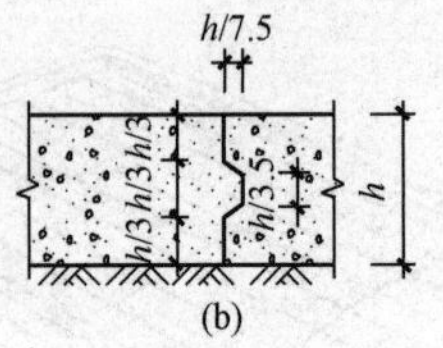

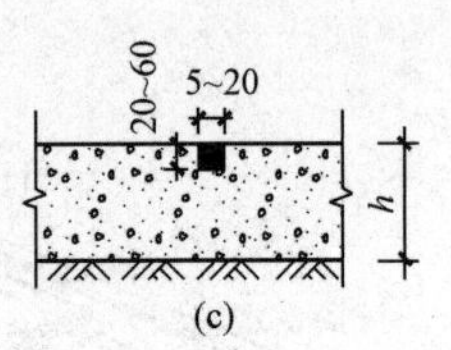

图 16-43　缝的形式

(a)平头缝；(b)企口缝；(c)假缝

4. 细部构造

(1)变形缝。地面变形缝的位置应与建筑物的变形缝(温度缝、沉降缝、防震缝)一致。同时在地面荷载差异较大和受局部冲击荷载的部分也应设变形缝。变形缝应贯穿地面各构造层次，并用沥青类材料填充，变形缝的构造如图 16-44 所示。

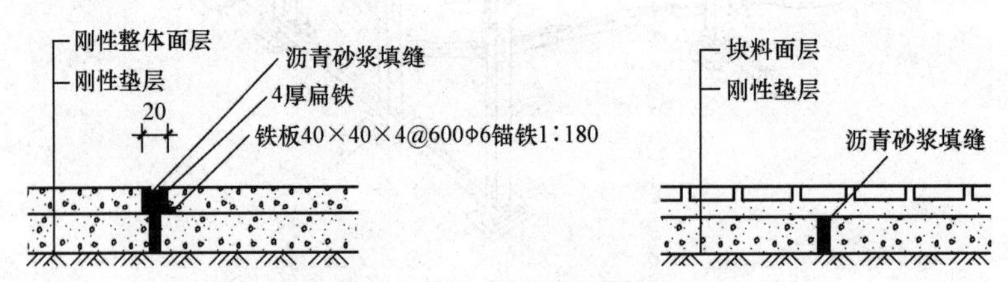

图 16-44　变形缝的构造

(2)不同材料接缝。两种不同材料的地面，由于强度不同、材料的性质不同，接缝处是最易破坏的地方。应根据不同情况采取措施。如厂房内铺有铁轨时，轨顶应与地面相平，铁轨附近宜铺设块材地面，其宽度应大于枕木的长度，以便维修和安装，如图 16-45(a)所示。当防腐地面与非防腐地面交接时，应在交接处设置挡水，以防止腐蚀性液体泛流，如图 16-45(b)所示。

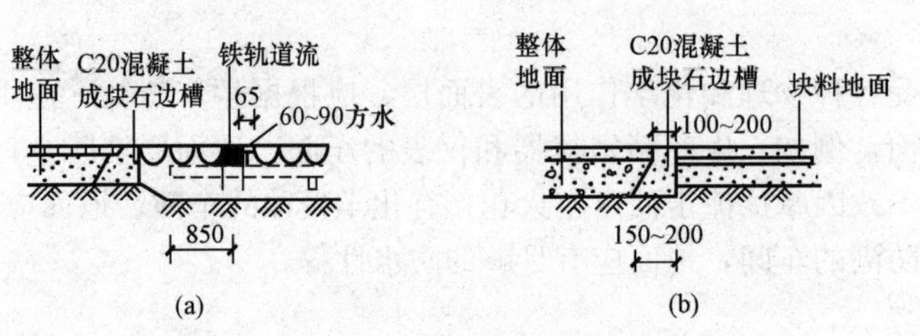

图 16-45　不同材料接缝

(3)地沟。在厂房地面范围内常设有排水沟和通行各种管线的地沟。当室内水量不大时，可采用排水明沟，沟底须做垫坡，其坡度为 0.5%～1%。室内水量大或有污染物时，应用有盖板的地沟或管道排走，沟壁多用砖砌，考虑土侧压力，壁厚一般不小于240 mm。要求有防水功能时，沟壁及沟底均应做防水处理，应根据地面荷载不同设置相应的钢筋混凝土盖板或钢盖板，地沟构造如图 16-46 所示。

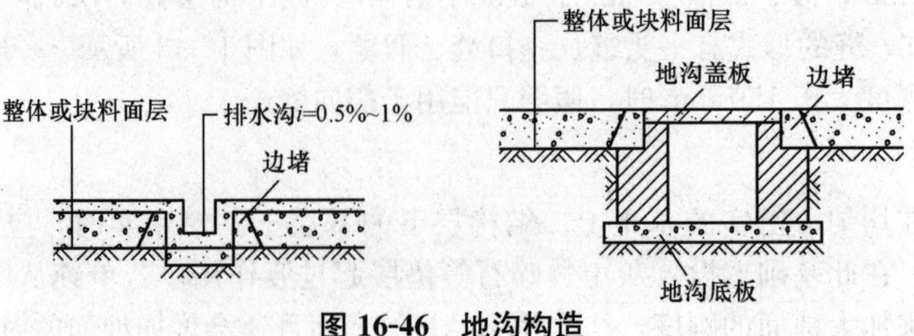

图 16-46　地沟构造

(4)坡道。厂房的出入口，为便于各种车辆通行，在门外侧须设坡道。坡道材料常采用混凝土，坡道宽度较门口两边各宽 500 mm，坡度为 5%～10%；若采用大于 10%的坡度，面层应做防滑齿槽。坡道构造如图 16-47 所示。

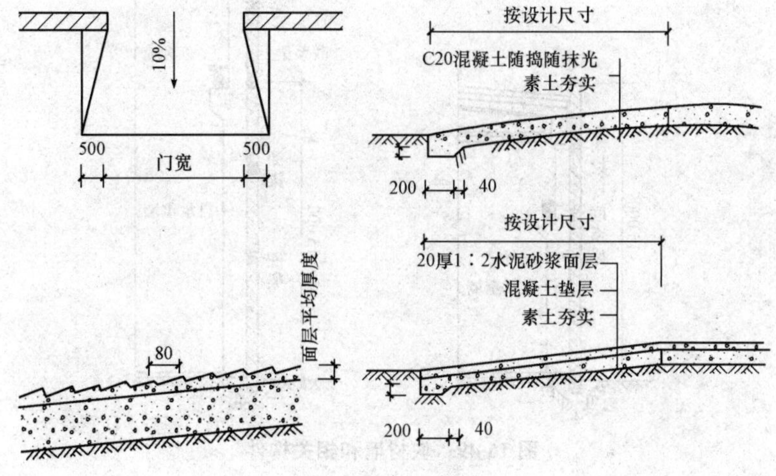

图 16-47　坡道构造

16.5.2　厂房外墙构造

单层厂房的外墙，按承重情况可分为承重墙、自承重墙及骨架墙等类型。根据构造不同可分为块材墙、板材墙。承重墙一般用于中、小型厂房。当厂房跨度小于 15 m，吊车吨位不超过 5 t 时，可做成条形基础和带壁柱的承重砖墙。承重墙和自承重墙的构造类似于民用建筑。

骨架墙是利用厂房的承重结构做骨架，墙体仅起围护作用。与砖结构的承重墙相比，减少结构面积，便于建筑施工和设备安装，适应高大及有振动的厂房条件，易于实现建筑工业化，适应厂房的改建、扩建等，当前被广泛采用。依据使用要求、材料和施工条件，骨架墙有块材墙、板材墙和开敞式外墙等。

1. 块材墙

(1)块材墙的位置。块材墙厂房围护墙与柱的平面关系有两种：一种是外墙位于柱子之间，能节约用地，提高柱列的刚度，但构造复杂，热工性能差；另一种是设在柱的外侧，具有构造简单、施工方便、热工性能好、便于统一等特点，应用普遍。如图 16-48 所示为围护墙与柱的平面关系。

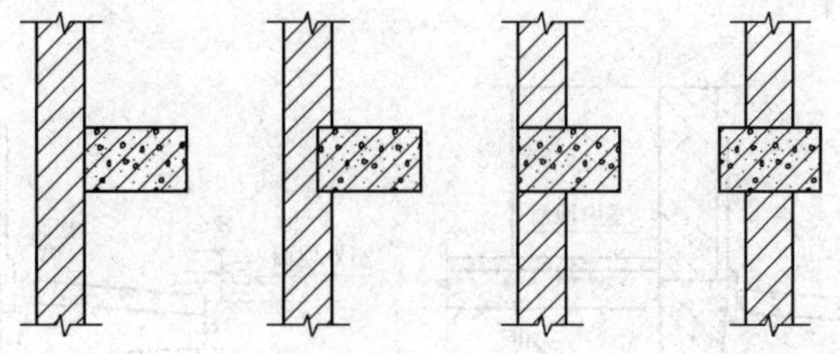

图 16-48　围护墙与柱的平面关系

(2)块材墙的相关构件及连接。块材围护墙一般不设基础，下部墙身支承在基础梁上，上部墙身通过连系梁经牛腿将重量传给柱再传至基础，如图 16-49 所示为块材墙和相关构件。

(3)基础梁。基础梁的截面形式有矩形和倒梯形，顶面标高通常比室内地面低 50 mm。以便

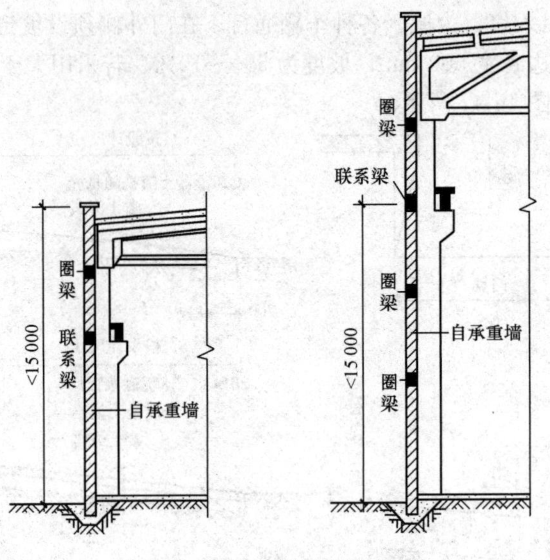

图 16-49　块材墙和相关构件

门洞口处的地面做面层保护基础梁。基础梁与柱基础的连接与基础的埋深有关，当基础埋置较浅时，可将基础梁直接或通过混凝土垫块搁置在柱基础杯口上，也可在高杯口基础上设置基础梁。当基础埋置较深时，一般用柱牛腿支托基础梁，如图 16-50 所示为基础梁与柱基础的位置关系。

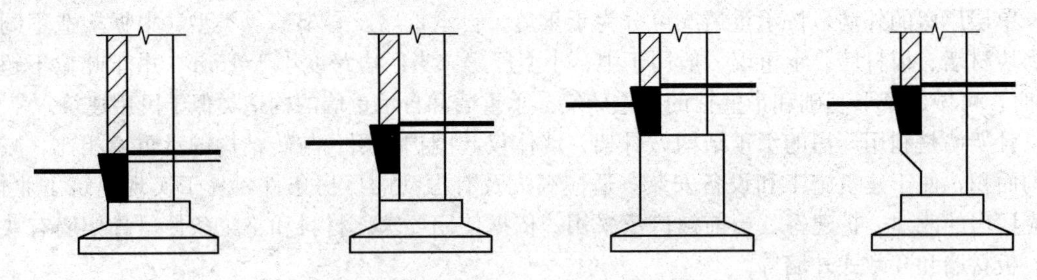

图 16-50　基础梁与柱基础的位置关系

基础梁的防冻与受力：在保温厂房中，基础梁下部宜用松散保温材料填铺，如矿渣等，如图 16-51 所示。松散的材料可以保证基础梁与柱基础共同沉降，避免基础下沉时，梁下填土不沉或冻胀等产生反拱作用对墙体产生不利的影响。在温暖地区，可在梁下部铺砂或炉渣等结构层。

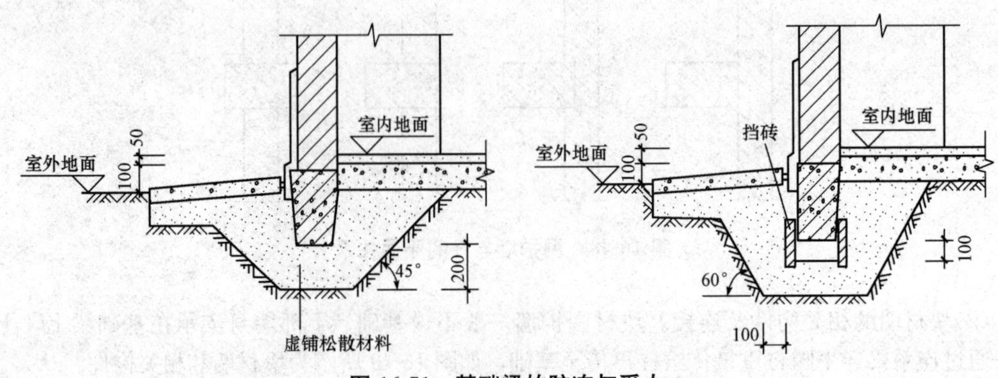

图 16-51　基础梁的防冻与受力

(4)连系梁。连系梁的截面形式有矩形和 L 形。与柱的连接是用螺栓或焊接，如图 16-52 所示，它不仅承担墙身的重量，且能加强厂房的纵向刚度。

(5)柱、屋架。柱和屋架端部常用钢筋拉接块材墙，由柱、屋架沿高度每隔 500～600 mm 伸出 2Φ6 钢筋砌入墙内，如图 16-53 所示为块材墙与柱和屋架端部的连接。为增加墙体的稳定性，可沿高度每 4 m 左右设一道圈梁，如图 16-54 所示为圈梁与柱的连接。

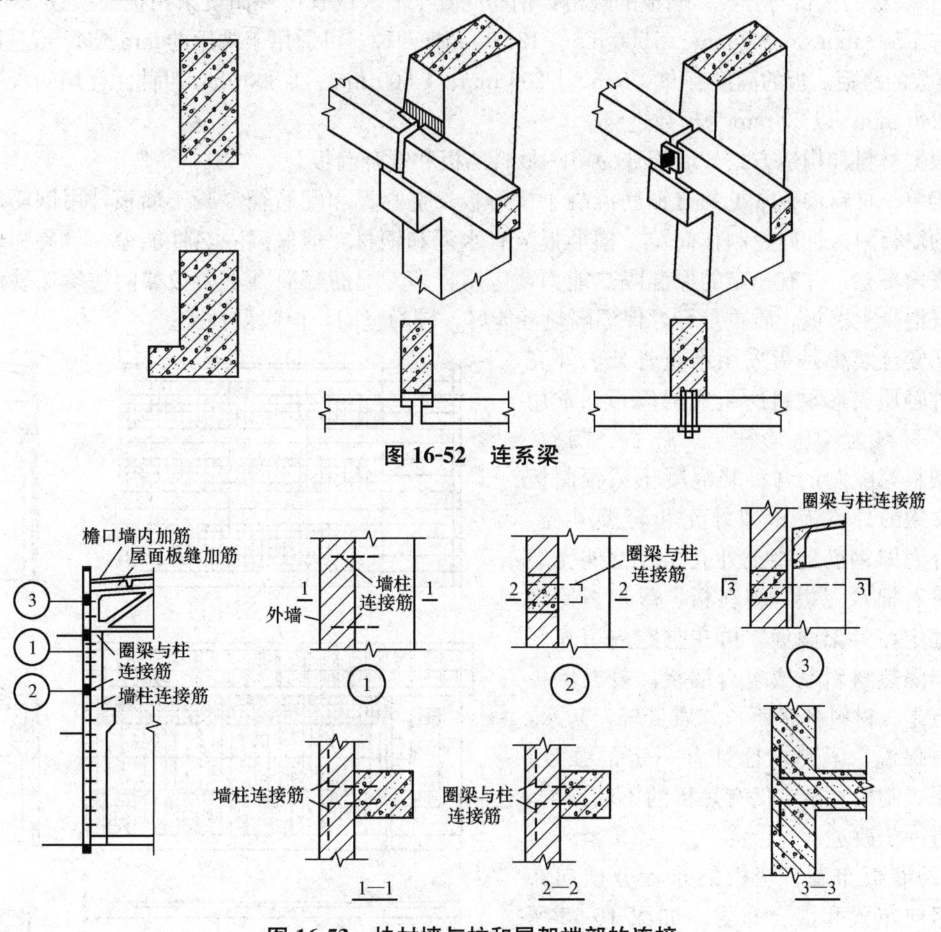

图 16-52　连系梁

图 16-53　块材墙与柱和屋架端部的连接

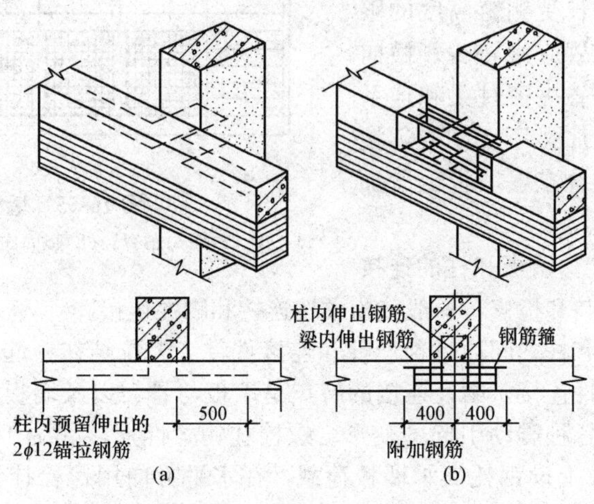

图 16-54　圈梁与柱的连接

2. 板材墙

发展大型板材墙是墙体改革和加快厂房建筑工业化的重要措施之一，能减轻劳动强度，充分利用工业废料，节省耕地，加快施工速度、提高墙体的抗震性能。目前适宜用的板材有钢筋混凝土板材和波形板材。

(1)墙板的规格与分类。墙板的规格：钢筋混凝土墙板的长度和高度采用扩大模数3M。板的长度有4 500 mm、6 000 mm、7 500 mm、12 000 mm四种，可适用于常用的6 m或12 m柱距以及3 m整数的跨距。板的高度有900 mm、1 200 mm、1 500 mm、1 800 mm四种。常用的板厚度为160～240 mm，以20 mm为模数进级。

根据材料和构造方式，墙板分为单一材料墙板和复合墙板。

①单一材料墙板常见的有钢筋混凝土槽形板、空心板和配筋轻混凝土墙板，用钢筋混凝土预制的墙板耐久性好，制作简单。槽形板节省水泥和钢材，但保温隔热性能差，且易积灰。空心板表面平整，并有一定的保温隔热能力，应用较多。配筋轻混凝土墙板如陶粒珍珠砂混凝土和加气混凝土墙板，质重量轻，保温隔热性能好，较为坚固，但吸湿性大。

②复合墙板是指采用承重骨架、外壳及各种轻质夹芯材料所组成的墙板。常用的夹芯材料为膨胀珍珠岩、蛭石、陶粒、泡沫塑料等配制的各种轻混凝土或预制板材。常用的外壳有重型外壳和轻型外壳。重型外壳即钢筋混凝土外壳；轻型外壳墙板是将石棉水泥板、塑料板、薄钢板等轻外壳固定在骨架两面，再在空腔内填充轻型保温隔热材料制成复合墙板。复合墙板的优点是：材料各尽所长，质量轻，防水，防火，保温，隔热，且具有一定的强度；缺点是：制作复杂，仍有热桥的不利影响，需要进一步改进。

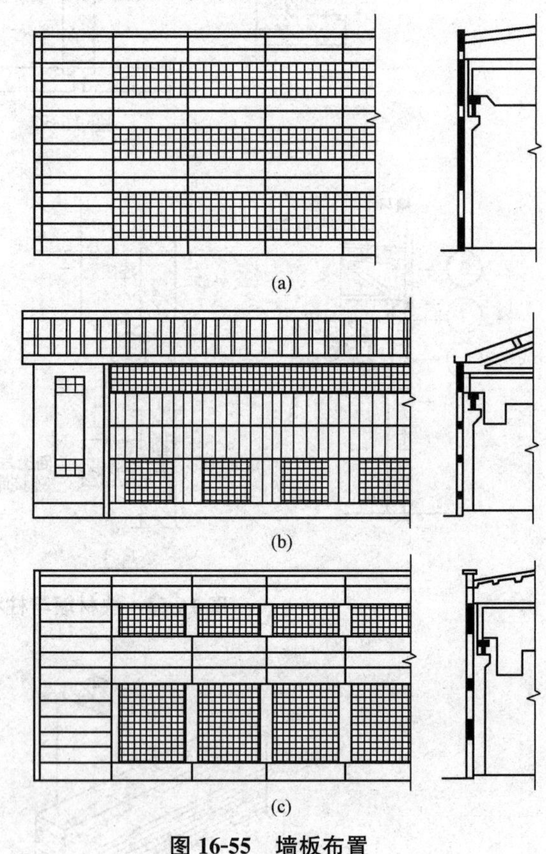

图 16-55　墙板布置

(a)横向布置；(b)竖向布置；(c)混合布置

(2)墙板布置。墙板的布置分横向布置、竖向布置和混合布置，如图16-55所示。其中，横向布置用得最多，其次是混合布置。竖向布置因板长受侧窗高度的限制，板型和构件较多，故应用较少。横向布置以柱距为板长，可省去窗过梁和连系梁，板型少，并有助于加强厂房刚度，接缝处理也较易处理。混合布置墙板虽增加板型，但立面处理灵活。

(3)墙板和柱的连接。墙板和柱的连接应安全可靠，并便于安装和检修，一般分为柔性连接和刚性连接。

①柔性连接是墙板和柱之间通过预埋件和连接件将二者拉结在一起。连接方式有螺栓挂钩柔性连接和角钢搭接柔性连接。柔性连接的特点是墙板与骨架以及墙板之间在一定范围内可相对位移，能较好地适应各种震动引起的变形。螺栓挂钩柔性连接如图16-56所示，它是在垂直方向每隔3～4块板在柱上设钢托支承墙板荷载，在水平方向用螺栓挂钩将墙板拉结固定在一起。安装、维修方便，但用钢量较多，暴露的金属多，易腐蚀。角钢柔性连接如图16-57所示，

它是利用焊在柱和墙板上的角钢连接固定。比螺栓连接省钢，外露的金属也少，施工速度快，因有焊接点安装不便，适应位移的程度差一些。

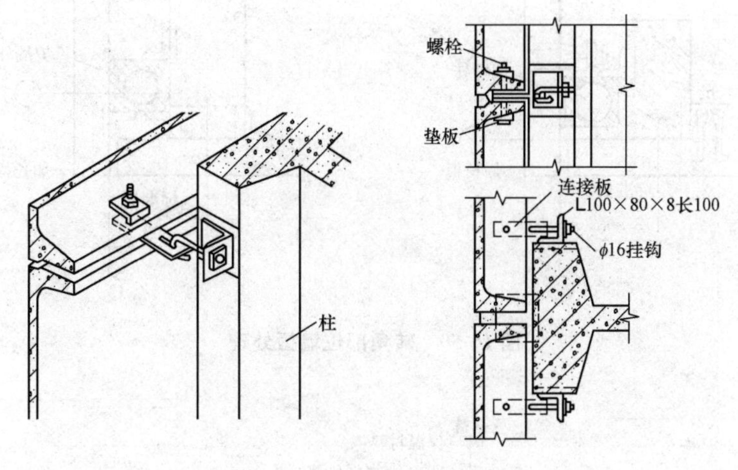

图 16-56 螺栓挂钩柔性连接

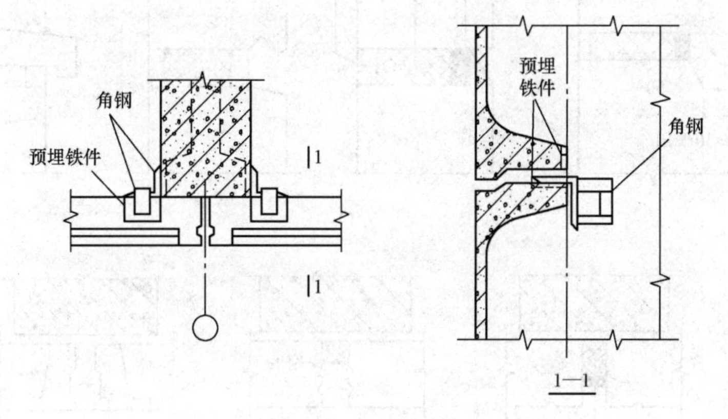

图 16-57 角钢柔性连接

②刚性连接就是通过墙板和柱的预埋铁件用型钢焊接固定在一起，如图 16-58 所示。特点是用钢少，厂房的纵向刚度大，但构件不能相对位移，在基础出现不均匀沉降或有较大振动荷载时，墙板易产生裂缝等现象。墙板在转角部位为避免过多增加板型，一般结合纵向定位轴线的不同定位方式，采用山墙加长板或增补其他构件，如图 16-59 所示。为满足防水要求及制作安装方便、保温、防风、经济美观、坚固耐久等要求，墙板的水平缝和垂直缝都应采取构造处理，如图 16-60 所示。

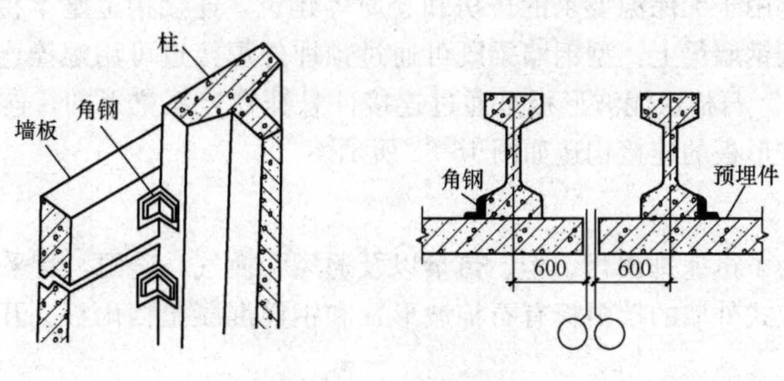

图 16-58 刚性连接

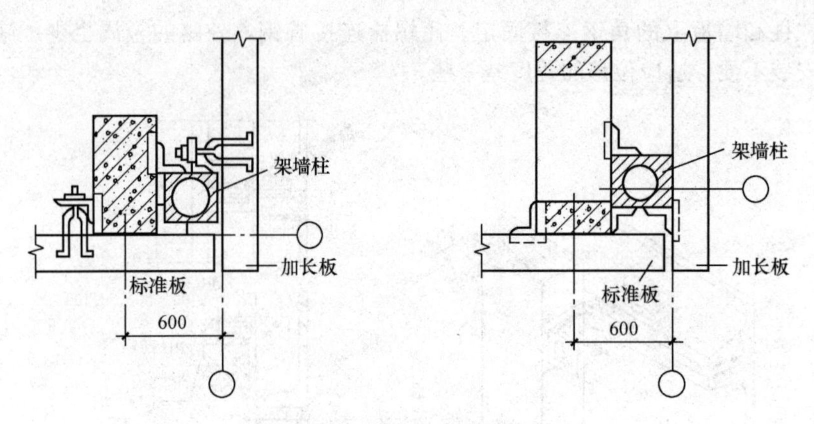

图 16-59　转角部位墙板处理

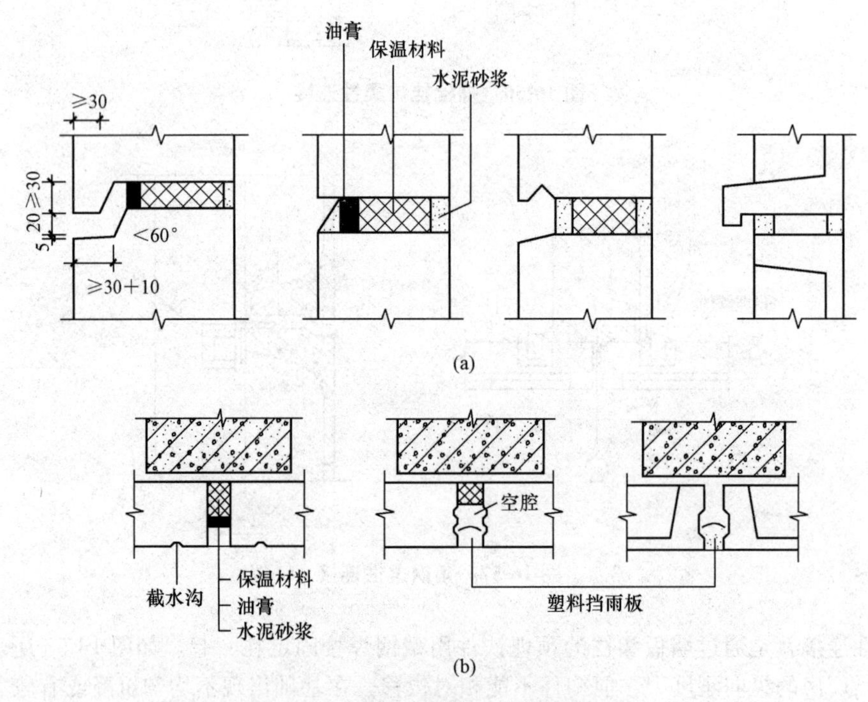

图 16-60　墙板水平缝和垂直缝的构造

(a)水平缝；(b)垂直缝

(4)波形板材墙。波形板材墙按材料可分为压型薄钢板、石棉水泥波形板、塑料玻璃钢波形板等，这类墙板主要用于无保温要求的厂房和仓库等建筑，连接构造基本相同。压型钢板是通过钩头螺栓连接在型钢墙梁上，型钢墙梁既可通过预埋件焊接也可用螺栓连接在柱子上，连接构造如图 16-61 所示。石棉水泥波形板是通过连接件悬挂在连系梁上的，连系梁的间距与板长相适应，石棉水泥波形板的连接构造如图 16-62 所示。

3. 开敞式外墙

有些厂房车间为了迅速排出烟、尘、热量以及通风、换气、避雨，常采用开敞式或半开敞式外墙。常见的开敞式外墙的挡雨板有石棉波形瓦和钢筋混凝土挡雨板。开敞式外墙挡雨板构造如图 16-63 所示。

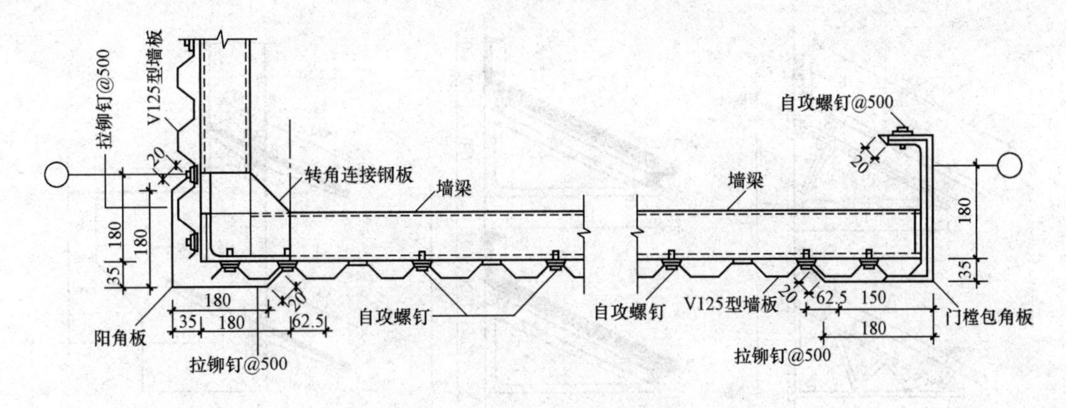

图 16-61　压型钢板连接构造

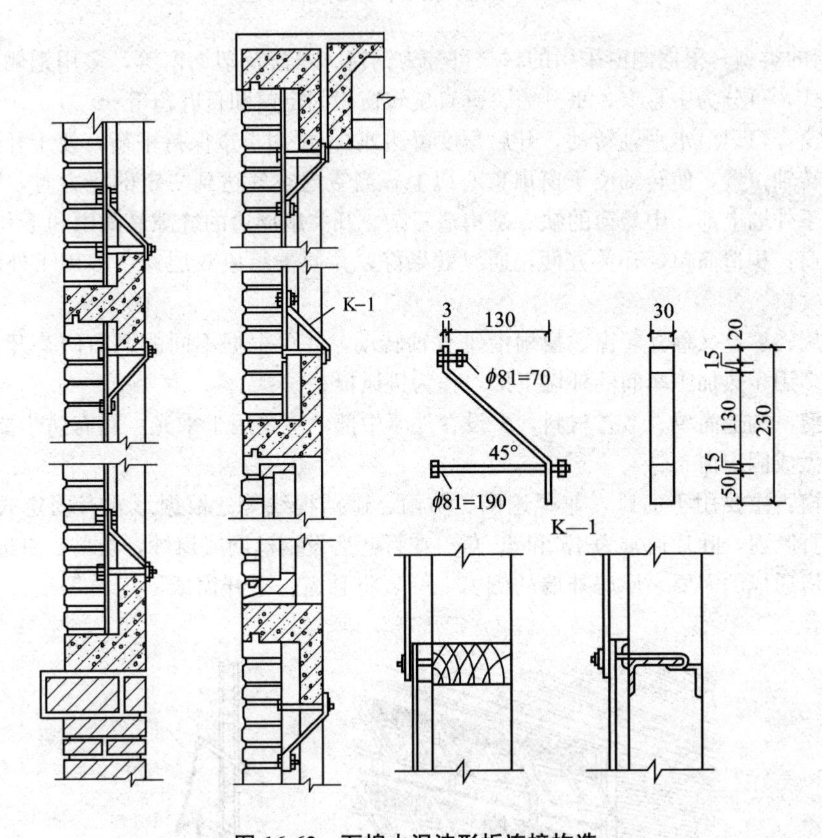

图 16-62　石棉水泥波形板连接构造

16.5.3　侧窗及大门构造

1. 侧窗

单层厂房的侧窗不仅要满足采光和通风的要求，还应满足工艺上的特殊要求，如泄压、保温、隔热、防尘等。由于侧窗面积较大，易产生变形损坏和开关不便，则对侧窗的坚固耐久、开关方便更应关注。通常厂房采用单层窗，但在寒冷地区或有特殊要求的车间(恒温、洁净车间等)，须采用双层窗。

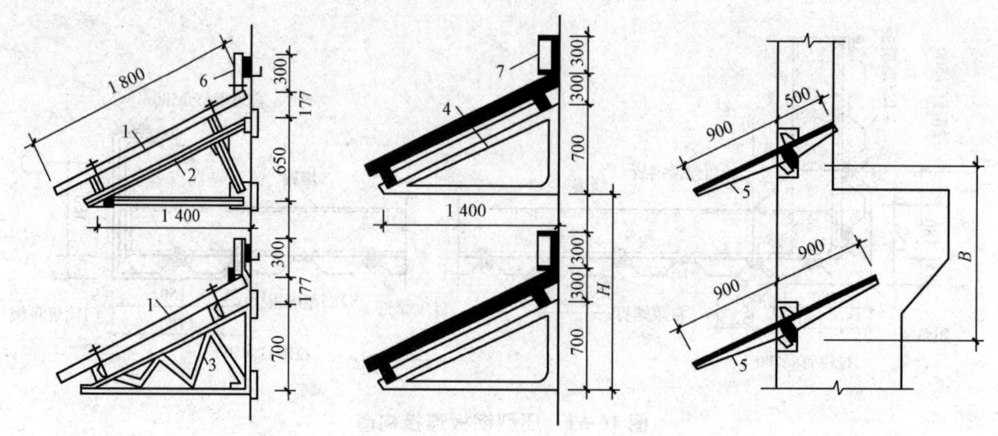

图 16-63　开敞式外墙挡雨板构造

(1)侧窗的类型。根据侧窗采用的材料可分为钢窗、木窗及塑钢窗等，多用钢侧窗。根据侧窗的开关方式，可分为中悬窗、平开窗、垂直旋转窗、固定窗和百叶窗等。

①中悬窗：窗扇沿水平轴转动，开启角度可达80°，可用自重保持平衡，便于开关，有利于泄压，调整转轴位置，使转轴位于窗扇重心以上，当室内空气达到一定的压力时，能自动开启泄压，常用于外墙上部。中悬窗的缺点是构造复杂、开关扇周边的缝隙易漏雨和不利于保温。

②平开窗：构造简单，开关方便，通风效果好，并便于组成双层窗。多用于外墙下部，作为通风的进气口。

③垂直旋转窗：又称立转窗。窗扇沿垂直轴转动，并可根据不同的风向调节开启角度，通风效果好，多用于热加工车间的外墙下部，作为进风口。

④固定窗：构造简单、节省材料，多设在外墙中部，主要用于采光。对有防尘要求的车间，其侧窗也多做成固定窗。

⑤百叶窗：主要用于通风，兼顾遮阳、防雨、遮挡视线等。根据形式有固定式和活动式，常用固定的百叶窗，叶片通常为45°和60°角。在百叶后设钢丝网或窗纱，防鸟、虫进入。

根据厂房通风的需要，厂房外墙的侧窗，一般将悬窗、平开窗或固定窗等组合在一起，如图16-64所示。

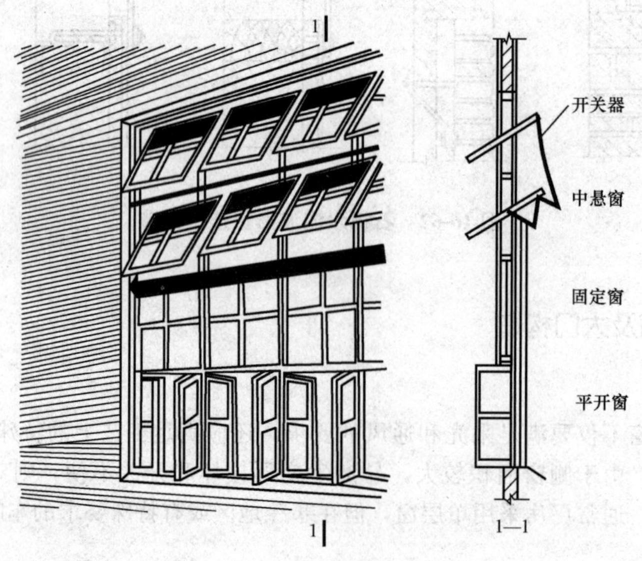

图 16-64　厂房外墙侧窗的组合

(2)钢侧窗构造。钢窗具有坚固耐久、防火、关闭紧密、遮光少等优点，对厂房侧窗比较适用。厂房侧窗的面积较大，多采用基本窗拼接组合，靠竖向和水平的拼料保证窗的整体刚度和稳定性。钢侧窗的构造及安装方式同民用建筑部分。厂房侧窗高度和宽度较大，窗的开关常借助于开关器，有手动和电动两种形式。常用的侧窗手动开关器如图 16-65 所示。

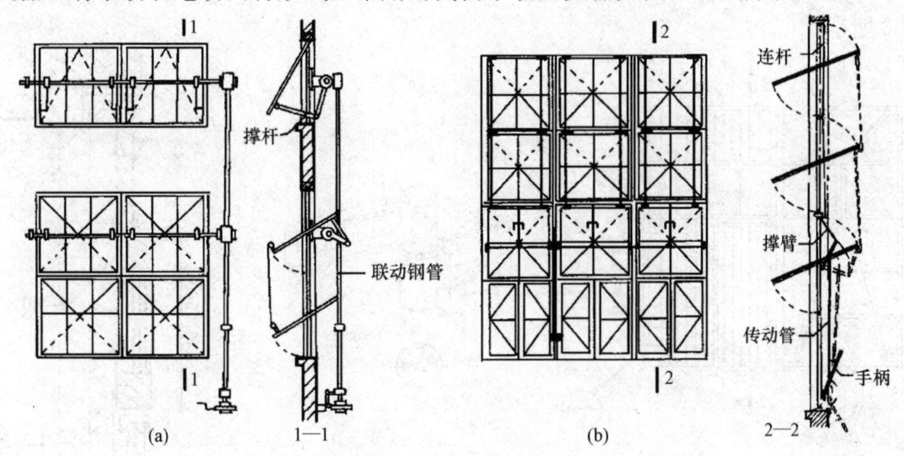

图 16-65　侧窗手动开关器

(a)蜗轮蜗杆手摇开关器；(b)撑臂式开关器

2. 大门

(1)大门的尺寸与类型。厂房大门主要用于生产运输、人流通行以及紧急疏散。大门的尺寸应根据运输工具的类型、运输货物的外形尺寸及通行方便等因素确定。一般门的尺寸比装满货物的车辆宽出 600～1 000 mm。高度应高出 400～600 mm。

门洞尺寸较大时，应当防止门扇变形，常用型钢做骨架的钢木大门或钢板门。根据大门的开关方式分为平开门、推拉门、折叠门、上翻门、升降门、卷帘门。厂房大门可用人力、机械或电动开关。

①平开门：构造简单，门扇常向外开，门洞上应设雨篷。平开门受力状况较差，易产生下垂和扭曲变形，门洞较大时不宜采用。当运输货物不多，大门不需经常开启时，可在大门扇上开设供人通行的小门。

②推拉门：构造简单，门扇受力状况较好，不易变形，应用广泛。但密闭性差，不宜用于冬季采暖的厂房大门。

③折叠门：是由几个较窄的门扇通过铰链组合而成。开启时通过门扇上下滑轮沿导轨左右移动并折叠在一起。这种门占用空间较少，适用于较大的门洞口。

④上翻门：开启时门扇随水平轴沿导轨上翻至门顶过梁下面，不占使用空间。这种门可避免门扇的碰损，多用于车库大门。

⑤升降门：开启时门扇沿导轨上升，不占使用空间，但门洞上部要有足够的上升高度，开启方式有手动和电动，常用于大型厂房。

⑥卷帘门：门扇由许多冲压成型的金属叶片连接而成。开启时通过门洞上部的转动轴叶片卷起。适合于 4 000～7 000 mm 宽的门洞，高度不受限制。这种门构造复杂，造价较高，多用于不经常开启和关闭的大门。

(2)一般大门的构造。

①平开钢木大门。平开钢木大门由门扇和门框组成。门洞尺寸一般不大于 3.6 m×3.6 m。门

扇较大时采用焊接型钢骨架，如角钢横撑和交叉横撑增强门扇刚度，上贴15～25 mm厚的木门芯板。寒冷地区要求保温的大门，可采用双层木板中间填保温材料。大门门框有钢筋混凝土和砖砌两种。当门洞宽度小于3 m时可用砖砌门框。门洞宽大于3 m时，宜采用钢筋混凝土门框。在安装铰链处预埋铁件，一般每个门扇设两个铰链，铰链焊接在预埋铁件上。常见的钢木大门的构造如图16-66所示。

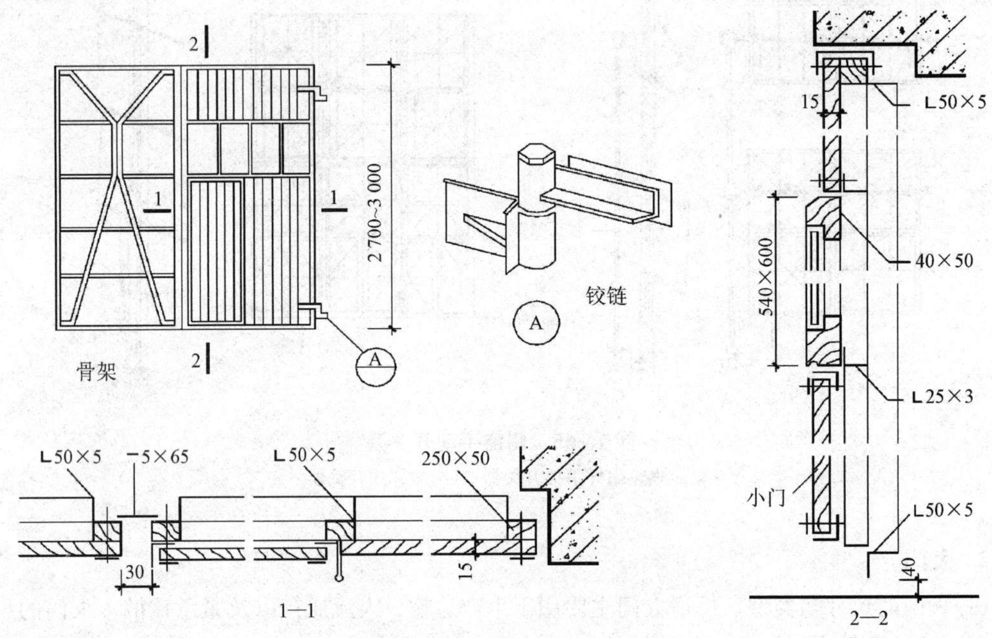

图16-66　钢木大门的构造

②推拉门。推拉门由门扇、上导轨、地槽(下导轨)及门框组成。门扇可采用钢木大门、钢板门等。每个门扇宽度一般不大于1.8 m。门扇尺寸应比洞口宽200 mm。门扇不太高时，门扇角钢骨架中间只设横撑，在安装滑轮处设斜撑。推拉门的支承方式可分为上挂式和下滑式两种。当门扇高度小于4 m时采用上挂式，即门扇通过滑轮挂在门洞上方的导轨上；当门扇高度大于4 m时，采用下滑式。在门洞上下均设导轨，下面导轨承受门的重量。门扇下边还应设铲灰刀，清除地槽尘土。为防止滑轮脱轨，在导轨尽端和地面分别设门挡，门框处可加设小壁柱。导轨通过支架与钢筋混凝土门框的预埋件连接。推拉门位于墙外时，门上部应结合导轨设置雨篷或门斗。常见的双扇推拉门构造如图16-67所示。

③折叠门。折叠门一般可分为侧挂式、侧悬式和中悬式折叠。侧挂式折叠门可用普通铰链，靠框的门扇如为平开门，在它侧面只挂一扇门，不适用于较大的洞口。侧悬式和中悬式折叠门，在洞口上方设有导轨，各门扇间除用铰链连接外，在门扇顶部还装有带滑轮的铰链，下部装地槽滑轮。开闭时，上下滑轮沿导轨移动，带动门扇折叠，它们适用于较大的洞口。滑轮铰链安装在门扇侧边的为侧悬式，开关较灵活。中悬式折叠门的滑轮铰链装在门扇中部，门扇受力较好，但开关时比较费力。如图16-68所示为侧悬式折叠空腹薄壁钢折叠门，空腹薄壁钢门不宜用于有腐蚀介质的车间。

④卷帘门。卷帘门主要由帘板、导轨及传动装置组成。工业建筑中的帘板常采用页板式，页板可用镀锌钢板或合金铝板轧制而成，页板之间用铆钉连接。页板的下部采用钢板和角钢，用以增强卷帘门的刚度，并便于安设门钮。页板的上部与卷筒连接，开启时，页板沿着门洞两侧的导轨上升，卷在卷筒上。门洞的上部设传动装置，传动装置分为手动(图16-69)和电动(图16-70)。

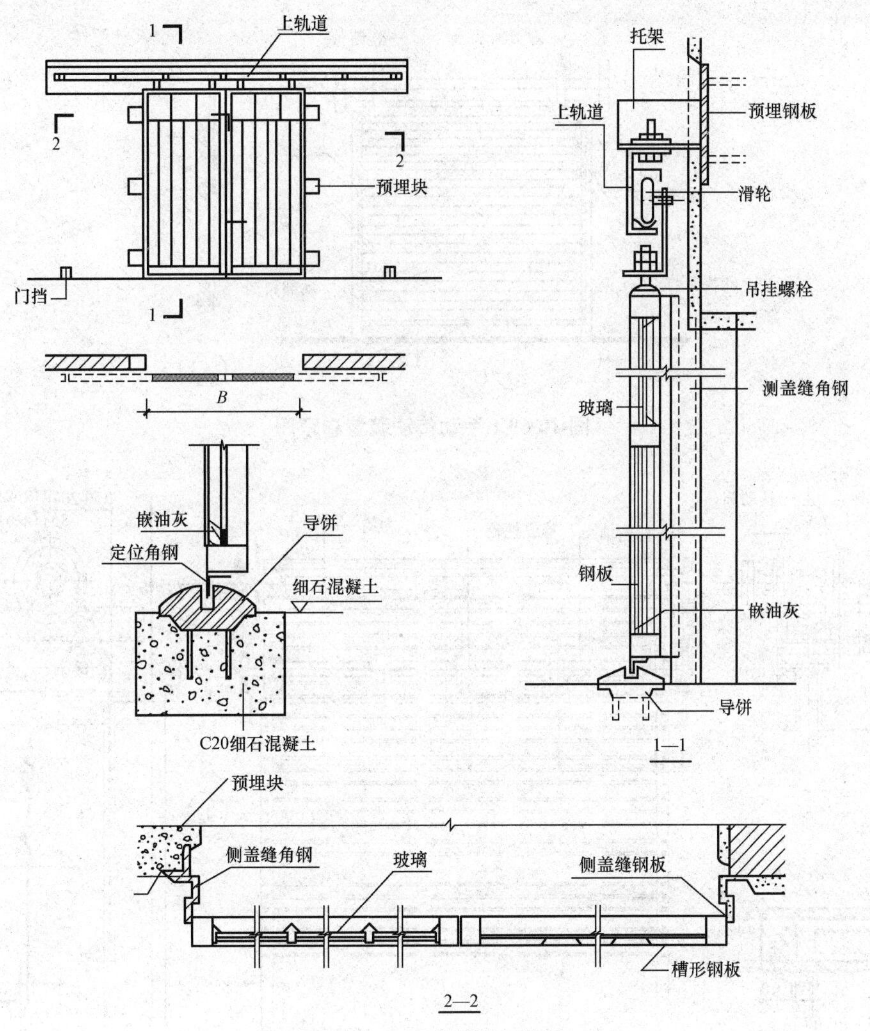

图 16-67　双扇推拉门构造

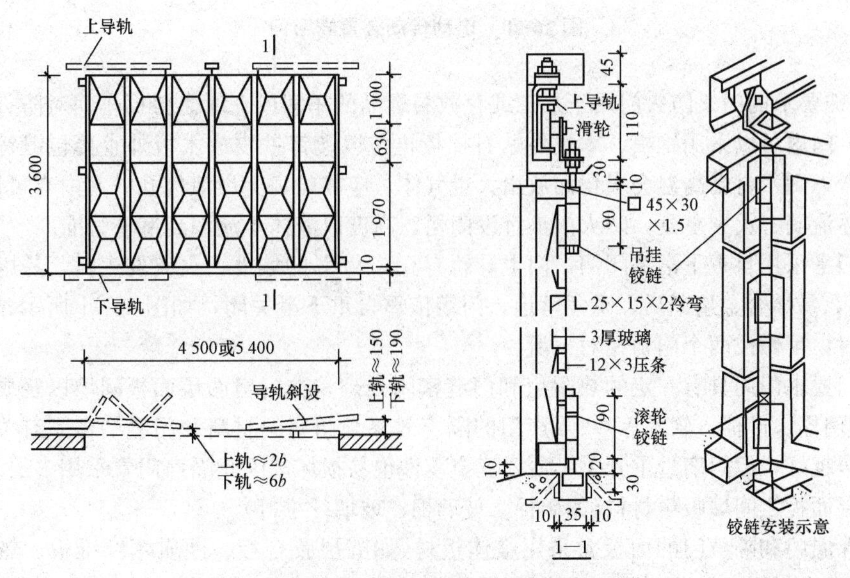

图 16-68　侧悬式折叠门的构造

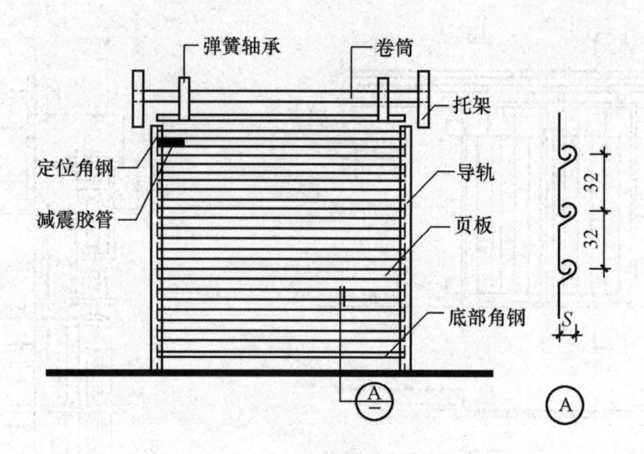

图 16-69　手动传动装置卷帘门

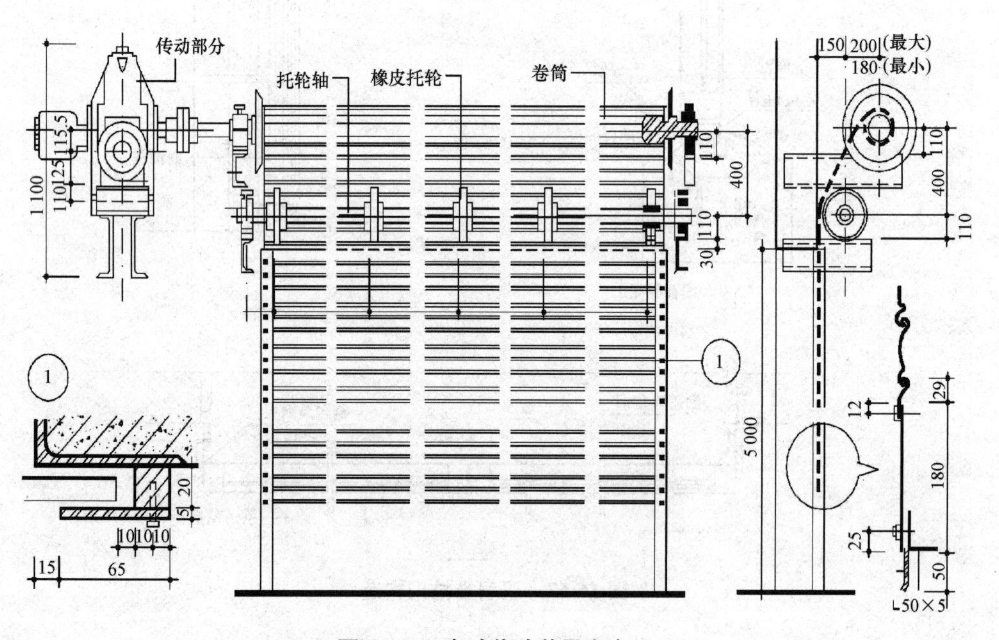

图 16-70　电动传动装置卷帘门

(3)特殊要求的门。防火门用于加工或存放易燃品的车间或仓库。根据车间对防火门耐火等级的要求，门扇可以采用钢板、木板外贴石棉板再包以镀锌铁皮或木板外直接包镀锌铁皮等构造措施。考虑到木材受高温会炭化而放出大量气体，应在门扇上设泄气孔。室内有可燃液体时，为防止液体流淌、火灾蔓延，防火门下宜设门槛，高度以液体不流淌到室外为准。

防火门常采用自重下滑关闭门，门上导轨有 5%～8%的坡度，火灾发生时，易熔合金的熔点为 70 ℃，易熔合金熔断后，重锤落地，门扇依靠自重下滑关闭，如图 16-71 所示。当门洞口尺寸较大时，可做成两个门扇相对下滑。

保温门要求门扇具有一定的热阻值和门缝密闭处理，在门扇两层面板间填以轻质、疏松的材料(如玻璃棉、矿棉、软木等)。隔声门的隔声效果与门扇的材料和门缝的密闭有关，虽然门扇越重隔声越好，但门扇过重开关不便，五金零件也易损坏，因此隔声门常采用多层复合结构，也是在两层面板之间填吸声材料(如矿棉、玻璃棉、玻璃纤维等)。

一般保温门和隔声门的面板常采用整体板材(如五层胶合板、硬质木纤维板、热压纤维板等)，不易发生变形。门缝密闭处理对门的隔声、保温以及防尘等使用要求有很大影响，通常采

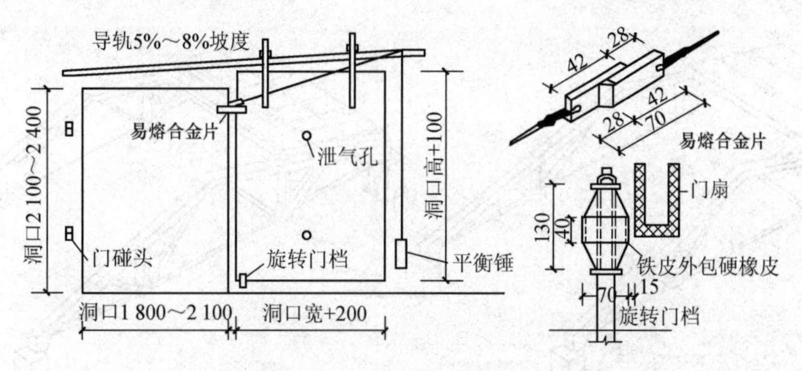

图 16-71　自重下滑关闭防火门

用的措施是在门缝内粘贴填缝材料，填缝材料应具有足够的弹性和压缩性，如橡胶管、海绵橡胶条、羊毛毡条等。还应注意裁口形式，裁口做成斜面比较容易关闭紧密，可避免由于门扇胀缩而引起的缝隙不密合，但门扇裁口不宜多于两道，以免开关困难。也可将门扇与门框相邻处做成圆弧形的缝隙，有利于密合，如图 16-72 所示为一般保温门和隔声门的门缝隙构造处理。

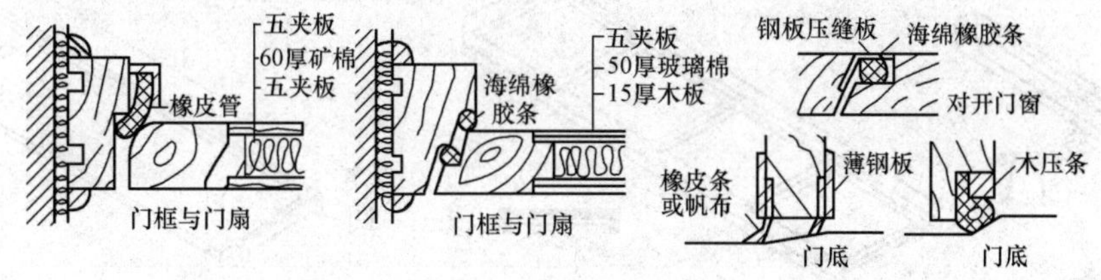

图 16-72　保温门和隔声门的门缝隙构造

16.5.4　单层厂房屋顶构造

单层厂房屋顶的作用、设计要求及构造与民用建筑屋顶基本相同。但也存在一定的差异，主要有：一是单层厂房屋顶在实现工艺流程的过程中会产生机械振动和吊车冲击荷载，这就要求屋顶要具有足够的强度和刚度；二是在保温隔热方面，对恒温恒湿车间，其保温隔热要求更高，而对于一般厂房，当柱顶标高超过 8 m 时可不考虑隔热，热加工车间的屋顶，可不保温；三是单层厂房多数是多跨大面积建筑，为解决厂房内部采光和通风经常需要设置天窗，为解决屋顶排水防水经常设置天沟、雨水口等，因此屋顶构造较为复杂；四是厂房屋顶面积大，质量重，构造复杂，对厂房的总造价影响较大。因而在设计时，应根据具体情况，尽量降低厂房屋顶的自重，选用合理、经济的厂房屋顶方案。

1. 厂房屋顶的类型与组成

厂房屋顶的基层结构类型分为有檩体系和无檩体系两种，如图 16-73 所示。

有檩体系是指先在屋架上搁置檩条，然后放小型屋顶板。这种体系构件小，质量轻、吊装容易，但构件数量多、施工周期长。多用于施工机械起吊能力小的施工现场。无檩体系是指在屋架上直接铺设大型屋顶板。这种体系虽然要求较强的吊装能力，但构件大、类型少，便于工业化施工。在工程实践中单层厂房较多采用无檩体系的大型屋顶板。单层厂房常用的大型屋面板和檩条形式如图 16-74 所示。

2. 单层厂房屋顶的排水

单层厂房屋顶的排水类同于民用建筑，根据地区气候状况、工艺流程、厂房的剖面形式以

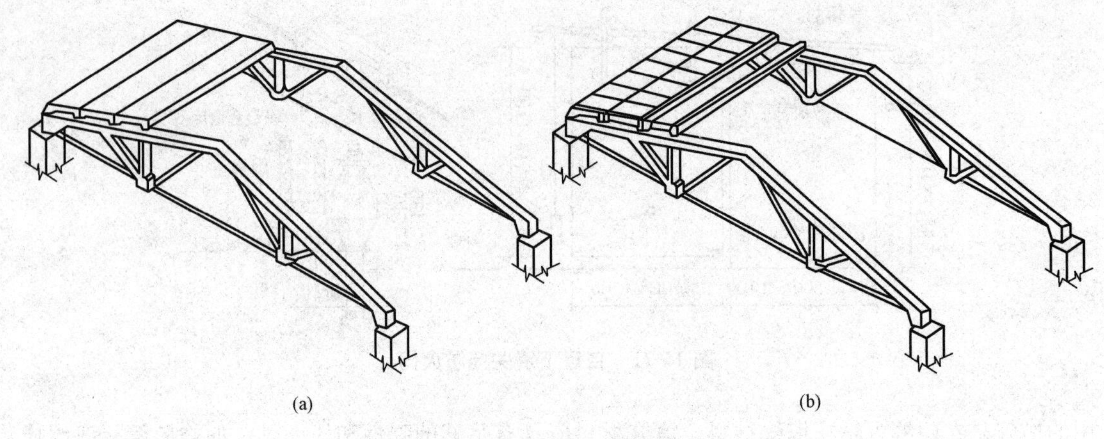

图 16-73 厂房基层结构类型

(a)无檩体系；(b)有檩体系

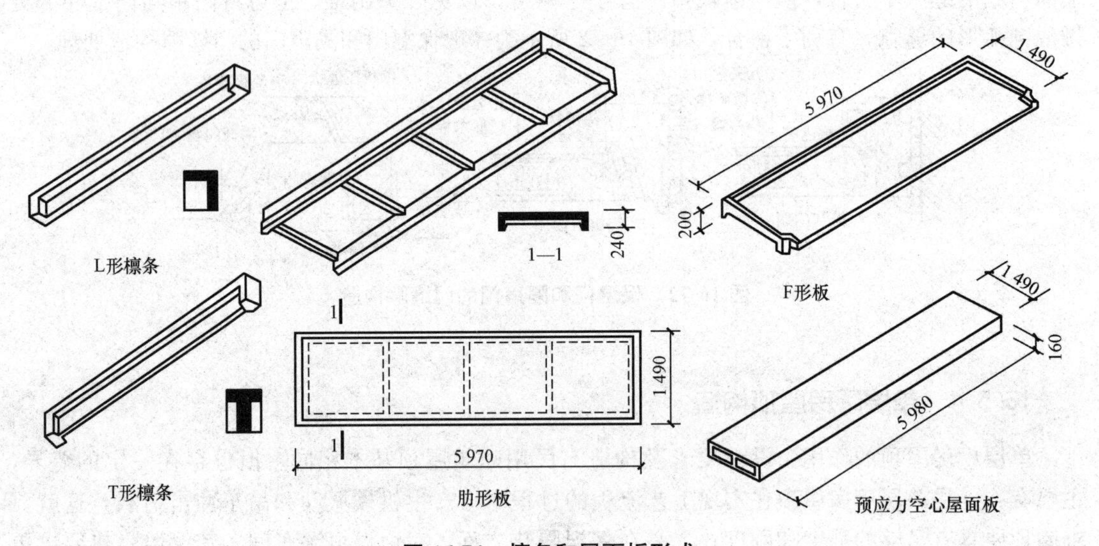

图 16-74 檩条和屋面板形式

及技术经济等确定排水方式。单层厂房屋顶的排水方式可分为无组织排水和有组织排水两种。

无组织排水常用于降雨量小的地区，适合屋顶坡长较小、高度较低的厂房。有组织排水又分为内排水和外排水。内排水主要用于大型厂房及严寒地区的厂房，如图 16-75 所示为女儿墙内排水；有组织外排水常用于降雨量大的地区，如图 16-76 所示为挑檐沟外排水，如图 16-77 所示为长天沟外排水。

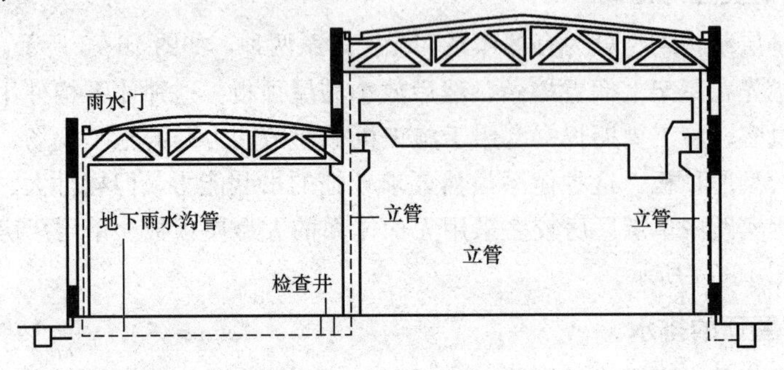

图 16-75 女儿墙内排水

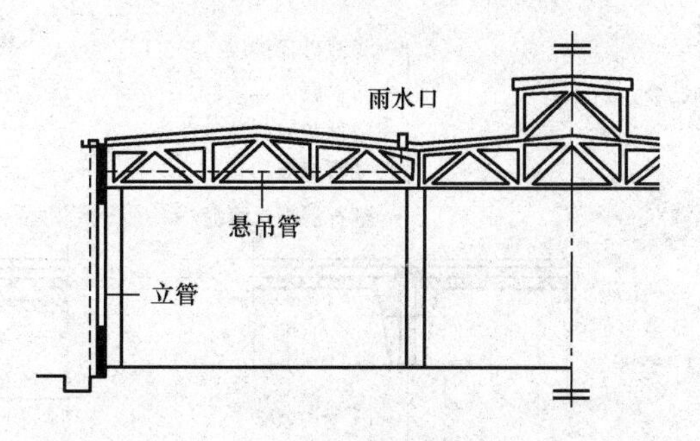

图 16-76　挑檐沟外排水

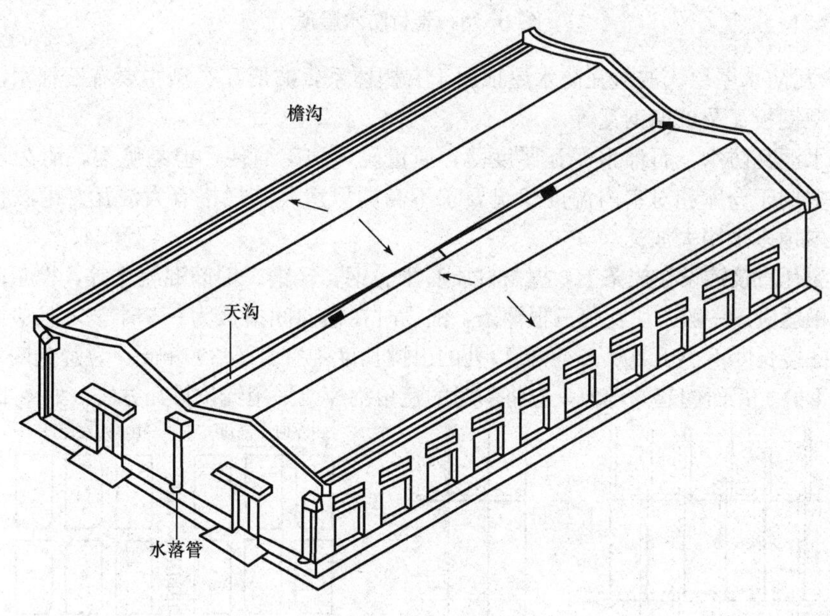

图 16-77　长天沟外排水

3. 单层厂房屋顶的防水

单层厂房屋顶的防水，依据防水材料和构造的不同，分为卷材防水屋顶、各种波形瓦屋顶及钢筋混凝土构件自防水屋顶。

(1)卷材防水屋顶。卷材防水屋顶的防水卷材主要有油毡、合成高分子材料、合成橡胶卷材等。

卷材防水屋顶的防水构造做法类同于民用建筑。与民用建筑不同的是易出现防水层拉裂破坏。产生拉裂破坏的原因有：厂房屋顶面积大，受到各种振动的影响多，屋顶的基层变形情况较民用建筑严重，容易产生屋顶变形而引起卷材的开裂和破坏。导致屋顶变形的原因，一是室内外存在较大的温差，屋顶板两面的热胀冷缩量不同，产生温度变形；二是在荷载的长期作用下，屋顶板的自重引起挠曲变形；三是地基的不均匀沉降、生产的振动和吊车运行刹车引起的屋顶晃动，都促使屋顶裂缝的展开。屋顶基层的变形会引起屋顶找平层的开裂，若卷材防水层紧贴屋顶基层，受拉的卷材防水层超过油毡的极限抗拉强度时，就会开裂。

为防止卷材防水屋顶的开裂，应增强屋顶基层的刚度和整体性，减小基层的变形；同时，改进卷材在易出现裂缝的横缝处的构造，适应基层的变形。如在大型屋顶板或保温层上做找平层时，应先在构件接缝处留分隔缝，缝中用油膏填充，其上铺 300 mm 宽的油毡作为缓冲层，然后再铺设卷材防水层，如图 16-78 所示。

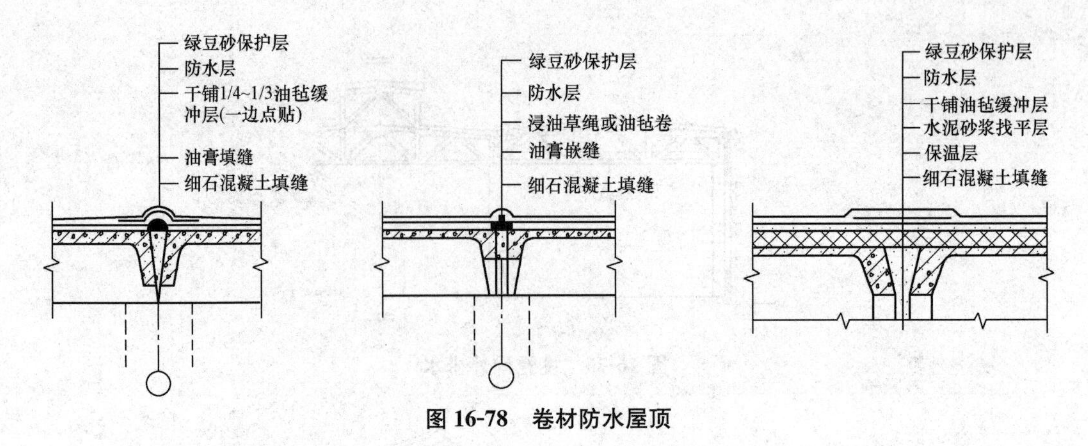

图 16-78　卷材防水屋顶

(2)波形瓦防水屋顶。波形瓦防水屋顶属于有檩体系，波形瓦类型主要有石棉水泥瓦、镀锌铁皮瓦、压型钢板瓦及玻璃钢瓦等。

①石棉水泥瓦防水。石棉水泥瓦厚度薄，质量轻，施工简便，但易脆裂，耐久性及保温隔热性能差，多用于仓库和对室内温度状况要求不高的厂房。其规格有大波瓦、中波瓦和小波瓦三种。厂房屋顶多采用大波瓦。

石棉水泥瓦直接铺设在檩条上，檩条材质有木、钢、轻钢、钢筋混凝土等，檩条间距应与石棉瓦的规格相适应。一般一块瓦跨三根檩条，铺设时在横向间搭接为一个半波，且应顺主导风向铺设。上下搭接长度不小于 200 mm。檐口处的出挑长度不宜大于 300 mm。为避免四块瓦在搭接处出现瓦角重叠、瓦面翘起的现象，应将斜对的瓦角割掉或采用错位排瓦方法，如图 16-79 所示。

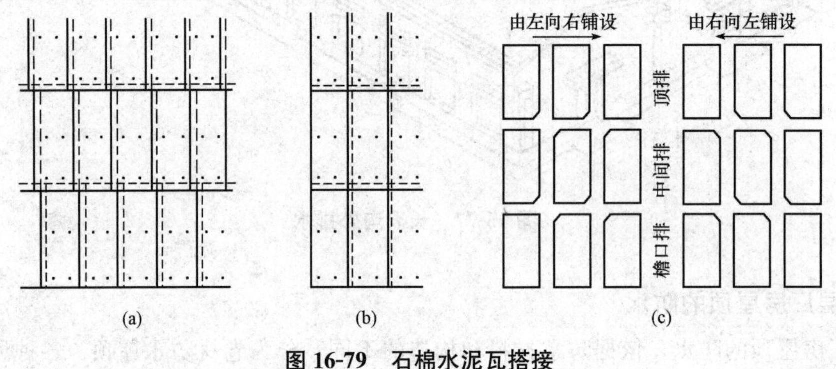

图 16-79　石棉水泥瓦搭接

(a)不切角错位排列；(b)切角排列；(c)切角示意图

石棉水泥瓦与檩条的连接固定：石棉瓦与檩条通过钢筋钩或扁钢钩固定。钢筋钩上端带螺纹，钩的形状可根据檩条形式而变化。带钩螺栓的垫圈宜用沥青卷材、塑料、毛毡、橡胶等弹性材料制作。带钩螺栓比扁钢钩连接牢固，宜用来固定檐口及屋脊处的瓦材，但不宜旋拧过紧，应保持石棉瓦与檩条之间略有弹性，使石棉瓦受风力、温度、应力影响时有伸缩余地。用镀锌扁钢钩可避免因钻孔而漏雨，瓦面的伸缩弹性也较好，但不如螺栓连接牢固。石棉水泥瓦与檩条的连接固定，如图 16-80 所示。

②镀锌铁皮瓦防水。镀锌铁皮瓦屋顶有良好的抗震和防水性能，在抗震区使用优于大型屋顶板，可用于高温厂房的屋顶。镀锌铁皮瓦的连接构造同石棉水泥瓦屋顶。

③压型钢板瓦防水。压型钢板瓦是用 0.6～1.6 mm 厚的镀锌钢板或冷轧钢板经辊压或冷弯成各种不同形状的多棱形板材。表面一般带有彩色涂层，分单层板、多层复合板、金属夹芯板等。钢板可预压成型，但其长度受运输条件限制不宜过长；亦可制成薄钢板卷，运到施工现场，

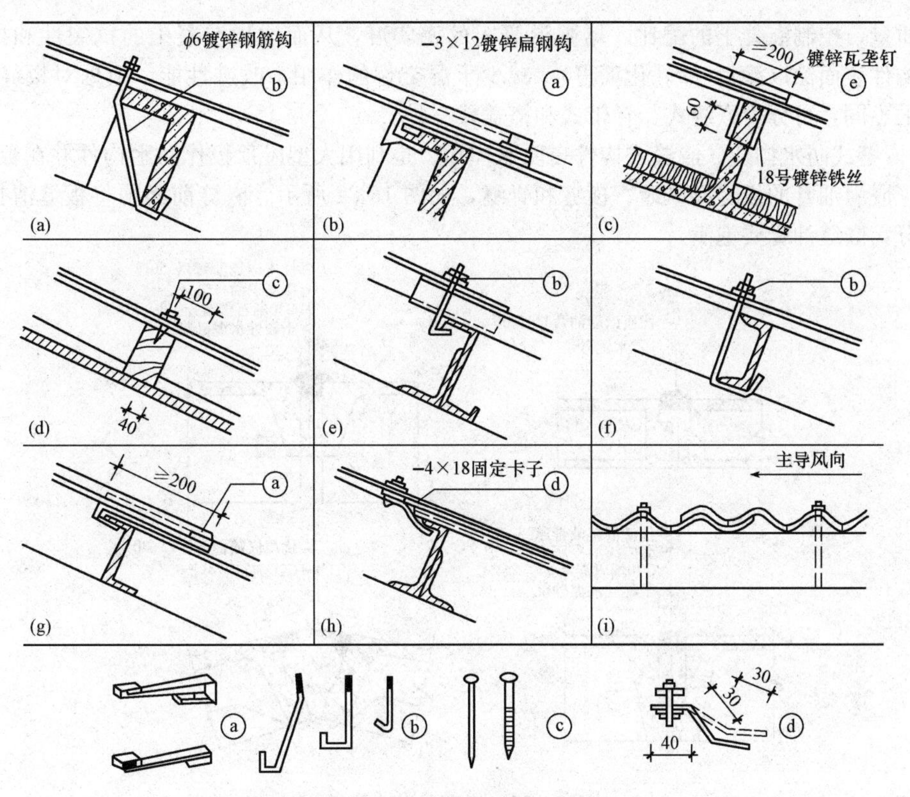

图 16-80 石棉水泥瓦与檩条的连接固定

再用简易压型机压成所需要的形状。因此，钢板可做成整块无纵向接缝的屋面，接缝少，防水性能好，屋面也可采用较平缓的坡度(2%～5%)。钢板瓦具有质量轻、防腐、防锈、美观、适应性强、施工速度快的特点。但耗用钢材多、造价高，目前在我国应用较少。单层 W 形压型钢板瓦屋顶的构造如图 16-81 所示。

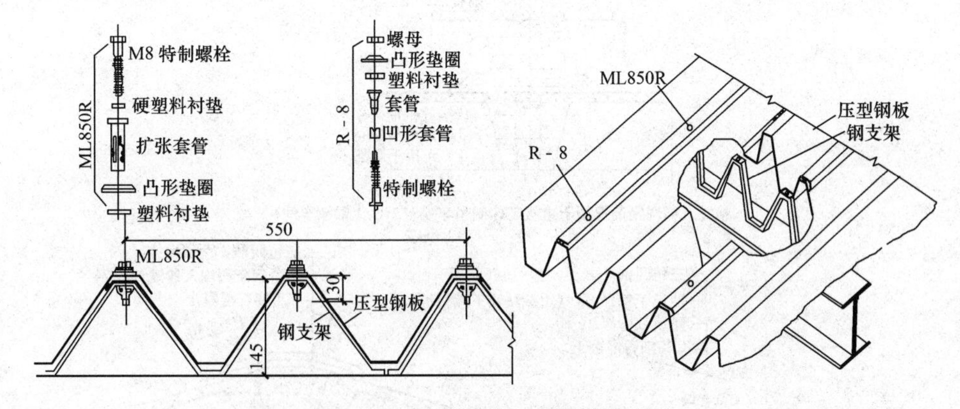

图 16-81 压型钢板瓦屋顶的构造

4. 钢筋混凝土构件自防水屋顶

钢筋混凝土构件自防水屋顶是利用钢筋混凝土板本身的密实性，对板缝进行局部防水处理而形成的防水屋顶。比卷材屋顶轻，一般每 m^2 可减少 35 kg 恒荷载，相应地也可减轻各种结构构件的自重，从而节省了钢材和混凝土的用量，可降低屋顶造价，施工方便，维修也容易。但是板面容易出现后期裂缝而引起渗漏；混凝土暴露在大气中容易引起风化和碳化等。可通过提高施工质量，控制混凝土的配比，增强混凝土的密实度，从而增加混凝土的抗裂性和抗渗性；也可在构件表面涂以涂料(如乳化沥青)，减少干湿交替的作用，改进性能。根据对板缝采用防水措施的不同，可分为嵌缝式、脊带式和搭盖式三种。

(1)嵌缝式防水构造。嵌缝式构件自防水屋顶，是利用大型屋顶板作防水构件并在板缝内嵌灌油膏。嵌灌油膏的板缝有纵缝、横缝和脊缝，如图16-82所示。嵌缝前必须将板缝清扫干净，排除水分，嵌缝油膏要饱满。

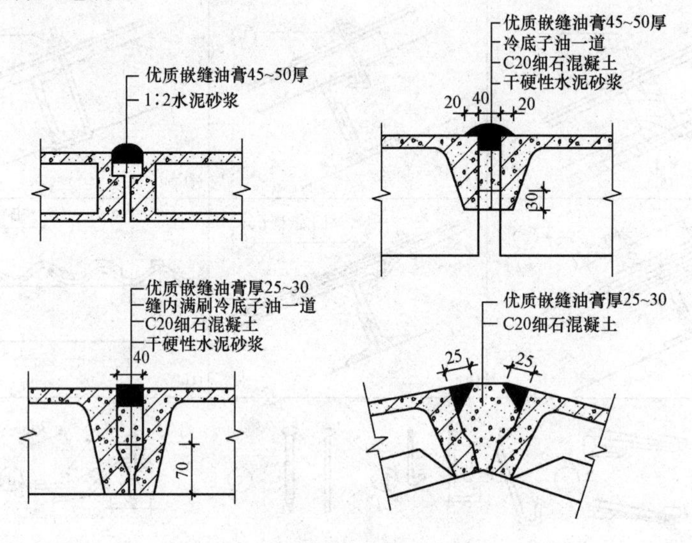

图16-82　嵌缝式防水构造

(2)脊带式防水构造。脊带式防水屋顶采用嵌缝后再贴防水卷材，防水性能有所提高，如图16-83所示。

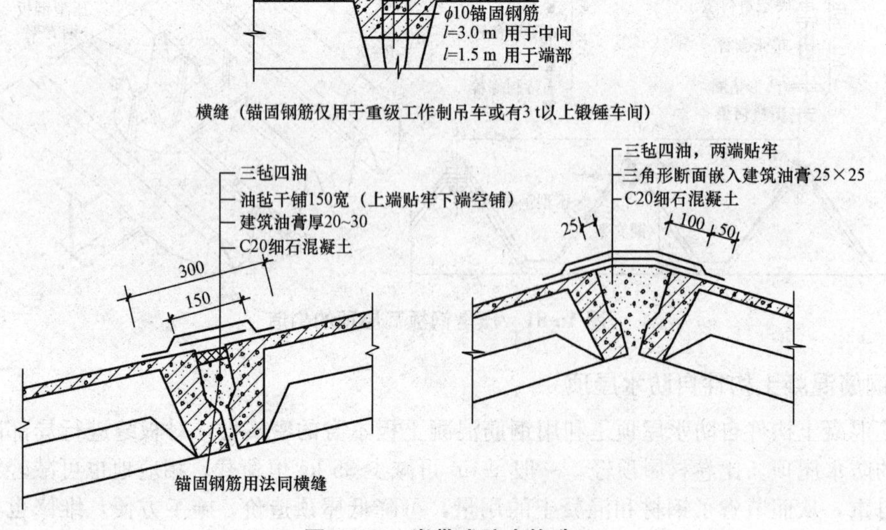

图16-83　脊带式防水构造

(3)搭盖式防水构造。搭盖式构件自防水屋顶是采用F形大型屋顶板作防水构件，板纵缝上下搭接，横缝和脊缝用盖瓦覆盖，如图16-84所示。这种屋顶安装简便，施工速度快。但板型复杂，盖瓦在振动影响下易滑脱，造成屋顶渗漏。

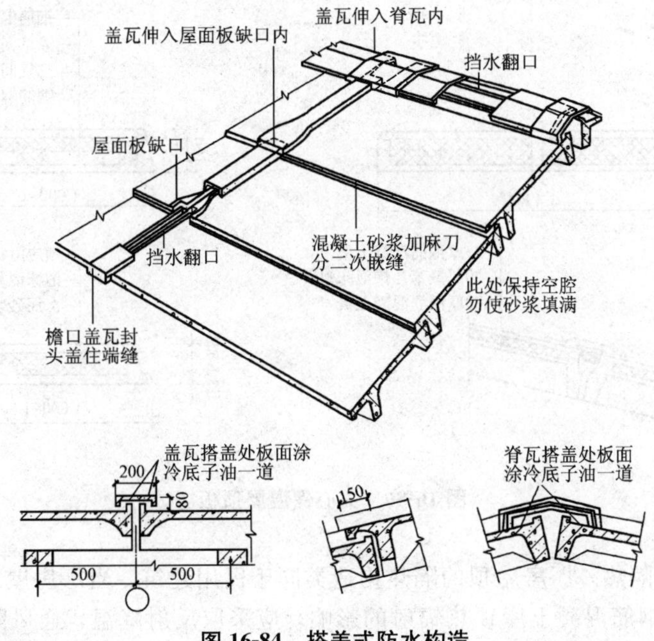

图16-84　搭盖式防水构造

5. 厂房屋顶的保温隔热构造

(1)厂房屋顶的保温。冬季需保温的厂房，在屋顶需增加一定厚度的保温层。保温层可设在屋顶板上部、下部或在屋顶板中间，如图16-85所示。保温层在屋顶板上部，多用于卷材防水屋顶。其做法与民用建筑平屋顶相同，在厂房屋顶中应用较广泛。为减少屋面工程的施工程序，可将屋面板连同保温层、隔气层、找平层以及防水层均在工厂预制好，运至现场组装做接缝处理，减少现场作业量，增加施工速度，保证质量，并可减少气候条件的影响。保温层在屋顶板下部，多用于构件自防水屋顶。其做法分为直接喷涂和吊挂两种。直接喷涂是将散状的保温材料加一定量的水泥拌和，然后喷涂在屋顶板下面；吊挂固定是将板状轻质保温材料吊挂在屋顶板下面。实践证明，这两种做法施工烦琐，保温材料吸附水汽，局部易破落，效果不理想。

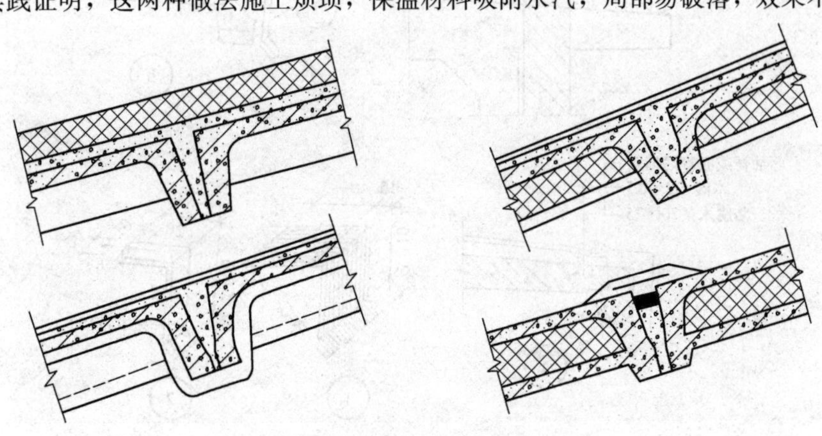

图16-85　屋顶的保温构造

保温层在屋顶板中间，即采用夹心保温屋顶板，如图 16-86 所示。它具有承重、保温、防水三种功能。可在工厂叠合生产，保证施工质量，减少现场高空作业量，增加施工速度。但是屋顶易产生温度变性和热桥现象等问题。

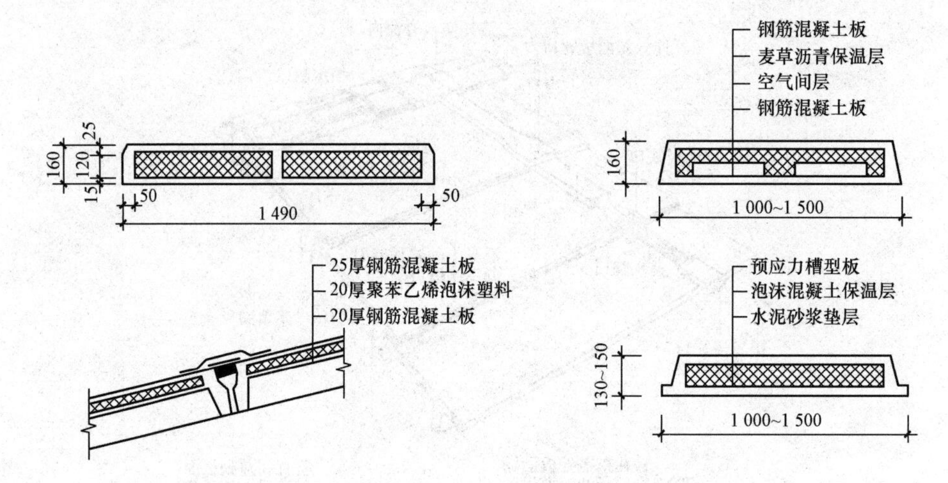

图 16-86　夹心保温屋顶板

(2)厂房屋顶的隔热。厂房屋顶的隔热构造类同于民用建筑。当厂房屋顶的高度低于 8 m 时，工作区会受到钢筋混凝土屋顶热辐射的影响，应采取反射降温、通风降温、植被降温等措施。

6. 厂房屋顶的细部构造

厂房屋顶的细部构造包括檐口、天沟、泛水、变形缝等，其构造类同于民用建筑。现以卷材防水屋顶为例，简要介绍各部位的构造处理。

(1)檐口。厂房无组织排水采用的挑檐，有砖挑檐和钢筋混凝土挑檐，其构造类同于民用建筑。另外，当挑出长度不大时，也可采用预制檐口板挑檐。檐口板支承在屋架端部伸出的挑梁上，如图 16-87 所示。

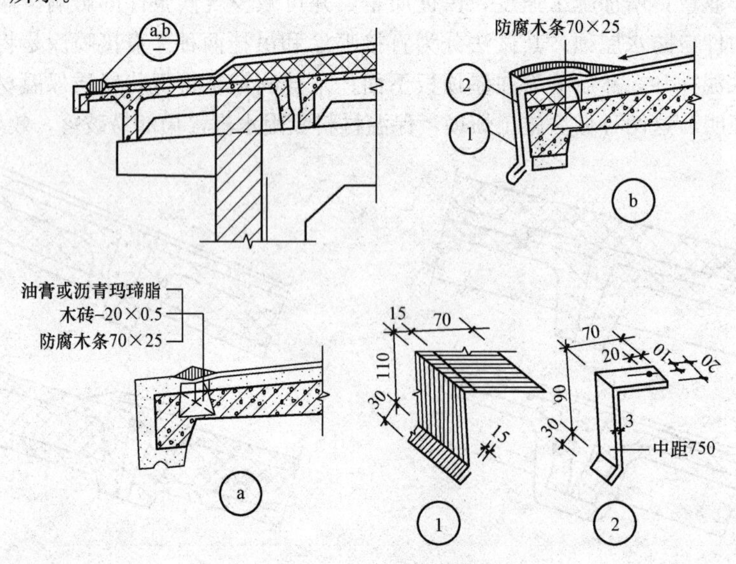

图 16-87　无组织排水挑檐口构造

厂房屋顶采用有组织排水时，檐口处设檐沟板，有组织排水的挑檐口构造，如图 16-88 所示。

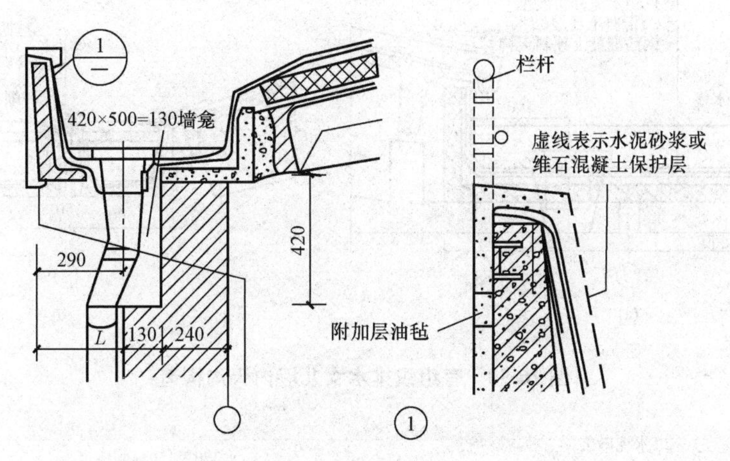

图 16-88　有组织排水挑檐口构造

(2)天沟。厂房屋顶的天沟可分为女儿墙边天沟和内天沟两种。利用边天沟组织排水时，女儿墙根部要设出水口，如图 16-89 所示。其构造处理类同于民用建筑。

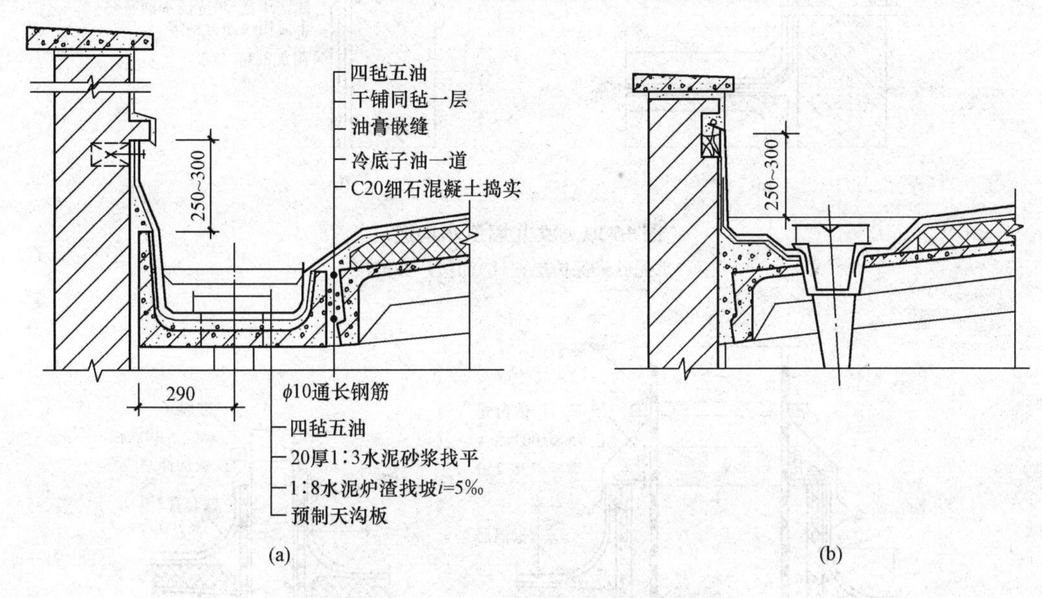

图 16-89　有组织排水女儿墙边天沟构造

(a)天沟板做天沟；(b)在大型屋面板上做天沟

内天沟构造如图 16-90 所示。双槽形天沟板施工方便，天沟板统一，应用较多。但应注意两个天沟板的接缝处理。

(3)泛水。厂房屋顶的泛水构造包括女儿墙泛水，如图 16-91 所示；管道出屋面泛水，如图 16-92 所示；高低跨处的泛水，如图 16-93 所示。

(4)变形缝。厂房变形缝包括等高平行跨变形缝，如图 16-94 所示；高低跨处的变形缝，如图 16-95 所示。变形缝上附加油毡、镀锌铁皮或用预制钢筋混凝土盖板盖缝，缝内填沥青麻丝，并保证变形要求。

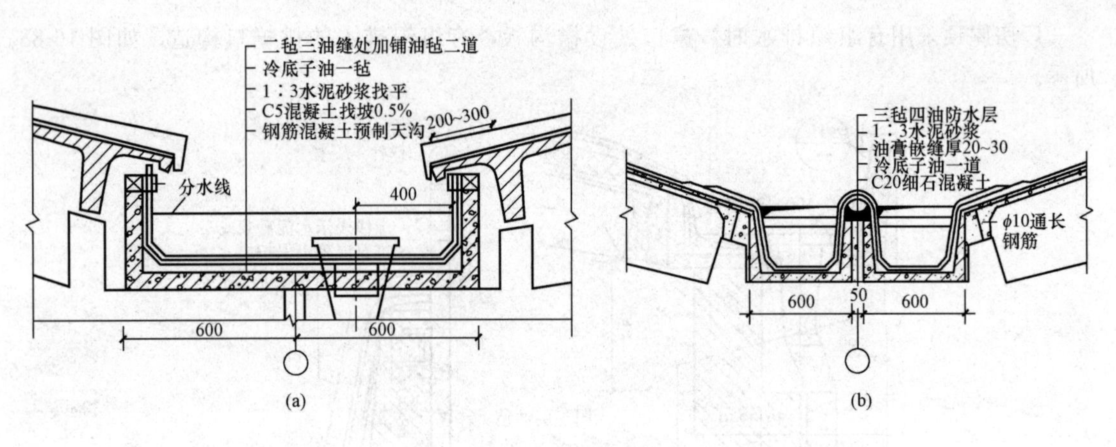

图 16-90　有组织排水女儿墙内天沟构造

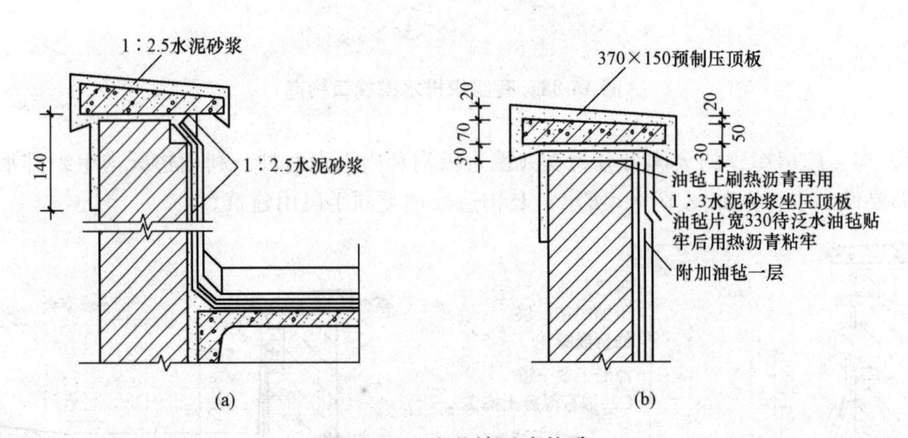

图 16-91　女儿墙泛水构造

(a)水泥砂浆保护层；(b)油毡片保护层

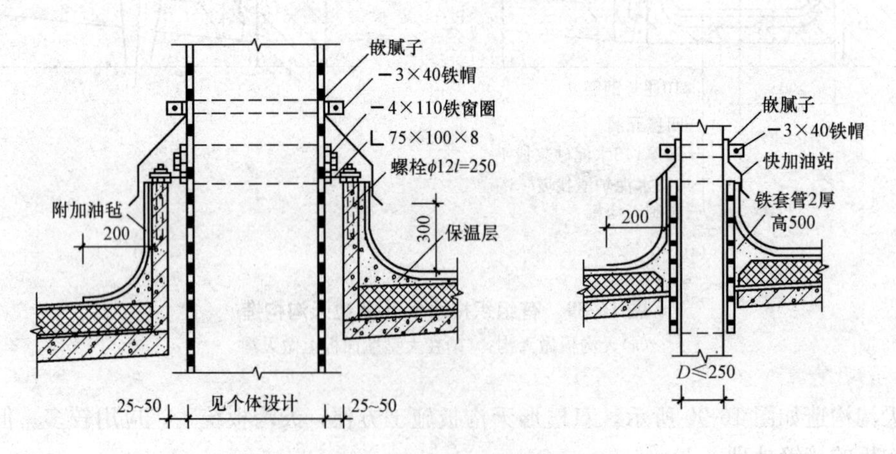

图 16-92　管道出屋面泛水构造

16.5.5　天窗构造

在单层厂房屋顶上，为满足厂房天然采光和自然通风的要求，常设置各种形式的天窗，常见天窗形式有矩形天窗、平天窗及下沉式天窗等。

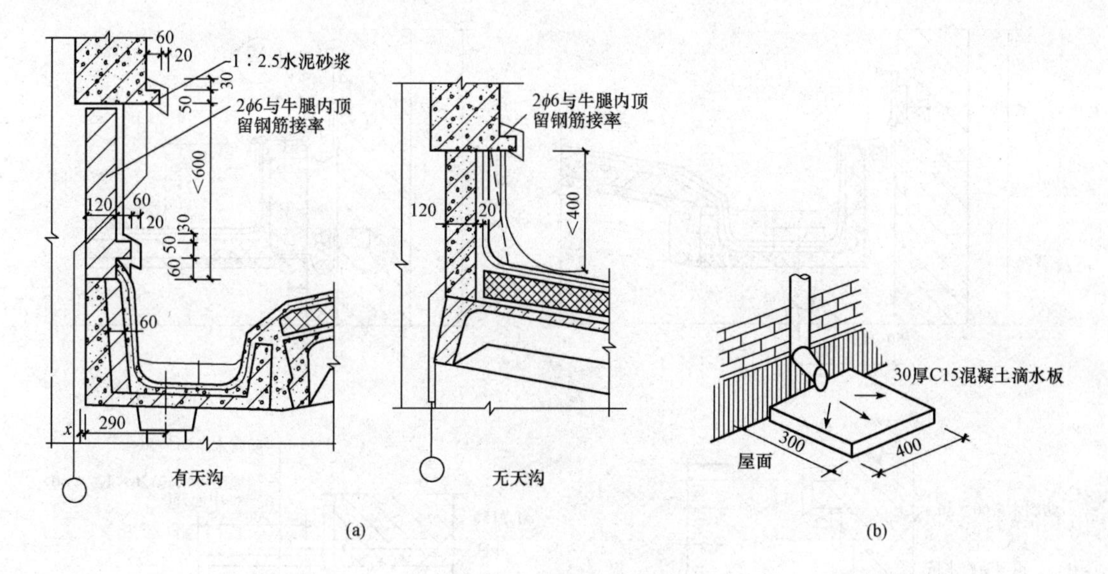

图 16-93　高低跨泛水构造

(a)高低跨处泛水；(b)高低屋面处设滴水板

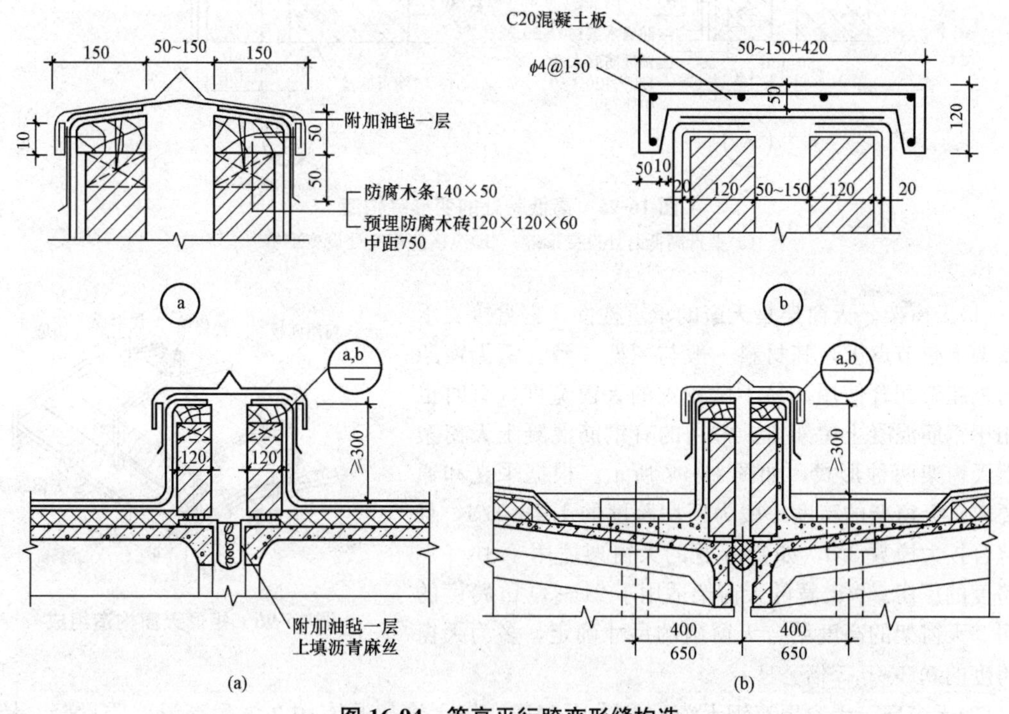

图 16-94　等高平行跨变形缝构造

(a)横向变形缝；(b)纵向变形缝

1. 矩形天窗

矩形天窗沿厂房的纵向布置，为简化构造和检修的需要，在厂房两端及变形缝两侧的第一个柱间一般不设天窗，每段天窗的端部设上天窗屋顶的检修梯。天窗的两侧根据通风要求可设挡风板。矩形天窗主要由天窗架、天窗扇、天窗檐口、天窗侧板及天窗端壁板等组成，如图 16-96 所示。

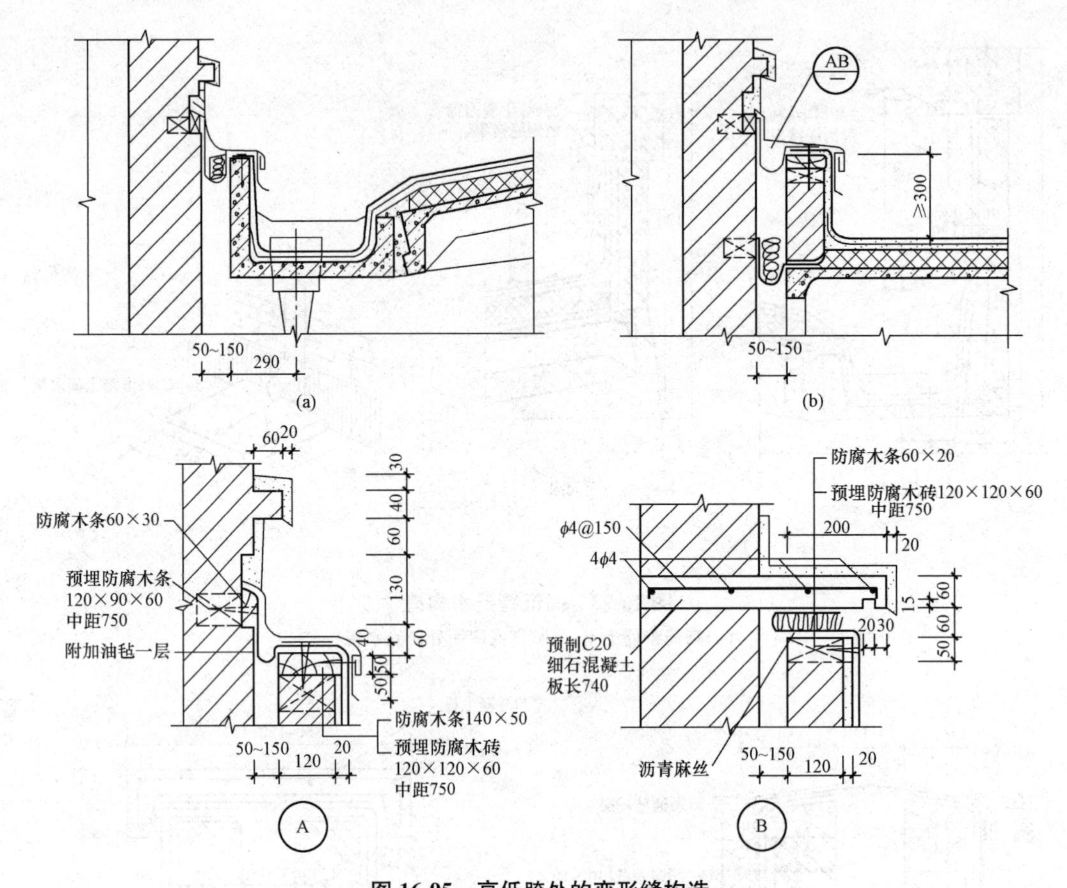

图 16-95　高低跨处的变形缝构造

(a)平行高低跨处设变形缝；(b)纵横跨相交处设变形缝

(1)天窗架。天窗架是天窗的承重构件，它直接支承在屋架上弦节点上，其材料一般与屋架一致。钢天窗架多与钢屋架配合使用，易于做较大的天窗宽度，有时也可用于钢筋混凝土屋架上。常用的有钢筋混凝土天窗架和钢天窗架两种形式，如图 16-97 所示。根据采光和通风要求，天窗架的跨度一般为厂房跨度的 1/2～1/3，且应符合扩大模数 3M，如 6 m 宽的天窗架适用于 16～18 m 跨度的厂房。9 m 宽的天窗架适用于 21～30 m 跨度的厂房。天窗架的高度结合天窗扇的尺寸确定，多为天窗架跨度的 0.3～0.5 倍。

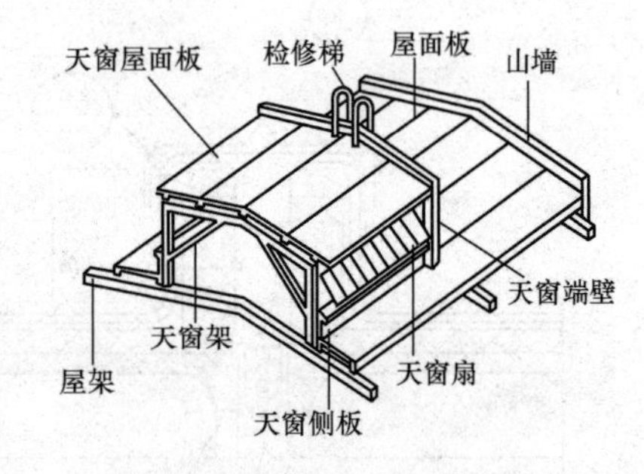

图 16-96　矩形天窗构造组成

(2)天窗扇。天窗扇有钢天窗扇和木天窗扇。钢天窗扇具有耐久、耐高温、质量轻、挡光少、使用过程中不变形、关闭紧密等优点。工业建筑中常采用钢天窗扇。目前有定型的上悬钢天窗扇和中悬钢天窗扇。木天窗扇造价较低，但耐久性差、易变形、透光率较差、易燃，故只适用于火灾危险性不大、相对湿度较小的厂房。

①上悬钢天窗扇。上悬钢天窗扇，防飘雨较好，但通风较差。最大开启角只有 45°。定型上悬钢天窗扇的高度有 900 mm、1 200 mm、1 500 mm 三种。根据需要可以组合成不同高度的天窗。上悬钢天窗扇主要由开启扇和固定扇等基本单元组成，可以布置成通长窗扇和分段窗扇。

通长窗扇由两个端部固定窗扇及若干个中间开启窗扇连接而成。开启扇的长度应根据采光、

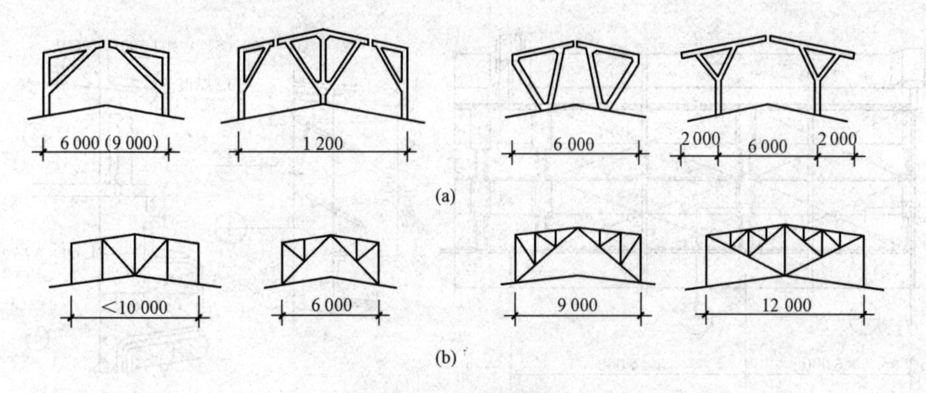

图 16-97　天窗架形式

(a)钢筋混凝土天窗架；(b)钢天窗架

通风的需要和天窗开关器的启动能力等因素确定，开启扇可长达数十米。开启扇各个基本单元是利用垫板和螺栓连接的。分段窗扇是在每个柱距内设单独开关的窗。不论是通长窗扇还是分段窗扇，在开启扇之间，以及开启扇与天窗端壁之间，均需设固定扇来起竖框的作用，上悬天窗扇构造如图 16-98 所示。

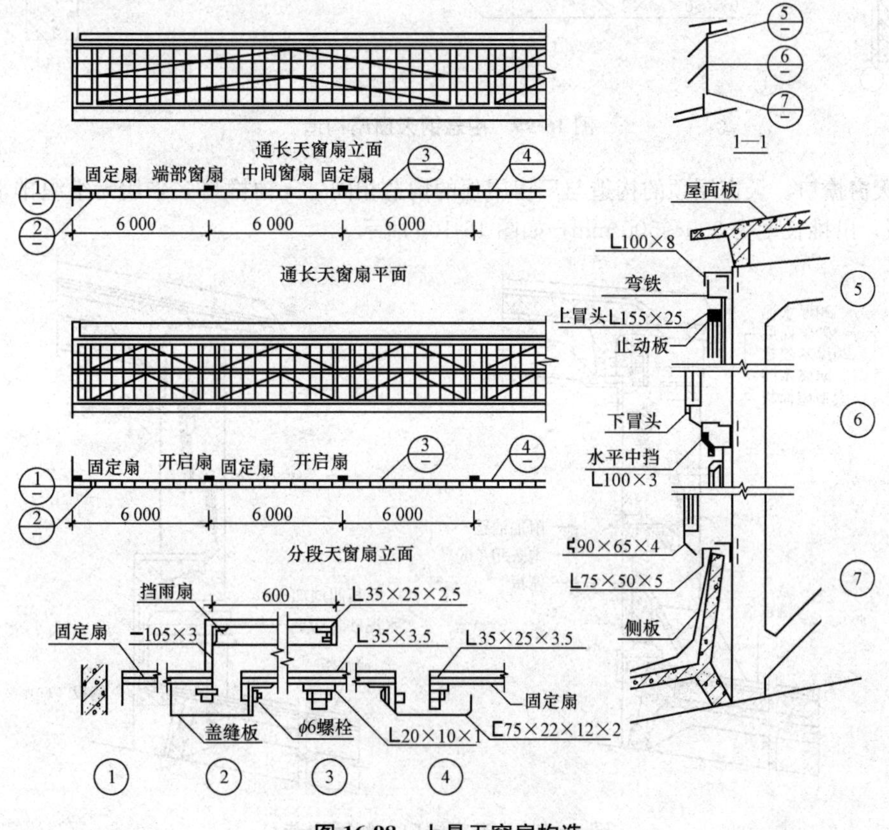

图 16-98　上悬天窗扇构造

②中悬钢天窗扇。中悬钢天窗扇，通风性能好，但防水较差。因受天窗架的阻挡和受转轴位置的影响，只能按柱距分段设置。定型的中悬钢天窗的高 1 200 mm、1 500 mm 设单排，1 800 mm、2 400 mm、3 000 mm 设两排，3 600 mm 设三排窗。每个窗扇间设槽钢竖框，窗扇转轴固定在竖框上。变形缝处的窗扇为固定扇。中悬钢天窗扇构造如图 16-99 所示。

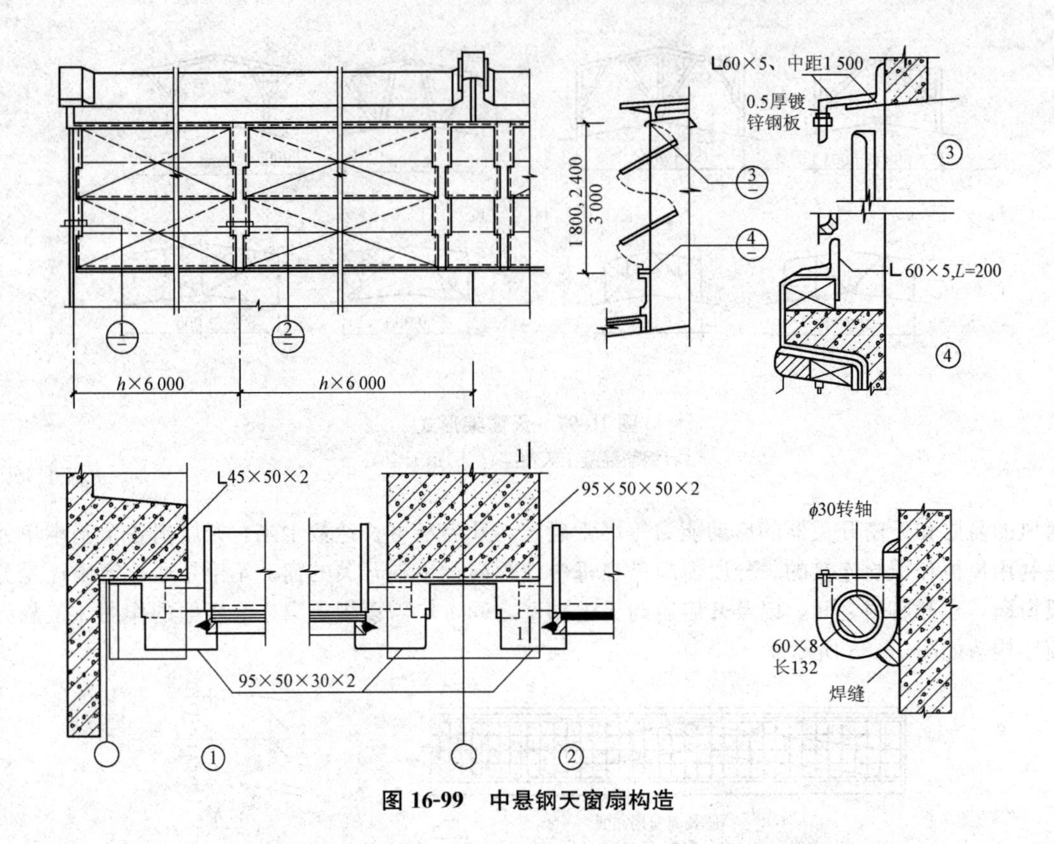

图 16-99　中悬钢天窗扇构造

(3)天窗檐口。天窗屋顶的构造与厂房屋顶的构造相同，天窗檐口多采用无组织排水的带挑檐屋顶板，出挑长度为 300～500 mm，如图 16-100 所示。

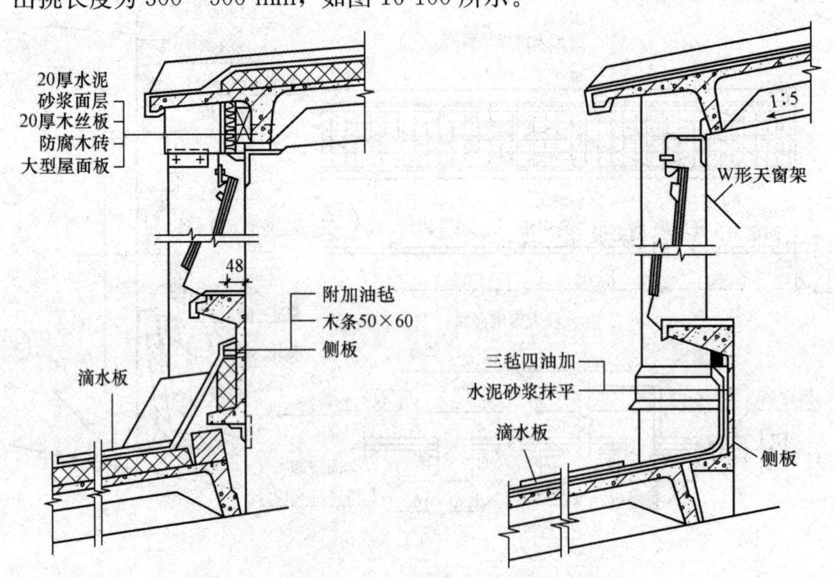

图 16-100　天窗檐口、侧板构造

(4)天窗侧板。在天窗扇下部设置天窗侧板，如图 16-100 所示，设置天窗侧板是为了防止雨水溅入车间和防止积雪遮挡天窗扇。侧板的高度主要依据气候条件确定，一般高出屋顶不小于 300 mm。但也不宜太高，过高会增加天窗架的高度。侧板的形式应与厂房屋顶结构相适应，当屋顶为无檩体系时，天窗侧板多采用与大型屋顶板相同长度的钢筋混凝土槽形板。有檩体系的屋顶常采用石棉水泥波形瓦等轻质小板作天窗侧板。侧板与屋顶板交接处应做好泛水处理。

(5)天窗端壁板。天窗端壁板常用钢筋混凝土端壁板和石棉水泥瓦端壁板两种。

钢筋混凝土端壁板预制成肋形板，在天窗端部代替天窗架支承屋顶板，同时起维护作用。根据天窗的宽度，可由两至三块板拼接而成，如图 16-101 所示。天窗端壁板焊接固定在屋架上弦的一侧，屋架上弦的另一侧铺放与天窗相邻的屋顶板。端壁板与屋面板的交接处应做好泛水处理，端壁板内侧可根据需要设置保温层。

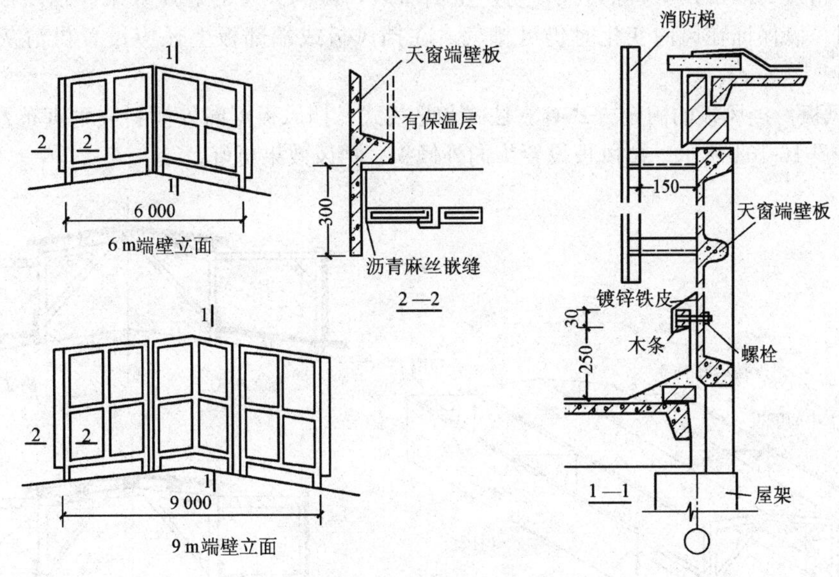

图 16-101　钢筋混凝土端壁板

石棉水泥瓦端壁板如图 16-102 所示，可用于钢天窗架和钢筋混凝土天窗架，通过螺栓固定在天窗架上的横向角钢上。在端壁板与天窗扇交接处，常用 30 mm 厚木板封口，外钉镀锌铁皮保护。当要求保温时，可在石棉水泥瓦内侧钉保温板材。

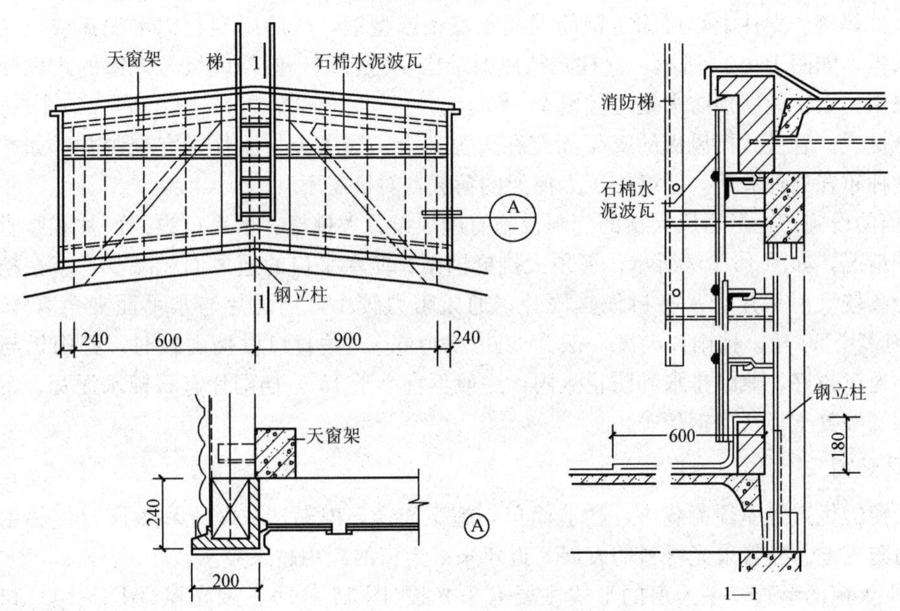

图 16-102　石棉水泥瓦端壁板

2. 矩形通风天窗

矩形通风天窗是在矩形天窗两侧加挡风板组成的，如图 16-103 所示。多用于热加工车间。为提高通风效率，除寒冷地区有保温要求的厂房外，天窗一般不设窗扇，而在进风口处设挡雨片。矩形通风天窗的挡风板，其高度不宜超过天窗檐口的高度，挡风板与屋顶板之间应留有50～100 mm 的间隙，兼顾排除雨水和清灰。在多雪地区，间隙可适当增加，但也不能太大，一般不超过 200 mm。缝隙过大，易产生倒灌风，影响天窗的通风效果。挡风板端部要用端部板封闭。以保证在风向变化时仍可排气。在挡风板或端部板上还应设置供清灰和检修时通行的小门。

(1)挡风板。挡风板的固定方式有立柱式和悬挑式，挡风板可向外倾斜或垂直布置，挡风板布置方式如图 16-104 所示。挡风板设置为向外倾斜，挡风效果更好。

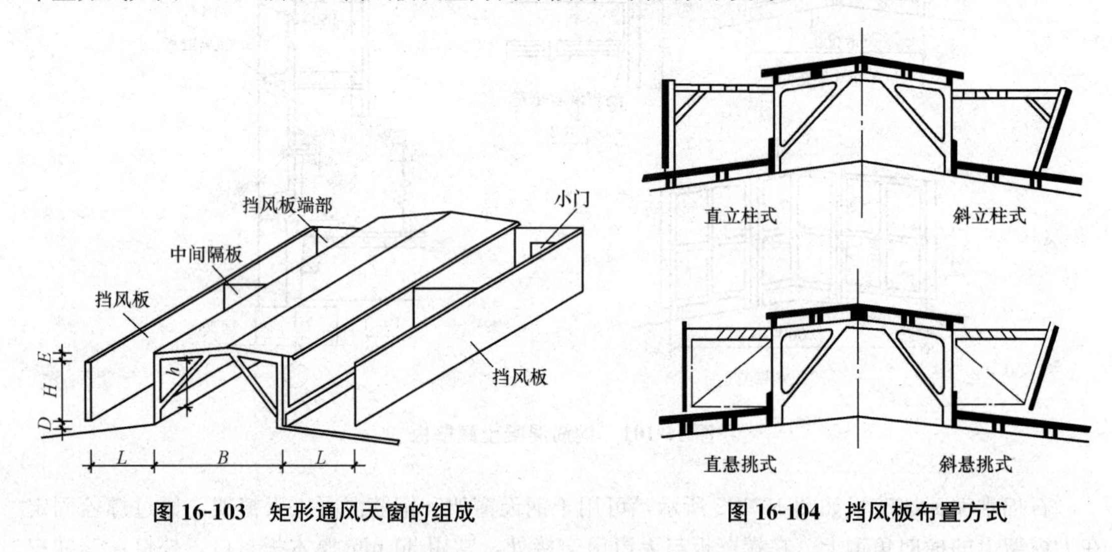

图 16-103　矩形通风天窗的组成　　**图 16-104　挡风板布置方式**

①立柱式。立柱式是将钢筋混凝土或钢立柱支承在屋架上弦的混凝土柱墩上，立柱与柱墩上的钢板件焊接，立柱上焊接固定钢筋混凝土檩条或型钢，然后固定石棉水泥瓦或玻璃钢瓦制成的挡风板，如图 16-105 所示。立柱式挡风板结构受力合理，但挡风板与天窗的距离受屋顶板排列的限制，立柱处屋顶防水处理较复杂。

②悬挑式。悬挑式挡风板的支架固定在天窗架上，挡风板与屋顶板完全脱开，如图 16-106 所示。这种布置处理灵活，但增加了天窗架的荷载，对抗震不利。

(2)挡雨设施。矩形通风天窗的挡雨设施有屋顶设置大挑檐、水平口设挡雨片和竖直口设挡雨板三种情况，如图 16-107 所示。屋顶大挑檐挡雨，使水平口的通风面积减少，多在挡风板与天窗的距离较大时采用。水平口设挡雨片，通风阻力较小，挡雨片与水平面夹角有 45°、60°、90°，目前多用 60°角。挡雨片高度一般为 200～300 mm。垂直口设挡雨板时，挡雨板与水平面夹角越小通风越好，兼顾排水和防止溅雨，一般不宜小于 15°，挡雨片有石棉水泥瓦、钢丝网水泥板、钢筋混凝土板及薄钢板等。

3. 平天窗

平天窗的优点是屋顶荷载小，构造简单，施工简便，但易造成眩光和太阳直接辐射，易积灰，防雨防雹差。随着采光材料的发展，近年来平天窗的应用越来越多。

(1)平天窗的形式。平天窗的形式主要有采光板(图 16-108)、采光罩(图 16-109)和采光带(图 16-110)。

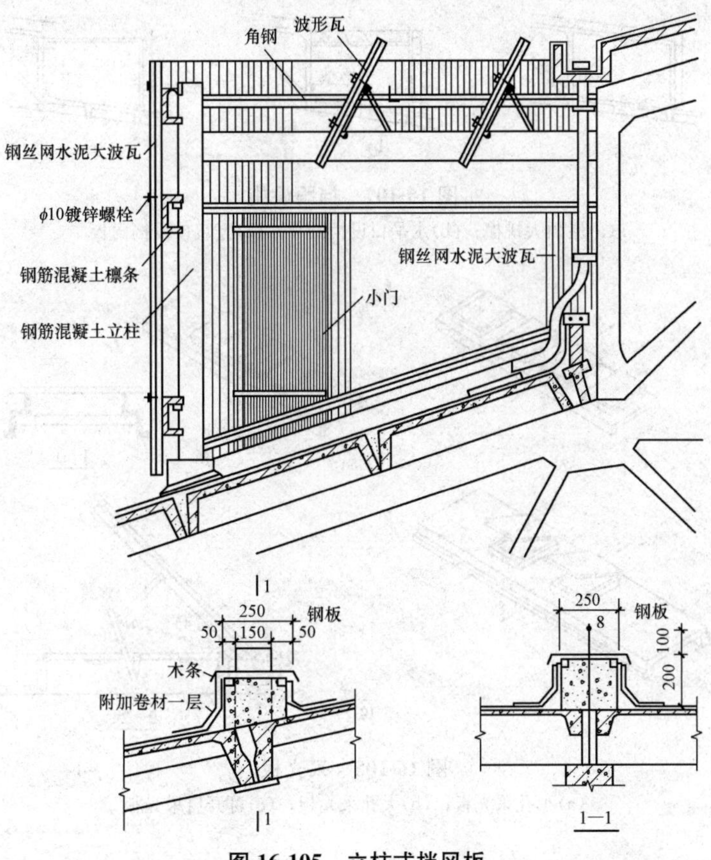

图 16-105　立柱式挡风板

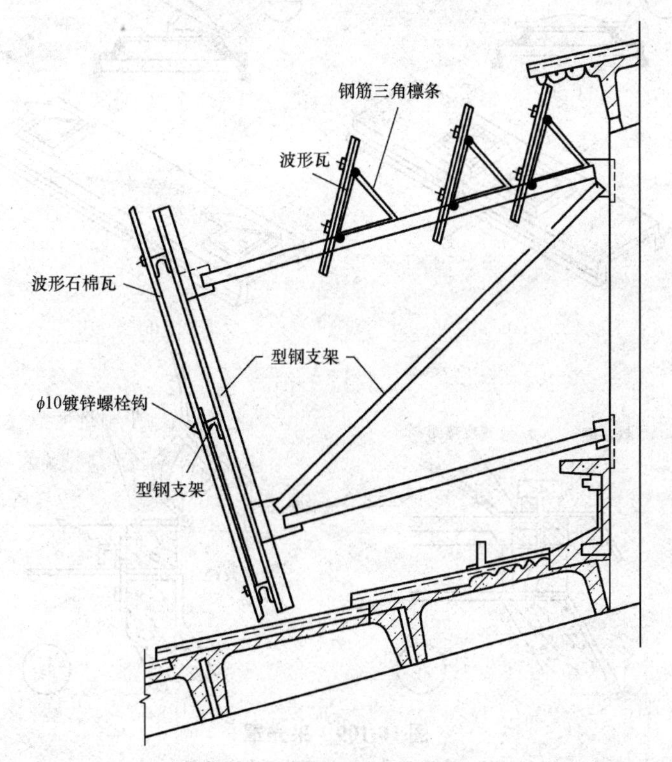

图 16-106　悬挑式挡风板

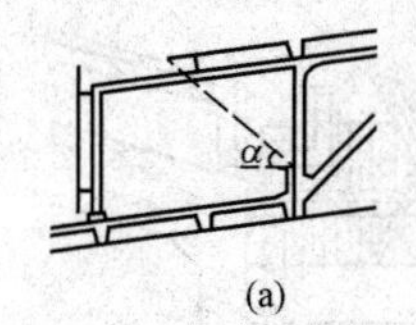

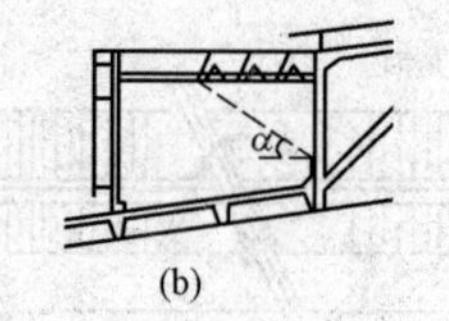

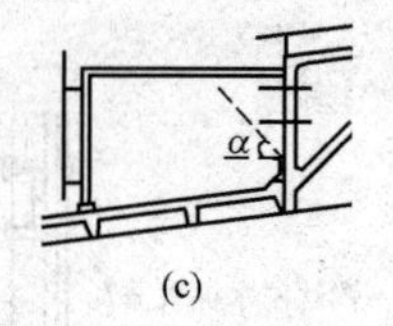

图 16-107　挡雨设施

(a)屋顶大挑檐；(b)水平口设挡雨片；(c)竖直口设挡雨板

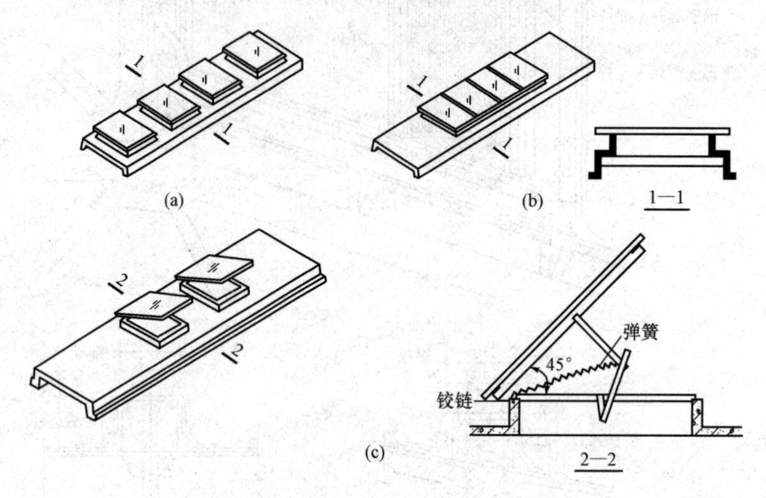

图 16-108　采光板

(a)小孔采光板；(b)大孔采光板；(c)可开启采光板

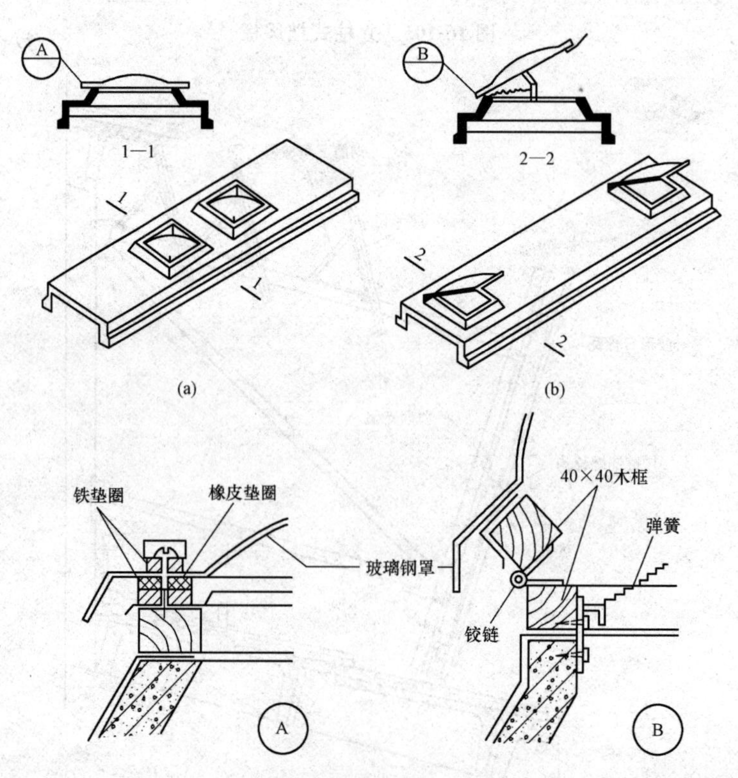

图 16-109　采光罩

(a)玻璃钢罩；(b)可开启玻璃钢罩

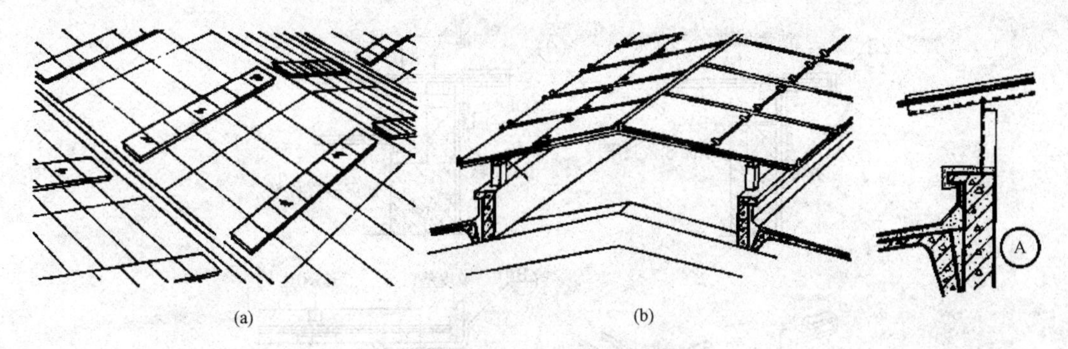

图 16-110　采光带

(a)横向采光带；(b)纵向采光带

采光板是在屋顶板上留孔，装平板式透光材料，或是抽掉屋顶板加檩条设透光材料。如将平板式透光材料改用弧形采光材料，则形成采光罩，其刚度较平板式好。采光板和采光罩分固定和开启两种，固定的仅作采光用，开启的以采光为主，并兼作通风。采光带是在屋顶的纵向或横向开设 6 m 以上的采光口，装平板透光材料。瓦屋顶、折板屋顶常横向布置，大型屋顶板屋顶多纵向布置。

(2)平天窗构造。平天窗既采光通风又是屋顶的一部分，在满足采光的同时，需解决防水、防太阳辐射和眩光、安全防护以及组织通风等问题，构造组成如图 16-111 所示。

①防水。为加强防水，在采光口周围设 150～250 mm 高的井壁，并做泛水处理，井壁上安放透光材料，如图 16-112 所示。井壁有垂直和倾斜两种，井壁倾斜的利于采光。井壁材料有钢筋混凝土、薄钢板、塑料等。井壁与玻璃间的缝隙，宜采用聚氯乙烯胶泥或建筑油膏等弹性好不易干裂的材料垫缝。采光板用卡钩固定玻璃，并将卡钩通过螺钉固定在井壁的预埋木砖上，连接构造如图 16-113 所示。为防止玻璃内表面形成冷凝水而产生滴水现象，可在井壁顶部设置排水沟，将水接住，顺坡排至屋顶。面积较大的采光板由多块玻璃拼接，需要横档固定和相互搭接，如图 16-114 所示。上下搭接一般不小于 100 mm，并用 Z 形镀锌铁皮卡子固定，如图 16-115 所示。为了防止搭接处渗漏，需用柔性材料嵌缝。

②防太阳辐射和眩光。平天窗受阳光直射的强度高、时间长，如采用普通平板玻璃和钢化玻璃为透光材料，会造成车间过热和产生眩光，以致影响到工人的健康、生产的安全和产品的质量。因此，平天窗应选用能使阳光扩散、减少辐射和眩光的透光材料，如磨砂玻璃、夹丝压花玻璃、中空玻璃、吸热玻璃以及变色玻璃等。目前多用在平板玻璃下表面刷半透明涂料，如聚乙烯醇缩丁醛。

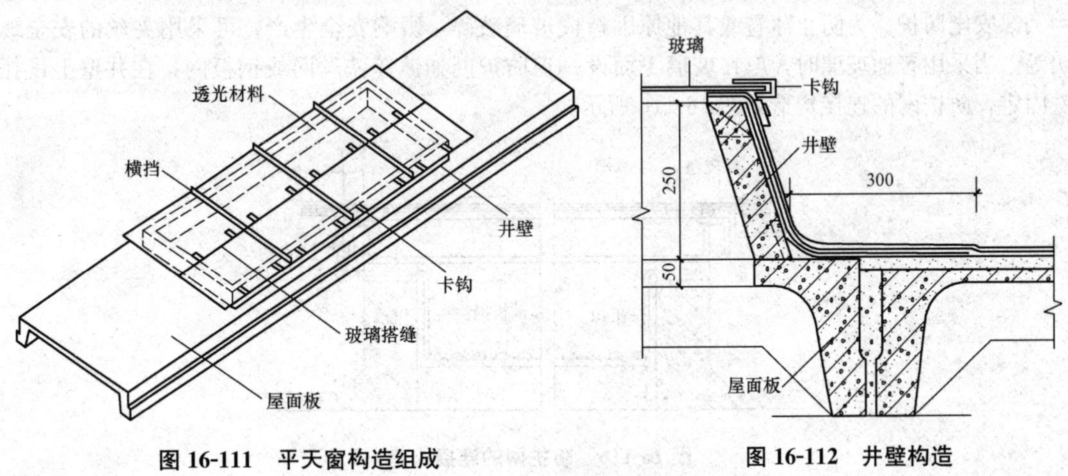

图 16-111　平天窗构造组成　　**图 16-112　井壁构造**

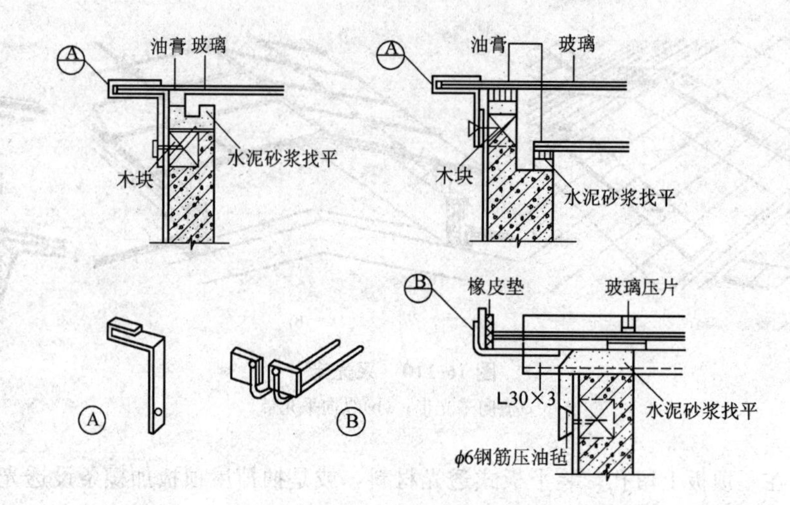

图 16-113 采光板连接构造

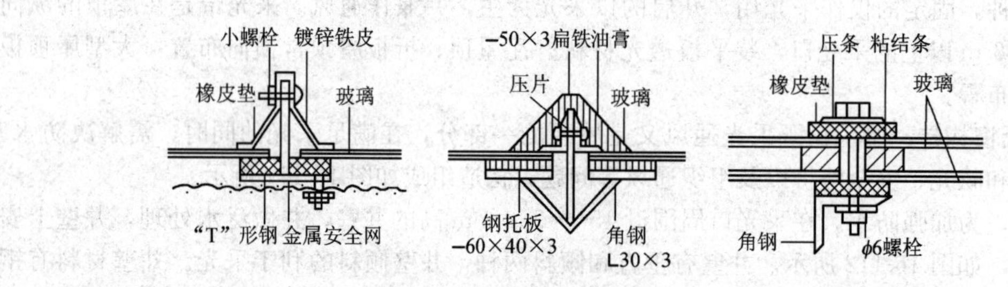

图 16-114 采光玻璃的固定和搭接构造

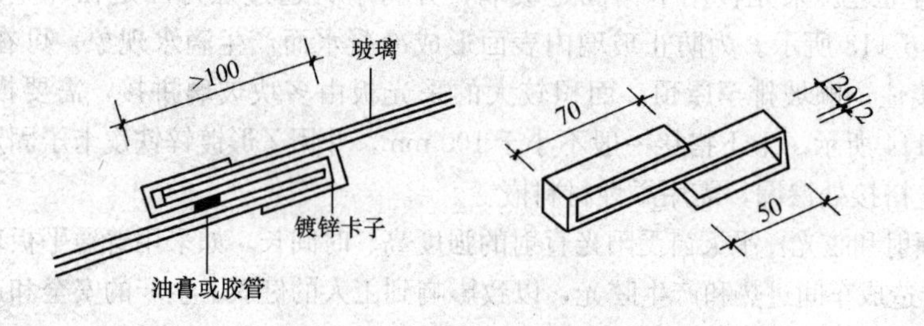

图 16-115 玻璃上下搭接固定

③安全防护。为防止冰雹或其他原因造成玻璃破碎，影响安全生产，可采用夹丝的安全玻璃等。当采用普通玻璃时，应在玻璃下面设一道防护网如镀锌铁丝网或钢板网，在井壁上设托铁固定，防护网的连接构造如图 16-116 所示。

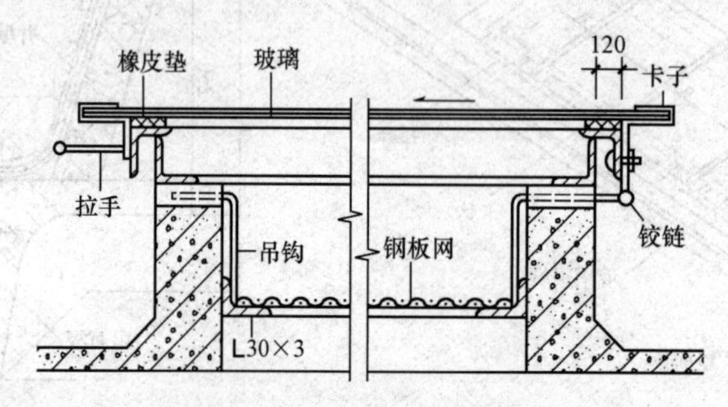

图 16-116 防护网的连接构造

④通风。平天窗屋顶的通风方式有两种，分别是单独设置通风屋脊和采光通风结合处理。

单独设置通风屋脊，如图 16-117 所示，平天窗仅起采光作用。

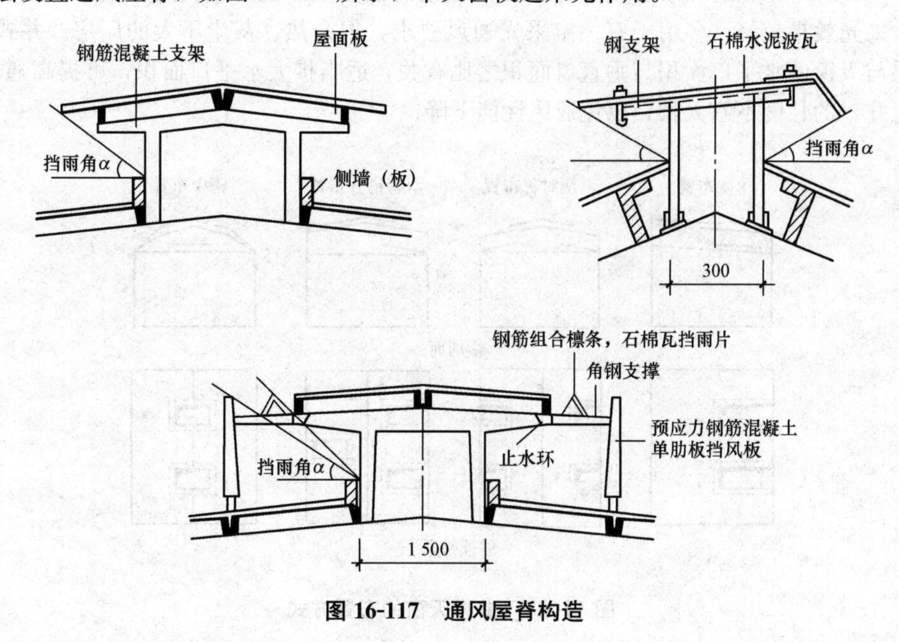

图 16-117　通风屋脊构造

采光和通风结合处理。平天窗既可采光，又可通风。一是采用开启的采光板或采光罩，但在使用时不够灵活方便；二是在两个采光罩相对的侧面做成百叶，在百叶两侧加挡风板，构成一个通风井。如图 16-118 所示。当天窗采用采光带时，可将井壁加高，装上百叶或窗扇，满足通风的要求。

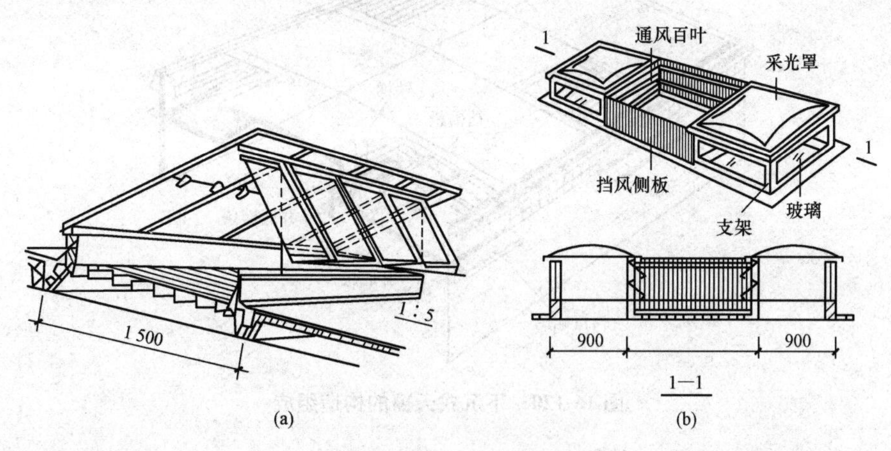

图 16-118　采光通风平天窗

(a)带开启扇的采光板；(b)采光罩加挡风侧板

4. 下沉式天窗

下沉式天窗是在一个柱距内，将一定宽度的屋顶板从屋架上弦下沉到屋架的下弦上，利用上下屋顶板之间的高度差作采光和通风口。

(1)下沉式天窗的形式。下沉式天窗的形式有井式天窗、纵向下沉式天窗和横向下沉式天窗。这三种天窗的构造类似，下面以井式天窗为例。井式天窗的布置方式有单侧布置、两侧布置和跨中布置，如图 16-119 所示。单侧或两侧布置的通风效果好，排水清灰比较容易，多用于热加工车间。跨中布置通风效果较差，排水处理也比较复杂，但可以利用屋架中部较高的空间做天窗，采光效果较好，多用于有一定采光通风要求，但余热、灰尘不大的厂房。井式天窗的通风效果与天窗的水平口面积与垂直口面积之比有关，适当扩大水平口面积，可提高通风效果。但应注意井口的长度不宜太长，以免通风性能下降。

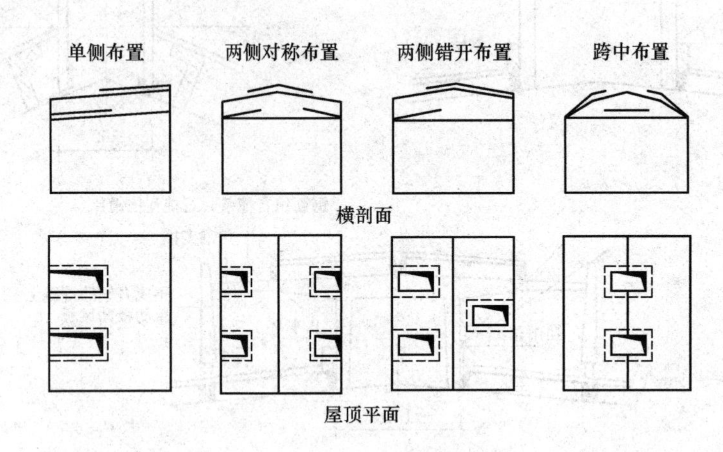

图 16-119　井式天窗的布置方式

(2)下沉式天窗的构造。下沉式天窗由井底板、井底檩条、井口空格板、挡雨设施、挡风墙及排水设施等组成，如图 16-120 所示。

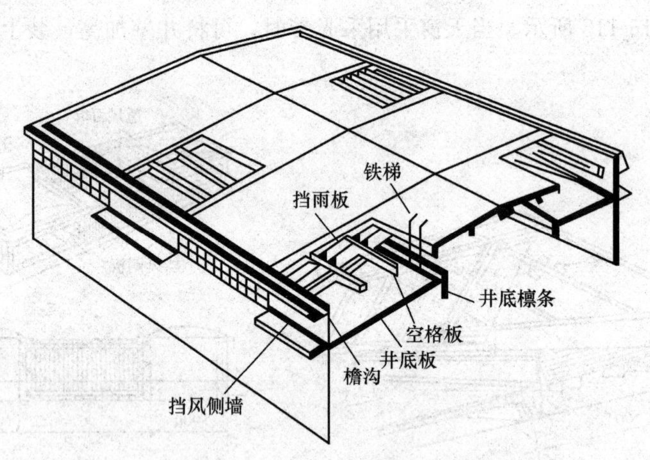

图 16-120　下沉式天窗的构造组成

①井底板。井底板的布置方式有横向铺板和纵向铺板两种。

横向铺板是先在屋架下弦上搁置檩条，然后在檩条上平行于屋架铺设井底板，如图 16-121 所示。井底板的长度受到屋架下弦节点间距的限制，灵活性较小。井底板边檐做 300 mm 高泛水，则泛水高度、屋架节点、檩条、井底板的总高合起来会有 1 m 以上，为了在屋架上下弦之间争取较大的垂直口通风面积，檩条常用下卧式、槽形、L 形等形式，屋顶板可设置在檩条的下翼缘上，可降低 200 mm 的构造高度，同时槽形、L 形檩条的高出部分，还可兼起泛水作用，则增加了采光和通风口的净空高度，有利于采光和通风。

纵向铺板是井底板直接搁置屋架下弦上，可省去檩条和增加天窗高度。天窗水平口长度可

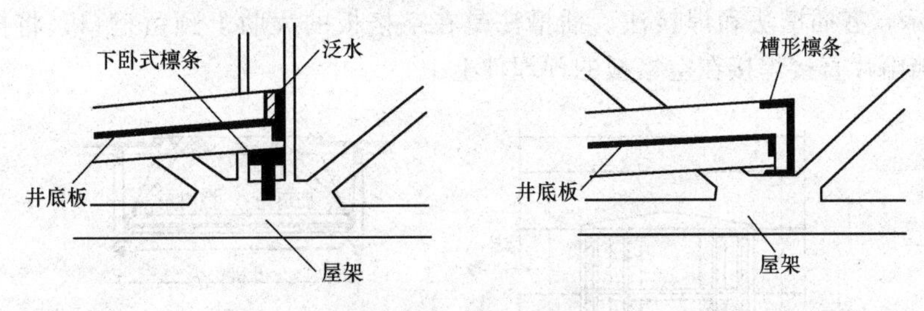

图 16-121　井底板檩条

根据需要灵活布置。但有的井底板端部会与屋架腹杆相碰，需采用出肋板或卡口板，躲开屋架腹杆，如图 16-122 所示。

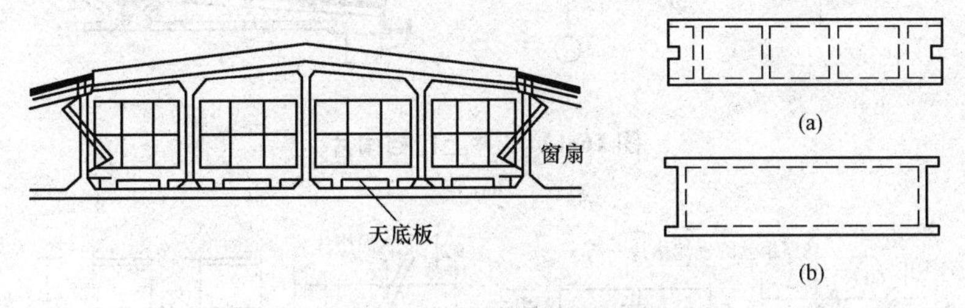

图 16-122　纵向铺井底板

(a)卡口板；(b)出肋板

②井口板及挡雨设施。井式天窗用于不需采暖的厂房如热加工车间，通常不设窗扇而做成开敞式，因此需加挡雨设施。井口板及挡雨设施有三种形式，分别是井上口设挑檐板、井上口设挡雨片和垂直口设挡雨板。

a. 井上口设挑檐板：在井上口直接设挑檐板，挑檐板的出挑长度应满足挡雨角的要求，如图 16-123 所示。纵向由相邻的屋顶板加长挑出，横向增设屋顶板成挑檐。另一种是在屋架上先设檩条，挑檐板固定在檩条上。由于挑檐占据过多的水平口面积，影响通风，只适用于较大的天窗，如 9 m 柱距的天井或 6 m 柱距连井的情况。

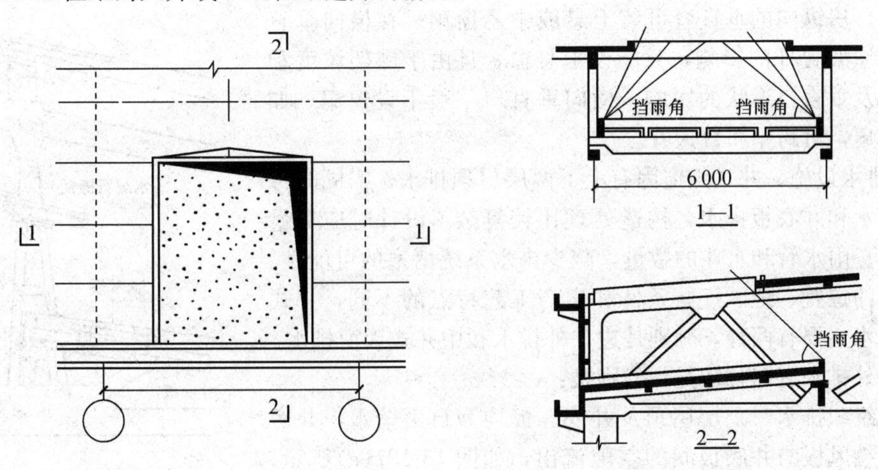

图 16-123　井上口挑檐板

b. 井上口设挡雨片：在井口上设空格板，在空格板的纵肋上固定挡雨片，如图 16-124 所示。挡雨片的角度为 60°，挡雨片的材料可选用玻璃、钢板和石棉瓦等，挡雨片的连接构造如

图 16-125 所示，有插槽法和焊接法。插槽法是在空格板的大肋上预留槽口，将挡雨片插入。焊接法是将挡雨片直接焊接在空格板的预埋件上。

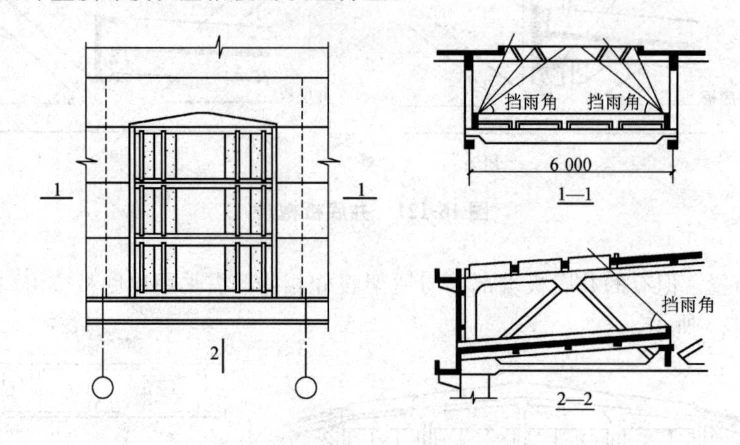

图 16-124　井上口挡雨片

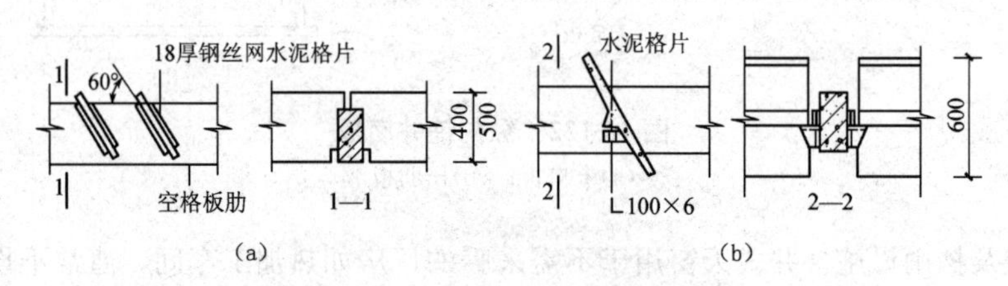

图 16-125　井上口挡雨片的连接构造

(a)插槽法；(b)焊接法

c. 垂直口设挡雨板：垂直口挡雨板的构造和材料，与开敞式外墙挡雨板相同，常用石棉瓦或预制钢筋混凝土小板作挡雨板，如图 16-126 所示。

(3)窗扇的设置。冬季有保温要求的厂房，需在垂直口设置窗扇。沿厂房纵向的垂直口可装上悬或中悬窗扇。在横向垂直口上，受屋架腹杆的影响，只能设上悬窗，且由于屋架坡度和井底板以及垂直口形状的影响，横向垂直口一般不设窗扇，如需设置窗扇，可跨中布置天井。

(4)排水设施。井式天窗因有上下两层屋顶排水，需同时考虑屋顶排水和井底板排水，构造处理比较复杂。设计时应尽量减少天沟、雨水管和水斗的数量，减少排水系统堵塞的可能性。根据天窗的位置、地区气候条件和生产工艺特点的不同，井式天窗的排水主要有两种，分别是边井外排水和中井式天窗排水。

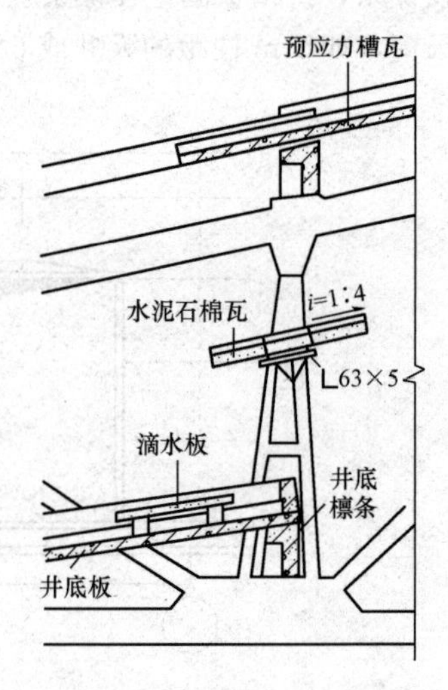

图 16-126　垂直口挡雨板

边井外排水有四种情况，分别是：

①无组织排水，上层屋顶及井底。板均为自由落水，井底板雨水经挡风板与井底板间的空隙流出，如图 16-127(a)所示，这种方式构造简单，施工方便，适用于降雨量不大的地区。

②单层天沟排水，上层屋顶设通长天沟，井底板做自由落水，如图 16-127(b)所示，适用于降雨量较大的地区，灰尘小的厂房。

③上层屋顶为自由落水，井底板外设清灰、排水两用通长天沟，如图 16-127(c)所示，适用

于灰尘多的厂房。

④上层屋顶及井底板均为通长天沟有组织排水，如图 16-127(d)所示，适用于雨量大、灰尘多的车间。

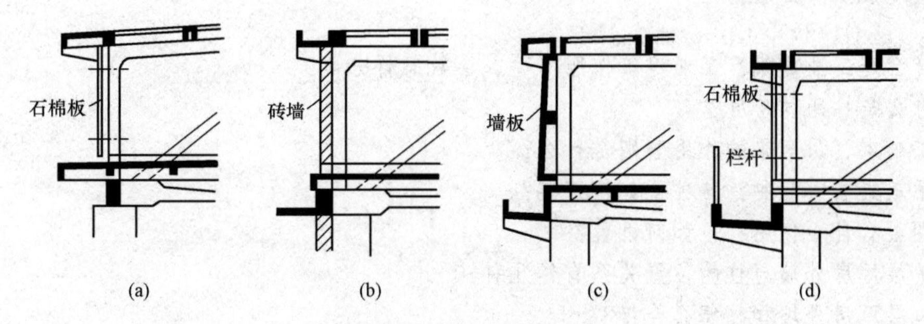

图 16-127　边井外排水方式

(a)无组织排水；(b)单层天沟排水；(c)上层通长天沟；(d)双层天沟

中井式天窗连跨布置时，对灰尘不大的厂房，可设间断天沟，如图 16-128(a)所示。降雨量大的地区，灰尘多的厂房，可设上下两侧通长天沟，如图 16-128(b)所示，或下层设通长天沟上层设间断天沟。跨中布置时，可用吊管连同井底板雨水一起汇集排出，如图 16-128(c)所示。

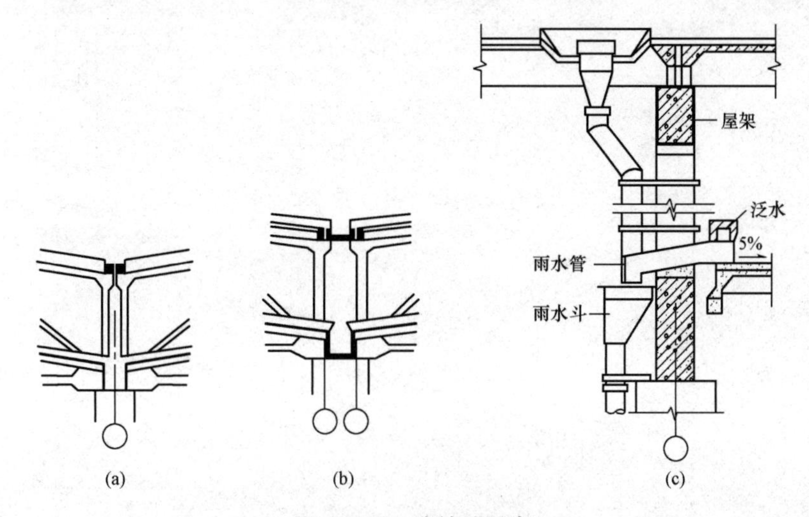

图 16-128　连续跨天沟

(5)泛水。为防止屋顶雨水流入井内，在井上口四周须做 150～200 mm 高的泛水。在井底板侧为防雨水溅入车间，井底板四周也要设不大于 300 mm 高的泛水。泛水可用砖砌，外抹水泥砂浆或用钢筋混凝土挡水条，如图 16-129 所示为中井式天窗泛水构造。

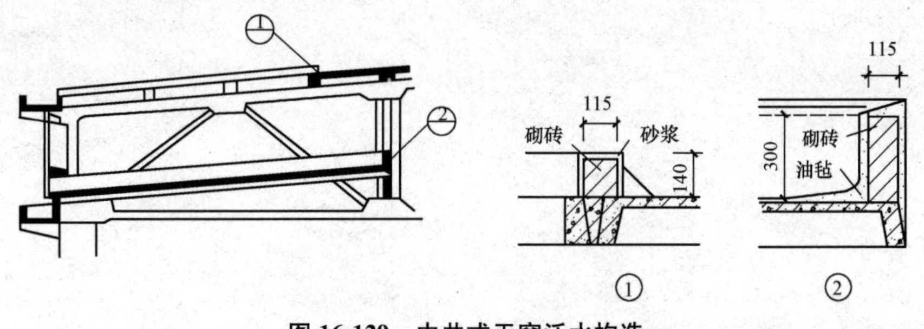

图 16-129　中井式天窗泛水构造

思考题

1. 什么是工业建筑？工业建筑按照用途、层数怎样分类？
2. 什么是柱距和跨度？
3. 基础梁、吊车梁的作用分别是什么？
4. 吊车梁有哪几种？与柱子如何连接？
5. 圈梁有什么作用？应如何设置？
6. 单层厂房外墙与柱的位置关系有哪几种？
7. 单层厂房外墙和柱怎么连接？
8. 单层厂房的屋面与民用建筑有何不同？
9. 厂房常见的排水方式有哪些？
10. 天窗的作用是什么？有哪些常见的类型？

参 考 文 献

[1] 陈送财，刘保军．房屋建筑学[M]. 北京：中国水利水电出版社，2007.
[2] 聂洪达，郄恩田．房屋建筑学[M]. 北京：北京大学出版社，2007.
[3] 同济大学等四校．房屋建筑学[M]. 4 版．北京：中国建筑工业出版社，2005.
[4] 房志勇．房屋建筑构造学[M]. 北京：中国建材工业出版社，2003.
[5] 赵西安．建筑幕墙工程手册(上、中)[M]. 北京：中国建筑工业出版社，2002.
[6] 西安建筑科技大学．房屋建筑学[M]. 北京：中国建筑工业出版社，2006.
[7] 李必瑜，王雪松．房屋建筑学[M]. 武汉：武汉理工大学出版社，2008.
[8] 武六元，杜高潮．房屋建筑学[M]. 北京：中国建筑工业出版社，2001.
[9] 王崇杰．房屋建筑学[M]. 北京：中国建筑工业出版社，1997.
[10] 冯美宇．房屋建筑学[M]. 武汉：武汉理工大学出版社，2004.
[11] 魏华，王海军．房屋建筑学[M]. 西安：西安交通大学出版社，2011.